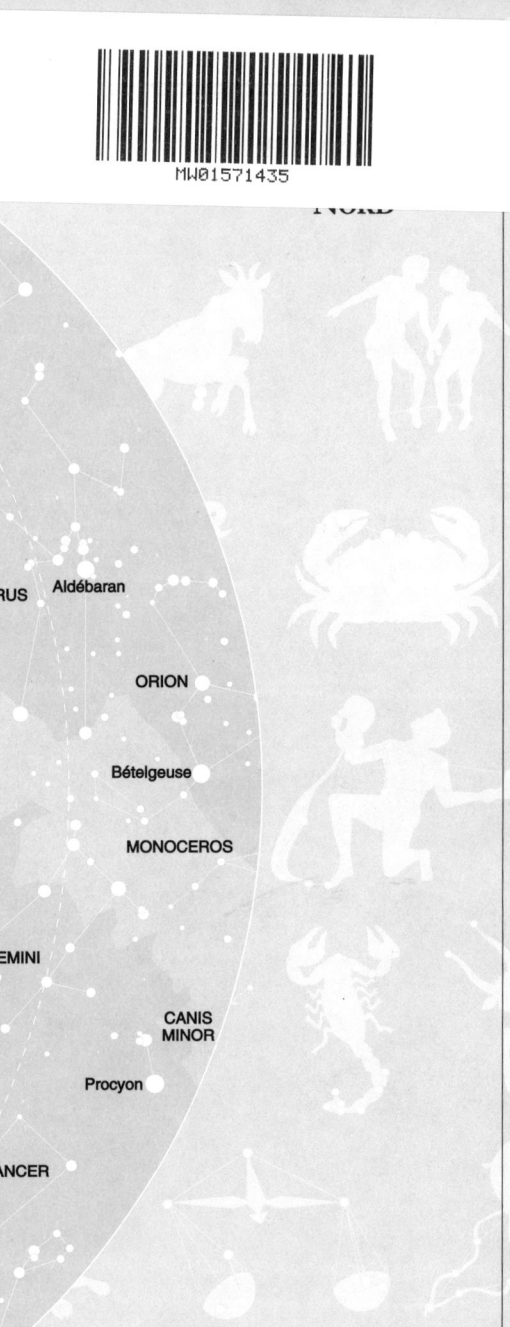

L'ŒIL NATURE

ÉTOILES ET PLANÈTES

L'ŒIL ● NATURE

ÉTOILES
ET
PLANÈTES

Ian Ridpath

Conseiller éditorial
Iain Nicolson

Cartes stellaires
Royal Greenwich Observatory

Bordas

Édition originale
Eyewitness Handbook-Stars and Planets
© 1998 Dorling Kindersley Limited, Londres
© 1998 Ian Ridpath pour le texte

Édition française
Traduction et adaptation
Jean-Claude Ribes

Direction éditoriale
Catherine Delprat

Édition
Valérie Herman,
assistée d'Aude Decelle

Fabrication
Isabelle Goulhot

Lecture-correction
Larousse Bordas

Réalisation
Octavo Éditions

© **Larousse Bordas 1999**
ISBN 2-04-027252-6
Dépôt légal : avril 1999

Note importante
L'observation du Soleil à l'œil nu
ou avec un quelconque instrument d'optique
sans protection spécifique peut gravement
endommager la vue, voire rendre aveugle.
L'auteur et l'éditeur déclinent toute responsabilité
envers les lecteurs qui ne tiendraient pas
compte de cet avertissement.

Toute représentation ou reproduction, intégrale ou partielle, faite sans le consentement de l'auteur, ou de ses ayants-droit, ou ayants-cause, est illicite (article L.122-4 du Code de la Propriété intellectuelle). Cette représentation ou reproduction, par quelque procédé que ce soit, constituerait une contrefaçon sanctionnée par l'article L.355-2 du Code de la Propriété intellectuelle. Le Code de la Propriété intellectuelle n'autorise, aux termes de l'article L.122-5, que les copies ou reproductions strictement réservées à l'usage privé du copiste et non destinées à une utilisation collective d'une part et, d'autre part, que les analyses et les courtes citations dans un but d'exemple et d'illustration.

Sommaire

Introduction • *6*
Comment utiliser cet ouvrage *7*
L'Univers *8*
Qu'est-ce qu'une étoile ? *10*
Étoiles multiples, étoiles variables *12*
Le système solaire *14*
La sphère céleste *16*
Noms d'étoiles et conventions *18*
Observer les étoiles *20*
Jumelles et télescopes *22*

Le système solaire • *25*
Comment consulter ce chapitre *25*
Le Soleil *26*
Mercure *29*
Vénus *32*
La Terre *36*
La Lune *38*
Mars *42*
Jupiter *46*
Saturne *50*
Uranus *54*
Neptune *56*
Pluton *58*
Comètes et météores *60*
Astéroïdes et météorites *62*

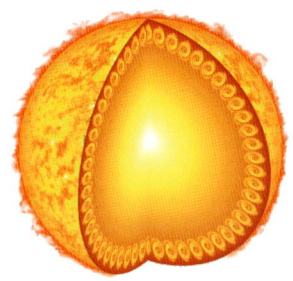

Les constellations • *63*
Comment consulter ce chapitre *63*
Les constellations de A à Z *64*

Le ciel mois par mois • *142*
Comment consulter ce chapitre *143*
Janvier *144*
Février *150*
Mars *156*
Avril *162*
Mai *168*
Juin *174*
Juillet *180*
Août *186*
Septembre *192*
Octobre *198*
Novembre *204*
Décembre *210*

Glossaire *216*
Index *218*
Remerciements *224*

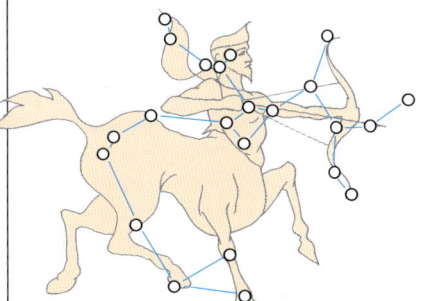

INTRODUCTION

Lorsque le Soleil se couche et que le ciel s'assombrit, la nuit dévoile ses joyaux : les planètes de notre système solaire ; les étoiles, amas et nébuleuses de notre galaxie, et d'autres galaxies situées à des distances considérables. Nombre de ces corps célestes sont visibles à l'œil nu, mais des jumelles ou un petit télescope en révèlent un plus grand nombre. Ce livre vous indique où et comment les repérer.

S I L'ASTRONOMIE est généralement considérée comme la plus ancienne des sciences, le développement technologique – des sondes planétaires aux télescopes en orbite – en fait l'une des plus modernes.

L'ASTRONOMIE ANTIQUE
L'étude du ciel a commencé au Moyen-Orient il y a plusieurs millénaires et a atteint son apogée, dans le monde ancien, chez les Grecs, il y a 2 000 ans. À cette époque, les étoiles et les planètes étaient encore de mystérieuses lumières dans le ciel, et l'on pensait que la Terre était au centre de l'Univers. Cette vision ne fut pas mise en doute avant le XVIe siècle, lorsque l'astronome polonais Nicolas Copernic postula que la Terre n'était qu'une planète, et que toutes les planètes tournaient autour du Soleil. Sa vision révolutionnaire fut confirmée au siècle suivant par l'Italien Galilée, grâce à l'invention récente de la lunette.
Le mathématicien allemand Johannes Kepler découvrit l'orbite elliptique des planètes, et l'Anglais Isaac Newton définit les forces gravitationnelles qui gouvernent les mouvements orbitaux.

L'ASTRONOMIE MODERNE
Depuis le XVIIe siècle, l'époque de Newton, on sait que les étoiles sont des soleils comme le nôtre. Mais c'est seulement au XXe siècle que l'on a compris, grâce au travail de l'astronome américain Edwin Hubble, que notre galaxie est une galaxie parmi d'innombrables autres, et que l'Univers dans son ensemble est en expansion, comme s'il résultait d'une immense explosion, le big bang, survenue il y a plusieurs milliards d'années.
Et seul l'avènement de la physique nucléaire a permis de comprendre comment les étoiles engendrent l'énergie qui les fait briller.

L'OBSERVATION DU CIEL
Malgré ses progrès récents, l'astronomie reste une science à laquelle les amateurs peuvent apporter une réelle contribution, même avec un équipement modeste, en mesurant les variations de luminosité des étoiles variables, en notant les pluies d'étoiles filantes, en suivant les tempêtes atmosphériques de Mars, Jupiter ou Saturne, par exemple. Avec un peu de chance, l'amateur attentif pourra observer l'explosion d'une étoile (une nova) ou une comète. L'un des lecteurs de ce livre fera peut-être une telle découverte.

L'ATLAS DE FARNÈSE
Le globe céleste tenu par Atlas montre les constellations connues des anciens Grecs.

COMMENT UTILISER CET OUVRAGE

C e livre comprend quatre parties : une introduction générale à l'astronomie ; un guide détaillé de notre système solaire ; un catalogue alphabétique des constellations ; et un guide mensuel du ciel nocturne. On trouvera ci-dessous des extraits des trois sections principales (sauf l'introduction). Des explications plus détaillées figurent au début de chaque section.

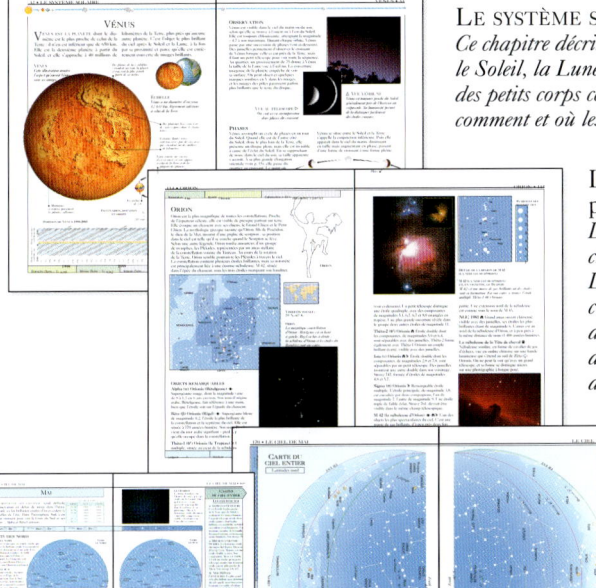

LE SYSTÈME SOLAIRE, pp. 25-62
Ce chapitre décrit les neuf planètes, le Soleil, la Lune et les plus importants des petits corps célestes. Il indique aussi comment et où les trouver.

LES CONSTELLATIONS, pp. 63-141
Les 88 constellations sont classées par ordre alphabétique. L'ensemble de leur cartographie constitue un atlas complet du ciel. Le texte décrit l'origine des constellations et un choix d'objets célestes intéressants.

LE CIEL MOIS PAR MOIS, pp. 142-215
Pour chaque mois, une introduction, comportant des cartes et descriptions sommaires des objets à observer, est suivie de cartes détaillées du ciel nocturne, vu des latitudes boréales et australes.

INTRODUCTION À CHAQUE MOIS

SYMBOLES UTILISÉS

ALPHABET GREC			OBJETS DU CIEL PROFOND	CLÉS POUR L'OBSERVATION
Les lettres grecques entrent dans les noms de certaines étoiles et apparaissent sur quelques cartes de ce livre.			*Ces symboles apparaissent en rouge dans les cartes des constellations et du ciel entier.*	*Ces symboles indiquent le type d'instrument requis pour observer les objets décrits dans la partie consacrée aux constellations.*
α alpha	ι iota	ρ rhô	◌ Galaxie	
β bêta	κ kappa	σ sigma	⊕ Amas globulaire	
γ gamma	λ lambda	τ tau	✲ Amas ouvert	👁 Œil nu
δ delta	μ mu	υ upsilon	☐ Nébuleuse diffuse	🔭 Jumelles
ε epsilon	ν nu	φ phi	◎ Nébuleuse planétaire	➤ Télescope
ζ zêta	ξ xi	χ khi		
η êta	ο omicron	ψ psi	△ Sources x et radio	Non observable avec un équipement d'amateur
θ thêta	π pi	ω omega		

L'Univers

L'Univers rassemble tout ce qui existe : matière, espace et temps. Il s'étend aussi loin que peuvent voir les plus grands télescopes, soit au moins 10 milliards d'années-lumière dans toutes les directions autour de nous. On pense que l'Univers s'est formé il y a 10 à 20 milliards d'années lors d'une gigantesque explosion, le big bang, et qu'il est encore en expansion. Dans l'Univers, la matière est retenue par l'effet de la gravité en structures de tailles variées.

Notre galaxie

L'essentiel de la matière visible contenue dans l'Univers est groupé en énormes ensembles d'étoiles, de gaz et de poussières, appelés galaxies. L'étoile la plus proche de nous, le Soleil, est une étoile ordinaire appartenant à une galaxie d'au moins cent milliards d'autres étoiles, que l'on appelle « la Galaxie », avec une majuscule. Bien qu'il soit difficile de l'affirmer d'où nous sommes, on pense que la Galaxie a la forme générale d'une spirale et qu'il existe une barre de matière en son centre. La Galaxie présente un diamètre d'environ 100 000 années-lumière, et nous nous trouvons aux deux tiers du centre de l'anneau, dans l'un des bras spiraux. Les étoiles que nous voyons dans le ciel appartiennent toutes à la Galaxie. Les plus proches se voient dans toutes les directions du ciel, et forment les constellations (voir p. 18). Comme la Galaxie est aplatie, les étoiles les plus lointaines forment une bande laiteuse visible de la Terre appelée la Voie lactée.

△ **La Voie lactée**
La Voie lactée, pâle bande visible en travers du ciel quand la nuit est bien noire, est formée d'innombrables et lointaines étoiles de notre galaxie. Dans cette vue de la Voie lactée, prise en direction du centre de la Galaxie, les trous apparents sont en réalité causés par des nuages de poussière présents dans les bras spiraux, masquant la lumière des étoiles situées en arrière-plan.

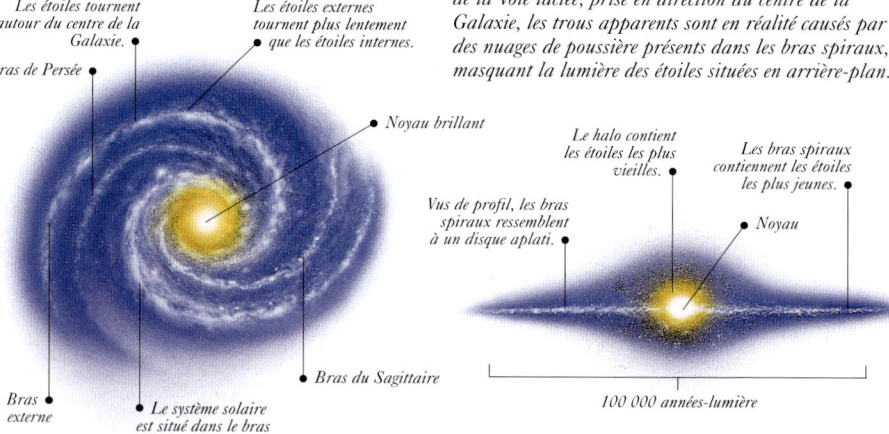

Les étoiles tournent autour du centre de la Galaxie.
Bras de Persée
Les étoiles externes tournent plus lentement que les étoiles internes.
Noyau brillant
Le halo contient les étoiles les plus vieilles.
Les bras spiraux contiennent les étoiles les plus jeunes.
Vus de profil, les bras spiraux ressemblent à un disque aplati.
Noyau
Bras externe
Le système solaire est situé dans le bras d'Orion (bras local).
Bras du Sagittaire
100 000 années-lumière

Notre galaxie vue de dessus **Notre galaxie vue de profil**

Les autres galaxies

L'Univers contient d'innombrables galaxies, dont certaines peuvent être vues depuis la Terre. Elles sont classées selon leur forme : spirale, spirale barrée, elliptique et irrégulière. Les galaxies spirales ont des bras formés d'étoiles relativement jeunes, de nuages de gaz et de poussières, qui s'enroulent autour d'un renflement central d'étoiles plus âgées. Dans les spirales barrées, les bras partent des deux bouts d'une barre centrale. Les galaxies elliptiques, formées de vieilles étoiles, n'ont pas de bras et très peu de gaz ou de poussières. Les galaxies irrégulières n'ont pas de forme ni de structure régulières.

Les plus grandes galaxies sont elliptiques, avec une masse supérieure de plus de 10 fois à celle de notre galaxie ; quelques elliptiques géantes ont pu se former par la fusion de galaxies plus petites. Très loin dans l'Univers, on trouve des objets appelés quasars, émettant autant d'énergie qu'une galaxie, mais dans un volume à peine supérieur à celui du système solaire. Les quasars, et leurs parents moins lumineux, connus sous le nom de galaxies de Seyfert et d'objets de type BL Lacertae, sont sans doute des galaxies comportant un trou noir massif en leur centre.

Galaxie spirale
Cette galaxie, M 83, se présente à nous « de face », et nous pouvons voir son noyau et ses bras incurvés.

Galaxie spirale barrée
Dans une spirale barrée, comme NGC 1365, une barre d'étoiles et de gaz traverse le noyau.

Galaxie elliptique
Les galaxies elliptiques vont des naines aux géantes. M 87 est une elliptique géante.

Groupes de galaxies

Les galaxies se groupent généralement en amas. Notre galaxie est la deuxième en taille d'une famille relativement petite, composée d'une trentaine de galaxies, appelée le Groupe local, dont le diamètre est de 3 millions d'années-lumière environ. Le plus grand membre du groupe qui est aussi l'objet le plus lointain visible à l'œil nu est la galaxie d'Andromède, une galaxie spirale distante de plus de 2 millions d'années-lumière. Certains amas ont des milliers de membres, comme l'amas de la Vierge, le plus proche des grands amas, situé à quelque 50 millions d'années-lumière. Ses membres les plus brillants peuvent être vus avec un télescope d'amateur.

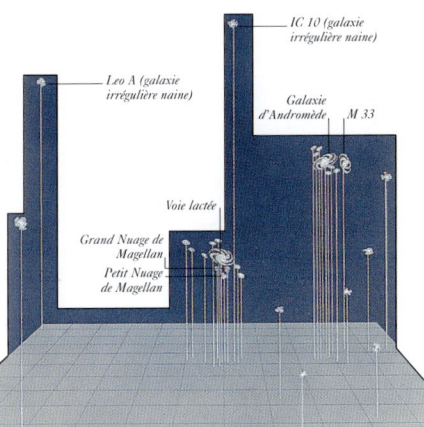

Le Groupe local

Qu'est-ce qu'une étoile ?

Les étoiles sont des boules de gaz. Elles rayonnent de l'énergie produite par les réactions nucléaires qui ont lieu dans leur noyau. La plupart des étoiles ressemblent au Soleil, mais elles sont si loin qu'elles nous apparaissent comme de simples points lumineux. Dans toute la Galaxie, des étoiles se forment, évoluent et disparaissent. En étudiant différentes étoiles, les astronomes ont pu décrire leur évolution au cours du temps, et donc mieux comprendre le passé et l'avenir probable du Soleil.

La formation des étoiles

Les étoiles se forment dans d'immenses nuages de gaz et de poussières appelés nébuleuses, processus qui se poursuit encore aujourd'hui. La nébuleuse se contracte sous l'effet de sa propre gravité, formant une étoile embryonnaire, une protoétoile. Finalement, la densité et la température du gaz au centre de la protoétoile deviennent assez élevées pour que les réactions nucléaires commencent. L'objet « s'allume » et devient une véritable étoile, engendrant sa propre chaleur et sa lumière. On dit alors que l'étoile est sur la séquence principale. La durée de cet état et le devenir de l'étoile dépendent dès lors de sa masse.

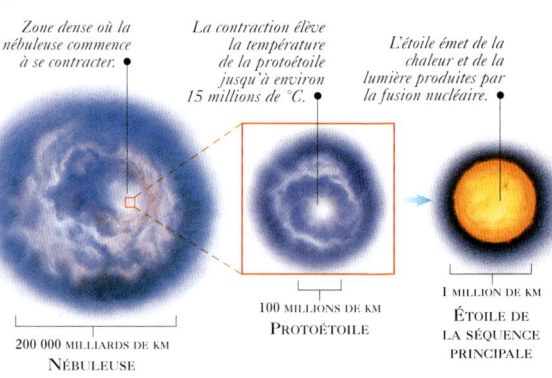

La formation des étoiles

Zone dense où la nébuleuse commence à se contracter.

La contraction élève la température de la protoétoile jusqu'à environ 15 millions de °C.

L'étoile émet de la chaleur et de la lumière produites par la fusion nucléaire.

200 000 MILLIARDS DE KM
NÉBULEUSE

100 MILLIONS DE KM
PROTOÉTOILE

1 MILLION DE KM
ÉTOILE DE LA SÉQUENCE PRINCIPALE

Les nébuleuses

Les nébuleuses sont des nuages de gaz et de poussières. Les nébuleuses diffuses brillantes contiennent de l'hydrogène à partir duquel de nouvelles étoiles se forment. Deux types de nébuleuses sont liées à des stades avancés de l'évolution stellaire : les nébuleuses planétaires sont des coquilles de gaz éjectées par des étoiles géantes rouges, tandis que d'autres sont les restes de supernovae, sortes de ruines laissées par l'explosion d'étoiles massives. Certaines nébuleuses sont sombres parce qu'elles ne contiennent pas d'étoiles pour les éclairer, et elles ne sont visibles qu'en ombres chinoises sur un fond brillant.

GRANDE NÉBULEUSE D'ORION
(NÉBULEUSE DIFFUSE BRILLANTE)

RESTE DE LA SUPERNOVA DU VOILE
(RESTE DE SUPERNOVA)

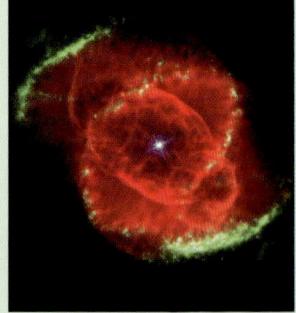

NÉBULEUSE ŒIL DE CHAT
(NÉBULEUSE PLANÉTAIRE)

QU'EST-CE QU'UNE ÉTOILE ? • 11

ÉTOILES MASSIVES
Une étoile de la séquence principale avec une masse d'environ 10 masses solaires connaît une fin spectaculaire : elle devient une supergéante rouge, dont les couches externes s'étendent en se refroidissant. Finalement, le noyau s'effondre en une gigantesque explosion, donnant naissance à une supernova. Pendant quelques semaines, la supernova brille autant qu'une galaxie entière.

Tandis que les couches externes de l'étoile se dispersent dans l'espace, le sort du noyau dépend à nouveau de sa masse. Un noyau de masse relativement faible s'écrase et devient une étoile à neutrons, petite et extrêmement dense. Si la masse du noyau dépasse environ deux masses solaires, sa propre gravité l'écrase encore plus ; il devient un trou noir.

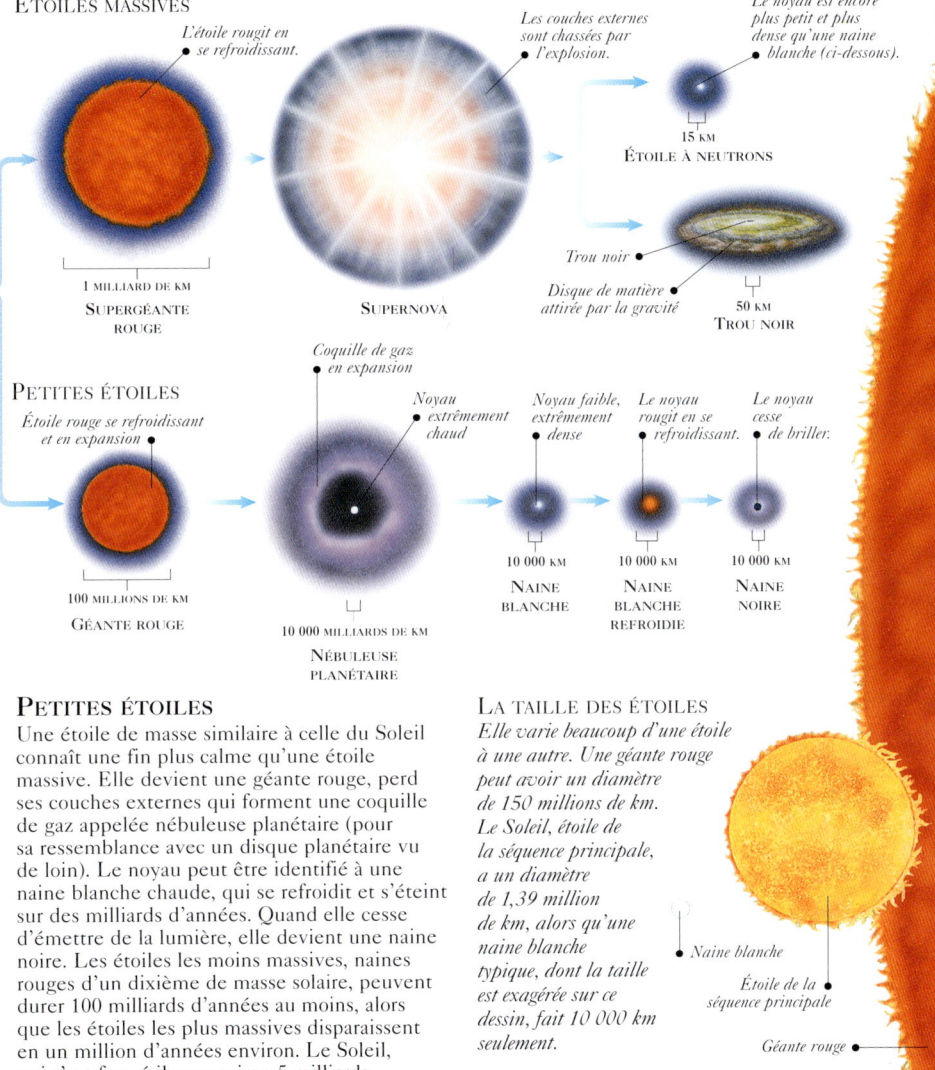

ÉTOILES MASSIVES
L'étoile rougit en se refroidissant.
Les couches externes sont chassées par l'explosion.
Le noyau est encore plus petit et plus dense qu'une naine blanche (ci-dessous).

1 MILLIARD DE KM
SUPERGÉANTE ROUGE

SUPERNOVA

15 KM
ÉTOILE À NEUTRONS

Trou noir
Disque de matière attirée par la gravité

50 KM
TROU NOIR

PETITES ÉTOILES
Étoile rouge se refroidissant et en expansion
Coquille de gaz en expansion
Noyau extrêmement chaud
Noyau faible, extrêmement dense
Le noyau rougit en se refroidissant.
Le noyau cesse de briller.

100 MILLIONS DE KM
GÉANTE ROUGE

10 000 MILLIARDS DE KM
NÉBULEUSE PLANÉTAIRE

10 000 KM
NAINE BLANCHE

10 000 KM
NAINE BLANCHE REFROIDIE

10 000 KM
NAINE NOIRE

PETITES ÉTOILES
Une étoile de masse similaire à celle du Soleil connaît une fin plus calme qu'une étoile massive. Elle devient une géante rouge, perd ses couches externes qui forment une coquille de gaz appelée nébuleuse planétaire (pour sa ressemblance avec un disque planétaire vu de loin). Le noyau peut être identifié à une naine blanche chaude, qui se refroidit et s'éteint sur des milliards d'années. Quand elle cesse d'émettre de la lumière, elle devient une naine noire. Les étoiles les moins massives, naines rouges d'un dixième de masse solaire, peuvent durer 100 milliards d'années au moins, alors que les étoiles les plus massives disparaissent en un million d'années environ. Le Soleil, qui s'est formé il y a environ 5 milliards d'années, est à peu près à la moitié de sa vie.

LA TAILLE DES ÉTOILES
Elle varie beaucoup d'une étoile à une autre. Une géante rouge peut avoir un diamètre de 150 millions de km. Le Soleil, étoile de la séquence principale, a un diamètre de 1,39 million de km, alors qu'une naine blanche typique, dont la taille est exagérée sur ce dessin, fait 10 000 km seulement.

Naine blanche
Étoile de la séquence principale
Géante rouge

ÉTOILES MULTIPLES, ÉTOILES VARIABLES

Les étoiles ne sont pas toujours les simples points lumineux invariables qu'elles paraissent être au premier abord. Beaucoup appartiennent à des familles de deux ou trois étoiles, et même parfois à des groupes beaucoup plus importants. D'autres voient leur luminosité varier sur des cycles de plusieurs jours, mois ou années. On peut voir des étoiles doubles ou multiples, des amas d'étoiles et des étoiles variables, avec de petits instruments ou même à l'œil nu.

ALBIREO
Le contraste entre l'orange et le bleu rend cette binaire particulièrement attrayante pour les utilisateurs de petits télescopes.

ÉTOILES DOUBLES ET MULTIPLES

Observées avec des jumelles ou un télescope, beaucoup d'étoiles révèlent un ou plusieurs compagnons. Ces derniers sont parfois des étoiles très éloignées dans l'espace mais qui semblent proches par l'effet de la perspective : dans ce cas, on parle de paire optique. Mais, le plus souvent, les étoiles sont proches l'une de l'autre et forment ce qu'on appelle une binaire. Liés par la gravité, les membres d'une binaire tournent l'un autour de l'autre, bien qu'il faille en général plusieurs années pour détecter le moindre mouvement, et que dans le cas d'étoiles multiples, les mouvements orbitaux puissent être très complexes. Séparer les composantes d'une étoile double est une activité appréciée des astronomes amateurs. Plus les étoiles sont rapprochées, vues de la Terre, plus il faut une grande ouverture de télescope pour les distinguer, les « séparer ». Quand les étoiles ont des luminosités très différentes, l'étoile la plus faible (le compagnon) peut être difficile à distinguer dans l'éclat de la plus brillante (la principale). Certaines doubles, les binaires spectroscopiques, sont trop serrées pour être séparées avec un télescope optique. Ce n'est qu'en étudiant le spectre de leur lumière que les astronomes professionnels peuvent établir qu'elles sont doubles.

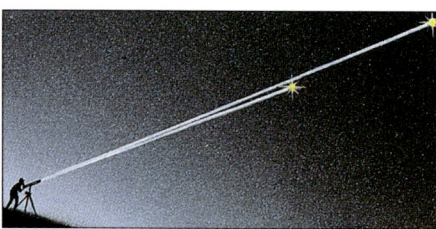

ÉTOILES DOUBLES OPTIQUES

On appelle paire optique deux étoiles situées sur la même ligne de visée, mais à des distances différentes de nous. Les étoiles doubles de ce type sont moins courantes que les vraies binaires. En fait, plus des trois quarts de toutes les étoiles ont un lien gravitationnel avec un ou plusieurs compagnons.

ÉTOILES LIÉES GRAVITATIONNELLEMENT

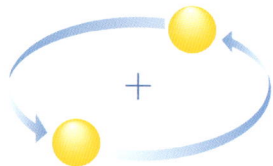
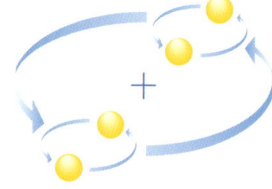

MASSES ÉGALES
Dans une binaire dont les membres sont de même masse, les étoiles tournent autour d'un centre de gravité situé à mi-distance de chacune d'elles.

MASSES INÉGALES
Quand un membre d'une binaire est plus massif que l'autre, le centre de gravité est plus proche de l'étoile la plus lourde.

ÉTOILE MULTIPLE
Ici, quatre étoiles de même masse forment deux paires tournant autour du centre de gravité. Les orbites d'étoiles multiples sont en général très elliptiques.

ÉTOILES MULTIPLES, ÉTOILES VARIABLES • 13

Amas d'étoiles

La plupart des étoiles ne se forment pas individuellement, mais dans des groupes, ou amas, qui sont de deux types. Les amas ouverts, les plus courants, n'ont pas de forme définie et rassemblent, dans les bras spiraux de notre galaxie, quelques douzaines ou centaines d'étoiles relativement jeunes. Les amas globulaires, qui forment un halo autour de notre galaxie, sont de forme sphérique ou légèrement elliptique, et contiennent un grand nombre de très vieilles étoiles.

OMÉGA DU CENTAURE ▷
(AMAS GLOBULAIRE)

△ LES PLÉIADES
(AMAS OUVERT)

Étoiles variables

Une étoile est dite variable quand sa luminosité varie au cours du temps. Presque 20 % de ces étoiles sont des binaires à éclipses – des paires très serrées dont une étoile passe périodiquement devant l'autre, diminuant la quantité totale de lumière qui atteint la Terre. La plus fameuse binaire à éclipses est l'étoile Algol (dans la constellation de Persée). Mais la plupart des étoiles variables le sont à cause de variations (ou pulsations) de leur taille. Les plus courantes de ce type sont des géantes et supergéantes rouges appelées Mira, d'après leur prototype Mira Ceti (dans la Baleine). L'éclat de telles étoiles varie d'un facteur allant jusqu'à 25 000 sur des périodes de 3 mois à 3 ans. Beaucoup d'autres géantes ou supergéantes rouges ont des pulsations moins régulières et des variations d'émission moins amples. Relativement rares, mais importantes, sont les Céphéides, nommées d'après Delta Cephei (dans Céphée). La période de pulsation de ces jeunes supergéantes jaunes est directement liée à leur luminosité ; ainsi, en chronométrant les variations d'une étoile, les astronomes peuvent en déduire sa luminosité intrinsèque. Puisque la luminosité apparente d'une étoile dépend de sa distance à la Terre, ces étoiles constituent des « bougies étalons » pour mesurer les distances dans l'espace.

LUMINOSITÉ D'ALGOL
ET DE DELTA CEPHEI
Ces diagrammes montrent la variation de luminosité apparente (ou magnitude) avec le temps. Tandis que la courbe de Delta Cephei est relativement douce, la luminosité d'Algol chute brutalement quand l'étoile principale est éclipsée par son plus faible compagnon.

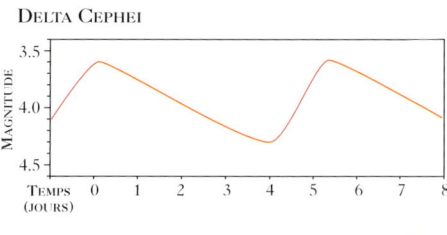

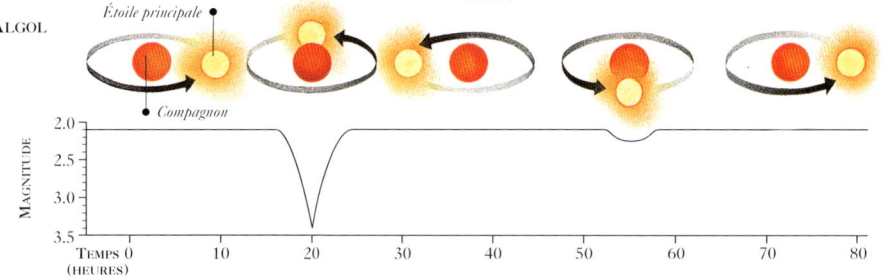

LE SYSTÈME SOLAIRE

Le cœur du système solaire est le Soleil. Autour de lui tournent neuf planètes et leurs lunes, ainsi qu'un essaim d'astéroïdes (ou petites planètes) et des débris plus petits encore. Le Soleil représente 99,9 % de la masse totale du système solaire, et tous les objets du système sont retenus par sa gravité. Aux confins du système solaire se trouve un nuage de comètes qui s'étend jusqu'à mi-distance de l'étoile la plus proche, soit environ deux années-lumière.

LE SOLEIL ET LES PLANÈTES

Le système solaire tourne autour du centre de la Galaxie, et les planètes tournent autour du Soleil, tout cela dans le sens inverse des aiguilles d'une montre, vu du pôle Nord du Soleil. Chaque planète tourne aussi sur elle-même autour de son axe de rotation. Les quatre planètes internes – Mercure, Vénus, la Terre et Mars – sont de petits corps rocheux qu'on appelle aussi planètes telluriques. Au-delà de Mars, on trouve la ceinture d'astéroïdes, puis les géantes gazeuses – Jupiter, Saturne, Uranus et Neptune –, ainsi appelées parce qu'elles sont beaucoup plus grosses que la Terre et constituées essentiellement d'hydrogène et d'hélium. Toutes les quatre possèdent des systèmes d'anneaux et de nombreuses lunes. Pluton est une petite étrangeté glacée, qui se trouve parfois plus proche du Soleil que Neptune. On pense que les planètes se sont formées à partir d'un disque de gaz et de poussières entourant le Soleil nouveau-né, il y a environ 4,6 milliards d'années. Les astronomes ont aussi trouvé la preuve de l'existence de planètes autour d'autres étoiles.

ORBITES DES PLANÈTES INTERNES ▷
La Terre est la plus grande des quatre planètes rocheuses internes. Mercure et Vénus, qui tournent entre le Soleil et la Terre, sont dites planètes inférieures.

L'ÉCHELLE DE TAILLE DES PLANÈTES

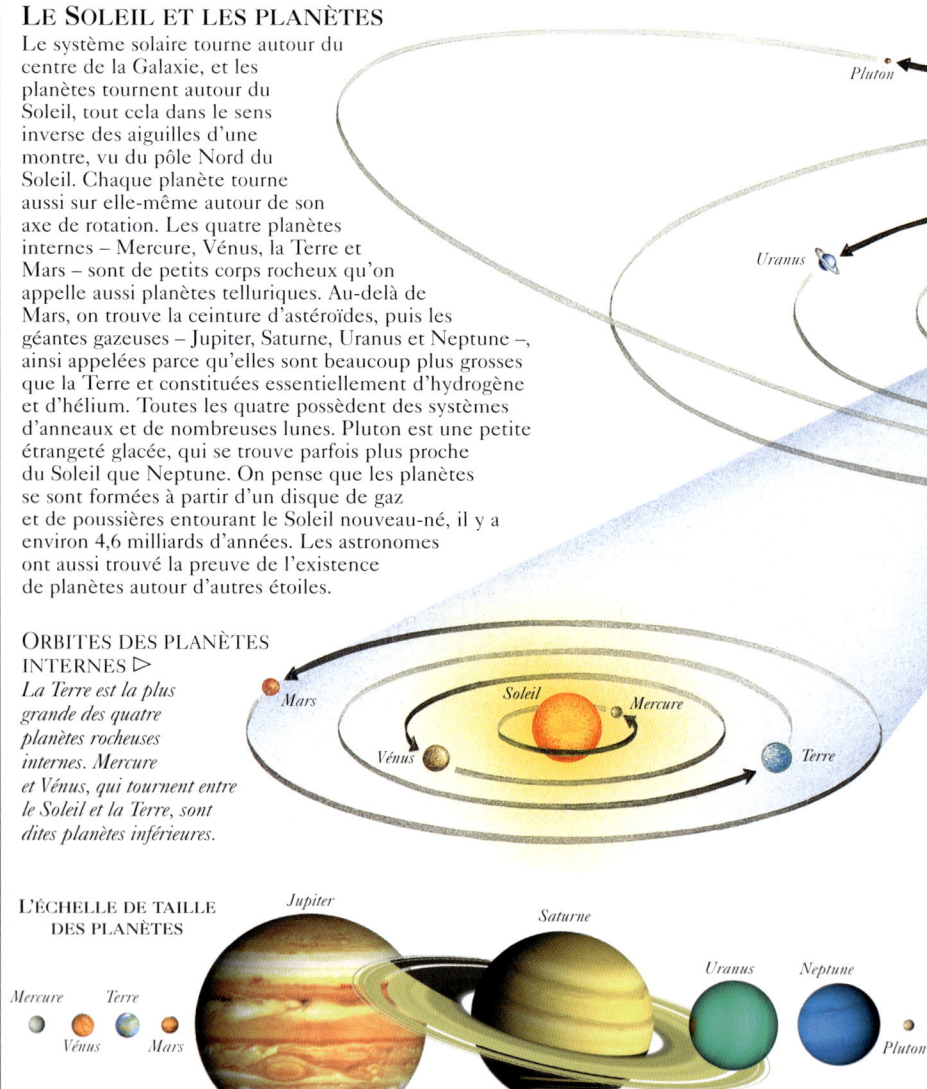

LE SYSTÈME SOLAIRE • 15

OBSERVER LES PLANÈTES

Les orbites de la Terre et des autres planètes se situent à peu près dans le même plan. En conséquence, les planètes restent près d'une ligne imaginaire, l'écliptique (voir p. 16), qui représente le chemin apparent du Soleil dans le ciel au cours de l'année. Les planètes inférieures (Mercure et Vénus) sont toujours près du Soleil, apparaissent avant l'aube ou après le crépuscule, mais jamais en pleine nuit. Cinq planètes – Mercure, Vénus, Mars, Jupiter et Saturne – sont assez brillantes pour être visibles à l'œil nu. On peut les identifier en suivant leur mouvement d'une nuit à l'autre sur le fond des étoiles apparemment fixes, qui modifie la forme des constellations. Les planètes plus lointaines sont plus difficiles à voir : si Uranus et Neptune sont repérables avec des jumelles, Pluto ne peut être vue qu'avec un télescope.

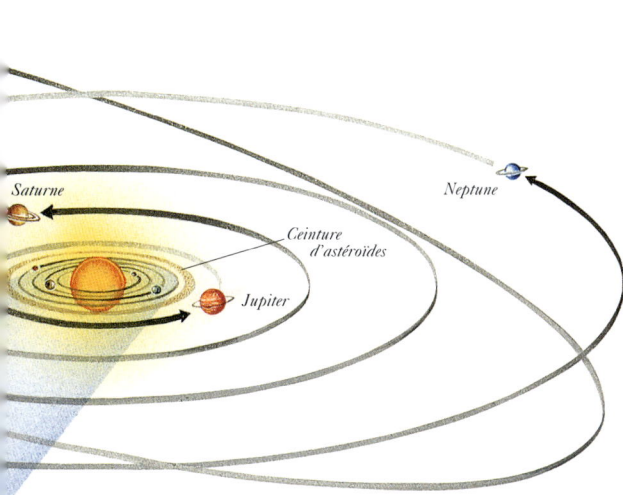

△ **ORBITES DES PLANÈTES EXTERNES**
Les six planètes situées au-delà de la Terre sont appelées supérieures. Elles mettent d'autant plus de temps à parcourir leur orbite qu'elles sont plus loin du Soleil.

RÉTROGRADATION DE MARS

RÉTROGRADATION
Par rapport aux étoiles, les planètes paraissent se déplacer d'ouest en est dans le ciel terrestre. Mais, quand la Terre, qui se déplace plus vite sur son orbite autour du Soleil, double une planète supérieure, la planète paraît effectuer une boucle en arrière dans le ciel. Connu sous le nom de rétrogradation, cet effet est particulièrement visible dans le mouvement de Mars.

OPPOSITION ET CONJONCTION

La facilité avec laquelle la plupart des planètes peuvent être vues dépend de leur position par rapport au Soleil et à la Terre. L'angle entre une planète et le Soleil, vu de la Terre, s'appelle l'élongation. À leurs plus grandes élongations orientale et occidentale, les planètes inférieures sont respectivement dans le ciel du soir et dans celui du matin. À la conjonction (quand l'élongation est nulle), une planète est noyée dans l'éclat du Soleil. Une planète supérieure peut être à l'opposé du Soleil dans le ciel, c'est ce qu'on appelle l'opposition ; c'est à ce moment qu'elle paraît le plus grande, elle est alors visible toute la nuit, et à minuit elle se trouve plein sud pour les latitudes boréales et plein nord pour les latitudes australes.

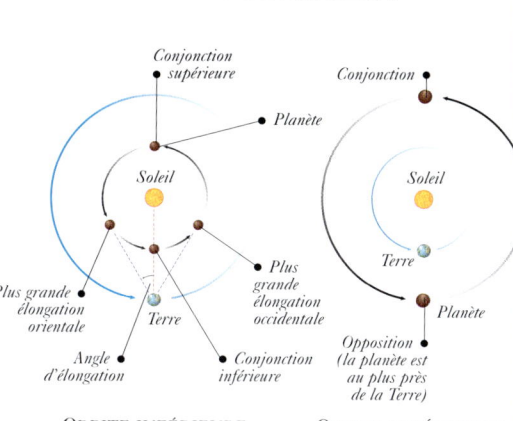

ORBITE INFÉRIEURE   **ORBITE SUPÉRIEURE**

La sphère céleste

Tous les objets célestes paraissent attachés à une sphère invisible de taille infinie centrée sur la Terre. Cette sphère céleste semble tourner autour de la Terre en un jour, mais en réalité c'est la Terre qui tourne. La portion de sphère céleste visible de la Terre dépend de la latitude de l'observateur, de l'heure de la nuit et de l'époque de l'année.

La sphère céleste
Comme sur le globe terrestre, il existe différents points et lignes virtuels importants. À l'aplomb des pôles terrestres se situent les pôles célestes, autour desquels la sphère paraît tourner quotidiennement. L'équateur céleste est un cercle équivalent à celui de l'équateur terrestre et à l'aplomb de ce dernier. Un autre cercle, l'écliptique, représente le chemin annuel apparent du Soleil autour de la sphère céleste. Puisque le mouvement du Soleil est en réalité dû à la révolution de la Terre autour du Soleil, l'écliptique est la projection du plan de l'orbite terrestre sur la sphère céleste. Comme l'axe de la Terre est incliné de 23,5°, l'équateur céleste a la même inclinaison par rapport à l'écliptique.

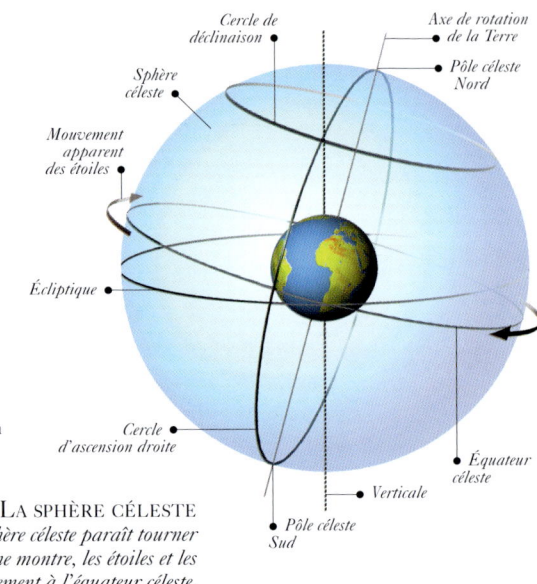

La sphère céleste
Vue du pôle Nord de la Terre, la sphère céleste paraît tourner dans le sens inverse des aiguilles d'une montre, les étoiles et les autres objets se déplaçant parallèlement à l'équateur céleste.

Latitude
Ce que nous pouvons voir de la sphère céleste dépend de notre latitude. De chaque pôle, on ne peut voir qu'une moitié du ciel, australe depuis le pôle Sud, boréale depuis le pôle Nord ; chaque nuit, les objets tournent autour du pôle céleste sans se lever ni se coucher (ils sont circumpolaires). À l'équateur, on peut voir toute la sphère céleste en un an ; les pôles célestes se trouvent aux horizons nord et sud, et tous les objets du ciel se lèvent et se couchent. Aux latitudes moyennes, on peut voir tout un hémisphère céleste en un an, plus une partie de l'autre ; seuls certains objets sont circumpolaires.

Mouvement apparent
Vus de différents endroits du globe, les objets célestes paraissent se mouvoir différemment.

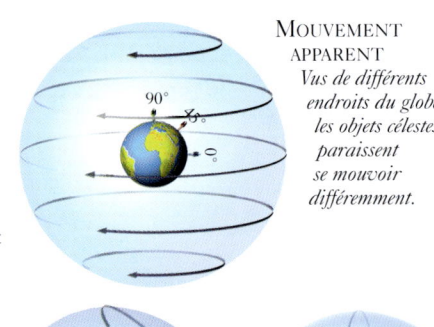

Pôle Nord (90° N.)
Tous les objets se déplacent sans se lever ni se coucher.

Latitude moyenne (45° N.)
Certains objets se lèvent et se couchent ; les autres sont circumpolaires.

Équateur (0°)
Tous les objets célestes se lèvent et se couchent.

LA SPHÈRE CÉLESTE • 17

TEMPS NOCTURNE ET TEMPS ANNUEL

À cause de la rotation de la Terre, les étoiles semblent se déplacer sur la voûte céleste, et notre vision du ciel change au cours de la nuit. La sphère céleste met autant de temps à tourner que la Terre sur son axe par rapport aux étoiles – 23 heures 56 minutes. Mais le temps qui sépare deux midis (le jour moyen) est plus long, 24 heures, car c'est le temps mis par la Terre pour tourner autour du Soleil. Une étoile se lèvera donc quatre minutes plus tôt chaque nuit, en temps moyen. La révolution de la Terre autour du Soleil induit aussi qu'une étoile située près de l'équateur céleste et qui se trouve dans le ciel nocturne (donc visible) à une période de l'année sera dans le ciel diurne (et donc invisible) six mois plus tard.

TEMPS NOCTURNE ▷
Sur cette photographie à longue exposition, la rotation de la Terre fait décrire aux images stellaires des arcs de cercle autour du pôle céleste Nord.

LE ZODIAQUE

Au cours de l'année, le Soleil passe devant une bande de constellations (voir p. 18), le long de l'écliptique. Leur ensemble forme le zodiaque, qui est la zone dans laquelle les planètes peuvent toujours être vues. Les dates où le Soleil se trouve dans chaque constellation ne correspondent plus aujourd'hui aux dates attribuées, il y a longtemps, aux maisons astrologiques du même nom.

Constellations du zodiaque • Écliptique • Soleil • Terre

L'ÉCLIPTIQUE ET LE ZODIAQUE
Comme la Terre se déplace autour du Soleil, ce dernier semble se déplacer sur le fond des étoiles.

COORDONNÉES CÉLESTES

La position des objets sur la sphère céleste est donnée selon des coordonnées appelées ascension droite (α) et déclinaison (δ). La première équivaut à la longitude terrestre et se mesure en heures sur l'équateur céleste ; l'heure 0 se situe au point vernal, là où le Soleil coupe l'équateur céleste lorsqu'il passe chaque année de l'hémisphère austral à l'hémisphère boréal, et la mesure de l'ascension droite progresse dans le sens inverse des aiguilles d'une montre. La déclinaison équivaut à la latitude terrestre et se mesure en degrés, de 0° sur l'équateur céleste jusqu'à 90° aux pôles célestes.

- *Une heure d'ascension droite vaut 15° de rotation.*
- *La déclinaison de l'étoile est +45°.*
- *Équateur céleste*
- *La position de l'étoile est 2h +45°.*
- *La déclinaison se mesure en degrés.*
- *L'ascension droite de l'étoile est de 2 heures.*
- *Point vernal*

NOMS D'ÉTOILES ET CONVENTIONS

Le ciel est divisé en 88 zones adjacentes appelées constellations, dont les frontières ont été définies par l'Union astronomique internationale, en 1930. Dans ces zones, les astronomes utilisent un système conventionnel de noms, de lettres et de chiffres pour identifier les objets célestes.

LES CONSTELLATIONS

Dans l'*Almageste* (vers 150 de notre ère), l'astronome grec Ptolémée cite 48 constellations, dont beaucoup représentent des personnages ou des créatures de la mythologie grecque. D'autres furent ajoutées plus tard, pour arriver au nombre actuel de 88. Beaucoup de constellations se trouvant dans le ciel austral, en dessous de l'horizon des Grecs et donc hors de leur zone d'observation, elles portent des noms d'instruments scientifiques ou techniques ou bien d'animaux exotiques que leur ont donnés des observateurs successifs, au temps des grandes découvertes. Sur les cartes célestes, certaines étoiles peuvent être reliées par des lignes pour former un dessin symbolisant l'objet qui a donné son nom à la constellation. Mais la ressemblance avec l'objet réel est généralement lointaine, et le tracé des lignes varie d'une carte à une autre. On se réfère souvent aux constellations par des abréviations standards de trois lettres du nom latin – par exemple Sgr pour le Sagittaire, UMa pour la Grande Ourse (Ursa Major).

LES CONSTELLATIONS AUTOUR DU PÔLE CÉLESTE SUD

MAGNITUDE

La luminosité d'un objet dans le ciel nocturne s'appelle sa magnitude apparente, et dépend de sa luminosité intrinsèque et de sa distance à la Terre. Les astronomes utilisent une échelle numérique pour décrire la magnitude des objets célestes. Les étoiles brillantes portent des nombres faibles ou négatifs, et les objets de faible luminosité des nombres élevés. Dans de bonnes conditions, on peut voir des étoiles jusqu'à la magnitude 6 environ, et il faut des jumelles ou un télescope pour voir des objets de magnitude plus élevée. L'échelle est logarithmique, et une étoile de magnitude 1 est 100 fois plus brillante qu'une étoile de magnitude 6.

MAGNITUDE APPARENTE

Bételgeuse est presque 10 000 fois plus brillante que le Soleil, mais paraît plus faible que Sirius, qui n'est que 20 fois plus brillante que le Soleil, parce qu'elle est 50 fois plus éloignée.

Soleil

Sirius (8,6 années-lumière du Soleil)

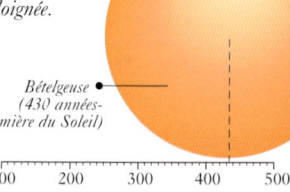
Bételgeuse (430 années-lumière du Soleil)

DISTANCE EN ANNÉES-LUMIÈRE

NOMS D'ÉTOILES ET CONVENTIONS • 19

NOMS D'ÉTOILES

Il n'existe pas qu'un seul système pour attribuer un nom aux étoiles d'une constellation. Beaucoup d'étoiles sont désignées par une lettre ou un numéro, associé au génitif du nom latin de la constellation ; les étoiles les plus brillantes reçoivent des lettres grecques, ou lettres de Bayer, attribuées dans l'ordre alphabétique selon leur luminosité – ainsi l'étoile la plus brillante du Cygne s'appelle Alpha (α) Cygni. La plupart des étoiles visibles à l'œil nu portent des numéros de Flamsteed (par exemple 61 Cygni), par ordre d'ascension droite. Quelques étoiles, qui ne figurent pas dans le catalogue de Flamsteed, sont identifiées par des lettres majuscules ou minuscules, particulièrement celles des constellations australes. Un système spécial d'identification par lettres, commençant par la lettre majuscule R, est utilisé pour certaines variables (par exemple T Cygni). Quelques étoiles brillantes ont aussi des noms courants d'origine latine, grecque ou arabe (par exemple le nom arabe Deneb). Les objets du ciel profond (comme les nébuleuses, les amas et les galaxies) portent des numéros précédés des lettres M, NGC ou IC, d'après les catalogues Messier, New General Catalogue ou Index Catalogue.

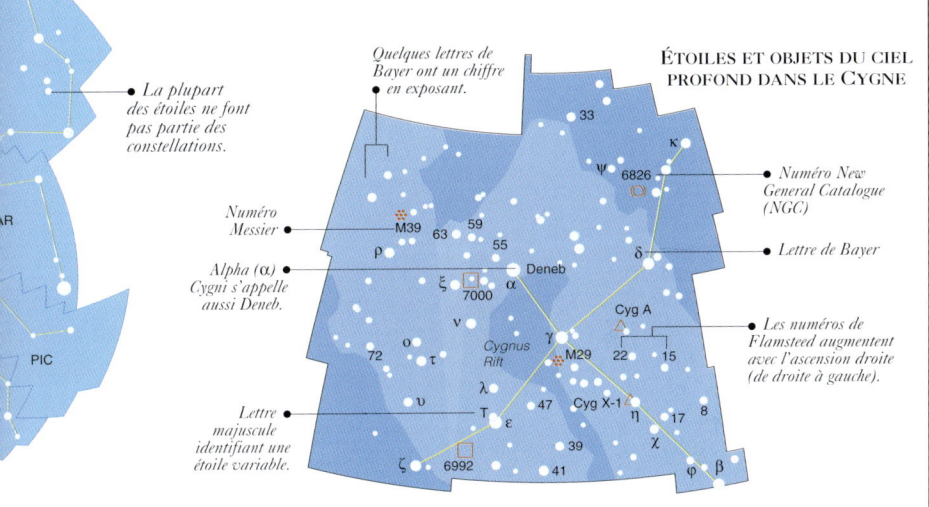

ÉTOILES ET OBJETS DU CIEL PROFOND DANS LE CYGNE

- La plupart des étoiles ne font pas partie des constellations.
- Quelques lettres de Bayer ont un chiffre en exposant.
- Numéro Messier
- Alpha (α) Cygni s'appelle aussi Deneb.
- Lettre majuscule identifiant une étoile variable.
- Numéro New General Catalogue (NGC)
- Lettre de Bayer
- Les numéros de Flamsteed augmentent avec l'ascension droite (de droite à gauche).

DISTANCE

Les astronomes mesurent la distance des étoiles à la Terre comme les géomètres : en relevant leur position de deux points différents – en l'occurrence, de deux points opposés de l'orbite terrestre, à six mois d'intervalle. Même ainsi, la variation de position, ou parallaxe, reste faible. Si la parallaxe est trop faible pour être détectée, les astronomes estiment alors la distance d'une étoile en calculant la lumière qu'elle émet et en la comparant à sa luminosité apparente dans le ciel.

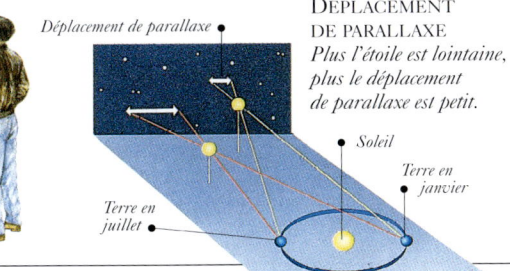

DESSINS EN TROIS DIMENSIONS
Les étoiles qui forment le dessin d'une constellation sont en général situées à des distances différentes de la Terre, et n'ont aucun lien entre elles. Par exemple, la distance à la Terre des étoiles du Grand Carré de Pégase va de 97 à 330 années-lumière.

Déplacement de parallaxe

DÉPLACEMENT DE PARALLAXE
Plus l'étoile est lointaine, plus le déplacement de parallaxe est petit.

Soleil
Terre en janvier
Terre en juillet

OBSERVER LES ÉTOILES

IDENTIFIER LES OBJETS dans le ciel nocturne peut être une expérience décourageante pour un débutant. Pour prendre un bon départ, on peut apprendre à estimer les distances et à retrouver quelques étoiles brillantes et constellations importantes. Une fois choisis ces points de référence, on peut tracer des lignes imaginaires pour trouver d'autres étoiles et d'autres repères, et procéder ainsi pour l'ensemble du ciel.

LA RÈGLE DU CIEL

Sur une carte, il est parfois difficile d'estimer la taille qu'aura un objet dans le ciel. Heureusement, une main positionnée à bras tendu fournit une règle adéquate. Par exemple, l'index, qui couvre la Lune ou le Soleil, équivaut à un angle d'un demi-degré. Le dos de la main représente environ 10 degrés, soit le Chariot de la Grande Ourse. Pour couvrir le Grand Carré de Pégase (16 degrés), il faut écarter les doigts.

▽ UTILISER LA LARGEUR DE LA MAIN
Une main positionnée à bras tendu peut servir d'instrument de mesure aussi bien pour les adultes que pour les enfants.

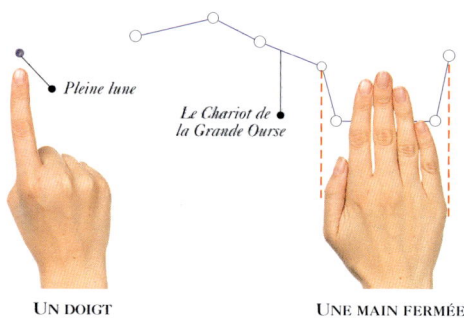

Pleine lune
Le Chariot de la Grande Ourse
Le Grand Carré de Pégase

UN DOIGT · UNE MAIN FERMÉE · UNE MAIN OUVERTE

LE CIEL BORÉAL

La Grande Ourse, ou Grand Chariot, située haut dans le ciel de l'hémisphère Nord au printemps, est un repère majeur dans le ciel boréal. Deux étoiles du Chariot, Alpha et Bêta Ursae Majoris, pointent vers l'étoile Polaire. De l'autre côté du pôle céleste, on trouve Cassiopée, la constellation en forme de W. Le Chariot permet aussi de trouver l'étoile brillante Véga, remarquable dans le ciel d'été boréal. En prolongeant le Timon recourbé du Chariot, on trouve Arcturus, un phare dans le ciel du printemps, puis l'Épi, l'étoile la plus brillante de la Vierge. Au sud du Chariot, on trouve le Lion et les étoiles Castor et Pollux, des Gémeaux.

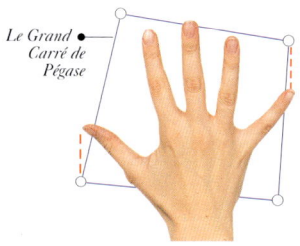

REPÈRES POUR LE CIEL BORÉAL

ÉCHELLE

Le ciel à latitude moyenne

Orion est une constellation remarquable dans le ciel nocturne de l'hiver boréal et de l'été austral. La ligne de trois étoiles qui forme le Baudrier d'Orion pointe vers l'étoile la plus brillante du ciel, Sirius (dans le Grand Chien). Sirius marque l'angle d'un immense triangle (connu dans l'hémisphère Nord sous le nom de Triangle d'hiver). Les autres angles du triangle sont marqués par les étoiles brillantes Bételgeuse (dans Orion) et Procyon (dans le Petit Chien). Une autre étoile remarquable dans Orion est Rigel. La ligne allant de Rigel à Bételgeuse pointe vers Castor et Pollux dans la constellation voisine des Gémeaux. De l'autre côté d'Orion, Aldébaran est l'étoile la plus brillante du Taureau ; après Aldébaran, dans la même direction, est situé l'amas ouvert des Pléiades. Pratiquement au nord d'Orion se trouve la Chèvre, l'étoile la plus brillante du Cocher, au zénith les soirs d'hiver, pour les latitudes moyennes de l'hémisphère Nord.

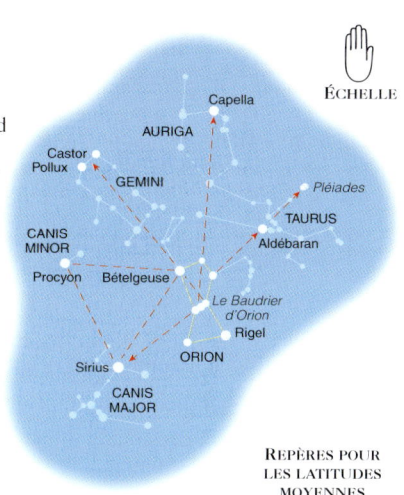

Repères pour les latitudes moyennes

Le ciel austral

Deux étoiles brillantes du Centaure et la forme familière de la Croix du Sud – toutes si haut les soirs d'avril et de mai – sont les repères de départ pour le ciel austral. Une ligne d'Alpha à Bêta Centauri pointe vers la Croix, la plus petite constellation du ciel, mais aussi l'une des plus caractéristiques. Il ne faut pas confondre la Croix du Sud avec la Fausse Croix, un peu plus grande, près de l'étoile brillante Canopus. À la différence de l'hémisphère Nord, il n'y a pas d'étoile brillante vers le pôle céleste Sud, mais le grand axe de la Croix pointe vers le pôle, ainsi que la perpendiculaire à la ligne qui joint Alpha et Bêta Centauri (voir aussi p. 87). Canopus et Achernar forment un grand triangle avec le pôle céleste Sud.

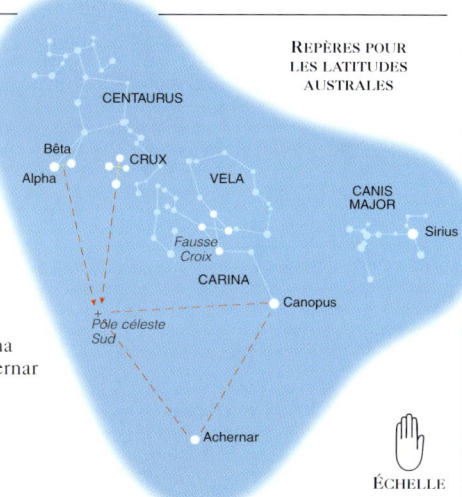

Repères pour les latitudes australes

Quelques astuces pour observer le ciel

- Portez toujours des vêtements chauds, même l'été, car les soirées peuvent être froides.
- Attendez au moins 10 minutes pour laisser vos yeux s'accoutumer à l'obscurité avant toute observation sérieuse.
- Si nécessaire, utilisez une lampe à filtre rouge, afin que vos yeux restent habitués à l'obscurité.

Lampe de poche recouverte de plastique

- Autant que possible, observez les objets quand ils sont bien dégagés de l'horizon.
- Pour mieux voir les objets peu lumineux, regardez légèrement à côté ; leur lumière atteindra les zones externes de votre œil, plus sensibles. Cette technique est appelée vision périphérique.
- Enregistrez vos observations en notant toujours la date et l'heure.

JUMELLES ET TÉLESCOPES

LES ASTRONOMES utilisent des jumelles et des télescopes pour accroître la luminosité et la taille des objets. Ces instruments collectent plus de lumière que l'œil humain, et permettent donc de voir plus d'objets de faible luminosité qu'à l'œil nu. Ils grossissent aussi les objets, rendant visibles de petits détails. Les jumelles sont en général recommandées aux débutants ; une étude plus sérieuse exige un télescope.

JUMELLES OU TÉLESCOPE ?

Pour une simple promenade dans le ciel étoilé, les jumelles, faciles à transporter et relativement bon marché, sont idéales. Grâce à elles, on voit beaucoup plus d'étoiles qu'à l'œil nu, et leur large champ de vision est bien adapté à l'observation de grandes zones du ciel ou d'objets comme les comètes. De plus, elles donnent des images à l'endroit. Les télescopes ont de plus grandes ouvertures (diamètre de l'objectif) et de plus forts grossissements que les jumelles, mais donnent des images inversées. L'ouverture d'un télescope est fixe, mais son grossissement est variable selon l'oculaire utilisé. Pour juger de la qualité d'un télescope, l'ouverture est plus importante que le grossissement (voir ci-dessous). Autre facteur important : sa bonne stabilité, pour éviter le tremblement des images. La plupart des astronomes amateurs utilisent un télescope de « petite » ouverture (moins de 100 mm) à « moyenne » ouverture (de 100 à 250 mm) ; au-delà, on parle de grande ouverture.

▽ JUMELLES
Les jumelles atteignent 50 mm d'ouverture et grossissent jusqu'à 10 fois environ. Un fort grossissement rend les objets plus grands, mais au-delà de 10 fois il est difficile de tenir les jumelles avec une fermeté suffisante pour bien voir les objets.

◁ TÉLESCOPE RÉFLECTEUR

OUVERTURE ET GROSSISSEMENT

Bien que le grossissement rende les objets plus gros et plus proches, il ne doit pas dépasser certaines limites, car plus une image est grossie, plus elle devient pâle. Schématiquement, le grossissement maximal est égal au double de l'ouverture en millimètres du télescope. Quelle que soit l'ouverture, quand le grossissement augmente, l'instabilité atmosphérique causée par les courants d'air devient plus sensible, ce qui limite le grossissement utilisable.

GROSSISSEMENT
De forts grossissements sont utiles pour observer la Lune (vue ici), les planètes ou des étoiles doubles rapprochées. Les faibles grossissements sont plus adaptés aux objets diffus, comme les comètes, les nébuleuses et les galaxies.

ŒIL NU

JUMELLES

TÉLESCOPE

JUMELLES ET TÉLESCOPES • 23

TÉLESCOPES RÉFRACTEURS

Les télescopes réfracteurs (lunettes) ont une lentille principale, appelée objectif, qui collecte et concentre la lumière. L'image est agrandie par un oculaire à l'autre bout du tube. Dans certains petits réfracteurs, on utilise un prisme pour placer l'oculaire de façon plus accessible, à angle droit, comme sur la photographie ci-contre. La plupart des petits réfracteurs ont une monture simple, appelée altazimutale, qui permet au télescope de se déplacer de haut en bas et de gauche à droite.

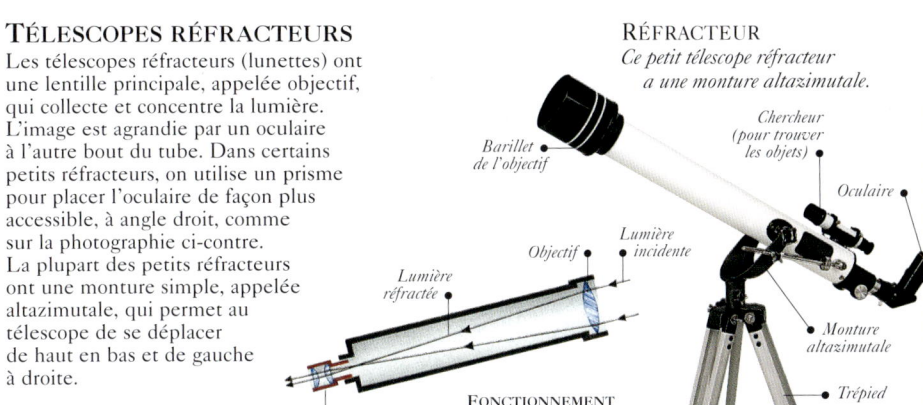

RÉFRACTEUR
Ce petit télescope réfracteur a une monture altazimutale.

FONCTIONNEMENT D'UN RÉFRACTEUR

TÉLESCOPES RÉFLECTEURS

La plupart des télescopes réflecteurs utilisés par des amateurs sont du type Newton : la lumière est collectée par un miroir concave et renvoyée, grâce à un miroir secondaire plan, vers un oculaire situé sur le côté du tube. Ils sont souvent munis d'une monture équatoriale, qui leur permet de suivre les objets en tournant sur un axe, l'axe polaire, pointé vers le pôle céleste ; un moteur peut effectuer cette rotation automatiquement. La monture Dobson, une forme de monture altazimutale, est également populaire aujourd'hui.

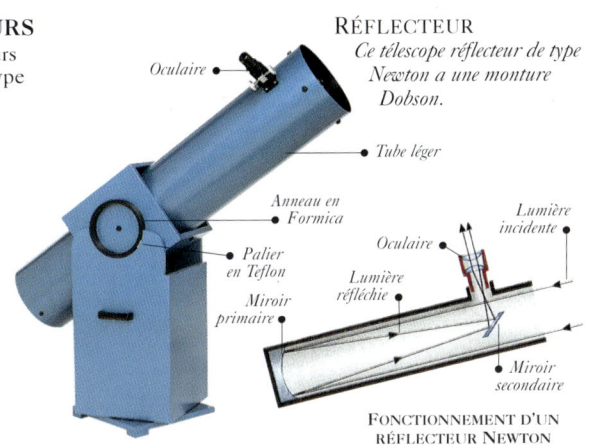

RÉFLECTEUR
Ce télescope réflecteur de type Newton a une monture Dobson.

FONCTIONNEMENT D'UN RÉFLECTEUR NEWTON

TÉLESCOPES CASSEGRAIN

Un autre type de réflecteur, le Cassegrain, utilise un miroir secondaire convexe pour renvoyer la lumière à travers un trou au centre du miroir primaire, où l'on place l'oculaire. Comme le trajet de la lumière est doublé à l'intérieur du tube, ce système est plus compact que celui de type Newton. Une variante – le Schmidt-Cassegrain, qui comporte une lentille mince, la lame de correction, placée à l'avant du tube pour augmenter le champ de vision – est bien connue des amateurs.

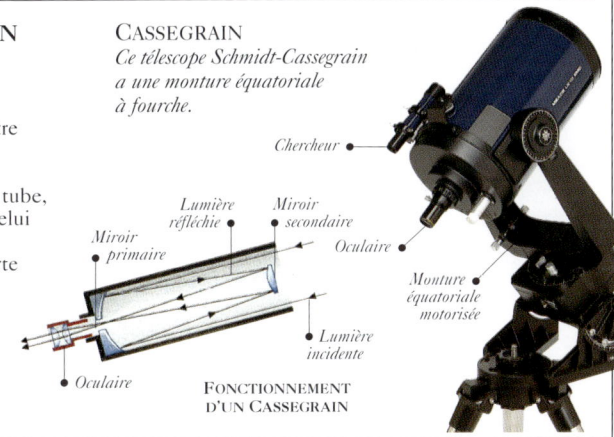

CASSEGRAIN
Ce télescope Schmidt-Cassegrain a une monture équatoriale à fourche.

FONCTIONNEMENT D'UN CASSEGRAIN

ASTROPHOTOGRAPHIE

Un appareil photo reflex peut prendre de beaux clichés du ciel nocturne, depuis des instantanés d'étoiles brillantes ou de planètes jusqu'à de longues poses guidées révélant des objets trop faibles pour être visibles à l'œil nu. Pour des vues rapprochées, un télescope peut remplacer l'objectif de l'appareil. Les astrophotographes plus chevronnés remplacent le film par un détecteur électronique, appelé CCD (Charge Coupled Device).

PHOTOGRAPHIE CONVENTIONNELLE

Une longue pose avec un appareil fixe enregistrera des traces d'étoiles comme celles de la page 17. Il faut utiliser un film rapide (ISO 400) et ouvrir le diaphragme au maximum. Le temps de pose doit être adapté aux conditions locales : en ville, la pollution lumineuse (p. 37) peut saturer le film en quelques minutes. Pour obtenir des images stellaires nettes, l'appareil doit suivre les étoiles selon la rotation terrestre. Un appareil photo monté sur un télescope à monture équatoriale motorisée permet ce genre de prise de vue. Pour des vues détaillées, on remplacera l'objectif de l'appareil par le télescope lui-même, utilisé ainsi comme un téléobjectif. Dans ce cas, il faut guider le télescope avec précision, surtout pour des poses dépassant quelques secondes.

- Appareil fixé au tube sur un support
- Déclencheur souple
- On peut utiliser l'oculaire pour pointer l'appareil.
- Monture motorisée pour suivre le mouvement des étoiles

△ APPAREIL SUR LE TÉLESCOPE
Le mouvement du télescope est utilisé pour garder l'appareil pointé sur sa cible, permettant de longues poses sans traînées stellaires.

- Adaptateur
- Boîtier de l'appareil
- Déclencheur souple
- Télescope

UN APPAREIL COMME OCULAIRE ▷
L'objectif de l'appareil est enlevé et le boîtier est fixé au télescope, à la place de l'oculaire.

CAMÉRAS CCD

Les dispositifs à transfert de charge (CCD) sont des puces de silicium sensibles à la lumière ; ils sont utilisés à la place d'un appareil conventionnel à film. Beaucoup plus sensibles que les films photographiques ordinaires, ils permettent une pose de quelques minutes au lieu d'une heure sur film, pour un même résultat. Les images CCD peuvent être stockées dans un ordinateur et observées sur son moniteur.

INSTALLER UNE CAMÉRA CCD

- La caméra CCD remplace l'oculaire.
- Câble reliant la caméra CCD à l'ordinateur

MICROPUCE CCD
Une puce CCD est beaucoup plus petite qu'une image d'un film 35 mm, ce qui peut être un inconvénient.

LE SYSTÈME SOLAIRE

COMMENT CONSULTER CE CHAPITRE

CE CHAPITRE concerne le Soleil et les corps célestes qui tournent autour de lui. Des articles illustrés décrivent de façon détaillée les neuf planètes (y compris la Terre), donnent des conseils pour les observer et des cartes et diagrammes pour les localiser. D'autres articles sont consacrés au Soleil lui-même, à la Lune et aux plus petits corps, comme les comètes et les météorites.

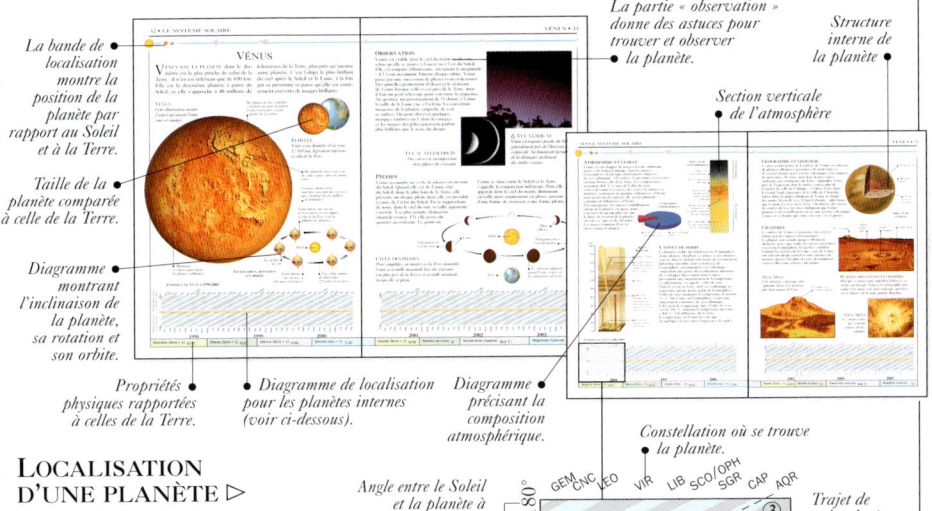

La bande de localisation montre la position de la planète par rapport au Soleil et à la Terre.

Taille de la planète comparée à celle de la Terre.

Diagramme montrant l'inclinaison de la planète, sa rotation et son orbite.

Propriétés physiques rapportées à celles de la Terre.

Diagramme de localisation pour les planètes internes (voir ci-dessous).

Diagramme précisant la composition atmosphérique.

La partie « observation » donne des astuces pour trouver et observer la planète.

Structure interne de la planète.

Section verticale de l'atmosphère.

Constellation où se trouve la planète.

Trajet de la planète.

La planète disparaît dans l'éclat du Soleil quand son trajet se trouve dans cette bande.

Angle entre le Soleil et la planète à l'ouest du Soleil (vu de la Terre).

Angle entre le Soleil et la planète à l'est du Soleil (vu de la Terre).

L'échelle horizontale indique le mois et l'année.

LOCALISATION D'UNE PLANÈTE ▷

Les planètes sont toujours dans l'une des 13 constellations du zodiaque (voir p. 17). Un diagramme à bandes permet de savoir dans quelle constellation se trouve Mercure, Vénus, Mars, Jupiter ou Saturne, à une date donnée.

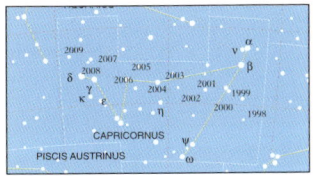

△ LES PLANÈTES EXTERNES

Uranus, Neptune et Pluton se déplacent assez lentement. Leur position dans le ciel nocturne est donc montrée sur des cartes plus conventionnelles.

△ COMMENT UTILISER LE DIAGRAMME À BANDES
1. Repérez la date sur l'échelle horizontale. Par exemple, pour trouver Vénus en janvier 2004 sur le diagramme ci-dessus, trouvez d'abord janvier en bas du diagramme.
2. Montez verticalement jusqu'au trajet sinueux.
3. Lisez en diagonale vers le haut, sur la bande colorée, la constellation où se trouve la planète. En janvier 2004, Vénus est dans le Verseau (AQR). Utilisez ensuite l'une des cartes du ciel mois par mois pour trouver le Verseau.

LE SOLEIL

L E SOLEIL est notre étoile locale, une boule de gaz incandescent de taille, température et luminosité moyennes par rapport aux autres étoiles. Le Soleil domine le système solaire : il est la source de chaleur et de lumière pour toutes les planètes, que sa force de gravité, due à sa masse importante retient en orbite autour de lui. ATTENTION : ne jamais regarder directement le Soleil avec des jumelles ou un télescope, ou même à l'œil nu.

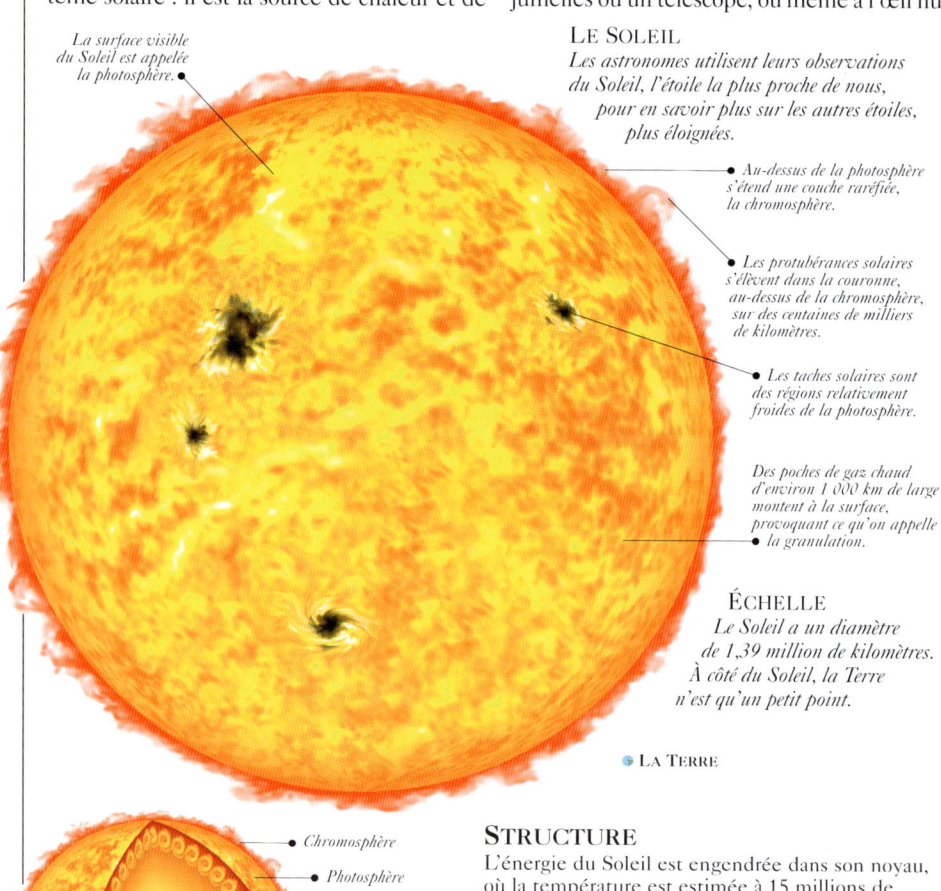

La surface visible du Soleil est appelée la photosphère.

LE SOLEIL
Les astronomes utilisent leurs observations du Soleil, l'étoile la plus proche de nous, pour en savoir plus sur les autres étoiles, plus éloignées.

Au-dessus de la photosphère s'étend une couche raréfiée, la chromosphère.

Les protubérances solaires s'élèvent dans la couronne, au-dessus de la chromosphère, sur des centaines de milliers de kilomètres.

Les taches solaires sont des régions relativement froides de la photosphère.

Des poches de gaz chaud d'environ 1 000 km de large montent à la surface, provoquant ce qu'on appelle la granulation.

ÉCHELLE
Le Soleil a un diamètre de 1,39 million de kilomètres. À côté du Soleil, la Terre n'est qu'un petit point.

● LA TERRE

● Chromosphère
● Photosphère
● Noyau
● Zone radiative
● Zone convective

STRUCTURE INTERNE

STRUCTURE

L'énergie du Soleil est engendrée dans son noyau, où la température est estimée à 15 millions de degrés Celsius. Dans ces conditions extrêmes, l'hydrogène est transformé en hélium par la fusion nucléaire. L'énergie de ces réactions se propage vers l'extérieur, d'abord par rayonnement puis par convection, atteignant finalement la photosphère. Au-dessus de la photosphère se trouve une couche de gaz moins dense, la chromosphère, d'où des nuages brillants, les protubérances, s'élèvent dans la région extérieure raréfiée, la couronne.

| Diamètre (Terre = 1) | 109 | Masse (Terre = 1) | 333 000 | Volume (Terre = 1) | 1 300 000 |

LES TACHES SOLAIRES

Ces zones plus sombres à la surface du Soleil sont des régions où les gaz sont plus froids. Elles peuvent durer de quelques jours à quelques mois, et leur taille peut aller de quelques centaines de kilomètres à 100 000 km, pour des groupes complexes. Les éruptions, qui se produisent occasionnellement près des taches, envoient des particules atomiques qui peuvent provoquer des luminescences atmosphériques – les aurores polaires – en atteignant la Terre.

CYCLES DE TACHES

Le nombre de taches solaires croît et décroît selon un cycle d'environ 11 ans. Au début du cycle, les taches sont rares et éloignées de l'équateur. À l'apogée du cycle, elles deviennent nombreuses (jusqu'à 100 visibles en même temps) et sont plus proches de l'équateur.

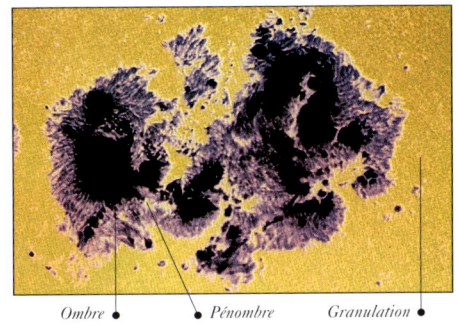

Ombre • *Pénombre* • *Granulation* •

△ GROUPE DE TACHES
Le centre d'une tache, l'ombre, est sa partie la plus sombre et la plus froide (environ 4 500 °C). L'ombre est entourée par la pénombre, zone plus lumineuse et plus chaude.

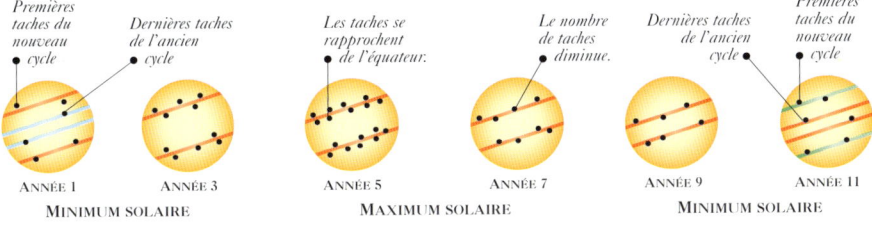

Premières taches du nouveau cycle • *Dernières taches de l'ancien cycle* • *Les taches se rapprochent de l'équateur.* • *Le nombre de taches diminue.* • *Dernières taches de l'ancien cycle* • *Premières taches du nouveau cycle*

ANNÉE 1 — ANNÉE 3 — ANNÉE 5 — ANNÉE 7 — ANNÉE 9 — ANNÉE 11
MINIMUM SOLAIRE — MAXIMUM SOLAIRE — MINIMUM SOLAIRE

OBSERVER LES TACHES SOLAIRES

Regarder le Soleil à l'œil nu, avec des jumelles ou un télescope peut rendre aveugle. La seule façon sûre d'observer le Soleil est de projeter son image sur une surface blanche, comme indiqué ci-dessous. Le bord du Soleil paraît plus sombre que son centre, effet appelé « assombrissement du limbe ». Les taches apparaissent comme de petits points sombres qui se déplacent chaque jour avec la rotation du Soleil.

Tache solaire •

1. Par sécurité, masquez l'objectif du chercheur. Dans le cas d'une lunette, masquez également son objectif.

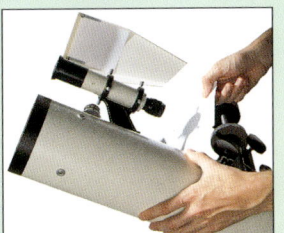

2. Pointez le télescope vers le Soleil en minimisant l'ombre portée par le télescope ou le chercheur.

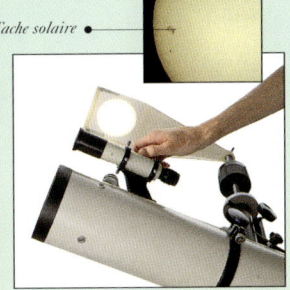

3. Enlevez le masque de l'objectif, et mettez au point l'image du Soleil sur un morceau de carton blanc.

| Densité (eau = 1) | 1,41 | Gravité (Terre = 1) | 27,94 | Température de surface | 5 500 °C | Magnitude | −26,7 |

28 • LE SYSTÈME SOLAIRE

ÉCLIPSES DE SOLEIL

Parfois, la Lune passe devant le Soleil, occultant brièvement sa lumière et causant une éclipse de Soleil. On compte au moins deux éclipses de Soleil par an, mais tout le monde ne les voit pas. Durant une éclipse de Soleil, l'ombre de la Lune atteint la Terre. Dans la zone interne la plus sombre (l'ombre), l'éclipse est totale. Dans la zone externe plus claire (la pénombre), l'éclipse est partielle. Comme l'ombre est très étroite, les éclipses totales de Soleil sont rares en un point donné de la Terre.

Quand le disque solaire est totalement occulté, son faible halo de gaz externe, la couronne, devient visible. Les scientifiques parcourent le monde pour profiter des rares coups d'œil à la couronne que leur permet une éclipse. Une éclipse totale peut durer jusqu'à 7 minutes et demie, mais le plus souvent elle ne dure que 2 à 3 minutes ; une éclipse partielle peut durer jusqu'à 3 ou 4 heures. Comme pour toute observation solaire, la projection est la meilleure façon d'observer une éclipse, mais, quand le Soleil est totalement éclipsé, on peut sans danger observer la couronne à la jumelle.

DÉROULEMENT D'UNE ÉCLIPSE TOTALE DE SOLEIL

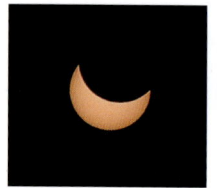

1. Éclipse partielle : la Lune avance sur le disque solaire.

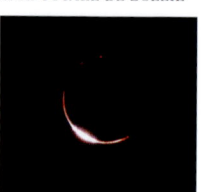

2. Avant l'éclipse totale apparaît un « anneau de diamants ».

3. Lorsque l'éclipse est totale, la couronne solaire apparaît.

4. La Lune commence à s'éloigner et l'éclipse se termine.

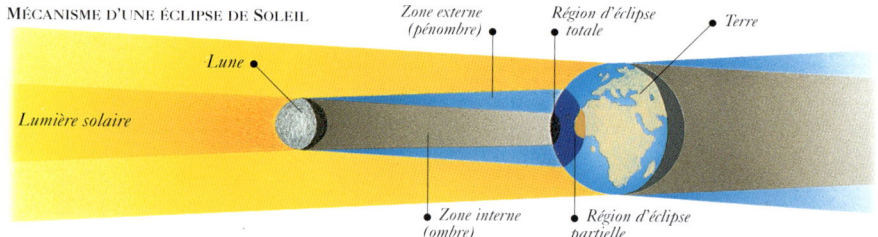

MÉCANISME D'UNE ÉCLIPSE DE SOLEIL

ÉCLIPSE ANNULAIRE

Losque la Lune est la plus éloignée de la Terre, elle n'est pas assez grande pour couvrir complètement le Soleil. On assiste alors à une éclipse annulaire : un anneau de lumière reste visible au milieu de l'éclipse.

ANNEAU DE LUMIÈRE SOLAIRE
On voit un anneau de lumière autour de la Lune. C'est la photosphère (et non la couronne) qui est visible ici.

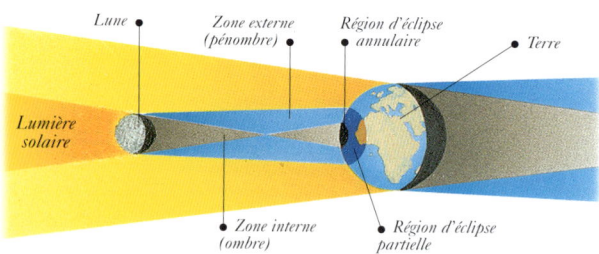

MÉCANISME D'UNE ÉCLIPSE ANNULAIRE

Diamètre (Terre = 1)	109	Masse (Terre = 1)	333 000	Volume (Terre = 1)	1 300 000

MERCURE

MERCURE est la planète la plus proche du Soleil. Elle est difficile à observer, car elle n'est visible qu'au crépuscule ou à l'aube et toujours située bas dans le ciel. C'est une petite planète rocheuse, d'un diamètre inférieur à la moitié de celui de la Terre, et qui est couverte de cratères comme la Lune. Sur Mercure, il n'y a ni air ni eau. Dans la journée, sa surface est brûlée par un soleil ardent, mais les températures nocturnes descendent très en dessous de zéro.

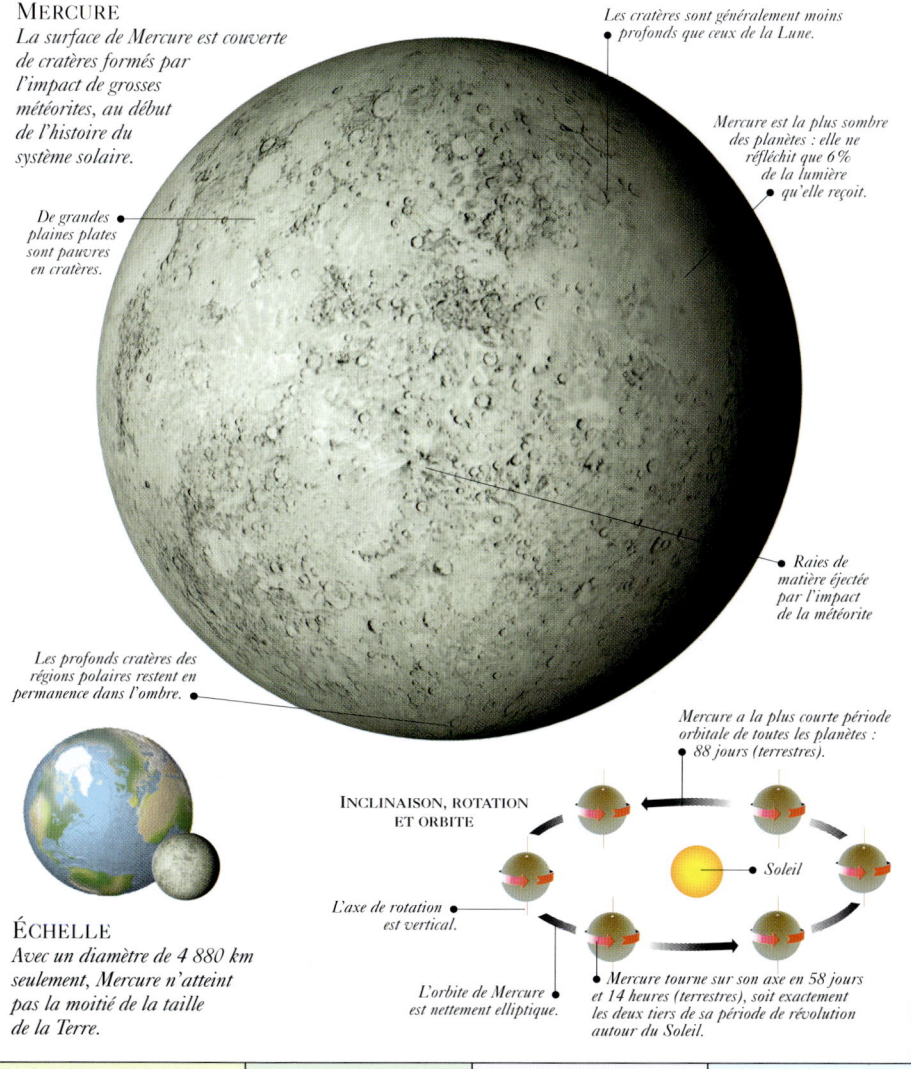

MERCURE
La surface de Mercure est couverte de cratères formés par l'impact de grosses météorites, au début de l'histoire du système solaire.

Les cratères sont généralement moins profonds que ceux de la Lune.

Mercure est la plus sombre des planètes : elle ne réfléchit que 6 % de la lumière qu'elle reçoit.

De grandes plaines plates sont pauvres en cratères.

Raies de matière éjectée par l'impact de la météorite.

Les profonds cratères des régions polaires restent en permanence dans l'ombre.

Mercure a la plus courte période orbitale de toutes les planètes : 88 jours (terrestres).

INCLINAISON, ROTATION ET ORBITE

L'axe de rotation est vertical.

Soleil

L'orbite de Mercure est nettement elliptique.

Mercure tourne sur son axe en 58 jours et 14 heures (terrestres), soit exactement les deux tiers de sa période de révolution autour du Soleil.

ÉCHELLE
Avec un diamètre de 4 880 km seulement, Mercure n'atteint pas la moitié de la taille de la Terre.

Diamètre (Terre = 1)	Masse (Terre = 1)	Volume (Terre = 1)	Densité (eau = 1)
0,38	0,06	0,06	5,43

30 • LE SYSTÈME SOLAIRE

OBSERVATION

Des cinq planètes visibles à l'œil nu, Mercure est la plus difficile à localiser car elle est toujours proche du Soleil. Il faut en général des jumelles pour la trouver. Le meilleur moment pour l'observer est celui de sa plus grande élongation (voir p. 15), quand elle est le plus loin du Soleil. À ce moment, avec un grossissement de 250, Mercure aura la même taille que la pleine lune à l'œil nu. Comme Vénus et la Lune, Mercure présente des phases, qu'on peut voir avec un petit télescope. Des ouvertures moyennes à grandes montrent de vagues marques sombres à sa surface.

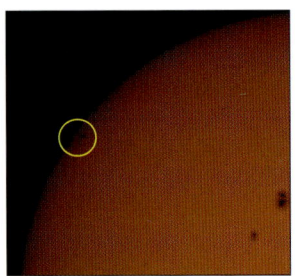

PASSAGES
Parfois, on peut voir Mercure passer devant le disque solaire. Sur cette photographie, prise lors du passage de 1993, Mercure apparaît comme un petit point rond. Les prochains passages auront lieu le 15 novembre 1999, le 7 mai 2003 et le 8 novembre 2006.

MERCURE DANS LE CIEL DU SOIR
Aux meilleurs moments d'observation, Mercure apparaît comme une étoile de première grandeur. Sur cette photographie, on peut la voir près de l'horizon, au-dessus et à droite du grand arbre.

ATMOSPHÈRE ET CLIMAT

Mercure est dépourvue d'air et d'eau. Sa surface rocheuse et désolée est écrasée de soleil, et sa température atteint 450 °C à midi sur l'équateur, quand la planète est au plus près du Soleil. Pourtant, la température de certaines régions situées à l'ombre, dans les cratères proches des pôles, reste probablement toujours en dessous de zéro, et on pense qu'il pourrait même s'y trouver de la glace. La nuit, la température chute en dessous de –180 °C à la surface de la planète.

POSITION DE MERCURE 1998-2009

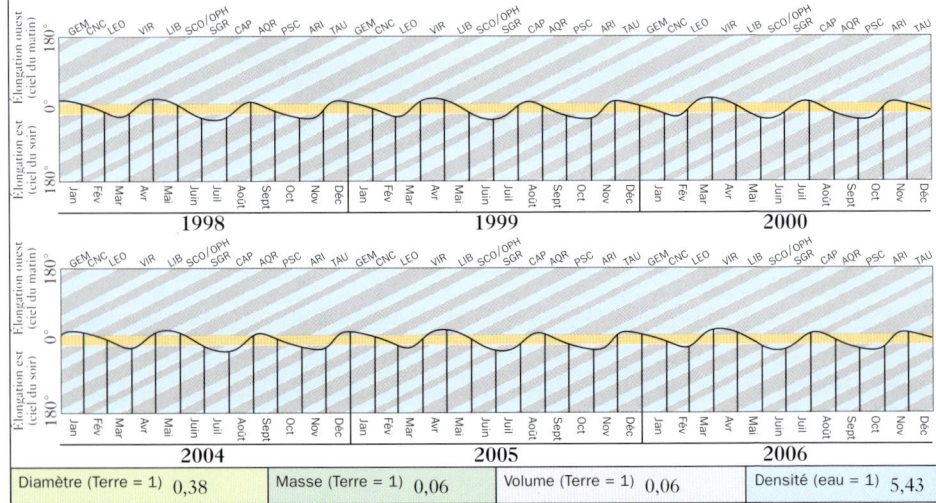

| Diamètre (Terre = 1) | 0,38 | Masse (Terre = 1) | 0,06 | Volume (Terre = 1) | 0,06 | Densité (eau = 1) | 5,43 |

MERCURE • 31

GÉOGRAPHIE ET GÉOLOGIE

Mercure ressemble beaucoup à notre Lune, car les surfaces rocheuses de ces deux corps ont été fortement marquées de cratères par les impacts de météorites. Le diamètre de Mercure n'est supérieur à celui de la Lune que de 40 %. L'une des différences notables est que Mercure possède des falaises de 3 km de haut s'étendant sur des centaines de kilomètres, probablement dues au rétrécissement et au plissement de la planète au cours de son refroidissement. On pense que Mercure possède un gros noyau de fer occupant les trois quarts de son diamètre.

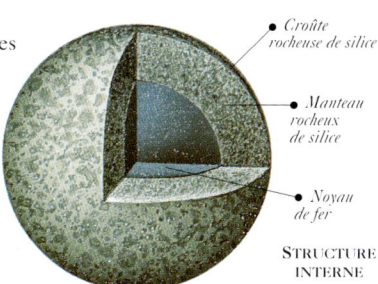

- *Croûte rocheuse de silice*
- *Manteau rocheux de silice*
- *Noyau de fer*

STRUCTURE INTERNE

CRATÈRES

Comme sur la Lune, les cratères les plus jeunes de Mercure sont brillants et entourés de raies de matière éjectée par l'impact des météorites. Entre les principaux cratères de Mercure, on trouve des régions plus vieilles et plus lisses appelées plaines inter-cratères, parsemées de cratères plus petits. Les cratères secondaires, formés par les débris de l'impact principal, se trouvent plus près des cratères principaux que sur la Lune, à cause de la gravité supérieure de Mercure. Mercure a aussi une grande plaine basse, le Bassin Caloris, qui ressemble aux mers lunaires. On ne connaît pas de cratères volcaniques sur Mercure.

△ LE BASSIN CALORIS
On peut voir à gauche du cliché une partie de ce bassin de 1 300 kilomètres de large. Il a été formé par un impact de météorite, puis inondé de lave.

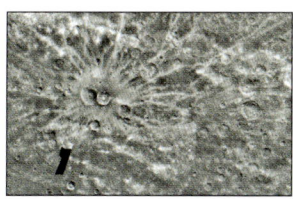

DEGAS ET BRONTË ▷
Ces deux cratères à raies (au centre et à gauche de la photographie) ont chacun environ 60 kilomètres de large.

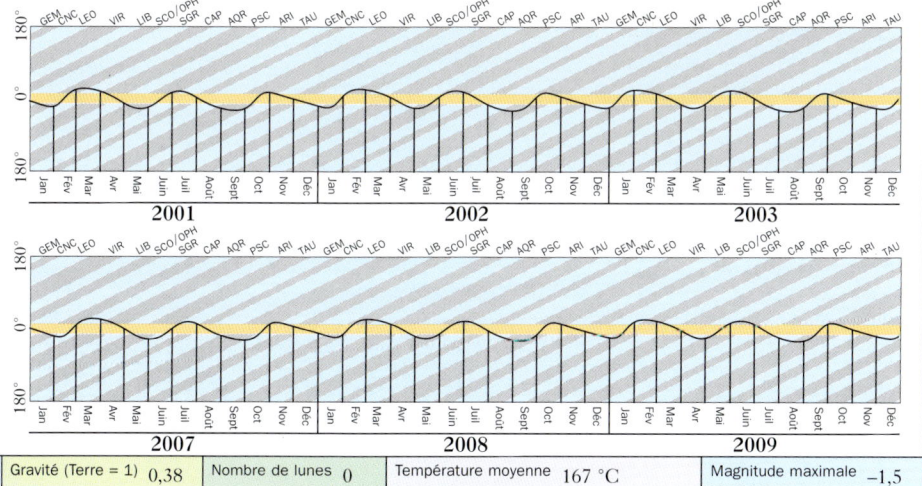

| Gravité (Terre = 1) | 0,38 | Nombre de lunes | 0 | Température moyenne | 167 °C | Magnitude maximale | −1,5 |

VÉNUS

VÉNUS EST LA PLANÈTE dont le diamètre est le plus proche de celui de la Terre : il n'en est inférieur que de 650 km. Elle est la deuxième planète à partir du Soleil, et elle s'approche à 40 millions de kilomètres de la Terre, plus près qu'aucune autre planète. C'est l'objet le plus brillant du ciel après le Soleil et la Lune, à la fois par sa proximité et parce qu'elle est entièrement couverte de nuages brillants.

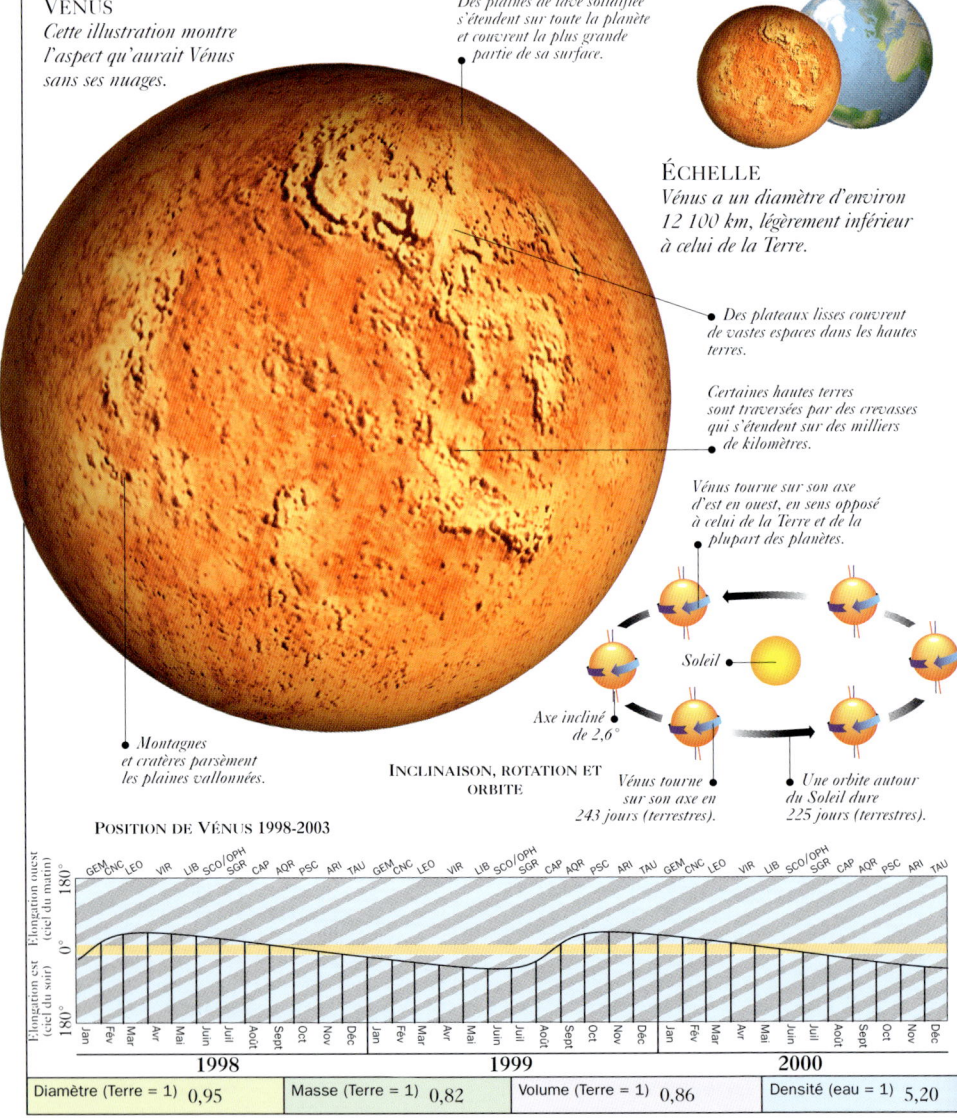

VÉNUS
Cette illustration montre l'aspect qu'aurait Vénus sans ses nuages.

Des plaines de lave solidifiée s'étendent sur toute la planète et couvrent la plus grande partie de sa surface.

ÉCHELLE
Vénus a un diamètre d'environ 12 100 km, légèrement inférieur à celui de la Terre.

Des plateaux lisses couvrent de vastes espaces dans les hautes terres.

Certaines hautes terres sont traversées par des crevasses qui s'étendent sur des milliers de kilomètres.

Vénus tourne sur son axe d'est en ouest, en sens opposé à celui de la Terre et de la plupart des planètes.

Axe incliné de 2,6°

INCLINAISON, ROTATION ET ORBITE

Montagnes et cratères parsèment les plaines vallonnées.

Vénus tourne sur son axe en 243 jours (terrestres).

Une orbite autour du Soleil dure 225 jours (terrestres).

POSITION DE VÉNUS 1998-2003

| Diamètre (Terre = 1) 0,95 | Masse (Terre = 1) 0,82 | Volume (Terre = 1) 0,86 | Densité (eau = 1) 5,20 |

OBSERVATION

Vénus est visible dans le ciel du matin ou du soir, selon qu'elle se trouve à l'ouest ou à l'est du Soleil. Elle est toujours éblouissante, atteignant la magnitude – 4,7 à son maximum. Durant chaque orbite, Vénus passe par une succession de phases (voir ci-dessous). Des jumelles permettent d'observer le croissant de Vénus lorsque celle-ci est près de la Terre, mais il faut un petit télescope pour voir toute la séquence. Au quartier, un grossissement de 75 donne à Vénus la taille de la Lune vue à l'œil nu. La couverture nuageuse de la planète empêche de voir sa surface. On peut observer quelques marques sombres en V dans les nuages, et les nuages des pôles paraissent parfois plus brillants que le reste du disque.

△ VUE À L'ŒIL NU
Vénus est toujours proche du Soleil, généralement près de l'horizon au crépuscule. Sa luminosité permet de la distinguer facilement des étoiles voisines.

VUE AU TÉLESCOPE ▷
On voit ici en surimpression deux phases du croissant.

PHASES

Vénus accomplit un cycle de phases en un tour du Soleil. Quand elle est de l'autre côté du Soleil, donc le plus loin de la Terre, elle présente un disque plein, mais elle est invisible à cause de l'éclat du Soleil. En se rapprochant de nous, dans le ciel du soir, sa taille apparente s'accroît. À sa plus grande élongation orientale (voir p. 15), elle passe du quartier au croissant. Le point où Vénus se situe entre le Soleil et la Terre s'appelle la conjonction inférieure. Puis elle apparaît dans le ciel du matin, diminuant en taille mais augmentant en phase, passant d'une forme de croissant à une forme pleine.

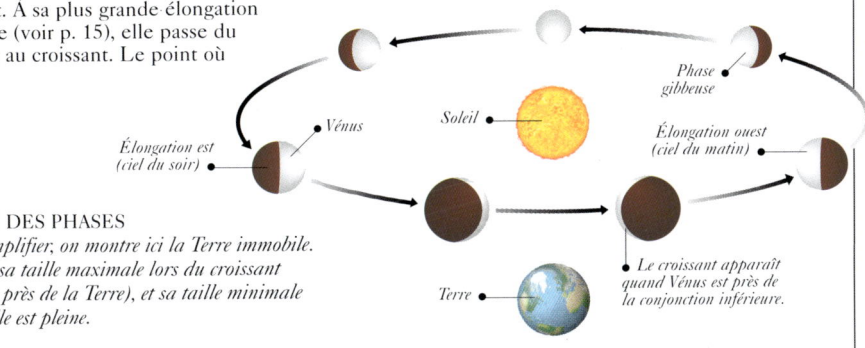

CYCLE DES PHASES
Pour simplifier, on montre ici la Terre immobile. Vénus a sa taille maximale lors du croissant (au plus près de la Terre), et sa taille minimale lorsqu'elle est pleine.

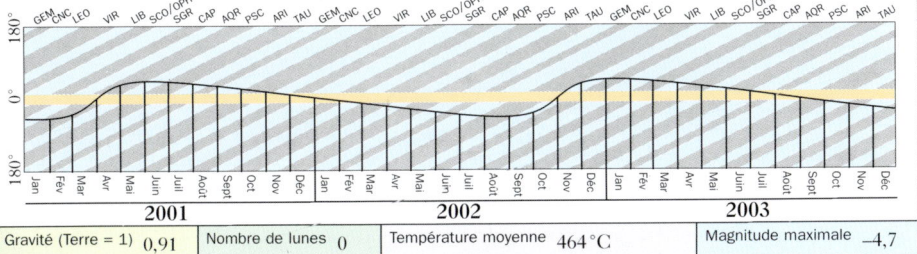

| Gravité (Terre = 1) 0,91 | Nombre de lunes 0 | Température moyenne 464 °C | Magnitude maximale –4,7 |

ATMOSPHÈRE ET CLIMAT

Vénus est enveloppée de nuages d'acide sulfurique, situés à 50-70 km d'altitude. Sous les nuages, l'atmosphère est presque entièrement composée de gaz carbonique. À la surface, la pression est écrasante, environ 90 fois celle de la Terre. Les températures atteignent 464 °C à cause de l'effet de serre (voir ci-dessous). La vitesse des vents à la surface est modérée, seulement de quelques kilomètres à l'heure, mais au-dessus des nuages elle atteint plusieurs centaines de kilomètres à l'heure. En conséquence, les nuages tourbillonnent autour de la planète en quatre jours terrestres, beaucoup plus vite que la durée de rotation de la planète sur son axe, qui est de 243 jours. Les nuages tournent d'est en ouest comme la planète.

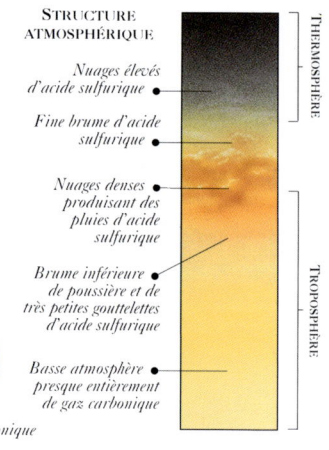

STRUCTURE ATMOSPHÉRIQUE

- Nuages élevés d'acide sulfurique
- Fine brume d'acide sulfurique
- Nuages denses produisant des pluies d'acide sulfurique
- Brume inférieure de poussière et de très petites gouttelettes d'acide sulfurique
- Basse atmosphère presque entièrement de gaz carbonique

THERMOSPHÈRE / TROPOSPHÈRE

COMPOSITION ATMOSPHÉRIQUE
- Azote (3,5 %) et traces d'autres gaz
- Gaz carbonique (96,5 %)

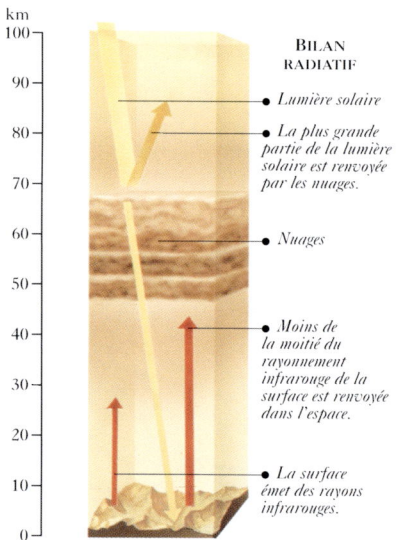

BILAN RADIATIF
- Lumière solaire
- La plus grande partie de la lumière solaire est renvoyée par les nuages.
- Nuages
- Moins de la moitié du rayonnement infrarouge de la surface est renvoyée dans l'espace.
- La surface émet des rayons infrarouges.

L'EFFET DE SERRE

La lumière visible du Soleil traverse l'atmosphère d'une planète, chauffant sa surface. Cette dernière renvoie alors la chaleur sous forme de rayonnement infrarouge invisible, mais certains gaz de l'atmosphère, notamment le gaz carbonique, empêchent une partie du rayonnement infrarouge de s'échapper directement dans l'espace, provoquant une augmentation de la température. Ce phénomène est appelé « effet de serre ». Dans le cas de la Terre, où le gaz carbonique ne représente qu'une petite partie de l'atmosphère, l'effet de serre augmente la température d'environ 35 °C. Sur Vénus, où l'atmosphère est presque entièrement constituée de gaz carbonique, l'élévation de température due à l'effet de serre atteint 500 °C, amenant la température moyenne à 464 °C. À la différence de la Terre, la température sur Vénus ne varie que de quelques degrés entre l'équateur et les pôles.

POSITION DE VÉNUS 2004-2009

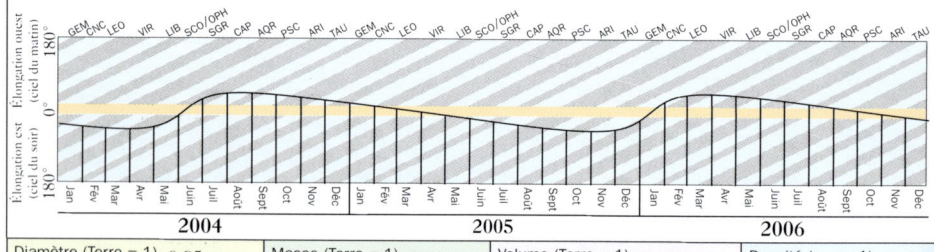

| Diamètre (Terre = 1) 0,95 | Masse (Terre = 1) 0,82 | Volume (Terre = 1) 0,86 | Densité (eau = 1) 5,20 |

VÉNUS • 35

GÉOGRAPHIE ET GÉOLOGIE

La plus grande partie de la surface de Vénus est couverte de plaines vallonnées, parsemées de montagnes et de cratères formés par l'activité volcanique et les impacts de météorites. Il existe aussi deux hautes terres, analogues aux continents sur Terre : Aphrodite Terra, près de l'équateur, dont la surface couvre plus de la moitié de celle de l'Afrique ; et Ishtar Terra, dans le Grand Nord, à peu près de la taille de l'Australie. Ishtar abrite le point culminant de Vénus, la chaîne des monts Maxwell, avec 11 km d'altitude – plus hauts que le mont Everest sur la Terre. On observe des traces de coulées de lave récentes, indiquant que Vénus pourrait avoir actuellement encore une activité volcanique. Vénus est si chaude que toute son eau s'est évaporée.

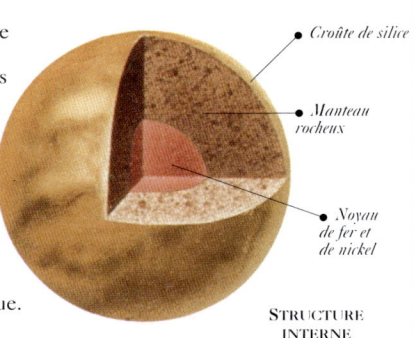

STRUCTURE INTERNE
- Croûte de silice
- Manteau rocheux
- Noyau de fer et de nickel

CRATÈRES

La surface de Vénus est parsemée de cratères formés par des impacts météoritiques. La plupart sont grands, jusqu'à 300 km de diamètre, parce que seules les grosses météorites traversent l'atmosphère, les petites y brûlant. Comme les cratères de la Lune, ceux de Vénus ont souvent un pic central et sont entourés de matière éjectée. De plus, il existe de nombreux cratères dus à une activité volcanique.

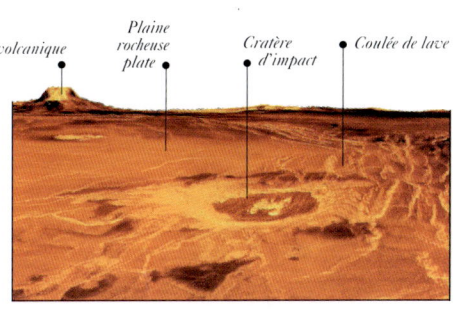

- Pic volcanique
- Plaine rocheuse plate
- Cratère d'impact
- Coulée de lave

MAAT MONS

Cette montagne volcanique dans Aphrodite Terra est le deuxième plus haut sommet de Vénus.

Le sommet est à 8,5 km d'altitude

PLAINES, MONTAGNES ET CRATÈRES

Bien que ses nuages nous empêchent d'observer sa surface au télescope, Vénus a été cartographiée par radar. Cette image et les deux ci-dessous sont basées sur les données de la sonde spatiale Magellan.

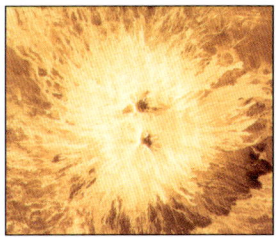

SAPAS MONS
Ce volcan a deux pics centraux entourés de lave solidifiée.

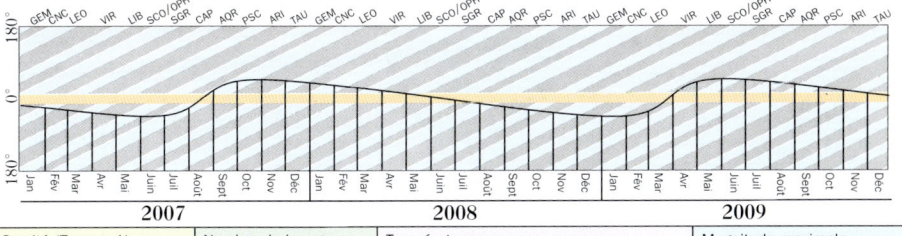

| Gravité (Terre = 1) | 0,91 | Nombre de lunes | 0 | Température moyenne | 464 °C | Magnitude maximale | –4,7 |

LA TERRE

La Terre, notre monde, est la troisième planète à partir du Soleil et la plus grande des quatre planètes rocheuses internes. Elle est la seule planète du système solaire à avoir de l'eau de surface en abondance et une atmosphère riche en azote et en oxygène. C'est aussi la seule où l'on soit certain que la vie existe, puisqu'elle abrite une population complexe de plantes et d'animaux.

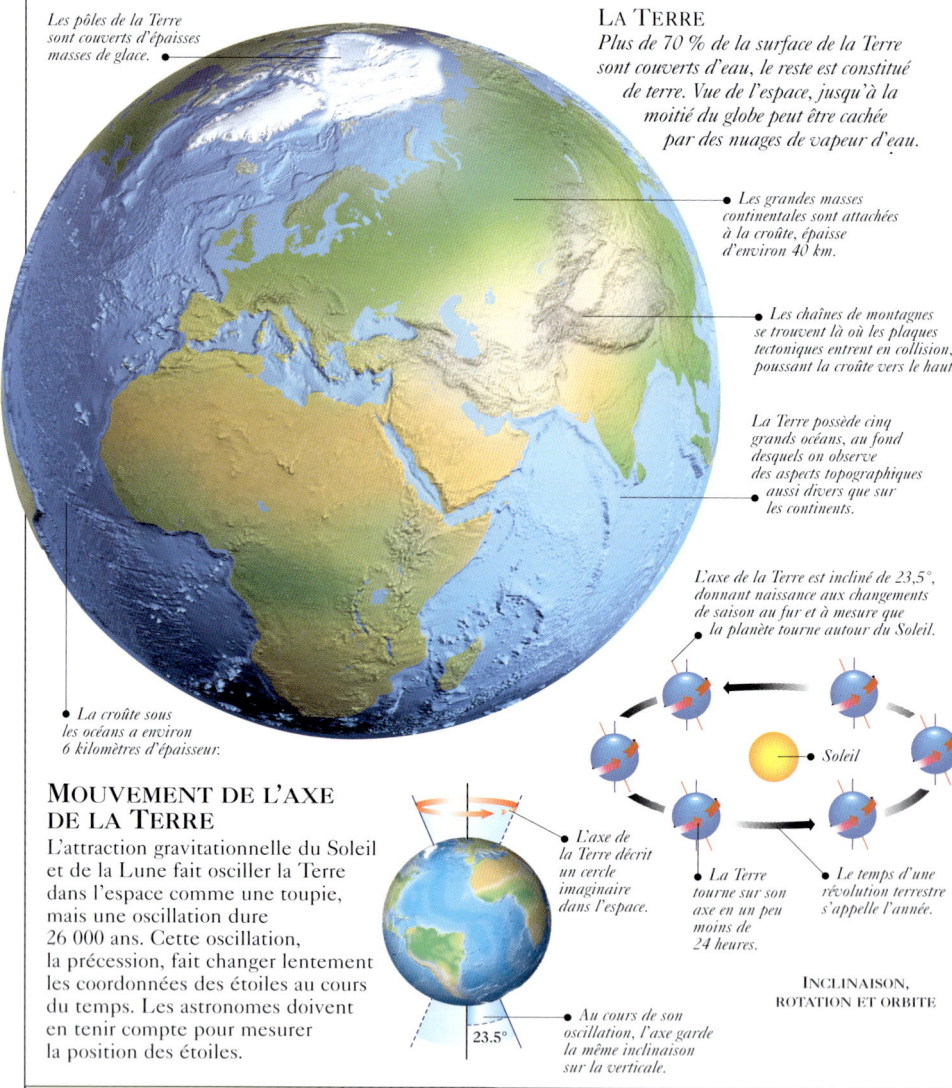

Les pôles de la Terre sont couverts d'épaisses masses de glace.

LA TERRE
Plus de 70 % de la surface de la Terre sont couverts d'eau, le reste est constitué de terre. Vue de l'espace, jusqu'à la moitié du globe peut être cachée par des nuages de vapeur d'eau.

Les grandes masses continentales sont attachées à la croûte, épaisse d'environ 40 km.

Les chaînes de montagnes se trouvent là où les plaques tectoniques entrent en collision, poussant la croûte vers le haut.

La Terre possède cinq grands océans, au fond desquels on observe des aspects topographiques aussi divers que sur les continents.

L'axe de la Terre est incliné de 23,5°, donnant naissance aux changements de saison au fur et à mesure que la planète tourne autour du Soleil.

La croûte sous les océans a environ 6 kilomètres d'épaisseur.

MOUVEMENT DE L'AXE DE LA TERRE

L'attraction gravitationnelle du Soleil et de la Lune fait osciller la Terre dans l'espace comme une toupie, mais une oscillation dure 26 000 ans. Cette oscillation, la précession, fait changer lentement les coordonnées des étoiles au cours du temps. Les astronomes doivent en tenir compte pour mesurer la position des étoiles.

L'axe de la Terre décrit un cercle imaginaire dans l'espace.

Soleil

La Terre tourne sur son axe en un peu moins de 24 heures.

Le temps d'une révolution terrestre s'appelle l'année.

INCLINAISON, ROTATION ET ORBITE

Au cours de son oscillation, l'axe garde la même inclinaison sur la verticale.

23,5°

Diamètre	Masse	Volume
12 756 km	$5,98 \times 10^{21}$ tonnes	$1,08 \times 10^{21}$ km^3

LA TERRE • 37

ATMOSPHÈRE ET CLIMAT

La couche de gaz qui entoure la Terre joue un rôle important dans la protection et l'entretien de la vie. Non seulement elle protège la surface d'un excès de rayonnement solaire et des impacts de météorites, mais sa densité, combinée avec la distance favorable de la Terre au Soleil, produit une température adéquate pour que l'eau existe à l'état liquide. L'eau et le gaz carbonique servent de nourriture aux plantes, qui fournissent l'oxygène nécessaire à la vie animale. La circulation atmosphérique est également un mécanisme important : elle redistribue l'énergie thermique de l'équateur vers les pôles.

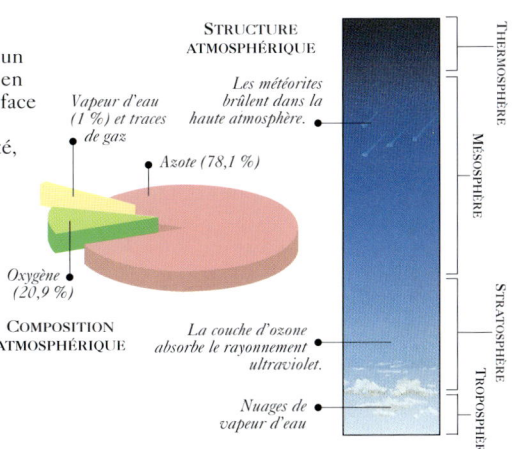

STRUCTURE ATMOSPHÉRIQUE

Les météorites brûlent dans la haute atmosphère.

Vapeur d'eau (1 %) et traces de gaz

Azote (78,1 %)

Oxygène (20,9 %)

COMPOSITION ATMOSPHÉRIQUE

La couche d'ozone absorbe le rayonnement ultraviolet.

Nuages de vapeur d'eau

THERMOSPHÈRE
MÉSOSPHÈRE
STRATOSPHÈRE
TROPOSPHÈRE

GÉOGRAPHIE ET GÉOLOGIE

La croûte terrestre est formée de plaques qui flottent sur le manteau visqueux et s'éloignent ou glissent l'une sous l'autre lentement. Les chaînes de montagnes, les volcans et les séismes apparaissent aux frontières de ces plaques. La Terre possède un noyau de fer et de nickel, dont la partie externe est liquide. Les mouvements de cette partie externe liquide engendrent le champ magnétique terrestre, qui s'étend dans l'espace, formant un cocon autour de notre planète, la magnétosphère.

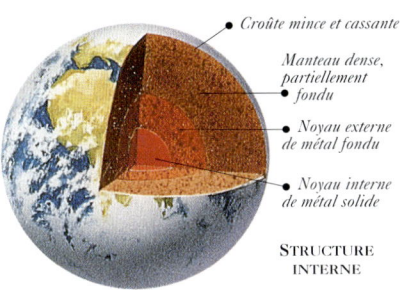

Croûte mince et cassante

Manteau dense, partiellement fondu

Noyau externe de métal fondu

Noyau interne de métal solide

STRUCTURE INTERNE

POLLUTION LUMINEUSE

La pollution lumineuse est causée par les lumières artificielles illuminant le ciel. Le problème est surtout sensible dans les zones urbaines, et il atteint une telle ampleur que dans certains pays développés il existe aujourd'hui peu d'endroits présentant un ciel vraiment noir. La pollution lumineuse n'est pas seulement un gaspillage d'énergie, mais aussi une gêne croissante pour les astronomes, les objets célestes faibles disparaissant dans l'éclat des lumières du sol.

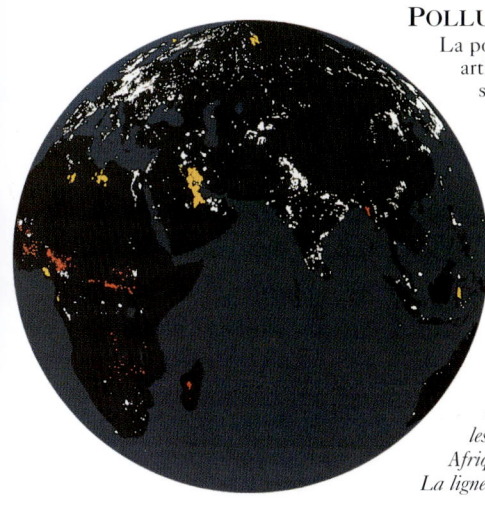

LA TERRE DE NUIT

En haut et à gauche de l'image on voit les lumières de l'Europe industrielle, et en haut à droite celles du Japon. Les zones jaunes, comme celles du Moyen-Orient, représentent le gaz brûlé dans les champs de pétrole, tandis que les taches rouges en Afrique équatoriale sont dues à l'agriculture sur brûlis. La ligne de lumière en Afrique du Nord suit la vallée du Nil.

| Densité (eau = 1) | 5,52 | Gravité | 1 | Nombre de lunes | 1 | Température moyenne | 15 °C |

LA LUNE

La Lune est le seul satellite naturel de la Terre. Elle est si proche de la Terre – une distance moyenne de 384 400 km les sépare seulement – que de simples jumelles révèlent des détails fascinants sur sa surface. La Lune ne possède ni air ni eau liquide, et donc pas de climat ; elle n'a pas non plus de vie ni d'activité géologique. Son relief résulte essentiellement de l'impact de météorites.

LA FACE VISIBLE DE LA LUNE
Les plaines basses caractéristiques de la Lune, les mers, sont identifiées ici ; d'autres points remarquables sont répertoriés sur le tableau de la page de droite.

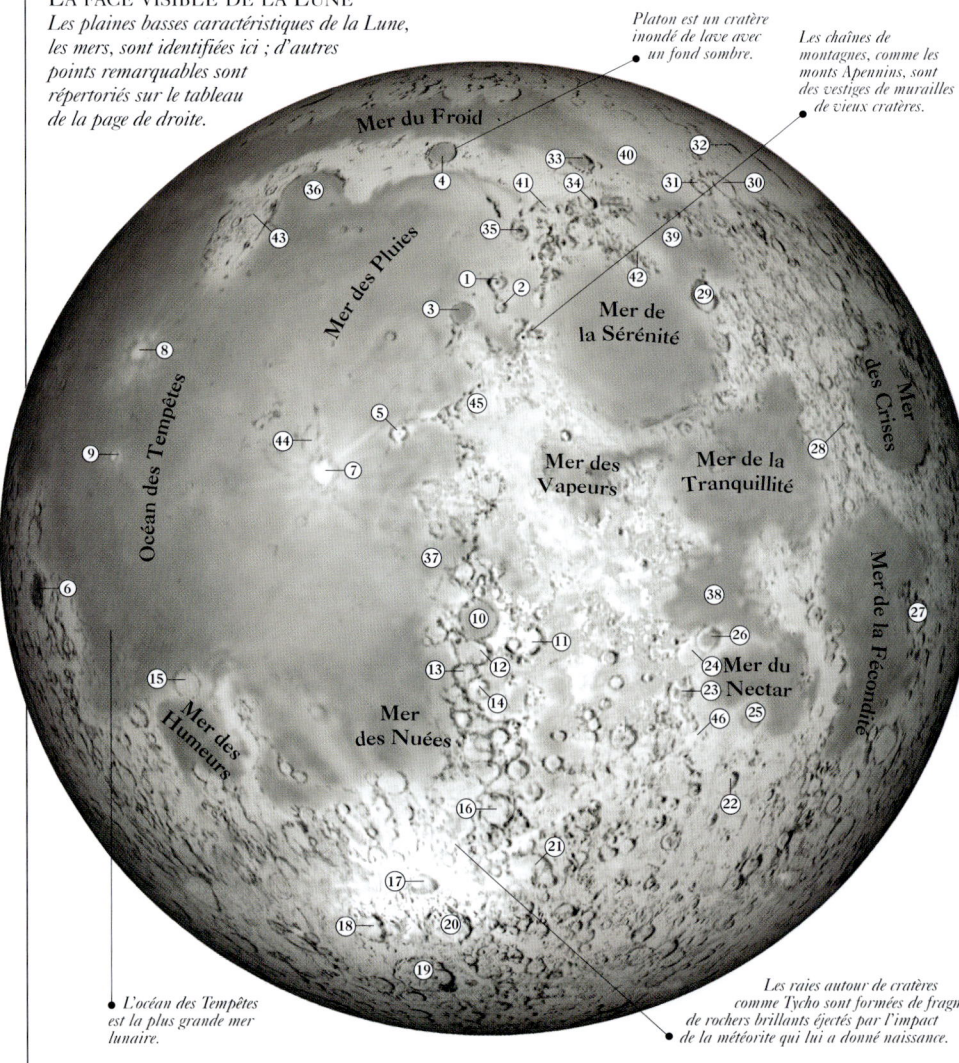

Platon est un cratère inondé de lave avec un fond sombre.

Les chaînes de montagnes, comme les monts Apennins, sont des vestiges de murailles de vieux cratères.

Mer du Froid
Mer des Pluies
Mer de la Sérénité
Océan des Tempêtes
Mer des Crises
Mer des Vapeurs
Mer de la Tranquillité
Mer de la Fécondité
Mer du Nectar
Mer des Humeurs
Mer des Nuées

L'océan des Tempêtes est la plus grande mer lunaire.

Les raies autour de cratères comme Tycho sont formées de rochers brillants éjectés par l'impact de la météorite qui lui a donné naissance.

Diamètre (Terre = 1)	Masse (Terre = 1)	Volume (Terre = 1)	Densité (eau = 1)
0,27	0,01	0,02	3,34

LA LUNE • 39

ÉCHELLE
Le diamètre de la Lune est de 3 476 km, soit un peu plus du quart de celui de la Terre.

Une orbite autour de la Terre dure 27 jours et 7 heures.

La Lune met exactement le même temps à tourner sur son axe qu'à tourner autour de la Terre.

L'axe de la Lune est incliné de 6,7° par rapport à la verticale.

Terre

INCLINAISON, ROTATION ET ORBITE

Ce point imaginaire est toujours en face de la Terre.

Jour 14

Lune · Jour 7

Jour 21

Terre

Jour 1

OBSERVER LA LUNE

Puisque la Lune met autant de temps à tourner sur son axe qu'à tourner autour de la Terre, elle présente à notre planète toujours le même hémisphère, appelé l'hémisphère visible. Nous ne voyons donc que la moitié de la surface lunaire. Les principaux traits du relief sont visibles à l'œil nu. Des plaines basses et sombres, les mers, contrastent avec des terres hautes et brillantes. Des jumelles ou un petit télescope révèlent d'innombrables cratères et montagnes. Le relief est beaucoup plus apparent vers la frontière entre les zones éclairées et non éclairées – appelée le « terminateur » –, où les ombres sont les plus longues. Quand la surface est éclairée de face, vers la pleine lune, elle paraît délavée, et même les grands cratères peuvent disparaître. Pourtant, certains détails demandent un contraste élevé pour être vus et sont plus évidents à la pleine lune ; c'est le cas des mers sombres et des raies brillantes autour de certains cratères.

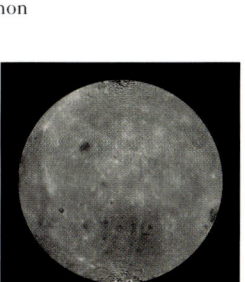

△ **ROTATION CAPTIVE**
L'attraction terrestre a ralenti la rotation de la Lune jusqu'à ce qu'elle soit exactement synchrone avec son mouvement orbital.

◁ **LA FACE CACHÉE**
La face cachée de la Lune, invisible de la Terre, a été photographiée depuis l'espace.

POINTS LUNAIRES REMARQUABLES

CRATÈRES
1. Aristillus
2. Autolycus
3. Archimède
4. Platon
5. Ératosthène
6. Grimaldi
7. Copernic
8. Aristarque
9. Marius
10. Ptolémée
11. Albategni
12. Alphonse
13. Alpetragius
14. Arzachel
15. Gassendi
16. Walter
17. Tycho
18. Longomontanus
19. Clavius
20. Maginus
21. Stoefler
22. Piccolomini
23. Catharina
24. Cyrille
25. Frascator
26. Théophile
27. Langrenus
28. Proclus
29. Posidonius
30. Atlas
31. Hercule
32. Endymion
33. Aristote
34. Eudoxe
35. Cassini

DÉTAIL DES MERS
36. Golfe des Iris
37. Golfe du Centre
38. Golfe des Aspérités
39. Lac des Songes
40. Lac de la Mort

MONTAGNES
41. Alpes
42. Caucase
43. Jura
44. Carpathes
45. Apennins
46. Altaï

| Gravité (Terre = 1) | 0,17 | Température moyenne | –18 °C | Magnitude maximale | –12,7 |

LES PHASES DE LA LUNE

Les phases de la Lune sont dues au fait que nous voyons une quantité variable de son hémisphère éclairé au cours de sa rotation autour de la Terre. À la nouvelle lune, la face visible de la Lune est complètement dans l'ombre. Puis la partie visible augmente (lune croissante) d'un croissant à la phase gibbeuse, puis à la pleine lune, où tout le disque est éclairé. Les phases se renversent ensuite et la partie visible diminue (lune décroissante). Quand la Lune ne présente qu'un fin croissant, la partie non éclairée peut être vue dans la faible lumière réfléchie par la Terre, la lumière cendrée ou « clair de terre ».

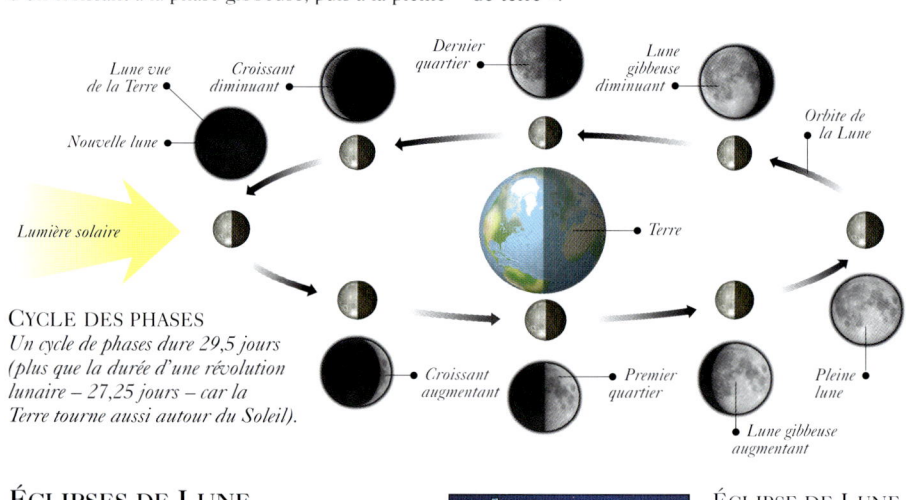

CYCLE DES PHASES
Un cycle de phases dure 29,5 jours (plus que la durée d'une révolution lunaire – 27,25 jours – car la Terre tourne aussi autour du Soleil).

ÉCLIPSES DE LUNE

Parfois, la Lune entre dans l'ombre de la Terre, et est éclipsée. De l'entrée de la Lune dans l'ombre à sa sortie complète, il peut s'écouler quatre heures, et la durée de l'éclipse totale peut largement dépasser une heure. Il peut y avoir jusqu'à trois éclipses de Lune dans une année, mais certaines années il n'y en a aucune. Les éclipses de Lune sont facilement observables sur Terre, de partout où la Lune est au-dessus de l'horizon.

ÉCLIPSE DE LUNE
La lumière solaire diffractée dans l'ombre de la Terre par son atmosphère empêche souvent la Lune éclipsée de disparaître complètement, et la fait apparaître rouge.

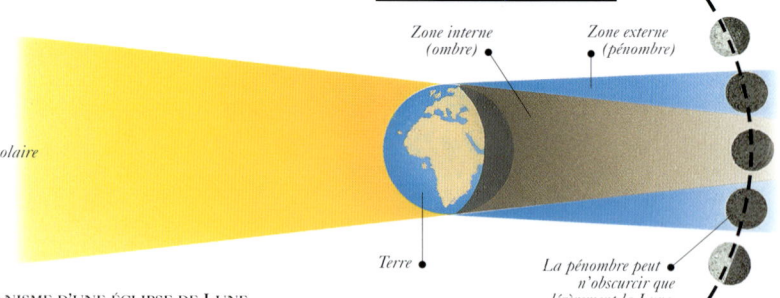

MÉCANISME D'UNE ÉCLIPSE DE LUNE

Diamètre (Terre = 1)	Masse (Terre = 1)	Volume (Terre = 1)	Densité (eau = 1)
0,27	0,01	0,02	3,34

LA LUNE • 41

HISTOIRE ET GÉOLOGIE

La Lune s'est formée il y a environ 4,5 milliards d'années. Selon la théorie la plus courante aujourd'hui, un corps de la taille de Mars aurait heurté la Terre, alors âgée de 100 millions d'années seulement. Les débris mis en orbite par la collision se seraient rassemblés pour former la Lune. La jeune Lune a ensuite été bombardée par les météorites, puis l'averse a cessé il y a 3,9 milliards d'années. De la lave en fusion a alors suinté de l'intérieur, créant les mers ; ce phénomène a duré plus de 2 milliards d'années. Les mers sont rares sur la face cachée car la croûte y est plus épaisse, et donc moins de lave a pu atteindre la surface.

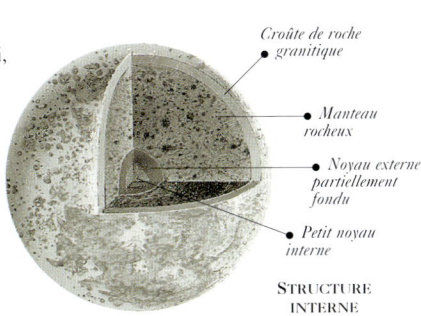

Croûte de roche granitique
Manteau rocheux
Noyau externe partiellement fondu
Petit noyau interne

STRUCTURE INTERNE

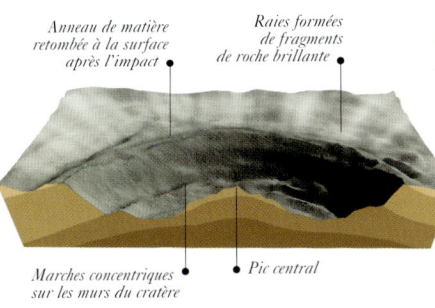

Anneau de matière retombée à la surface après l'impact
Raies formées de fragments de roche brillante
Marches concentriques sur les murs du cratère
Pic central

CRATÈRE D'IMPACT MÉTÉORITIQUE
Les grands cratères ont souvent un fond plat avec une ou plusieurs montagnes au centre. Comme il n'y a pas d'érosion sur la Lune, les cratères se sont bien conservés depuis l'impact.

RELIEF

Les mers lunaires abritent peu de grands cratères. Au contraire, les hautes terres, plus anciennes, sont criblées de cratères de toutes tailles, depuis de petits trous jusqu'à d'immenses vallées bordées de murs de plus de 200 km de large. À l'exception de quelques petits cratères volcaniques, tous les autres proviennent d'impacts météoritiques.

Les grands cratères possèdent souvent des pics centraux, formés par le rebond du fond du cratère au moment de l'impact, et des murs d'effondrement escarpés. Les jeunes cratères sont brillants et entourés de raies de roche pulvérisée projetée par l'impact. La Lune montre aussi des vallées, ou sillons, de deux types : les failles, droites ou courbes, et les sillons sinueux, ressemblant à des rivières, mais qui sont en réalité des canaux de lave.

◁ **CRATÈRES ET SILLONS**
Aristarque (à gauche) est un jeune cratère à raies. Un long sillon sort du cratère voisin Hérodote.

▽ **CRATÈRES SUPERPOSÉS**
Le cratère Théophile (à droite) a un pic central et des murs en terrasses.

| Gravité (Terre = 1) 0,17 | Température moyenne −18°C | Magnitude maximale −12,7 |

MARS

MARS est une petite planète rocheuse présentant quelques ressemblances avec la Terre. Son jour dure 24 heures, elle connaît des saisons comme notre planète et porte des calottes glaciaires aux deux pôles. Mais les températures sur Mars vont rarement au-dessus de zéro et son atmosphère ténue est pratiquement dénuée d'oxygène. Mars est souvent surnommée « la Planète rouge » car elle est couverte de déserts rouges.

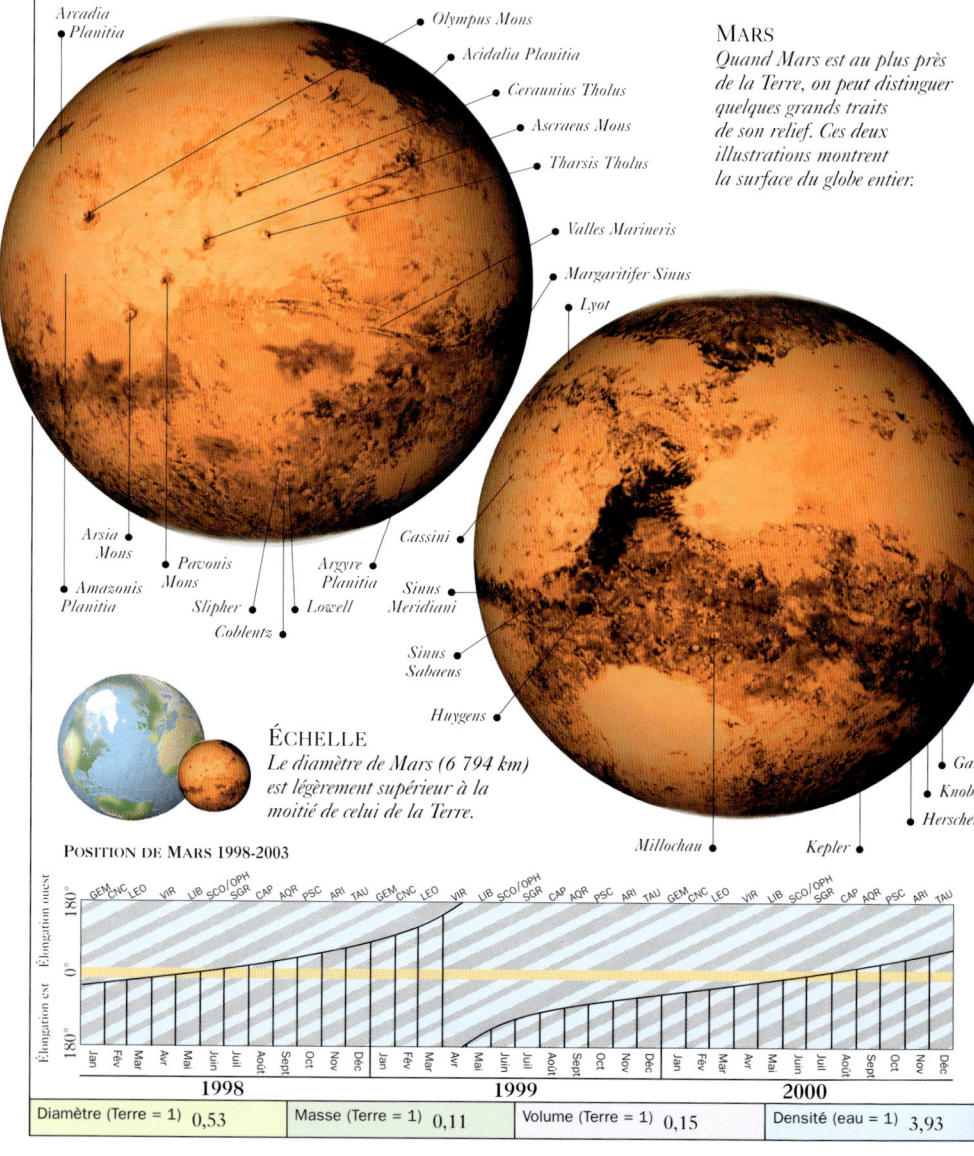

MARS
Quand Mars est au plus près de la Terre, on peut distinguer quelques grands traits de son relief. Ces deux illustrations montrent la surface du globe entier.

ÉCHELLE
Le diamètre de Mars (6 794 km) est légèrement supérieur à la moitié de celui de la Terre.

POSITION DE MARS 1998-2003

| Diamètre (Terre = 1) | 0,53 | Masse (Terre = 1) | 0,11 | Volume (Terre = 1) | 0,15 | Densité (eau = 1) | 3,93 |

MARS • 43

OBSERVATION

Mars est facile à repérer à l'œil nu lors de ses périodes d'opposition (voir ci-dessous), où elle ressemble à une étoile brillante de couleur nettement orange. Des jumelles dévoilent un tout petit disque, mais avec un petit télescope on peut voir les calottes polaires et les marques sombres les plus importantes de sa surface.
Pour l'observer sérieusement, un télescope d'au moins 200 mm d'ouverture est recommandé. Lors d'une opposition moyenne, un grossissement de 100 fait apparaître Mars d'une taille égale à celle qu'a la Lune à l'œil nu.

◁ À L'ŒIL NU
Mars est le point orange au-dessus de la flèche de droite.

△ AUX JUMELLES
Mars est le disque au-dessous du centre du cliché.

◁ AU TÉLESCOPE
Les grandes zones de la surface apparaissent comme des traces claires et sombres.

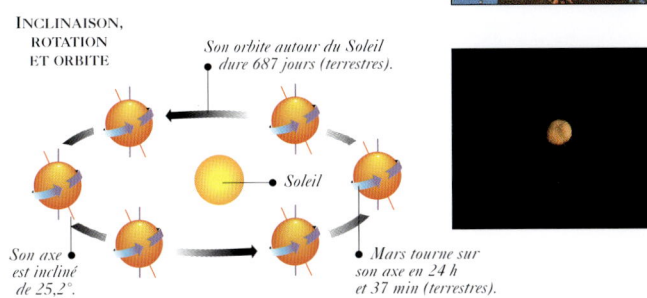

INCLINAISON, ROTATION ET ORBITE

Son orbite autour du Soleil dure 687 jours (terrestres).

Soleil

Son axe est incliné de 25,2°.

Mars tourne sur son axe en 24 h et 37 min (terrestres).

OPPOSITIONS

Mars est en opposition (voir p. 15) tous les deux ans et deux mois environ, mais son orbite fortement elliptique fait que sa distance à la Terre varie notablement d'une opposition à une autre. Lors des oppositions proches – tous les 15 ou 17 ans –, elle apparaît plus grande et plus brillante dans le ciel.

DATES DES OPPOSITIONS

DATE	OÙ TROUVER MARS	MAGNITUDE	DISTANCE à la Terre (millions de km)
24 avril 1999	Vierge	−1.5	87
13 juin 2001	Ophiuchus	−2.1	68
28 août 2003	Verseau	−2.7	56
7 novembre 2005	Bélier	−2.1	70
24 décembre 2007	Gémeaux–Taureau	−1.4	89
29 janvier 2010	Cancer	−1.1	99

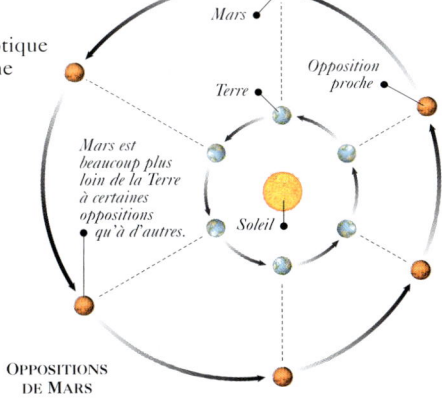

Mars

Opposition proche

Terre

Mars est beaucoup plus loin de la Terre à certaines oppositions qu'à d'autres.

Soleil

OPPOSITIONS DE MARS

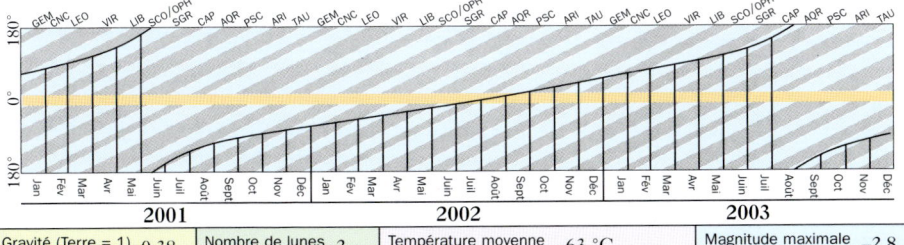

| Gravité (Terre = 1) | 0,38 | Nombre de lunes | 2 | Température moyenne | −63 °C | Magnitude maximale | −2,8 |

ATMOSPHÈRE ET CLIMAT

L'atmosphère de Mars se compose essentiellement de gaz carbonique. Elle est si ténue que la pression au sol est inférieure au centième de celle de la Terre, et la température est généralement bien inférieure à zéro. En hiver, l'atmosphère gèle aux pôles, ajoutant une couche de glace carbonique à la calotte d'eau gelée permanente. De la Terre, on peut apercevoir des brumes matinales et des nuages d'altitude, particulièrement dans les régions polaires.

Des tempêtes de poussière localisées se produisent tout au long de l'année martienne. Mais, quand Mars est au plus près du Soleil, la température et la vitesse du vent sont alors à leur maximum et les tempêtes peuvent couvrir toute la planète, l'enveloppant de poussière.

STRUCTURE ATMOSPHÉRIQUE

Nuages fins de glace carbonique

Nuages isolés et brouillard de vapeur d'eau glacée

Poussière rouge riche en fer

THERMOSPHÈRE

STRATOSPHÈRE

TROPOSPHÈRE

COMPOSITION ATMOSPHÉRIQUE

Oxygène et oxyde de carbone (0,2 %), et traces de gaz

Argon (1,6 %)

Azote (2,7 %)

Gaz carbonique (95,3 %)

LES LUNES

Mars possède deux petites lunes, Phobos et Deimos. Leurs diamètres moyens respectifs sont de 22 et 12 km. Toutes deux sont de forme irrégulière, et on pense qu'il s'agit d'astéroïdes capturés par l'attraction de la planète. Phobos tourne autour de Mars plus vite que la planète ne tourne sur elle-même. Vu du sol, il se lève donc à l'ouest et se couche à l'est. Phobos et Deimos sont trop petits pour être vus sans un grand télescope. Des photographies rapprochées, prises par des sondes spatiales, ont montré qu'ils étaient tous deux criblés de cratères.

Stickney

PHOBOS
Le plus grand cratère de Phobos, Stickney, a un diamètre d'environ 10 km.

DEIMOS
Deimos, la plus petite des deux lunes, ne présente pas de grands cratères.

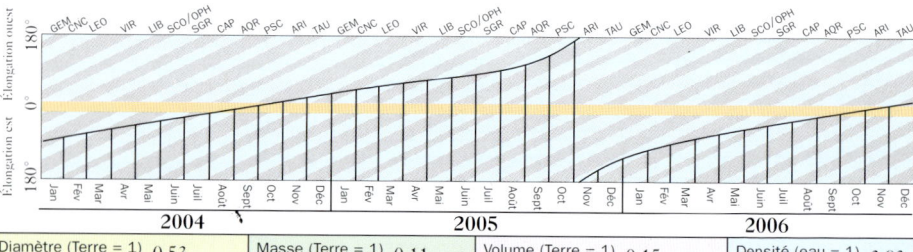

Phobos

Deimos

ORBITES DES LUNES
On voit ici Phobos et Deimos (échelle non respectée) et leur orbite autour de Mars.

Échelle en rayons martiens

POSITION DE MARS 2004-2009

| Diamètre (Terre = 1) | 0,53 | Masse (Terre = 1) | 0,11 | Volume (Terre = 1) | 0,15 | Densité (eau = 1) | 3,93 |

MARS • 45

GÉOGRAPHIE ET GÉOLOGIE

Mars a deux visages : l'hémisphère Sud est surtout formé de hautes terres, criblées de cratères météoritiques ; l'hémisphère Nord est plus lisse et d'une altitude moyenne plus basse de quelques kilomètres. On observe plusieurs énormes volcans, le plus impressionnant étant Olympus Mons, une montagne de 600 km de large et 27 km de haut, souvent couverte de nuages blancs visibles au télescope depuis la Terre. Autre particularité remarquable de Mars : Valles Marineris, un système de canyons de plus de 4 000 km de long (soit un cinquième de la circonférence de la planète) qui est visible avec un télescope comme un trait sombre. La surface de Mars a l'aspect d'un désert rocheux de couleur rouille lié à la présence d'oxyde de fer. Le sol est gelé sur plusieurs kilomètres de profondeur. Certains indices montrent que l'eau a coulé jadis à la surface de Mars, lorsque le climat était plus chaud.

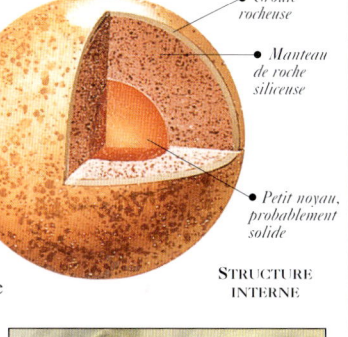

- *Croûte rocheuse*
- *Manteau de roche siliceuse*
- *Petit noyau, probablement solide*

STRUCTURE INTERNE

◁ **SYRTIS MAJOR**
Cette bande sombre, que l'on croyait autrefois une zone de végétation, est en réalité formée de roche plus sombre et de poussière.

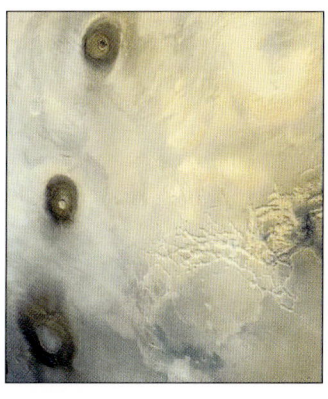

LE DÔME THARSIS ▷
Sur cette haute terre, trois volcans forment une chaîne de 2 000 km de long. La bordure de Valles Marineris est à droite du cliché.

LE ROCHER CHIMPANZÉ ▷
Ce bloc semble avoir été décapé par les vents de poussière. Les vents sur Mars peuvent atteindre 200 km/h.

PATHFINDER SUR MARS ▷
En 1997, le robot Pathfinder nous a transmis des images d'un désert glacé et rocheux.

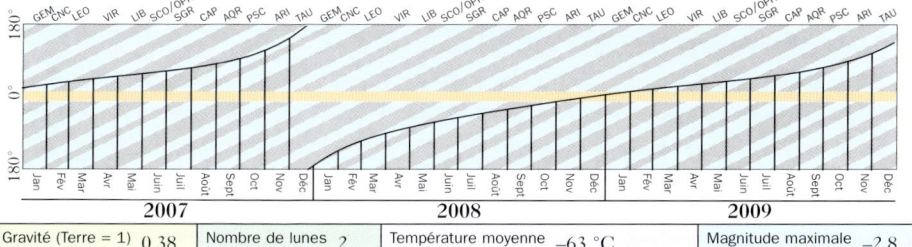

| Gravité (Terre = 1) | 0,38 | Nombre de lunes | 2 | Température moyenne | −63 °C | Magnitude maximale | −2,8 |

JUPITER

JUPITER EST LA PLUS GROSSE planète du système solaire : son poids est supérieur à deux fois celui de toutes les autres planètes réunies. Elle tourne sur son axe plus vite que n'importe quelle autre planète, effectuant une rotation complète en moins de dix heures. La partie visible de Jupiter est formée de bandes de nuages tourbillonnants. Sous ces derniers, la planète est essentiellement composée d'hydrogène et d'hélium liquides.

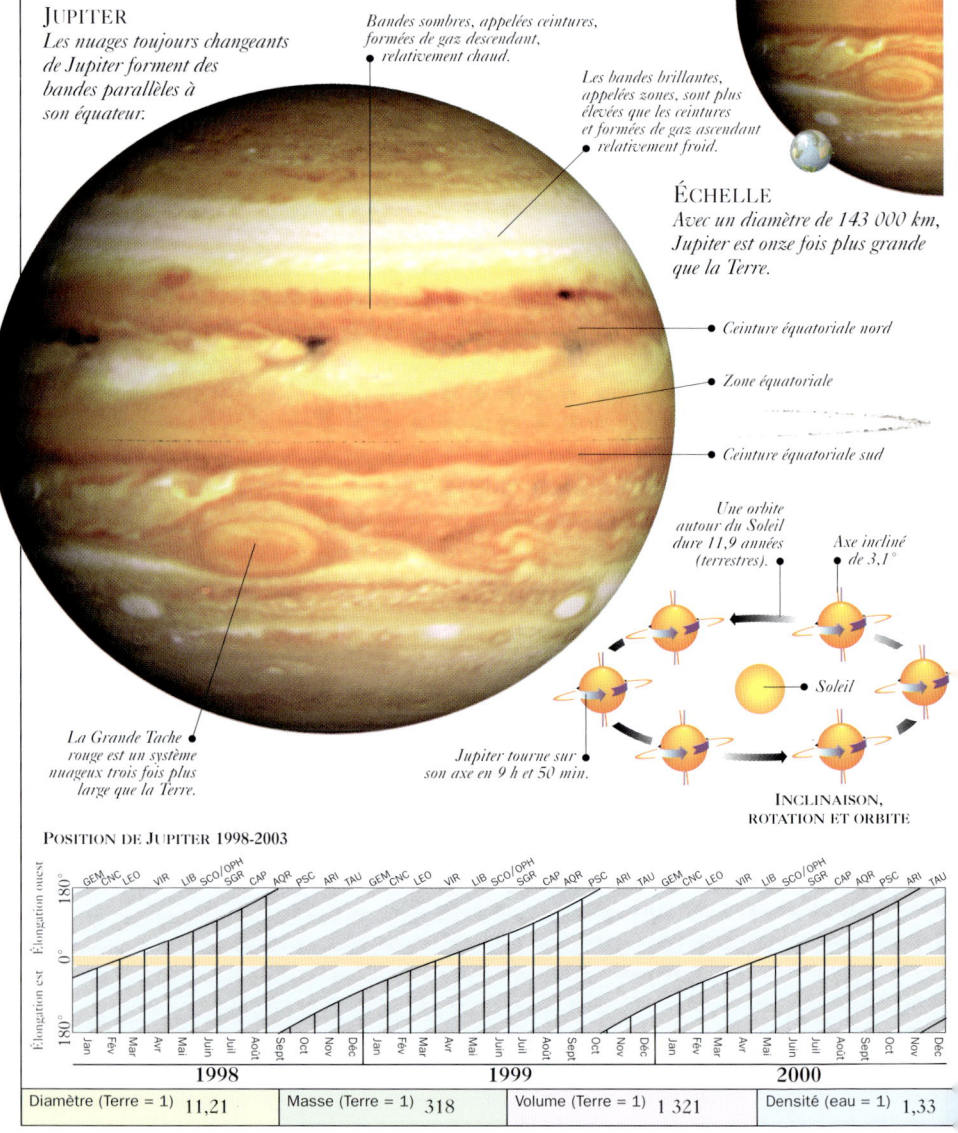

JUPITER
Les nuages toujours changeants de Jupiter forment des bandes parallèles à son équateur.

Bandes sombres, appelées ceintures, formées de gaz descendant, relativement chaud.

Les bandes brillantes, appelées zones, sont plus élevées que les ceintures et formées de gaz ascendant relativement froid.

ÉCHELLE
Avec un diamètre de 143 000 km, Jupiter est onze fois plus grande que la Terre.

Ceinture équatoriale nord

Zone équatoriale

Ceinture équatoriale sud

Une orbite autour du Soleil dure 11,9 années (terrestres).

Axe incliné de 3,1°

La Grande Tache rouge est un système nuageux trois fois plus large que la Terre.

Jupiter tourne sur son axe en 9 h et 50 min.

Soleil

INCLINAISON, ROTATION ET ORBITE

POSITION DE JUPITER 1998-2003

| Diamètre (Terre = 1) | 11,21 | Masse (Terre = 1) | 318 | Volume (Terre = 1) | 1 321 | Densité (eau = 1) | 1,33 |

JUPITER • 47

OBSERVATION

Jupiter est l'une des planètes les plus intéressantes pour l'observateur amateur. Elle est généralement la planète la plus brillante après Vénus (même si Mars est parfois légèrement plus brillante). De plus, elle est si grosse que même des jumelles la montrent comme un disque arrondi. Un petit télescope révèle les bandes nuageuses les plus visibles : il s'agit généralement des ceintures équatoriales nord et sud, entourant la zone équatoriale brillante. Avec une ouverture de 75 mm, on distingue la forme des nuages les plus gros.

Le déplacement de ces nuages est perceptible en une dizaine de minutes. Un petit télescope montre également que le disque de Jupiter est elliptique : le diamètre équatorial de la planète est supérieur de 9 000 km à son diamètre polaire, à cause de sa rotation rapide. Jupiter est plus grosse et plus brillante à l'opposition (voir p. 15), qui se produit tous les 13 mois. À ce moment, un grossissement de 40 suffit à lui donner la taille qu'a la pleine lune si on l'observe à l'œil nu.

OBSERVER JUPITER
Avec des jumelles, Jupiter se distingue des étoiles et apparaît comme un disque et non comme un point lumineux. Télescopes et caméras CCD dévoilent plus de détails du disque.

AVEC DES JUMELLES

AU TÉLESCOPE

IMAGE CCD

OBSERVER LES LUNES GALILÉENNES

Les quatre plus grosses lunes de Jupiter (Io, Europe, Ganymède et Callisto) ont été observées pour la première fois en 1610 par le savant italien Galilée, d'où leur nom. Avec des jumelles ou un petit télescope, elles apparaissent comme des étoiles faibles, alignées de part et d'autre de l'équateur, et elles changent de position en tournant autour de la planète. Parfois une ou plusieurs d'entre elles sont absentes, passant devant ou derrière Jupiter, ou encore dans son ombre.

SUIVRE LES LUNES
On voit ici les positions des lunes pour quatre nuits. Elles sont représentées par des disques colorés, mais, avec des jumelles ou un petit télescope, on n'aperçoit que des points lumineux.

CLÉS
- Callisto (C)
- Europe (E)
- Ganymède (G)
- Io (I)

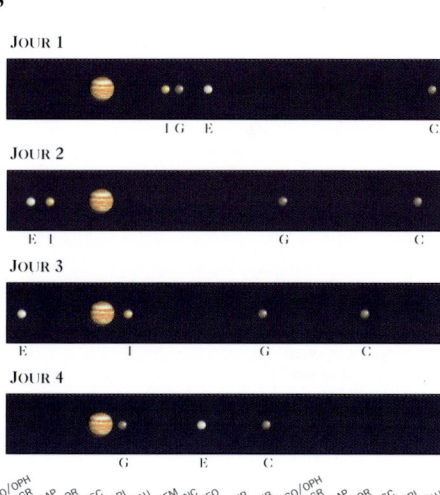

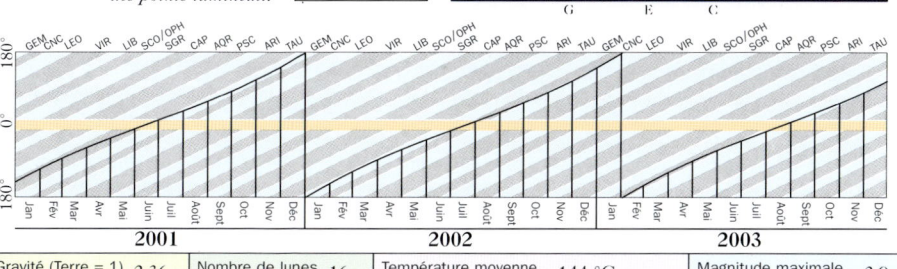

| Gravité (Terre = 1) | 2,36 | Nombre de lunes | 16 | Température moyenne | −144 °C | Magnitude maximale | −2,9 |

48 • LE SYSTÈME SOLAIRE

STRUCTURE ET ATMOSPHÈRE

Jupiter est entourée d'une atmosphère nuageuse d'environ 1 000 km d'épaisseur. Des nuages de compositions différentes se forment à différents niveaux, selon la température et la pression, qui décroissent toutes deux quand l'altitude croît. Sous les nuages, on ne trouve pas de surface solide, mais de l'hydrogène et de l'hélium liquéfiés par la pression liée à la forte gravité de Jupiter. Loin à l'intérieur, là où l'hydrogène liquide se comporte comme un métal fondu, la convection produit un champ magnétique intense qui s'étend dans l'espace sur des millions de kilomètres. On pense que le centre de Jupiter est occupé par un noyau rocheux.

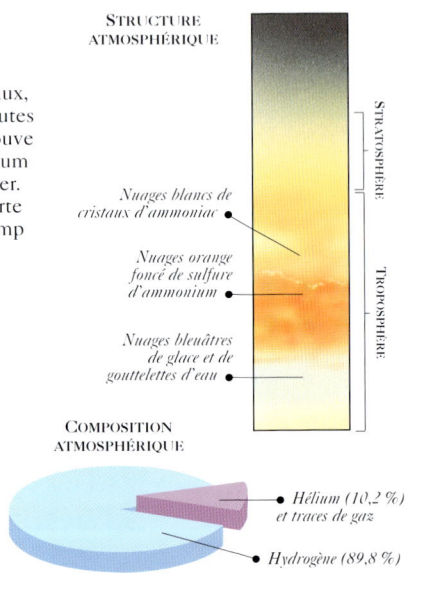

STRUCTURE ATMOSPHÉRIQUE

Nuages blancs de cristaux d'ammoniac

Nuages orange foncé de sulfure d'ammonium

Nuages bleuâtres de glace et de gouttelettes d'eau

STRATOSPHÈRE

TROPOSPHÈRE

COMPOSITION ATMOSPHÉRIQUE

Hélium (10,2 %) et traces de gaz

Hydrogène (89,8 %)

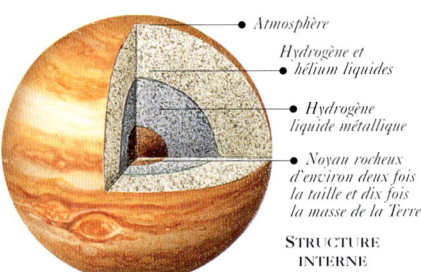

Atmosphère

Hydrogène et hélium liquides

Hydrogène liquide métallique

Noyau rocheux d'environ deux fois la taille et dix fois la masse de la Terre

STRUCTURE INTERNE

CEINTURES DE NUAGES ET OURAGANS

La rotation rapide de Jupiter organise les nuages en bandes claires et sombres. Dans les régions claires, appelées zones, le gaz s'élève de l'intérieur, chaud, et se condense en nuages d'altitude. Les nuages plus sombres, appelés ceintures, apparaissent à plus basse altitude, là où le gaz descend. La couleur des ceintures varie du rouge-brun au bleu, selon leur composition. La forme des nuages dure rarement plus de quelques semaines, mais certains nuages blancs et ovales sont restés tels plus d'un demi-siècle. La forme la plus remarquable est la Grande Tache rouge, située sur le bord sud de la ceinture équatoriale sud. Cet ouragan de haute altitude tourne en sens inverse des aiguilles d'une montre en une semaine environ. On le suit depuis 1831, mais une structure similaire est connue depuis le XVIIe siècle.

LA GRANDE TACHE ROUGE
Cette image a été prise par la sonde spatiale Galileo. On pense que la couleur de la tache est due à la présence de phosphore rouge, ou peut-être à des composés carbonés.

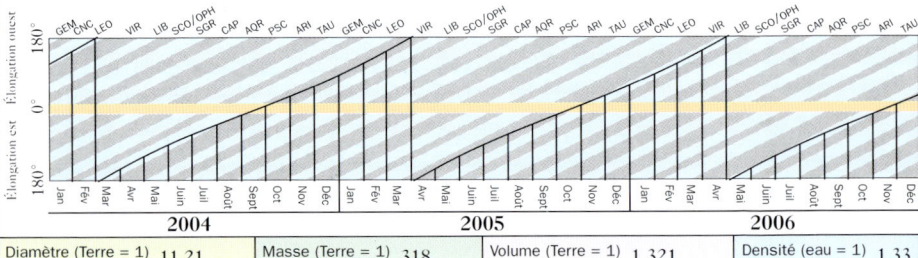

| Diamètre (Terre = 1) | 11,21 | Masse (Terre = 1) | 318 | Volume (Terre = 1) | 1 321 | Densité (eau = 1) | 1,33 |

JUPITER • 49

ANNEAUX ET LUNES

Les 16 satellites connus de Jupiter forment trois groupes : les huit les plus internes, incluant les quatre lunes galiléennes, suivent des orbites circulaires dans le plan équatorial de la planète ; les quatre intermédiaires ont des orbites elliptiques inclinées de 25 à 30° sur l'équateur de Jupiter ; enfin les quatre les plus externes parcourent des orbites elliptiques et rétrogrades (d'est en ouest). Les deux derniers groupes sont probablement formés d'astéroïdes capturés. En dehors des lunes galiléennes, les satellites sont petits et peu brillants, et un grand télescope est nécessaire pour les distinguer. Jupiter possède un faible anneau de poussières, de plus de 100 000 km de diamètre.

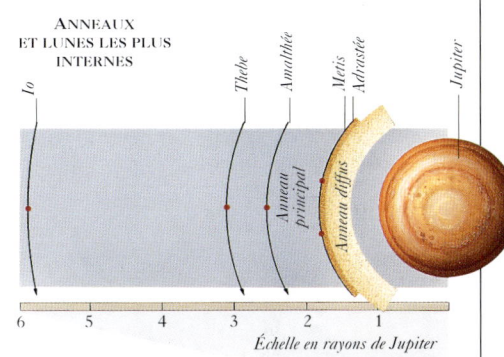

ANNEAUX ET LUNES LES PLUS INTERNES

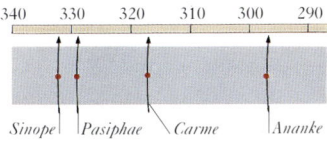
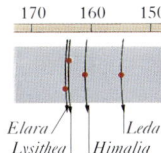
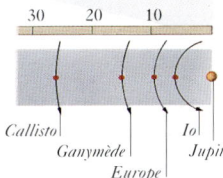

LUNES LES PLUS EXTERNES

LES LUNES GALILÉENNES

Io, le plus interne des satellites galiléens, a un diamètre de 3 630 km, proche de celui de notre Lune. Il est couvert de soufre jaune-orangé, craché par des volcans toujours actifs. Son intérieur reste en fusion à cause des forces gravitationnelles de Jupiter. Europe, 3 140 km de diamètre, est la plus petite des quatre lunes. Sa surface lisse, glacée, ressemble à une coquille d'œuf craquelée.

Ganymède (5 260 km de diamètre), plus grande que Mercure, est la lune la plus grande du système solaire. Sa surface complexe, en partie couverte de cratères, montre des taches sombres et des sillons plus clairs. La plus externe des quatre lunes est Callisto (4 800 km de diamètre), dont la surface sombre est couverte de cratères d'impact.

Io

EUROPE

GANYMÈDE

CALLISTO

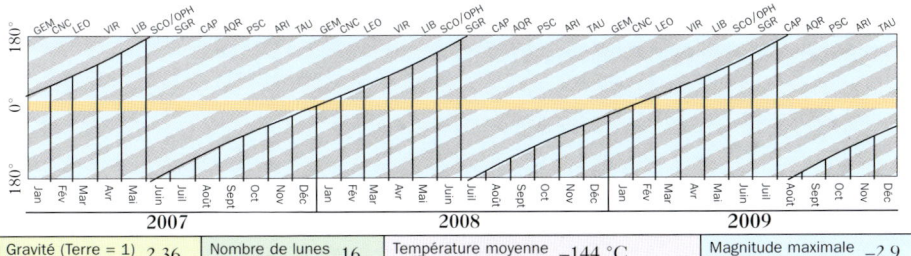

| Gravité (Terre = 1) | 2,36 | Nombre de lunes | 16 | Température moyenne | −144 °C | Magnitude maximale | −2,9 |

SATURNE

SATURNE, la planète la plus éloignée que connaissaient les astronomes anciens, est la deuxième du système solaire par sa taille. Elle est aussi la plus facile à repérer avec un télescope, grâce aux grands anneaux brillants qui entourent son équateur. Comme Jupiter, elle est formée d'une atmosphère nuageuse recouvrant un intérieur d'hydrogène et d'hélium liquides. Saturne possède au moins 18 lunes, plus qu'aucune autre planète.

SATURNE
La caractéristique la plus connue de Saturne est son magnifique système d'anneaux.

ÉCHELLE
Le diamètre de Saturne (120 500 km) est neuf fois plus grand que celui de la Terre.

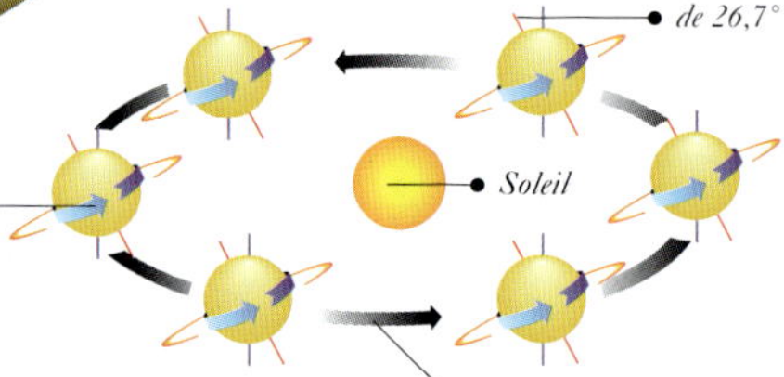

Les nuages forment des ceintures sombres et des zones brillantes, comme sur Jupiter.

Axe incliné de 26,7°

• *Par rapport à leur largeur totale, les anneaux de Saturne semblent plus minces qu'une feuille de papier.*

• *Les anneaux sont formés de morceaux de glace, allant de toutes petites particules jusqu'à des blocs de quelques mètres de large.*

• *Saturne tourne sur son axe en 10 h et 14 min à l'équateur ; la vitesse de rotation décroît progressivement vers les pôles.*

• *Soleil*

INCLINAISON, ROTATION ET ORBITE

• *Une orbite dure 29,5 années (terrestres).*

POSITION DE SATURNE 1998-2003

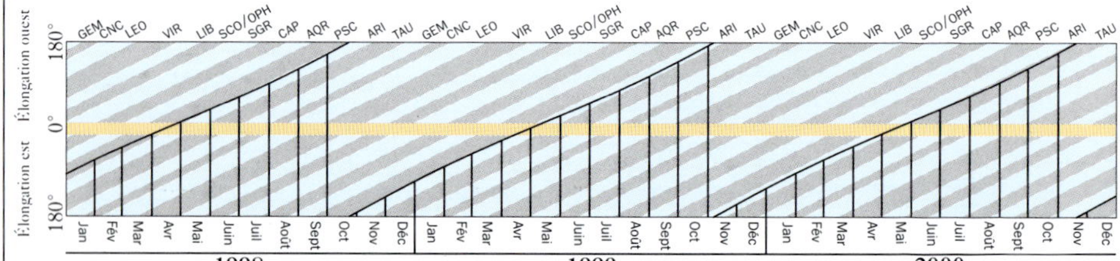

| Diamètre (Terre = 1) | 9,14 | Masse (Terre = 1) | 95 | Volume (Terre = 1) | 764 | Densité (eau = 1) | 0,69 |

SATURNE • 51

OBSERVATION

À l'œil nu, Saturne apparaît comme une brillante étoile jaunâtre. Des jumelles révèlent un petit disque à l'aspect légèrement aplati, à cause de ses anneaux. Avec un petit télescope, on distingue clairement ces derniers, dont le diamètre est égal à plus de deux fois celui de la planète. Des cinq planètes visibles de la Terre à l'œil nu, Saturne est celle qui se déplace le plus lentement : les oppositions (voir p. 15) se reproduisent après un an et deux semaines. À l'opposition, avec un grossissement de 100, Saturne a la taille de la pleine lune observée à l'œil nu. Le disque de Saturne est traversé de bandes de nuages, moins remarquables que celles de Jupiter, et on n'y voit pas d'équivalent de la Grande Tache rouge. Pourtant, des taches blanches apparaissent dans la zone équatoriale de la planète tous les 30 ans environ, durant l'été de son hémisphère Nord.

VUE À L'ŒIL NU △
Saturne est l'objet brillant, d'allure stellaire, au centre de la photo.

IMAGE CCD
Avec une caméra CCD, on peut distinguer les principales divisions des anneaux.

◁ **VUE AU TÉLESCOPE**
Un petit télescope montre les contours des anneaux de Saturne.

VISIBILITÉ DES ANNEAUX DE SATURNE

Au cours de la révolution de Saturne autour du Soleil, on peut observer ses anneaux sous des angles différents, par l'effet combiné de l'inclinaison de l'axe de Saturne et de l'angle que forme son orbite avec la nôtre. Au maximum, les anneaux sont inclinés vers nous d'environ 27°. Deux fois au cours de chaque orbite de Saturne autour du Soleil, les anneaux se présentent de profil, et leur minceur les rend alors invisibles. La prochaine configuration de ce type se produira en septembre 2009.

LA TERRE ET SATURNE DANS L'ESPACE

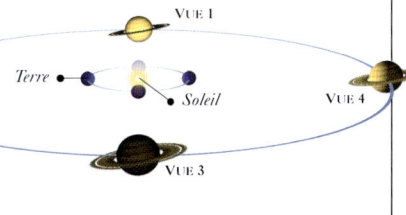

ASPECT DES ANNEAUX DEPUIS LA TERRE

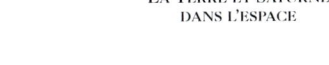

Vue 1 Vue 2 Vue 3 Vue 4

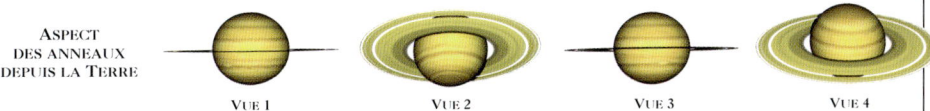

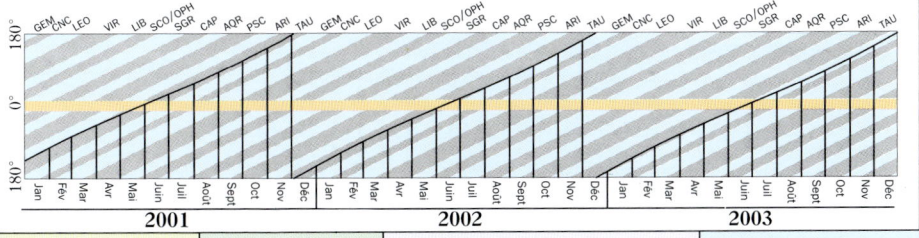

| Gravité (Terre = 1) 0,92 | Nombre de lunes 18 | Température moyenne −176 °C | Magnitude maximale −0,3 |

STRUCTURE ET ATMOSPHÈRE

L'atmosphère nuageuse de Saturne est semblable à celle de Jupiter, mais plus froide. Près de l'équateur, les vents atteignent 1 800 km/h et sont plus rapides que sur toute autre planète. Sous les nuages, la planète est formée d'hydrogène et d'hélium liquides, et d'un noyau rocheux. La densité moyenne de Saturne, la plus basse parmi toutes les planètes, n'est que d'environ 70 % celle de l'eau. Cette faible densité, combinée avec sa rotation rapide, lui donne une forme très elliptique et son diamètre équatorial mesure presque 12 000 km de plus que son diamètre polaire.

ANNEAUX ET LUNES

Les anneaux de Saturne consistent en un essaim orbital de morceaux de glace, aucun ne dépassant quelques mètres. Les orbites des lunes les plus internes sont situées à l'intérieur des anneaux. Pan se trouve dans un intervalle appelé la division d'Encke, dans la partie externe de l'anneau A. La lune suivante, Atlas, est au bord de l'anneau A, tandis que Prométhée et Pandore sont de part et d'autre de l'anneau F. Certaines lunes partagent la même orbite.

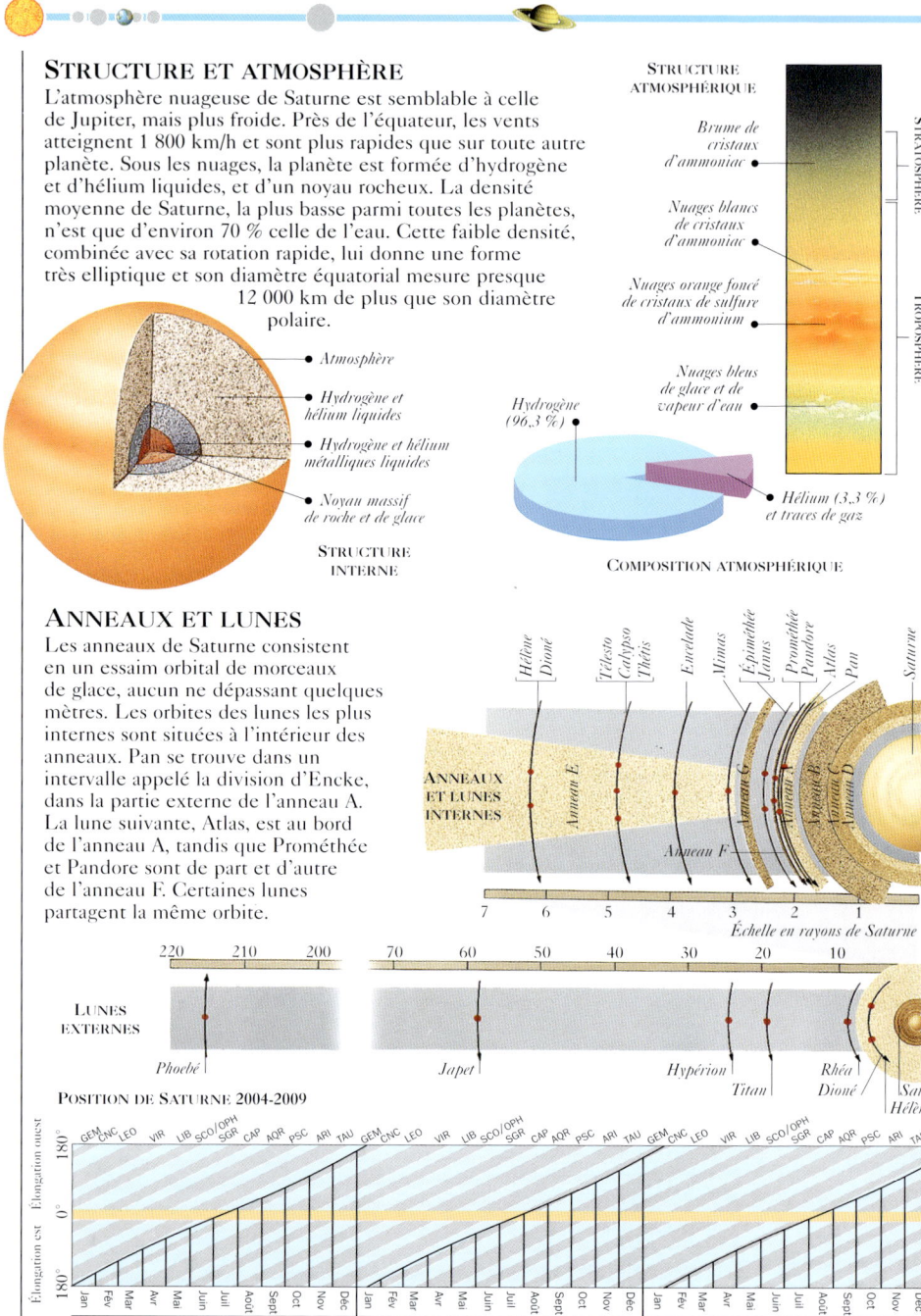

| Diamètre (Terre = 1) 9,14 | Masse (Terre = 1) 95 | Volume (Terre = 1) 764 | Densité (eau = 1) 0,69 |

ANNEAUX INTERNES

La partie la plus externe du système d'anneaux visible depuis la Terre est l'anneau A, dont la largeur atteint presque 275 000 km. Il est séparé de l'anneau B, le plus brillant et le plus large, par la division de Cassini, un intervalle d'environ 4 500 km visible avec un télescope de 75 mm. Ensuite se trouve l'anneau C (ou anneau de crêpe), en partie transparent. Les anneaux D et F, plus faibles, se trouvent à l'intérieur et à l'extérieur des anneaux visibles. Ne sont pas représentés ici deux autres anneaux très faibles, situés au-delà de l'anneau F.

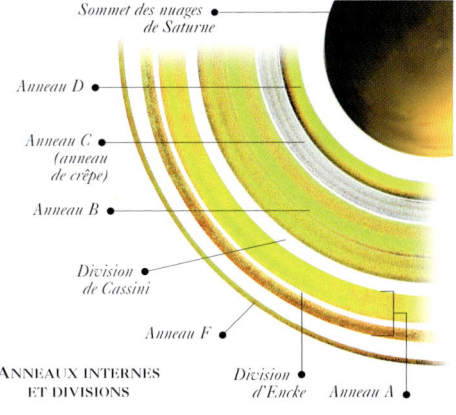

Sommet des nuages de Saturne
Anneau D
Anneau C (anneau de crêpe)
Anneau B
Division de Cassini
Anneau F
Division d'Encke
Anneau A

ANNEAUX INTERNES ET DIVISIONS

LES ANNEAUX DE SATURNE VUS PAR VOYAGER
Cette image traitée de l'anneau C et d'une partie de l'anneau B, transmise par la sonde Voyager 2 en 1981, montre que chacun des anneaux principaux est formé de milliers de très petits anneaux. Les anneaux de Saturne ont une largeur de 420 000 km, mais leur épaisseur ne dépasse pas quelques centaines de mètres.

LUNES

Saturne possède 18 lunes identifiées. La plus grande est Titan, avec un diamètre de 5 150 km. C'est la deuxième plus grande lune du système solaire (après Ganymède, lune de Jupiter) et la seule pourvue d'une atmosphère substantielle. De magnitude 8, on peut la voir avec un petit télescope au cours de son orbite de 16 jours autour de la planète. Une ouverture de 150 mm devrait montrer plusieurs autres lunes, notamment Rhéa, Thétys, Dioné, Japet, Encelade et même Mimas. Japet a la particularité d'avoir une magnitude quatre fois plus faible d'un côté de Saturne que de l'autre, car il a un hémisphère brillant et un autre sombre.

TITAN
La surface de Titan est obscurcie par des brumes orange flottant dans une atmosphère riche en azote.

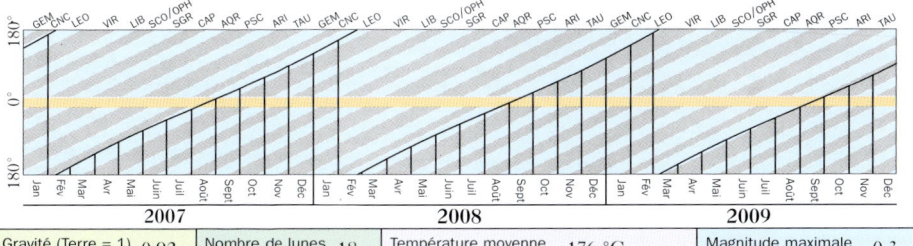

| Gravité (Terre = 1) | 0,92 | Nombre de lunes | 18 | Température moyenne | −176 °C | Magnitude maximale | −0,3 |

URANUS

GÉANTE GAZEUSE GLACÉE, Uranus est la troisième planète du système solaire par sa taille. Sa caractéristique la plus originale est que son axe de rotation est presque dans le plan de son orbite, et elle paraît rouler sur celle-ci autour du Soleil. Bien qu'elle soit visible à l'œil nu à son maximum de luminosité, la planète Uranus n'a été découverte qu'en 1781, par l'astronome britannique William Herschel.

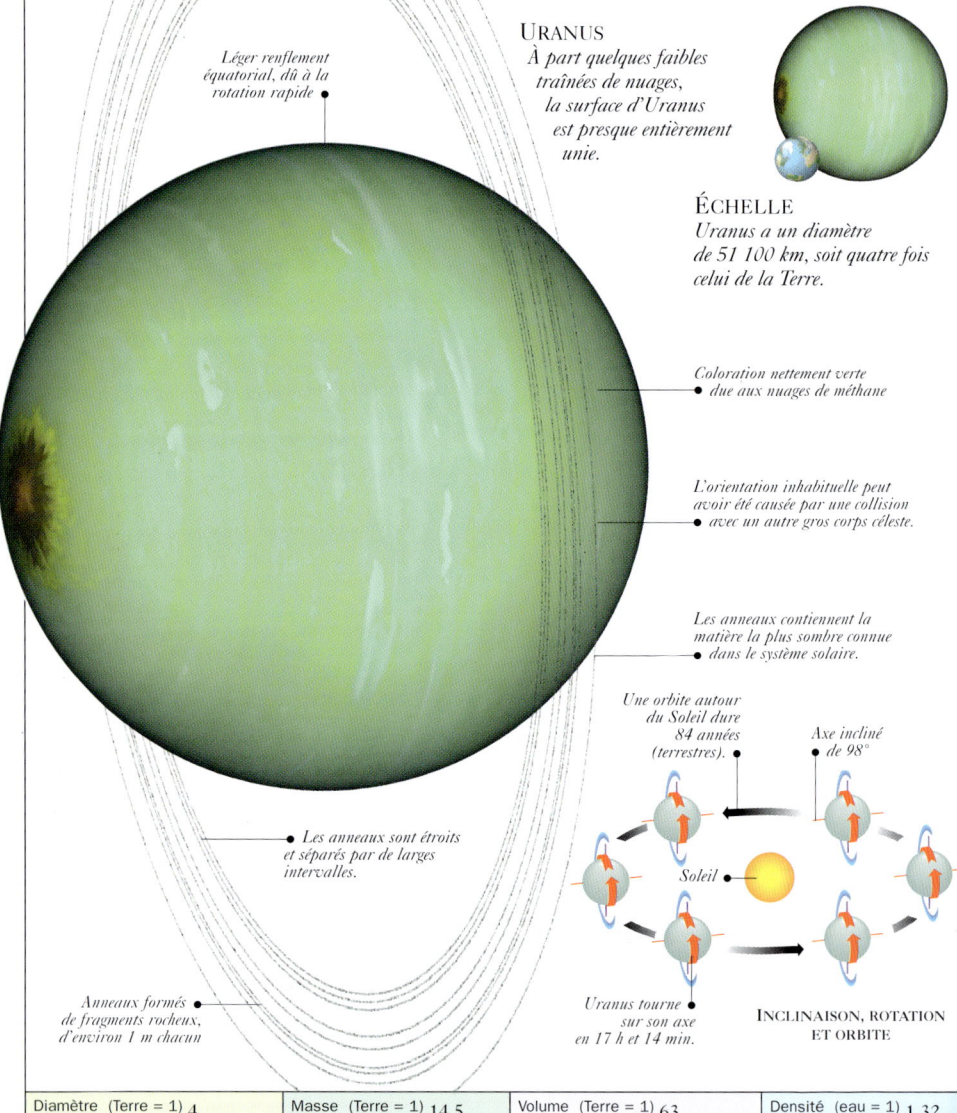

URANUS
À part quelques faibles traînées de nuages, la surface d'Uranus est presque entièrement unie.

ÉCHELLE
Uranus a un diamètre de 51 100 km, soit quatre fois celui de la Terre.

Léger renflement équatorial, dû à la rotation rapide

Coloration nettement verte due aux nuages de méthane

L'orientation inhabituelle peut avoir été causée par une collision avec un autre gros corps céleste.

Les anneaux contiennent la matière la plus sombre connue dans le système solaire.

Une orbite autour du Soleil dure 84 années (terrestres).

Axe incliné de 98°

Les anneaux sont étroits et séparés par de larges intervalles.

Soleil

Anneaux formés de fragments rocheux, d'environ 1 m chacun.

Uranus tourne sur son axe en 17 h et 14 min.

INCLINAISON, ROTATION ET ORBITE

| Diamètre (Terre = 1) 4 | Masse (Terre = 1) 14,5 | Volume (Terre = 1) 63 | Densité (eau = 1) 1,32 |

URANUS • 55

ATMOSPHÈRE ET CLIMAT

Uranus est couverte de nuages de méthane qui absorbent le rouge, donnant à la planète une apparence verdâtre. Son disque est pratiquement uni, mais quelques nuages brillants ont été détectés par la sonde spatiale Voyager 2 en 1986, et plus tard par le télescope spatial Hubble. L'extrême inclinaison de l'axe de la planète fait que, au cours de chaque orbite, le Soleil passe au zénith de l'équateur et des deux pôles ; chaque pôle connaît donc un jour de 42 ans suivi par une nuit de 42 ans. L'intérieur de la planète est formé principalement d'eau, de méthane, d'ammoniac et de roche, plutôt que d'hydrogène liquide, comme pour Jupiter et Saturne.

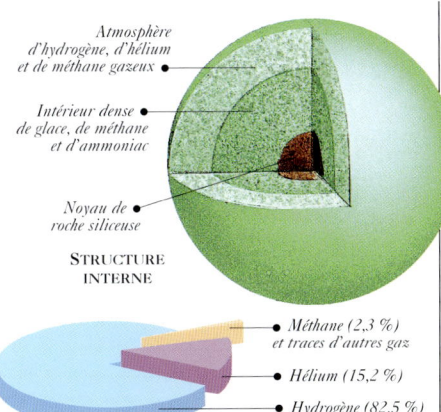

STRUCTURE INTERNE

COMPOSITION ATMOSPHÉRIQUE

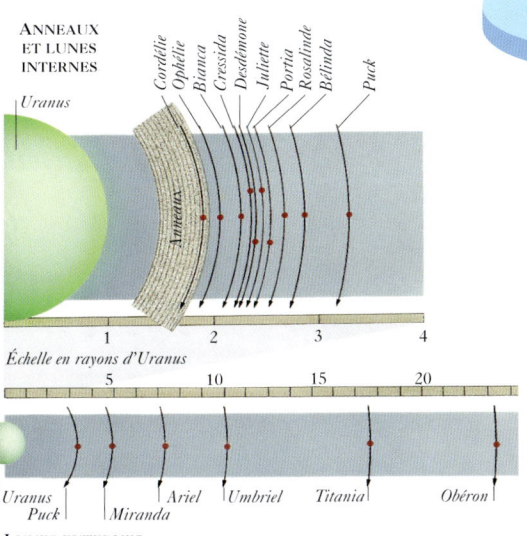

ANNEAUX ET LUNES INTERNES

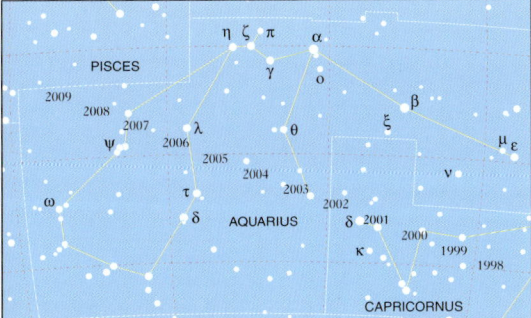

LUNES EXTERNES

ANNEAUX ET LUNES

Uranus possède 11 anneaux fins et 17 lunes connues (dont deux récemment identifiées). Tous sont dans le plan de son équateur à forte inclinaison. Les anneaux sont trop faibles pour être vus avec un télescope d'amateur. L'anneau le plus externe, l'anneau Epsilon, a une largeur de 100 km et est encadré par deux « chiens de berger », les lunes Cordélie et Ophélie. Les lunes aussi sont faibles : la plus grosse et la plus brillante, Titania, n'est que de 14e magnitude, et ne peut être vue qu'avec un grand télescope.

OBSERVATION

Dans de bonnes conditions, et si l'on connaît sa position, Uranus peut être repérée à l'œil nu, comme une étoile de 6e magnitude. Elle est facile à trouver avec des jumelles, même en zone urbaine. Son identification peut être confirmée par son déplacement d'une nuit à l'autre. Aux oppositions, qui se répètent au bout d'un an et quatre jours, un grossissement de 500 donne à Uranus la taille de la pleine lune vue à l'œil nu.

POSITION D'URANUS 1998-2009

| Gravité (Terre = 1) | 0,89 | Nombre de lunes | 17 | Température moyenne | −215 °C | Magnitude maximale | 5,5 |

NEPTUNE

NEPTUNE EST LA PLUS ÉLOIGNÉE des géantes gazeuses. Comme Uranus, elle a une atmosphère riche en hydrogène, hélium et méthane, et un système d'anneaux faibles. Neptune a été découverte en 1846, Le Verrier ayant prédit sa position d'après les perturbations que son attraction imposait à Uranus. La planète est restée peu connue jusqu'à son survol par Voyager 2 en 1989.

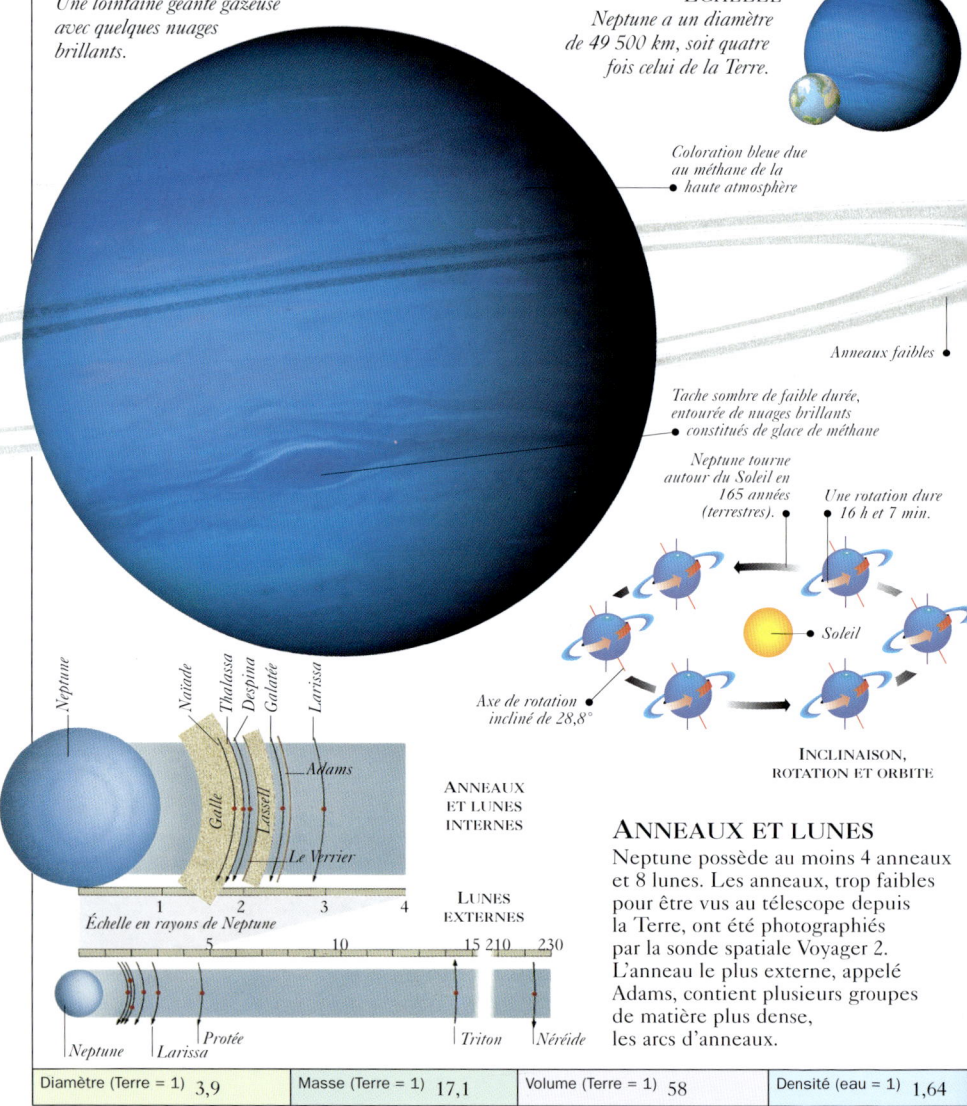

NEPTUNE
Une lointaine géante gazeuse avec quelques nuages brillants.

ÉCHELLE
Neptune a un diamètre de 49 500 km, soit quatre fois celui de la Terre.

Coloration bleue due au méthane de la haute atmosphère

Anneaux faibles

Tache sombre de faible durée, entourée de nuages brillants constitués de glace de méthane

Neptune tourne autour du Soleil en 165 années (terrestres).

Une rotation dure 16 h et 7 min.

Soleil

Axe de rotation incliné de 28,8°

INCLINAISON, ROTATION ET ORBITE

ANNEAUX ET LUNES INTERNES

LUNES EXTERNES

ANNEAUX ET LUNES
Neptune possède au moins 4 anneaux et 8 lunes. Les anneaux, trop faibles pour être vus au télescope depuis la Terre, ont été photographiés par la sonde spatiale Voyager 2. L'anneau le plus externe, appelé Adams, contient plusieurs groupes de matière plus dense, les arcs d'anneaux.

Diamètre (Terre = 1) 3,9	Masse (Terre = 1) 17,1	Volume (Terre = 1) 58	Densité (eau = 1) 1,64

NEPTUNE • 57

ATMOSPHÈRE ET CLIMAT

Les atmosphères de Neptune et d'Uranus sont semblables, bien que celle de Neptune soit plus agitée et bleue (au lieu de bleu-vert) car ses couches supérieures contiennent plus de méthane. En 1989, Voyager 2 a photographié une grande tache sombre dans l'hémisphère Sud, rappelant la Grande Tache rouge de Jupiter. Cinq ans plus tard, lorsque le télescope spatial Hubble a observé Neptune, la tache avait disparu, mais une autre tache sombre apparut fin 1994, cette fois dans l'hémisphère Nord. De brillants cirrus de méthane ont été observés par Voyager et Hubble. La composition des nuages principaux n'est pas définie avec certitude, mais on y trouve sans doute de l'acide sulfhydrique et de l'ammoniac. On pense que l'intérieur de Neptune ressemble à celui d'Uranus, avec de l'eau, de l'ammoniac et du méthane entourant un noyau rocheux.

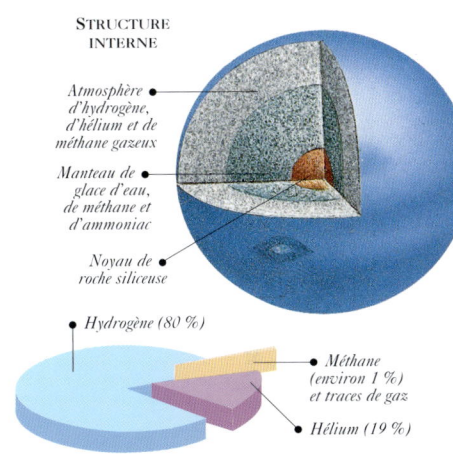

STRUCTURE INTERNE

Atmosphère d'hydrogène, d'hélium et de méthane gazeux

Manteau de glace d'eau, de méthane et d'ammoniac

Noyau de roche siliceuse

- Hydrogène (80 %)
- Méthane (environ 1 %) et traces de gaz
- Hélium (19 %)

COMPOSITION ATMOSPHÉRIQUE

LUNES

Des 8 lunes connues de Neptune, Triton est la seule de quelque importance. C'est aussi la plus grande, avec un diamètre de 2 700 km. Sa surface est couverte d'azote et de méthane gelés et, avec une température de –235 °C, c'est l'endroit le plus froid que l'on connaisse dans le système solaire. De l'azote liquide jaillit de la surface en geysers, laissant des traînées sombres. Triton a une orbite rétrograde (elle tourne en sens opposé de Neptune), et on pense qu'il était un corps indépendant, comme Pluton, qui aurait été capturé par l'attraction de Neptune. Triton est en fait plus grand que Pluton, et les deux corps pourraient être physiquement semblables.

LE PÔLE SUD DE TRITON
La glace d'azote et de méthane recouvrant les pôles de Triton a une légère mais nette coloration rose.

OBSERVATION

Neptune n'est jamais d'une magnitude inférieure à 8 et reste donc invisible à l'œil nu, mais on peut la trouver avec des jumelles, bien qu'elle ressemble à une étoile faible. Les observations de Pluton peuvent être confirmées par son mouvement régulier devant le fond stellaire sur plusieurs nuits. Avec un télescope, la planète apparaît comme un disque bleuâtre uni, d'environ les deux tiers de la taille apparente d'Uranus. Neptune revient en opposition (voir p. 15) après un an, deux jours et douze heures.

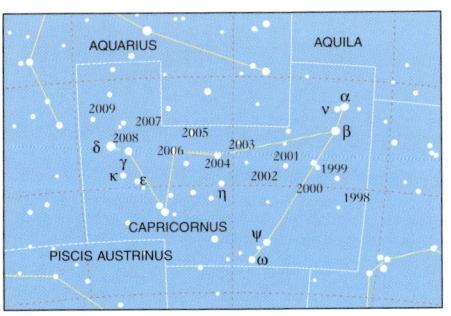

POSITION DE NEPTUNE 1998-2009

| Gravité (Terre = 1) | 1,12 | Nombre de lunes | 8 | Température moyenne | –215 °C | Magnitude maximale | 7,6 |

PLUTON

PETIT MONDE DE ROCHE ET DE GLACE d'une taille égale aux deux tiers de notre Lune, Pluton est la plus petite de toutes les planètes. On la considère comme la planète la plus externe, mais elle a une orbite très elliptique qui l'amène parfois plus près du Soleil que Neptune. Pluton a été découverte en 1930 par l'astronome américain Clyde Tombaugh, qui utilisait la photographie pour chercher une planète au-delà de Neptune.

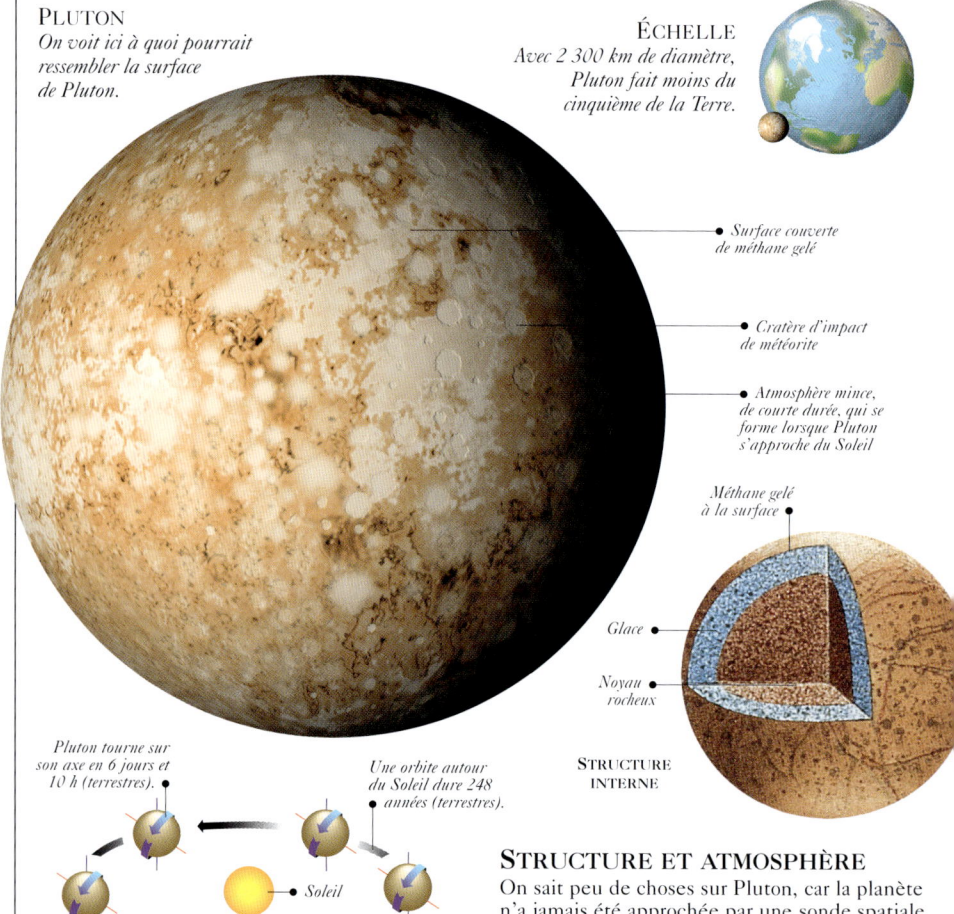

PLUTON
On voit ici à quoi pourrait ressembler la surface de Pluton.

ÉCHELLE
Avec 2 300 km de diamètre, Pluton fait moins du cinquième de la Terre.

• *Surface couverte de méthane gelé*

• *Cratère d'impact de météorite*

• *Atmosphère mince, de courte durée, qui se forme lorsque Pluton s'approche du Soleil*

Méthane gelé à la surface •

Glace •

Noyau rocheux •

STRUCTURE INTERNE

Pluton tourne sur son axe en 6 jours et 10 h (terrestres).

Une orbite autour du Soleil dure 248 années (terrestres).

Soleil

Axe incliné d'environ 120°

INCLINAISON, ROTATION ET ORBITE

L'axe de Pluton est si incliné que son pôle Nord se trouve en dessous du plan de son orbite.

STRUCTURE ET ATMOSPHÈRE

On sait peu de choses sur Pluton, car la planète n'a jamais été approchée par une sonde spatiale. Sa surface doit être couverte de glace de méthane, dont une partie s'évapore pour former une mince atmosphère pendant quelques décennies, lorsque Pluton est au plus près du Soleil. Sous le méthane, on pense que se trouve une couche de glace et un gros noyau rocheux.

| Diamètre (Terre = 1) | 0,18 | Masse (Terre = 1) | 0,002 | Volume (Terre = 1) | 0,006 | Densité (eau = 1) | 2,0 |

PLUTON • 59

CHARON

L'unique lune de Pluton, Charon, a été découverte en 1978. Elle a plus de la moitié du diamètre de Pluton et environ un cinquième de sa masse, ce qui en fait la plus grosse lune du système solaire, relativement à sa planète. En fait, les deux corps forment une planète double. Charon tourne à une distance de Pluton d'environ 18 400 km en 6,4 jours. Pluton et Charon tournent chacune sur leur axe en 6,4 jours également, si bien que chaque corps présente toujours la même face à l'autre.

LA SURFACE DE CHARON

On pense que la surface de Charon est couverte de glace (comme sur cette image), à la différence de Pluton, qui est enveloppée de méthane gelé.

Cratère d'impact

Surface couverte de glace

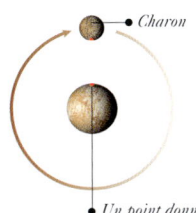
Charon

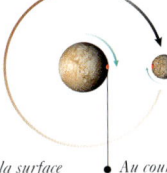

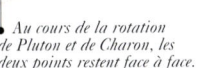

Un point donné de la surface de Pluton fait face à un certain point sur Charon.

Au cours de la rotation de Pluton et de Charon, les deux points restent face à face.

Charon n'est jamais visible depuis cette face de Pluton.

△ **ORBITES SYNCHRONES**
D'un hémisphère de Pluton, Charon est toujours visible et reste immobile dans le ciel. On ne peut jamais la voir depuis l'autre hémisphère.

PLUTON ET CHARON ▷
Il est très difficile de séparer Pluton et Charon au télescope depuis la Terre. Ce cliché, pris par le télescope spatial Hubble, est le meilleur que l'on connaisse à ce jour de Pluton et de sa lune.

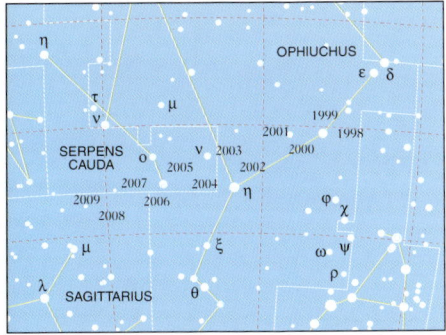

POSITION DE PLUTON 1998-2009

OBSERVATION

Pluton n'est que de 14e magnitude, et il faut un télescope de 200 mm d'ouverture pour tout juste l'apercevoir. Même avec un grand télescope, Pluton n'apparaît que comme un point lumineux d'apparence stellaire. On ne peut voir aucun détail de sa surface. La meilleure façon d'identifier Pluton est d'étudier son mouvement par rapport aux étoiles sur une série de photographies, technique utilisée par Clyde Tombaugh dans sa recherche de la planète. L'orbite de Pluton est inclinée de 17° par rapport à celle de la Terre, et elle s'écarte donc plus de l'écliptique (voir p. 15) que n'importe quelle autre planète.

| Gravité (Terre = 1) | 0,07 | Nombre de lunes | 1 | Température moyenne | -223 °C | Magnitude maximale | 14 |

Comètes et météores

LES COMÈTES, constituées de gaz gelé et de poussières, forment un essaim à la limite du système solaire. Elles s'approchent parfois du Soleil sur des orbites allongées, se réchauffent et émettent du gaz et des poussières, avant de repartir vers l'obscurité. Les particules de poussière issues des comètes peuvent entrer dans l'atmosphère de la Terre, où elles brûlent en formant des traits lumineux appelés météores, ou étoiles filantes.

Les comètes

Les comètes sont des vestiges glacés de la formation des planètes externes. Elles circulent en général, invisibles, dans le Nuage de Oort, qui s'étend à une année-lumière au moins du Soleil. Parfois, leur attraction mutuelle, ou celle d'une étoile voisine, fait dévier une comète, depuis le Nuage vers l'intérieur du système solaire, et elle devient alors visible de la Terre. On connaît environ mille comètes, mais le Nuage de Oort et sa région interne, la Ceinture de Kuiper, doivent en contenir des milliards.

Les sources de comètes
On pense que les comètes de longue période viennent du Nuage de Oort (au bord du dessin) ; celles de plus courte période viennent de la Ceinture de Kuiper (la zone bleu plus clair).

Noyaux et queues

La seule partie solide d'une comète est son noyau, qui a le plus souvent une largeur d'un kilomètre environ. Lorsqu'il approche du Soleil, le noyau se réchauffe, émettant du gaz et des poussières pour former une tête brillante, la coma, d'une largeur pouvant atteindre 100 000 km. Pour certaines comètes, le gaz et les poussières de la coma forment des queues.

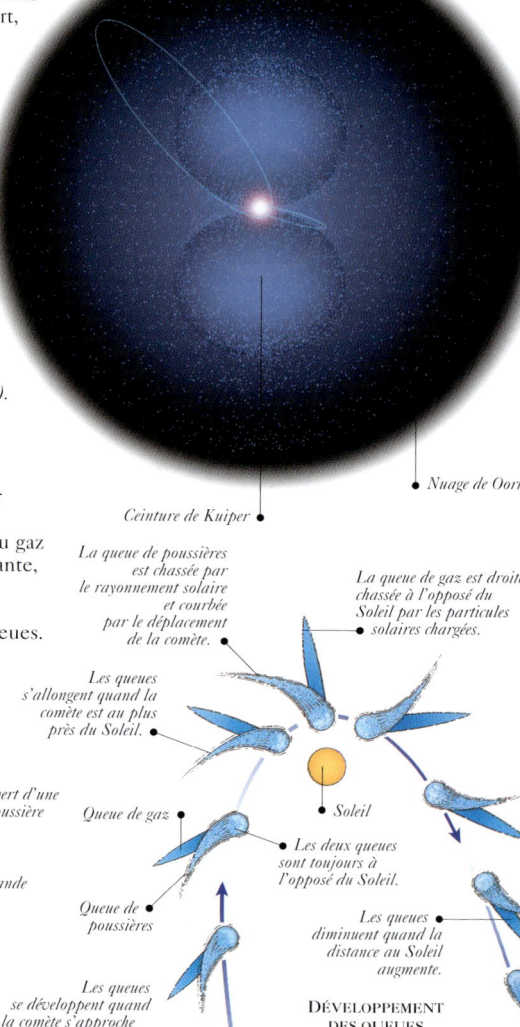

Nuage de Oort

Ceinture de Kuiper

La queue de poussières est chassée par le rayonnement solaire et courbée par le déplacement de la comète.

La queue de gaz est droite chassée à l'opposé du Soleil par les particules solaires chargées.

Le gaz et les poussières qui s'échappent forment des queues.

Les queues s'allongent quand la comète est au plus près du Soleil.

Noyau couvert d'une croûte de poussière sombre

Queue de gaz

Soleil

Coma grande et brillante

Les deux queues sont toujours à l'opposé du Soleil.

Queue de poussières

Jets de gaz et de poussière

Les queues se développent quand la comète s'approche du Soleil.

Les queues diminuent quand la distance au Soleil augmente.

DÉTAILS D'UNE COMÈTE

DÉVELOPPEMENT DES QUEUES D'UNE COMÈTE

COMÈTES ET MÉTÉORES • 61

OBSERVATION DES COMÈTES

On peut voir chaque année une douzaine de comètes à l'aide d'un grand télescope, mais il y en a peu d'assez brillantes pour être visibles à l'œil nu. On distingue deux classes principales : les comètes périodiques tournant autour du Soleil en moins de 200 ans, et les comètes à longue période pouvant mettre des centaines, voire des milliers d'années, pour revenir. Les grandes comètes brillantes développent des queues, de deux sortes : la queue de gaz est bleuâtre, et la queue de poussières, jaunâtre. Les queues de gaz sont généralement étroites et rectilignes, alors que les queues de poussières sont souvent larges et courbes. Les deux sont visibles avec des jumelles.

COMÈTE HALE-BOPP
Cette comète brillante était facilement visible à l'œil nu en 1997. Elle ne reviendra pas avant 2 400 ans.

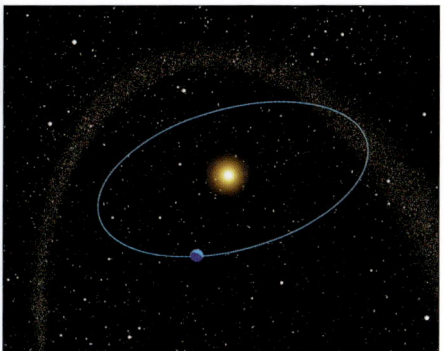

ORIGINE D'UNE PLUIE DE MÉTÉORES
Une pluie de météores donnée se produit chaque année à la même époque, lorsque la Terre traverse la traînée de poussières laissée par la comète sur son orbite.

MÉTÉORES

Par n'importe quelle nuit claire, on peut voir de temps en temps des traits brillants dans le ciel. Ils apparaissent soudainement et durent moins d'une seconde. Ce sont des météores, ou étoiles filantes, causés par des grains de poussière cométaire brûlant dans l'atmosphère à une altitude d'environ 100 km. On peut voir quelques-uns de ces météores sporadiques (aléatoires) en une heure, mais plusieurs fois par an la Terre traverse une traînée de poussières laissée par une comète, provoquant une pluie d'étoiles filantes. Les météores d'une pluie semblent venir d'un point appelé le radiant, et on nomme la pluie d'après la constellation où se trouve le radiant. Ainsi, les Léonides semblent venir du Lion. Les météores sont faciles à voir à l'œil nu, et les rapports d'observateurs amateurs ont fourni des données précieuses à leur sujet.

PLUIE	DATE	CONSTELLATION	TAUX HORAIRE
Quadrantides	3-4 janvier	Bouvier	100
Lyrides	21 avril	Lyre	10
Êta Aquarides	5 mai	Verseau	35
Delta Aquarides (S)	29 juillet	Verseau	25
Delta Aquarides (N)	6 août	Verseau	10
Perséides	12 août	Persée	80
Orionides	20-22 octobre	Orion	25
Taurides	5 novembre	Taureau	10
Léonides	17 novembre	Lion	10
Géminides	13 décembre	Gémeaux	100
Ursides	23 décembre	Petite Ourse	10

PLUIES DE MÉTÉORES BRILLANTS
Cette table montre les principales pluies de météores que la Terre rencontre chaque année. Le taux horaire est le nombre maximal visible dans de bonnes conditions. La date donnée indique le maximum d'activité, mais on peut généralement observer des météores en plus petit nombre quelques jours avant ou après cette date.

Astéroïdes et météorites

LES ASTÉROÏDES – ou petites planètes – sont de petits corps constitués de fer et de roche, vestiges de la formation du système solaire. La plupart des astéroïdes tournent autour du Soleil dans une ceinture située entre Mars et Jupiter, mais certains viennent croiser le chemin des planètes intérieures. Les météorites sont généralement de petits fragments d'astéroïdes, entrés dans l'atmosphère de la Terre.

Astéroïdes

On pense qu'il existe plus d'un million d'astéroïdes, bien qu'on n'en ait découvert qu'environ 10 000 à ce jour. La plupart des astéroïdes sont situés dans la ceinture entre Mars et Jupiter, mais il en existe un groupe, les astéroïdes troyens, qui suit l'orbite de Jupiter. Les membres d'un autre groupe, les astéroïdes Apollo, traversent l'orbite de la Terre et peuvent donc entrer en collision avec notre planète. Le plus grand astéroïde, Cérès, fait 940 km de diamètre. Le plus brillant est Vesta, 580 km, qui peut atteindre la cinquième magnitude, et est donc facilement visible avec des jumelles.

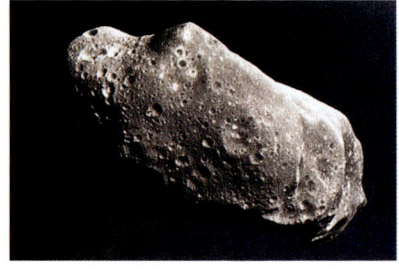

Ida
Cet astéroïde, de 55 km de long, est accompagné d'un petit satellite appelé Dactyle.

△ Orbites des astéroïdes
La ceinture d'astéroïdes s'étend entre 320 et 490 millions de km du Soleil. Les Troyens se situent de part et d'autre de Jupiter.

Météorites

Chaque jour environ 10 météorites atteignent la Terre, mais la plupart tombent dans des endroits reculés ou dans les océans et sont donc ignorées. On a trouvé plus de 10 000 météorites, parfois longtemps après leur chute. Les météorites sont formées de roche, de fer ou d'un mélange des deux. Les grosses météorites ont une vitesse suffisante pour pouvoir creuser un cratère en atteignant la Terre, mais les petites sont freinées par l'atmosphère et tombent à la surface sans provoquer de dégâts.

Meteor Crater ▷
Ce cratère, de 1,2 km de large, a été formé dans le désert d'Arizona, aux États-Unis, par l'impact d'une météorite de fer il y a environ 50 000 ans.

MÉTÉORITE FERRO-ROCHEUSE

LES CONSTELLATIONS

COMMENT CONSULTER CE CHAPITRE

Ce chapitre décrit les 88 constellations du ciel, classées, selon la convention internationale, dans l'ordre alphabétique de leur nom latin. Les cartes qui les présentent sont les plus détaillées de ce livre : elles montrent toutes les étoiles visibles à l'œil nu. Les textes expliquent l'origine des constellations et offrent une sélection des étoiles et des objets spatiaux qui composent celles-ci.

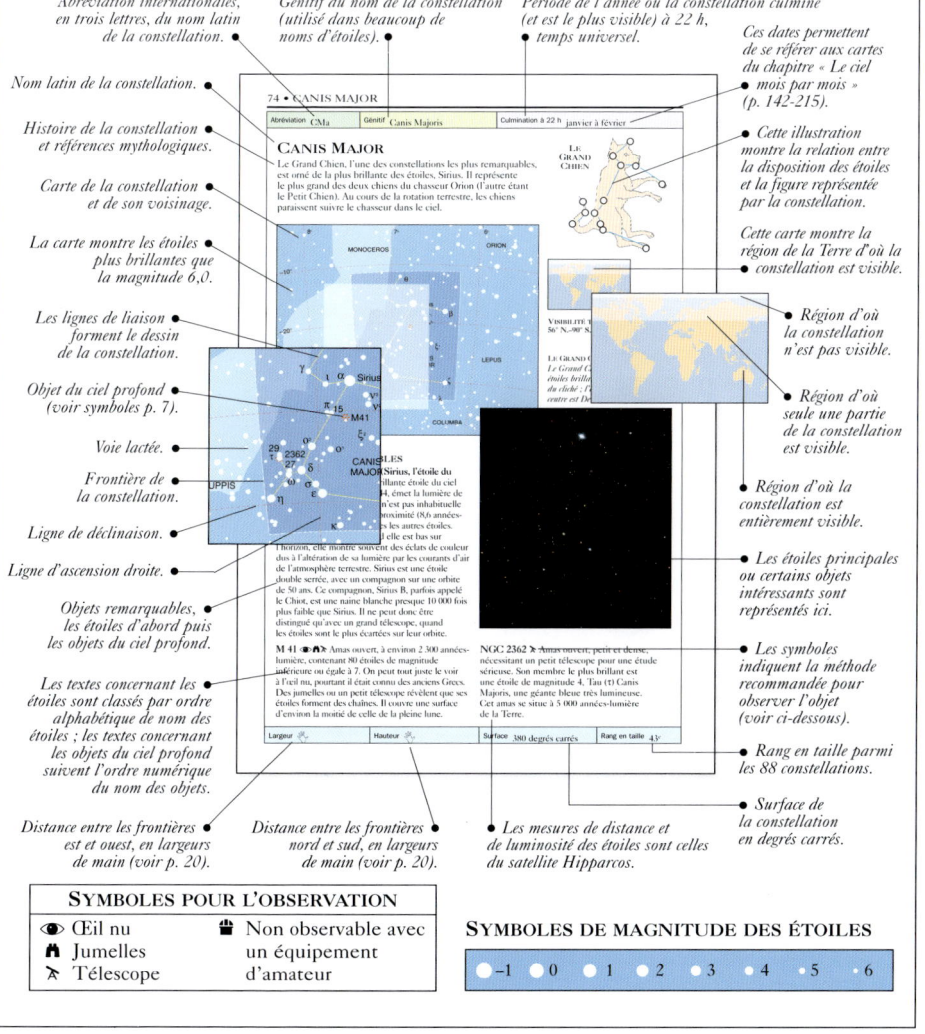

- Abréviation internationales, en trois lettres, du nom latin de la constellation.
- Génitif du nom de la constellation (utilisé dans beaucoup de noms d'étoiles).
- Période de l'année où la constellation culmine (et est le plus visible) à 22 h, temps universel.
- Ces dates permettent de se référer aux cartes du chapitre « Le ciel mois par mois » (p. 142-215).
- Nom latin de la constellation.
- Histoire de la constellation et références mythologiques.
- Carte de la constellation et de son voisinage.
- Cette illustration montre la relation entre la disposition des étoiles et la figure représentée par la constellation.
- Cette carte montre la région de la Terre d'où la constellation est visible.
- La carte montre les étoiles plus brillantes que la magnitude 6,0.
- Les lignes de liaison forment le dessin de la constellation.
- Région d'où la constellation n'est pas visible.
- Objet du ciel profond (voir symboles p. 7).
- Région d'où seule une partie de la constellation est visible.
- Voie lactée.
- Frontière de la constellation.
- Région d'où la constellation est entièrement visible.
- Ligne de déclinaison.
- Ligne d'ascension droite.
- Les étoiles principales ou certains objets intéressants sont représentés ici.
- Objets remarquables, les étoiles d'abord puis les objets du ciel profond.
- Les symboles indiquent la méthode recommandée pour observer l'objet (voir ci-dessous).
- Les textes concernant les étoiles sont classés par ordre alphabétique de nom des étoiles ; les textes concernant les objets du ciel profond suivent l'ordre numérique du nom des objets.
- Rang en taille parmi les 88 constellations.
- Surface de la constellation en degrés carrés.
- Distance entre les frontières est et ouest, en largeurs de main (voir p. 20).
- Distance entre les frontières nord et sud, en largeurs de main (voir p. 20).
- Les mesures de distance et de luminosité des étoiles sont celles du satellite Hipparcos.

SYMBOLES POUR L'OBSERVATION

- 👁 Œil nu
- 🔭 Jumelles
- ✦ Télescope
- 🚫 Non observable avec un équipement d'amateur

SYMBOLES DE MAGNITUDE DES ÉTOILES

● -1   ● 0   ● 1   ● 2   • 3   • 4   · 5   · 6

64 • ANDROMEDA

| Abréviation | And | Génitif | Andromedae | Culmination à 22 h | octobre à novembre |

ANDROMEDA

Andromède, l'une des constellations les plus connues, s'inspire de la princesse de la mythologie grecque qui, enchaînée à un rocher pour être sacrifiée à un monstre marin, fut sauvée par le héros Persée. La constellation inclut M 31, ou galaxie d'Andromède, la grande galaxie la plus proche de la Terre et l'objet le plus lointain visible à l'œil nu.

ANDROMÈDE

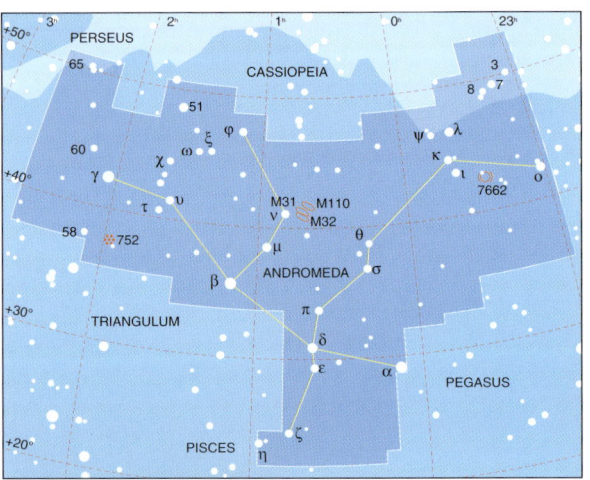

VISIBILITÉ TOTALE : 90° N.–37° S.

M 31 (LA GALAXIE D'ANDROMÈDE)
Cette galaxie spirale paraît elliptique parce qu'elle est inclinée par rapport à nous.

AUTOUR DE M 31
M 31 est en haut du cliché. L'étoile brillante en bas à gauche est Bêta (β) Andromedae.

diamètres lunaires. Même alors, on ne voit que la partie centrale de la galaxie, et il faut un grand télescope pour apercevoir ses bras spiraux. Située à 2,4 millions d'années-lumière de nous, M 31 est la plus grande galaxie du Groupe local. Elle a deux compagnons : deux petites galaxies elliptiques (l'équivalent de nos Nuages de Magellan), M 32 et NGC 205 (ou M 110), qu'on peut voir avec un télescope d'au moins 100 mm d'ouverture.

OBJETS REMARQUABLES

Gamma (γ) Andromedae ⚹ L'une des étoiles doubles les plus intéressantes du ciel. À l'œil nu, il s'agit d'une étoile simple de magnitude 2,1, mais même un petit télescope révélera une primaire orange (une étoile géante) et un compagnon bleu de magnitude 5.

M 31 (la galaxie d'Andromède) ⊙ 👁 ⚹
Galaxie spirale, semblable à la Voie lactée, mais plus grande. Par une belle nuit sombre, on peut la voir à l'œil nu comme une tache allongée. Avec des jumelles ou un petit télescope, elle paraît beaucoup plus grande, s'étendant sur plusieurs

NGC 752 👁 Amas ouvert, visible avec des jumelles, formé d'étoiles de faible éclat réparties sur une surface de ciel supérieure à la pleine lune. Il se situe à environ 1 300 années-lumière.

NGC 7662 ⚹ Nébuleuse planétaire, à environ 4 000 années-lumière. Petite, mais très visible au télescope, elle se présente comme une étoile bleu-vert de magnitude 9 ; un fort grossissement révèle une forme arrondie, comme une étoile défocalisée.

| Largeur | 🖐🖐 | Hauteur | 🖐🖐 | Surface | 722 degrés carrés | Rang en taille | 19ᵉ |

APUS • 65

| Abréviation Ant | Génitif Antliae | Culmination à 22 h mars à avril |

ANTLIA

La Machine pneumatique est une constellation faible, fortement éclipsée par ses glorieux voisins austraux, le Centaure et les Voiles. Elle a été découverte au XVIIIe siècle par l'astronome français Nicolas Louis de La Caille et évoque une pompe à air mécanique. Son étoile la plus brillante, Alpha (α) Antliae, est de magnitude 4,3.

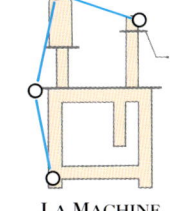

LA MACHINE
PNEUMATIQUE

VISIBILITÉ TOTALE :
49° N.–90° S.

OBJETS REMARQUABLES
Zêta (ζ) Antliae ♏ ✶ Étoile multiple, qui apparaît aux jumelles comme une double écartée, de magnitude 6. Avec un petit télescope, on voit l'étoile la plus brillante se dédoubler. Ces trois étoiles sont situées à 370 années-lumière de nous.

| Largeur ✋ | Hauteur ✋ | Surface 239 degrés carrés | Rang en taille 62[e] |

| Abréviation Aps | Génitif Apodis | Culmination à 22 h mai à juillet |

APUS

L'Oiseau de Paradis se situe près du pôle céleste Sud, au sud du Centaure. Il n'est pas facile à identifier, et contient peu d'objets remarquables. Il s'agit de l'une des constellations découvertes vers la fin du XVIe siècle par les navigateurs hollandais Pieter Dirkszoon Keyser et Frederick de Houtman, et elle évoque un oiseau de paradis de Nouvelle-Guinée. Son étoile la plus brillante est Alpha (α) Apodis, de magnitude 3,8.

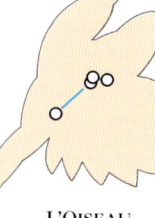

L'OISEAU
DE PARADIS

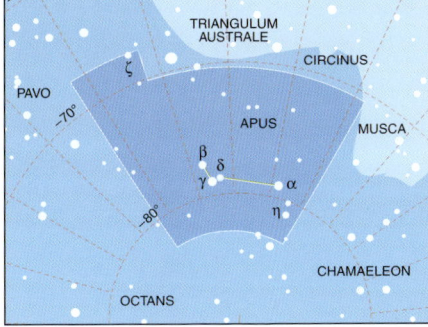

VISIBILITÉ TOTALE :
7° N.–90° S.

OBJETS REMARQUABLES
Delta (δ) Apodis ♏ ✶ Étoile double écartée, facilement séparée avec des jumelles. Les deux étoiles, de magnitudes 4,7 et 5,3, sont des géantes rouges. On estime qu'elles se situent à des distances différentes de la Terre (760 et 660 années-lumière) ; il s'agirait donc d'une paire optique plutôt que d'une vraie binaire.

| Largeur ✋ | Hauteur ✋ | Surface 206 degrés carrés | Rang en taille 67[e] |

AQUARIUS

| Abréviation | Aqr | Génitif | Aquarii | Culmination à 22 h | août à octobre |

AQUARIUS

Cette constellation bien connue évoque un jeune homme versant l'eau d'une jarre. La Jarre est représentée par un groupe de quatre étoiles en Y, Gamma (γ), Zêta (ζ), Êta (η) et Pi (π) Aquarii. Le filet d'eau coule dans la bouche d'un grand poisson, représenté par la constellation du Poisson austral, au sud. Le Verseau est une constellation du zodiaque, traversée par le Soleil du 16 février au 11 mars.

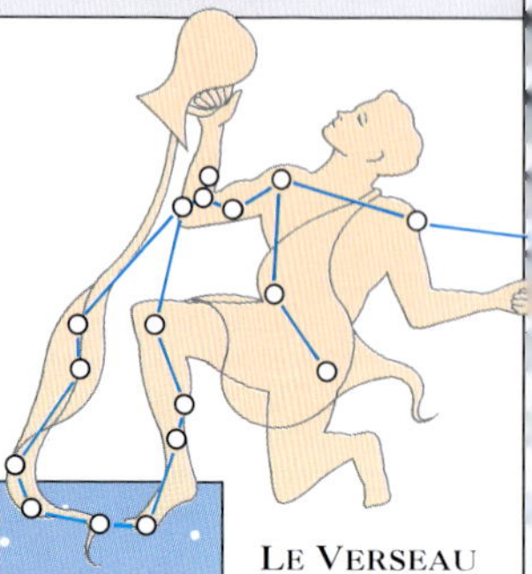

LE VERSEAU

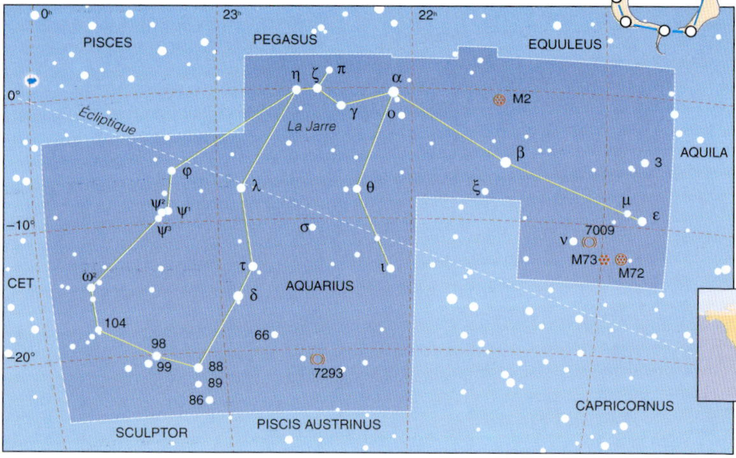

VISIBILITÉ TOTALE : 65° N.–86° S.

OBJETS REMARQUABLES

Zêta (ζ) Aquarii Binaire serrée, formée de deux étoiles blanches de magnitude 4 tournant l'une autour de l'autre en 850 ans. Avec un fort grossissement, un télescope d'au moins 75 mm d'ouverture devrait pouvoir les séparer.

M 2 Amas globulaire, généralement trop faible pour être visible à l'œil nu mais facile à voir avec des jumelles ou un petit télescope. Il ressemble à une étoile un peu floue.

NGC 7009 (la nébuleuse Saturne) Nébuleuse planétaire. Avec un télescope d'au moins 200 mm d'ouverture, on distingue des appendices ressemblant aux anneaux de Saturne, d'où son surnom. Un télescope plus petit la montrera comme un disque de magnitude 8, de même taille apparente que le globe de Saturne.

NGC 7293 (la nébuleuse Helix) Probablement la nébuleuse planétaire la plus proche de la Terre (à une distance de 300 années-lumière seulement), et l'une de celles dont le diamètre apparent est le plus grand (plus du tiers de celui de la pleine lune). À cause de sa grande taille, sa lumière est largement étalée, la rendant difficile à détecter. Par une belle nuit noire, on peut la voir avec des jumelles ou un télescope à grand champ, comme une tache gris pâle.

NGC 7293 (LA NÉBULEUSE HELIX)
Sur les photographies en couleur, elle ressemble à une fleur exotique. La coquille de gaz a été expulsée de la petite étoile située au centre de la nébuleuse.

| Largeur | | Hauteur | | Surface | 980 degrés carrés | Rang en taille | 10ᵉ |

AQUILA

| Abréviation | Aql | Génitif | Aquilae | Culmination à 22 h | juillet à août |

AQUILA

L'Aigle est situé sur l'équateur céleste et évoque le rapace qui transportait la foudre de Zeus. La Voie lactée traverse la constellation, et on note des champs stellaires denses vers la frontière avec l'Écu de Sobieski ; la partie la plus brillante de cette région est connue sous le nom de Nuage d'étoiles de l'Écu de Sobieski.

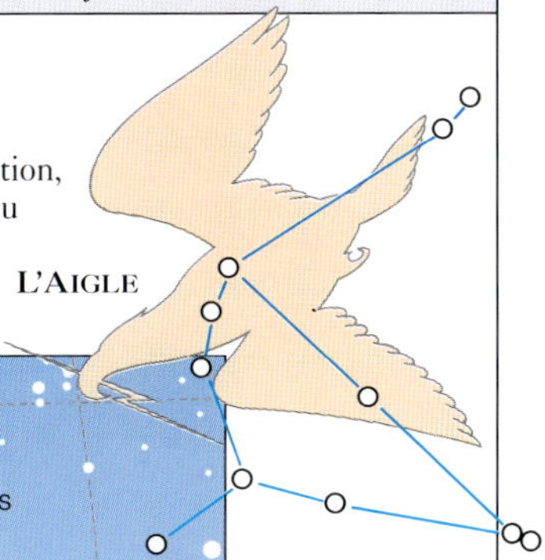

L'AIGLE

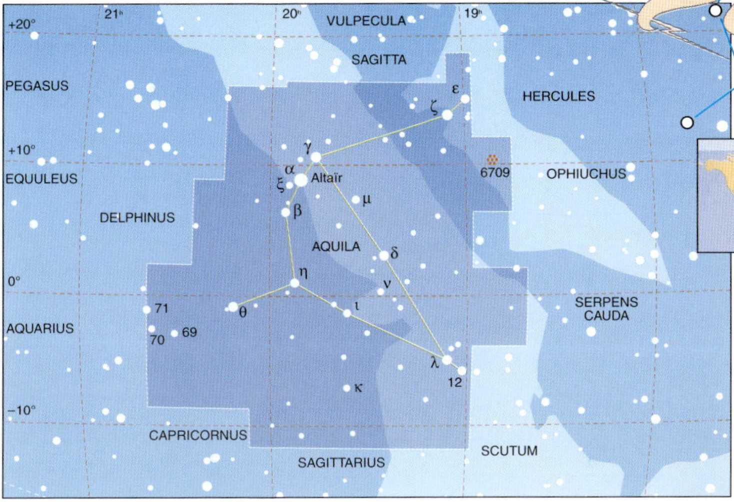

VISIBILITÉ TOTALE : 78° N.–71° S.

OBJETS REMARQUABLES

Alpha (α) Aquilae (Altaïr) ◉ L'une des 20 étoiles les plus brillantes du ciel, de magnitude 0,8. À 17 années-lumière, elle est également l'une des plus proches de la Terre parmi les étoiles de première grandeur. Elle marque le cou de l'Aigle et forme l'un des angles du Triangle d'été, avec Deneb (dans le Cygne) et Véga (dans la Lyre). Altaïr est flanquée de deux étoiles, Bêta (β) Aquilae (appelée aussi Alshain), de magnitude 4, et Gamma (γ) Aquilae (ou Tarazed), de magnitude 3.

Êta (η) Aquilae ◉♊ Variable céphéide, l'une des plus brillantes de cette importante catégorie. Sa magnitude varie de 3,6 à 4,5 sur un cycle de 7 jours et 4 heures, et on peut suivre les changements à l'œil nu ou aux jumelles. C'est une étoile supergéante, qu'on estime située à environ 1 200 années-lumière.

LA FRONTIÈRE ENTRE L'AIGLE ET L'ÉCU DE SOBIESKI
Ce groupe d'étoiles, à la forme caractéristique de crochet, se trouve dans la partie sud de l'Aigle. L'étoile la plus brillante du groupe (au centre gauche) est Lambda (λ) Aquilae (magnitude 3,4).

LES PRINCIPALES ÉTOILES DE L'AIGLE
Altaïr est l'étoile brillante située en haut à gauche du cliché, flanquée à sa gauche et à sa droite de Bêta (β) et Gamma (γ) Aquilae, appelées aussi Alshain et Tarazed.

| Largeur | 🖐🖐 | Hauteur | 🖐🖐 | Surface | 652 degrés carrés | Rang en taille | 22ᵉ |

| Abréviation Ara | Génitif Arae | Culmination à 22 h juin à juillet |

ARA

L'Autel se situe dans la Voie lactée, au sud du Scorpion. Nettement au sud de l'équateur céleste, il était néanmoins connu des anciens Grecs, qui le voyaient comme l'autel sur lequel leurs dieux prêtaient serment avant d'affronter les Titans pour le contrôle de l'Univers. On le décrit aussi comme l'autel sur lequel le Centaure a sacrifié Lupus, le loup.

L'AUTEL

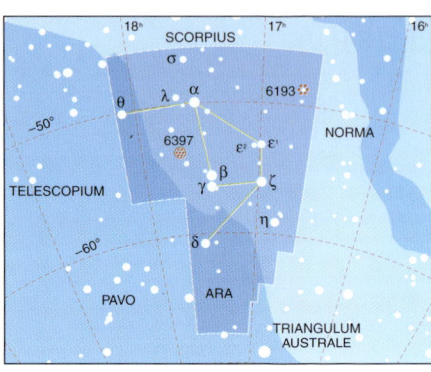

VISIBILITÉ TOTALE : 22° N.–90° S.

OBJETS REMARQUABLES

NGC 6193 Amas ouvert, constitué d'une poignée d'étoiles réparties sur une surface égale à la moitié de la pleine lune. Sa plus brillante étoile est de magnitude 6, et l'ensemble de l'amas s'observe parfaitement avec des jumelles.

NGC 6397 Gros amas globulaire (environ les deux tiers de la pleine lune) et l'un des plus proches de nous (un peu plus de 7 000 années-lumière). À peine visible à l'œil nu, il est facile à trouver avec des jumelles. Les étoiles, moins serrées que dans beaucoup d'amas globulaires, forment des chaînes vers l'extérieur, discernables avec un télescope de taille moyenne.

| Largeur | Hauteur | Surface 237 degrés carrés | Rang en taille 63e |

| Abréviation Ari | Génitif Arietis | Culmination à 22 h novembre à décembre |

ARIES

LE BÉLIER

Le Bélier évoque le fameux bélier à la toison d'or de la mythologie grecque. Sa seule particularité est une ligne de trois étoiles : Alpha (α), Bêta (β) et Gamma (γ) Arietis. C'est une constellation du zodiaque, traversée par le Soleil du 18 avril au 14 mai, qui se trouve entre les Poissons et le Taureau.

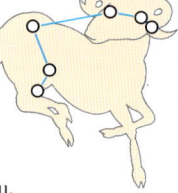

LA PARTIE CENTRALE DU BÉLIER
Alpha (α), Bêta (β) et Gamma (γ) Arietis sont à droite du cliché.

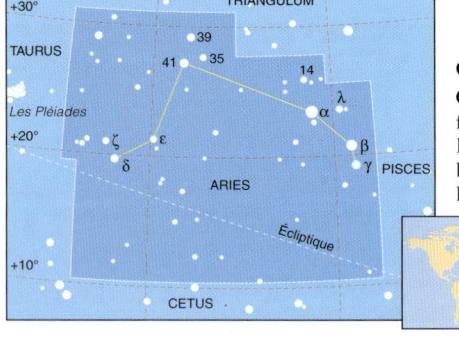

OBJETS REMARQUABLES

Gamma (γ) Arietis Étoile double écartée, facilement séparée avec un petit télescope. Les deux étoiles sont presque identiques, blanc-bleu et de magnitude 4,6. Décrite par le savant anglais Robert Hooke en 1664, quand les télescopes étaient encore bien grossiers, ce fut l'une des premières étoiles doubles connues.

VISIBILITÉ TOTALE : 90° N.–58° S.

| Largeur | Hauteur | Surface 441 degrés carrés | Rang en taille 39e |

| Abréviation Aur | Génitif Aurigae | Culmination à 22 h décembre à février |

AURIGA

LE COCHER

Le Cocher évoque le conducteur d'une voiture à cheval. Selon la mythologie, il s'agirait d'Erichtonius, roi légendaire d'Athènes. Pourtant, il n'y a pas d'explication mythologique à son dessin dans le ciel, où il porte sur le bras gauche une chèvre et ses petits. La chèvre est représentée par l'étoile la plus brillante de la constellation, Capella (chèvre, en latin), tandis que les petits (connus aussi sous le nom latin de Haedi) sont représentés par Zêta (ζ) et Êta (η) Aurigae. Dans l'Antiquité, le pied droit du cocher était figuré par une étoile affectée aujourd'hui au Taureau, Bêta (β) Tauri.

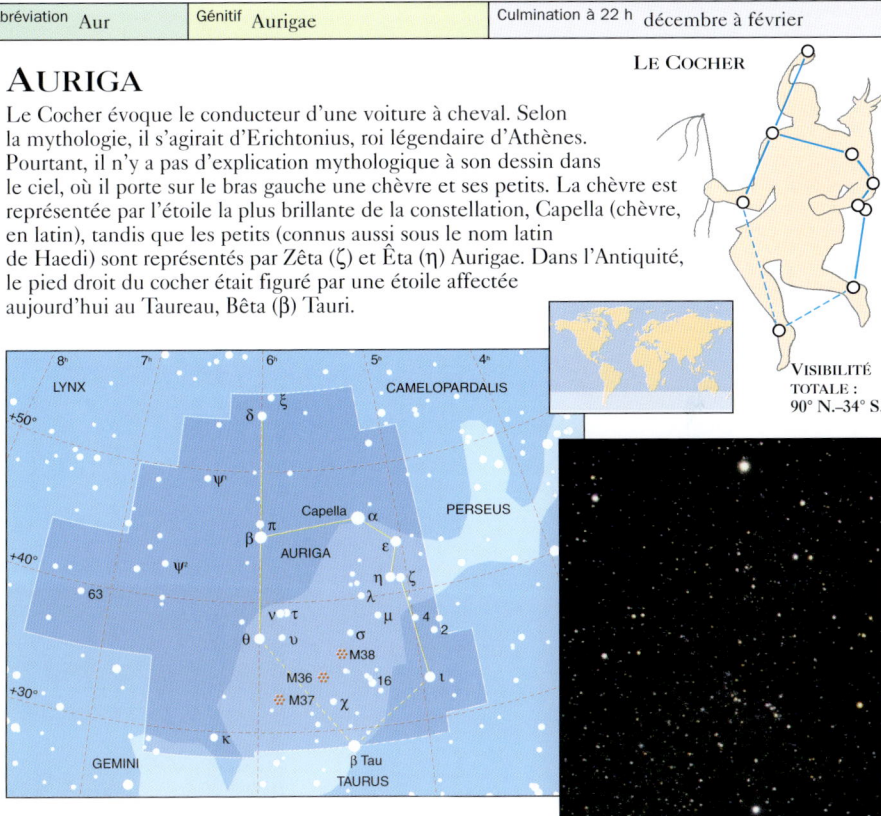

VISIBILITÉ TOTALE : 90° N.–34° S.

LES PRINCIPALES ÉTOILES DU COCHER
Capella est en haut du cliché. M 36, M 37 et M 38 sont à peine visibles.

OBJETS REMARQUABLES

Alpha (α) Aurigae (Capella) Sixième étoile la plus brillante du ciel, de magnitude 0,1. À l'œil nu, elle est jaunâtre. C'est en fait une binaire spectroscopique, constituée de deux géantes jaunes tournant l'une autour de l'autre en 104 jours. Elle se trouve à 42 années-lumière.

Epsilon (ε) Aurigae L'une des étoiles variables les plus extraordinaires du ciel. C'est une binaire à éclipses, constituée d'une brillante supergéante blanche et d'un étrange compagnon sombre qui passe devant elle tous les 27 ans, la plus longue période connue pour une variable à éclipse. La luminosité de l'étoile diminue de plus de moitié lors de l'éclipse (de la magnitude 2,9 à 3,8) et elle reste assombrie pendant plus d'un an. Après avoir observé la dernière éclipse, qui a pris fin en 1984, les astronomes pensent que le mystérieux partenaire pourrait être une binaire serrée, entourée d'un nuage allongé de poussière sombre et de gaz. La prochaine éclipse doit commencer fin 2009.

Zêta (ζ) Aurigae Binaire à éclipses, comprenant une géante orange, autour de laquelle une étoile bleue, plus petite, tourne en 2,7 ans. Durant une éclipse, qui dure 40 jours, la luminosité de l'étoile tombe de la magnitude 3,7 à 4,0.

M 36, M 37 et M 38 À peine visibles à l'œil nu et faciles à voir avec des jumelles, ces trois amas ouverts sont à une distance de 4 000 à 4 500 années-lumière. Avec des jumelles d'un champ de 6 degrés, on peut voir les trois à la fois comme des taches floues. Le plus petit du trio, M 36, est le plus facile à repérer, et un petit télescope résout ses étoiles les plus brillantes. M 37, le plus grand, environ les deux tiers de la pleine lune, contient plus d'étoiles, mais elles sont moins lumineuses. M 38 est l'amas le plus diffus ; un petit télescope révèle que beaucoup de ses étoiles forment des chaînes.

| Largeur | Hauteur | Surface 657 degrés carrés | Rang en taille 21e |

70 • BOOTES

| Abréviation | Boo | Génitif | Bootis | Culmination à 22 h | mai à juin |

BOOTES

LE BOUVIER

Le Bouvier est une constellation allongée figurant un homme qui mène un ours, représenté par la Grande Ourse. Le nom de son étoile la plus brillante, Arcturus, signifie en grec « gardien d'ours ». La partie nord du Bouvier contient les étoiles faibles qui formaient la constellation, aujourd'hui abandonnée, du Quadrant mural ; elle a donné son nom à la pluie d'étoiles filantes des Quadrantides, qui rayonne de cette région en janvier.

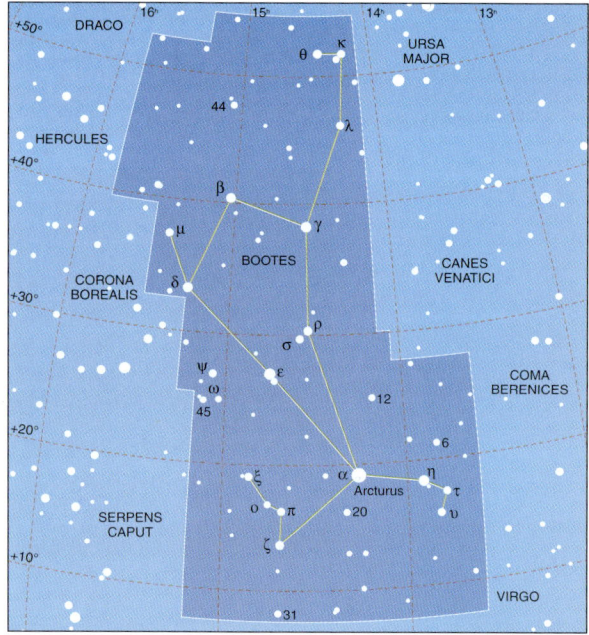

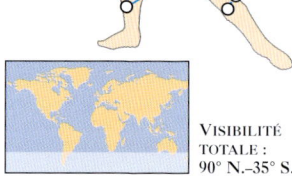

VISIBILITÉ TOTALE : 90° N.–35° S.

PRINCIPALES ÉTOILES DU BOUVIER
L'étoile brillante en bas du cliché est Arcturus.

OBJETS REMARQUABLES

Alpha (α) Bootis (Arcturus) 👁 C'est l'étoile la plus brillante au nord de l'équateur céleste et, de magnitude –0,1, la quatrième plus brillante de tout le ciel. C'est une géante rouge, 100 fois plus lumineuse que le Soleil, mais avec une surface plus froide (et donc plus rouge). À l'œil nu, elle présente une nette coloration chaude, encore plus marquée avec des jumelles.

Epsilon (ε) Bootis ⚹ Belle étoile double, mais difficile à séparer. À l'œil nu, elle est de magnitude 2,4. Un télescope d'au moins 75 mm d'ouverture montre une étoile principale, géante rouge, et un compagnon bleu-vert proche, de magnitude 5. Il faut un fort grossissement et une nuit calme pour séparer les deux étoiles.

Kappa (κ) Bootis ⚹ Étoile double, facilement séparée par un petit télescope en une paire d'étoiles blanches de magnitudes 5 et 7.

Mu (μ) Bootis 🔭⚹ Étoile multiple. Des jumelles montrent une étoile double, avec des étoiles de magnitudes 4,3 et 6,5. La plus faible est elle-même double, avec des composantes de magnitudes 7 et 8 qui tournent l'une autour de l'autre en 260 ans. Elles sont séparables avec une ouverture moyenne.

Xi (ξ) Bootis ⚹ Étoile double, séparable avec un petit télescope. Les étoiles, de magnitudes 4,7 et 7,0, sont toutes deux orange, l'une un peu plus foncée que l'autre. Elles forment une vraie binaire avec une période orbitale de 152 ans.

| Largeur | 🖐🤚 | Hauteur | 🖐🤚🤚 | Surface | 907 degrés carrés | Rang en taille | 13ᵉ |

| Abréviation Cae | Génitif Caeli | Culmination à 22 h décembre à janvier |

CAELUM

LE BURIN

Le Burin est une petite constellation de faible éclat située dans une région insignifiante du ciel austral. Elle évoque un burin de tailleur de pierre et fut introduite au XVIIIe siècle par l'astronome français Nicolas Louis de La Caille. Son étoile la plus brillante, Alpha (α) Caeli, est de magnitude 4,4.

VISIBILITÉ TOTALE :
41° N.–90° S.

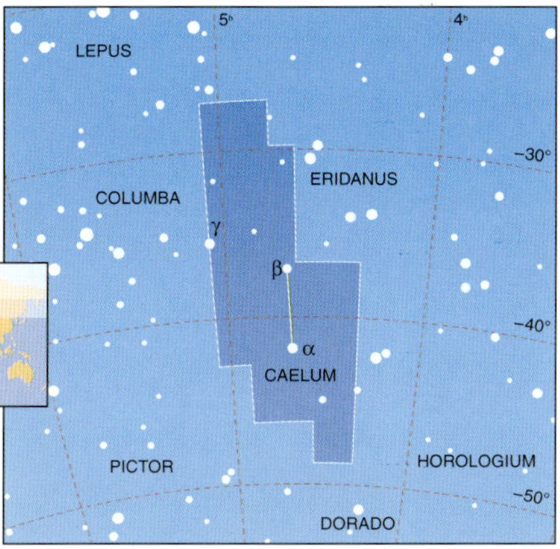

OBJETS REMARQUABLES

Gamma (γ) Caeli Étoile double, mais qui demande un télescope de taille moyenne pour être vue comme telle. Elle est de magnitude 4,6, avec un compagnon proche, de magnitude 8.

| Largeur | Hauteur | Surface 125 degrés carrés | Rang en taille 81e |

| Abréviation Cam | Génitif Camelopardalis | Culmination à 22 h décembre à mai |

CAMELOPARDALIS

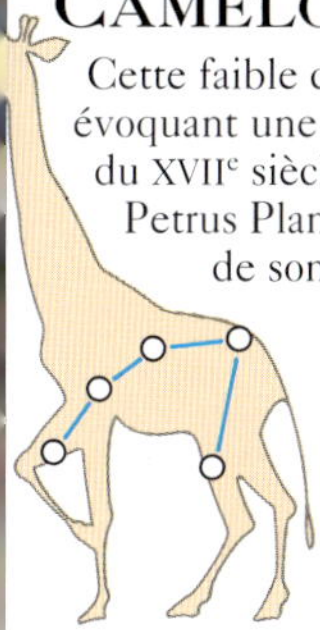

Cette faible constellation du ciel boréal, évoquant une girafe, a été introduite au début du XVIIe siècle par l'astronome hollandais Petrus Plancius. Une variante obsolète de son nom est Camelopardus.

LA GIRAFE

VISIBILITÉ TOTALE :
90° N.–3° S.

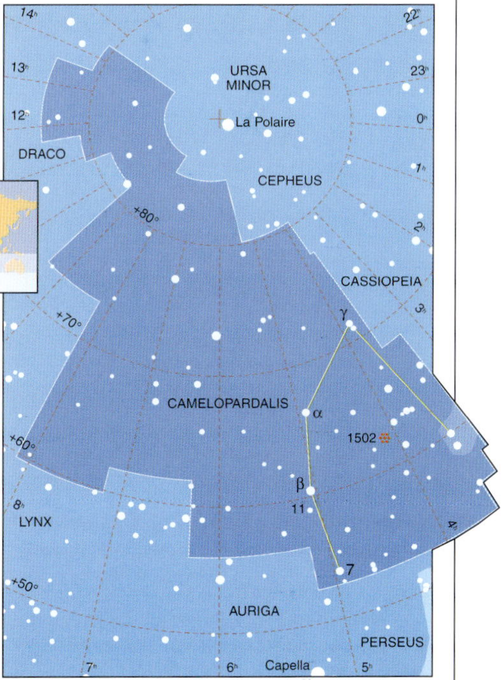

OBJETS REMARQUABLES

Bêta (β) Camelopardalis Étoile double écartée. La composante la plus brillante est aussi l'étoile la plus brillante de la constellation, de magnitude 4,0. Elle a un compagnon de magnitude 7,4 qui est facile à voir avec un petit télescope, ou même de bonnes jumelles. Dans le même champ de jumelles, on peut voir une paire encore plus écartée : les deux étoiles 11 et 12 Camelopardalis, qui sont de magnitudes 5,2 et 6,1.

NGC 1502 Amas ouvert, visible avec des jumelles ou un petit télescope. Bien qu'il soit petit, ses étoiles sont assez brillantes, avec notamment une double de magnitude 7.

| Largeur | Hauteur | Surface 757 degrés carrés | Rang en taille 18e |

CANCER

| Abréviation | Cnc | Génitif | Cancri | Culmination à 22 h | février à mars |

CANCER

Le Cancer représente le crabe qui, dans la mythologie grecque, fut écrasé par le pied d'Hercule durant sa bataille avec l'Hydre. Il se trouve entre les Gémeaux et le Lion, et c'est la constellation la moins lumineuse du zodiaque ; son étoile la plus brillante, Bêta (β) Cancri, est de magnitude 3,5. Le Soleil est dans le Cancer du 20 juillet au 10 août.

LE CANCER

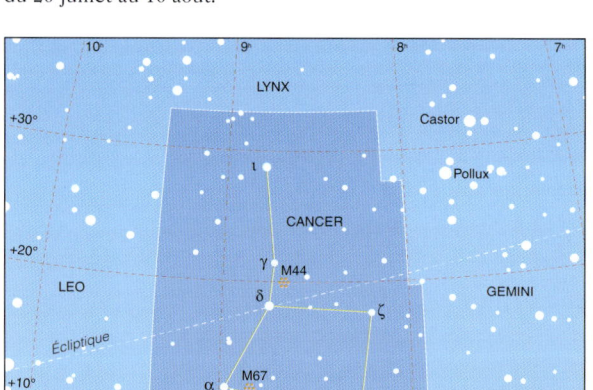

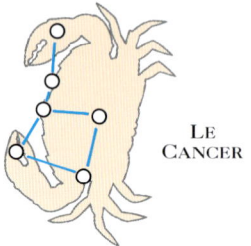

VISIBILITÉ TOTALE : 90° N.–57° S.

M 44 (PRAESEPE OU LA CRÈCHE)
M 44 est trop vaste pour tenir dans le champ de la plupart des télescopes. Ce cliché montre l'amas vu aux jumelles. Les deux étoiles appelées les Ânes, utiles pour repérer l'amas, sont juste hors du champ.

OBJETS REMARQUABLES

Zêta (ζ) Cancri ⊁ Étoile multiple. Avec un petit télescope, on distingue deux étoiles, de magnitudes 5,1 et 6,2. Une ouverture supérieure, à 150 mm, montrera que la composante la plus brillante a un compagnon beaucoup plus proche, de magnitude 6,1, sur une orbite de 60 ans.

Iota (ι) Cancri ⊁ Étoile double écartée, avec des composantes de magnitudes 4,2 et 6,6, faciles à séparer avec un petit télescope.

M 44 (Praesepe) ♎ Amas ouvert, appelé aussi la Ruche ou la Crèche (le mot latin *praesepe* ayant les deux sens). Connu des anciens Grecs, il apparaît comme une tache brumeuse à peine visible à l'œil nu – ses plus brillantes étoiles sont de magnitude 6 –, mais aux jumelles montrent un champ d'étoiles de plus de trois fois le diamètre de la pleine lune. Il est situé à environ 520 années-lumière. Au nord et au sud de l'amas, on trouve les étoiles Gamma (γ) Cancri (magnitude 4,7) et Delta (δ) Cancri

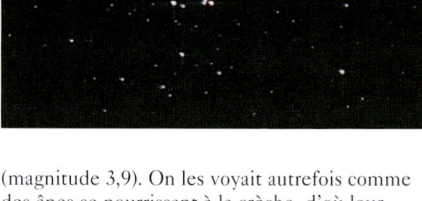

(magnitude 3,9). On les voyait autrefois comme des ânes se nourrissant à la crèche, d'où leur nom, les Ânes (Aselli).

M 67 ♎⊁ Amas ouvert. Il contient plus d'étoiles que M 44 (Praesepe), mais il est plus loin de la Terre et apparaît donc plus petit et moins lumineux.

| Largeur | 🤚 | Hauteur | 🤚 | Surface | 506 degrés carrés | Rang en taille | 31ᵉ |

CANES VENATICI • 73

| Abréviation | CVn | Génitif | Canum Venaticorum | Culmination à 22 h | avril à mai |

CANES VENATICI

Les Chiens de Chasse représentent deux chiens tenus
en laisse par le Bouvier. La constellation a été créée en 1687
par Johannes Hevelius, à partir d'étoiles qui appartenaient
auparavant à la Grande Ourse.

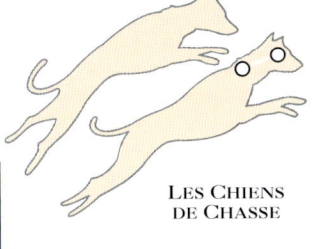

LES CHIENS
DE CHASSE

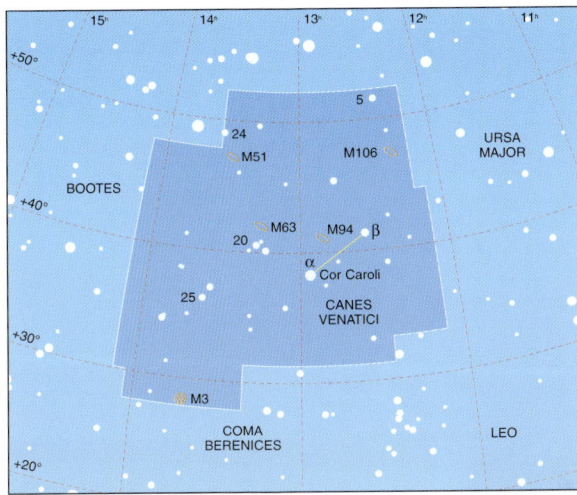

VISIBILITÉ TOTALE :
90° N.–37° S.

**M 51 (LA GALAXIE
DES CHIENS DE CHASSE)**
*Cette galaxie spirale est
en interaction avec un compagnon
plus petit, la galaxie NGC 5195.
M 51 nous apparaît de face,
avec NGC 5195 au bout d'un
de ses bras spiraux.*

OBJETS REMARQUABLES

**Alpha (α) Canum Venaticorum (Cor
Caroli)** Étoile double. Un petit télescope
séparera aisément les deux composantes, de
magnitudes 2,9 et 5,6. Les deux étoiles devraient
paraître blanches, mais certains observateurs
ont rapporté de légères colorations. Cela
est possible, car l'étoile principale a une
composition inhabituelle, révélée par l'analyse
spectroscopique. Le nom Cor Caroli signifie
« Cœur de Charles », en hommage au roi
d'Angleterre Charles II.

M 3 Amas globulaire à peine visible
à l'œil nu. Il est facile à repérer avec des
jumelles ou un petit télescope. Sa taille
est à peu près la moitié de la pleine lune.
Il faut une ouverture d'au moins 100 mm pour
distinguer les étoiles individuelles de l'amas.

M 51 (la galaxie des Chiens de Chasse)
Galaxie spirale, vue presque de face.
C'est l'une des galaxies les plus connues
du ciel, et l'une de celles où il est le plus facile
de voir la structure spirale. On peut trouver
la galaxie avec des jumelles. Un petit télescope

révèle son noyau brillant, ainsi que le noyau
de son compagnon, la galaxie irrégulière
NGC 5195. Avec un télescope d'au moins
200 mm d'ouverture, on devrait voir le contour
des bras de M 51. M 51 et NGC 5195 sont
toutes deux situées à environ 25 millions
d'années-lumière.

| Largeur | | Hauteur | | Surface | 465 degrés carrés | Rang en taille | 38ᵉ |

CANIS MAJOR

| Abréviation | CMa | Génitif | Canis Majoris | Culmination à 22 h | janvier à février |

CANIS MAJOR

Le Grand Chien, l'une des constellations les plus remarquables, est orné de la plus brillante des étoiles, Sirius. Il représente le plus grand des deux chiens du chasseur Orion (l'autre étant le Petit Chien). Au cours de la rotation terrestre, les chiens paraissent suivre le chasseur dans le ciel.

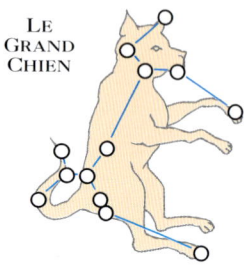

LE GRAND CHIEN

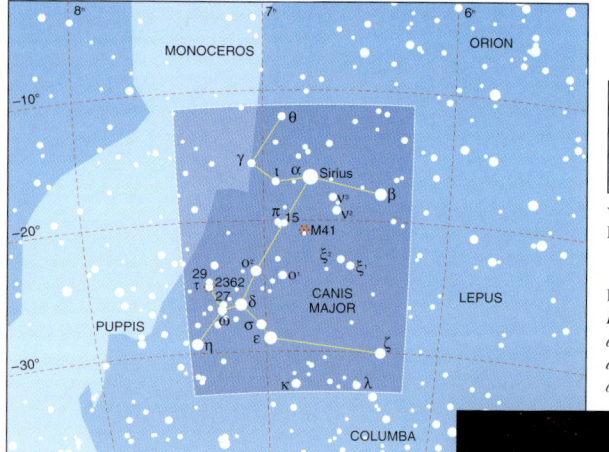

VISIBILITÉ TOTALE : 56° N.–90° S.

LE GRAND CHIEN
Le Grand Chien contient plusieurs étoiles brillantes. Sirius est en haut du cliché ; l'étoile brillante près du centre est Delta (δ) Canis Majoris.

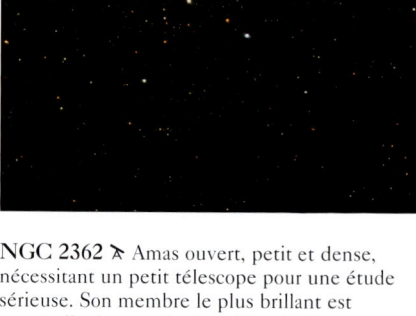

OBJETS REMARQUABLES

Alpha (α) Canis Majoris (Sirius, l'étoile du Chien) 👁 Sirius, la plus brillante étoile du ciel avec une magnitude de –1,44, émet la lumière de 20 Soleils. Cette luminosité n'est pas inhabituelle mais, à cause de sa relative proximité (8,6 années-lumière), Sirius éclipse toutes les autres étoiles. Elle est blanche, mais quand elle est bas sur l'horizon, elle montre souvent des éclats de couleur dus à l'altération de sa lumière par les courants d'air de l'atmosphère terrestre. Sirius est une étoile double serrée, avec un compagnon sur une orbite de 50 ans. Ce compagnon, Sirius B, parfois appelé le Chiot, est une naine blanche presque 10 000 fois plus faible que Sirius. Il ne peut donc être distingué qu'avec un grand télescope, quand les étoiles sont le plus écartées sur leur orbite.

M 41 👁 🔭 Amas ouvert, à environ 2 300 années-lumière, contenant 80 étoiles de magnitude inférieure ou égale à 7. On peut tout juste le voir à l'œil nu, pourtant il était connu des anciens Grecs. Des jumelles ou un petit télescope révèlent que ses étoiles forment des chaînes. Il couvre une surface d'environ la moitié de celle de la pleine lune.

NGC 2362 🔭 Amas ouvert, petit et dense, nécessitant un petit télescope pour une étude sérieuse. Son membre le plus brillant est une étoile de magnitude 4, Tau (τ) Canis Majoris, une géante bleue très lumineuse. Cet amas se situe à 5 000 années-lumière de la Terre.

| Largeur | ✋ | Hauteur | ✋ | Surface | 380 degrés carrés | Rang en taille | 43e |

| Abréviation CMi | Génitif Canis Minoris | Culmination à 22 h février |

CANIS MINOR

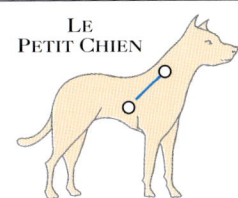
LE PETIT CHIEN

Le Petit Chien représente le plus petit des deux chiens du chasseur Orion. Orion et le Grand Chien se trouvent à ses côtés. En dehors de ses deux plus brillantes étoiles, le Petit Chien renferme peu d'objets remarquables.

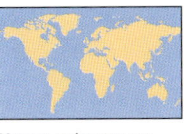

VISIBILITÉ TOTALE : 89° N.–77° S.

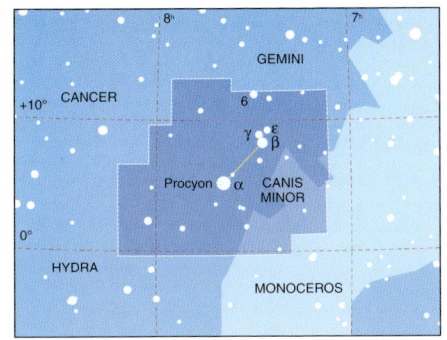

OBJETS REMARQUABLES

Alpha (α) Canis Minoris (Procyon) 👁
8ᵉ étoile la plus brillante du ciel, de magnitude 0,4. Le nom grec Procyon signifie « devant le chien », car elle se lève avant Sirius, l'autre étoile du chien. C'est une étoile blanche, un peu moins lumineuse que Sirius, et un peu plus éloignée (11,4 années-lumière). Comme Sirius, elle a pour compagnon une naine blanche, Procyon B, qui est 10 000 fois moins lumineuse que Procyon et circule sur une orbite de 41 ans. Les deux étoiles sont si proches que seuls de très grands télescopes peuvent les séparer.

| Largeur ✋ | Hauteur ✋ | Surface 380 degrés carrés | Rang en taille 71ᵉ |

| Abréviation Cap | Génitif Capricorni | Culmination à 22 h août à septembre |

CAPRICORNUS

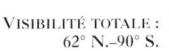
LE CAPRICORNE

Situé entre le Sagittaire et le Verseau, le Capricorne est la plus petite constellation du zodiaque et évoque une chèvre à queue de poisson. La constellation trouve son origine dans les traditions babylonienne et sumérienne, mais dans la mythologie grecque elle est associé à Pan, le dieu-bouc, qui transforma le bas de son corps en poisson pour échapper au monstre marin Typhon. Le Capricorne n'est pas remarquable : sa plus brillante étoile, Delta (δ) Capricorni (Deneb Algedi), est de magnitude 2,9. Le Soleil est dans le Capricorne du 19 janvier au 16 février.

VISIBILITÉ TOTALE : 62° N.–90° S.

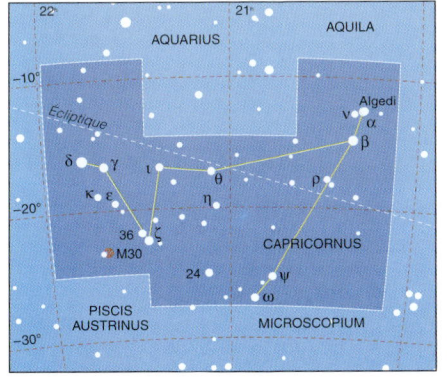

OBJETS REMARQUABLES

Alpha (α) Capricorni (Algedi ou Giedi) 👁 🔭
Étoile double écartée. Des jumelles, ou une bonne vue, révèlent deux étoiles, de magnitudes 3,6 et 4,3. Toutes deux sont jaunâtres et n'ont aucun lien physique. L'étoile la moins lumineuse est une géante, à 110 années-lumière ; la plus faible est une supergéante près de six fois plus lointaine.

Bêta (β) Capricorni 🔭 🔭 Étoile double écartée. L'étoile principale est une géante jaune, de magnitude 3,1, visible à l'œil nu. Des jumelles ou un petit télescope en montrent une deuxième, de magnitude 6,0. Elles sont à 300 années-lumière.

| Largeur ✋✋ | Hauteur ✋ | Surface 414 degrés carrés | Rang en taille 40ᵉ |

CARINA

| Abréviation Car | Génitif Carinae | Culmination à 22 h janvier à avril |

CARINA

La Carène, constellation impressionnante incluant Canopus, la deuxième étoile la plus brillante du ciel, se situe dans une région très riche de la Voie lactée. Au temps des Grecs, elle appartenait à une constellation beaucoup plus vaste, le Navire Argo, évoquant le vaisseau des Argonautes, mais elle fut isolée au XVIIIe siècle par le Français Nicolas Louis de La Caille. Elle représente la carène du navire, Canopus en marquant le gouvernail. Les autres parties du navire – les Voiles et la Poupe – sont situées au nord de la Carène.

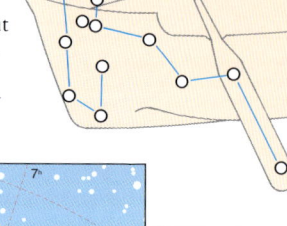

LA CARÈNE

VISIBILITÉ TOTALE : 14° N.–90° S.

AMAS D'ÉTOILES ET NÉBULEUSES DANS LA CARÈNE
Le cliché montre l'ensemble de cette magnifique constellation australe, l'étoile brillante Canopus étant située en haut à droite. La nébuleuse Êta Carinae (NGC 3372) se trouve à l'extrême gauche, avec l'amas ouvert IC 2602 (les Pléiades australes) au-dessous et à droite. NGC 2516, un autre amas remarquable, est au centre droit.

| Largeur | Hauteur | Surface 494 degrés carrés | Rang en taille 34^e |

Objets remarquables

Alpha (α) Carinae (Canopus) 👁
Deuxième étoile la plus brillante du ciel, de magnitude –0,6. Il s'agit d'une supergéante rouge 14 000 fois plus lumineuse que le Soleil, située à 310 années-lumière.

Êta (η) Carinae 🔭✶
Une étoile variable remarquable. Elle est actuellement de magnitude 6, mais elle fut beaucoup plus brillante dans le passé, notamment au XIXe siècle, où elle atteignit presque –1. On pense qu'Êta Carinae est soit une supergéante de 100 masses solaires, l'une des plus massives étoiles connues, soit une binaire massive. Au télescope, elle apparaît comme une ellipse orange brumeuse, à cause de la matière éjectée lors de ses dernières éruptions. Sa distance est estimée à plus de 8 000 années-lumière, et elle se trouve dans la nébuleuse étendue NGC 3372 (voir ci-dessous).

NGC 2516 👁 🔭
Amas ouvert, visible à l'œil nu. Avec des jumelles, on peut distinguer ses étoiles, dont la plus brillante est une géante rouge de magnitude 5, réparties sur une surface de la taille de la pleine lune. Il est à 1 300 années-lumière de la Terre.

NGC 3114 👁 🔭
Amas ouvert, visible à l'œil nu et de la taille de la pleine lune. On peut voir

IC 2602 (LES PLÉIADES AUSTRALES)
Ce vaste et brillant amas ouvert contient plusieurs étoiles visibles à l'œil nu. Celle située à la droite du cliché est Thêta (θ) Carinae.

ses étoiles avec des jumelles. Il se trouve à 3 000 années-lumière.

NGC 3372 (la nébuleuse Êta Carinae)
👁 🔭✶ Grande et brillante nébuleuse diffuse, d'une taille égale à quatre fois la pleine lune, entourant l'étoile Êta (η) Carinae (voir ci-dessus). La nébuleuse est visible à l'œil nu sur le fond de la Voie lactée, mais on la voit mieux avec des jumelles. Une bande de poussière sombre en forme de V la traverse. Près d'Êta Carinae elle-même, un télescope permet de distinguer un nuage de poussière sombre et sphérique, la nébuleuse Trou de serrure.

NGC 3532 👁 🔭
Amas ouvert brillant et dense, de forme elliptique. Il est visible à l'œil nu et magnifique avec des jumelles. Sa taille est de près de deux fois celle de la pleine lune. Il est à 1 300 années-lumière.

IC 2602 (les Pléiades australes) 👁 🔭
Grand amas ouvert remarquable, contenant 8 étoiles plus brillantes que la magnitude 6. Le membre le plus brillant est Thêta (θ) Carinae, une étoile bleu-blanc de magnitude 2,7. Il est situé à 500 années-lumière et sa taille est de deux fois celle de la pleine lune.

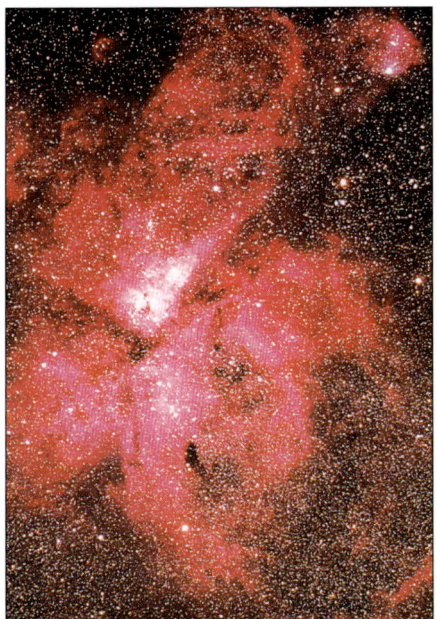

NGC 3372 (LA NÉBULEUSE ÊTA CARINAE)
Cette magnifique nébuleuse entoure la variable Êta (η) Carinae. Elle est traversée par des bandes sombres de poussière. Êta Carinae est dans la partie brillante de la nébuleuse, juste au-dessus du centre du cliché.

| Abréviation Cas | Génitif Cassiopeiae | Culmination à 22 h octobre à décembre |

CASSIOPEIA

Cette belle constellation évoque la reine mythique Cassiopée. Son mari et sa fille sont représentés par les constellations voisines Céphée et Andromède. Cassiopée, connue pour sa vanité, est dépeinte assise sur son trône, jouant avec ses cheveux. Les étoiles les plus brillantes de Cassiopée forment un W caractéristique. Epsilon (ε) Cassiopeiae, à un bout du W, marque la cheville de la reine, tandis que Bêta (β), à l'autre bout, est posée sur son épaule.

CASSIOPÉE

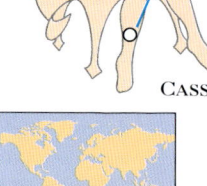

VISIBILITÉ TOTALE :
90° N.–12° S.

PRINCIPALES ÉTOILES DE CASSIOPÉE
Le W caractéristique formé par les étoiles principales de Cassiopée rend la constellation facile à reconnaître.

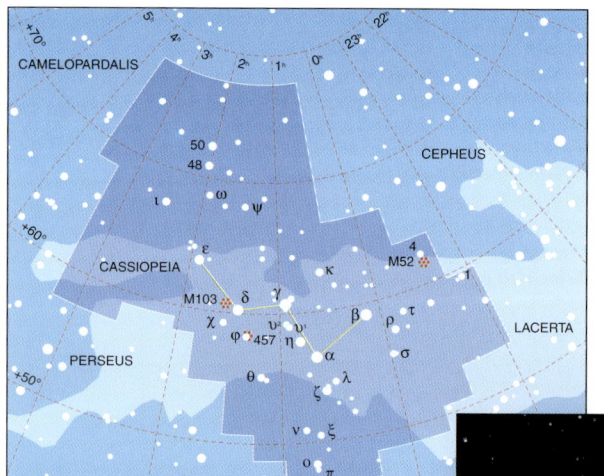

OBJETS REMARQUABLES

Gamma (γ) Cassiopeiae ◉ Étoile variable, actuellement de magnitude 2,2. Sa rotation rapide éjecte des anneaux de gaz de son équateur, provoquant ainsi des variations de luminosité.

Êta (η) Cassiopeiae ⌇ Étoile double, formée d'une étoile jaune de magnitude 3,5 et d'un compagnon orange de magnitude 7,2 qu'on peut voir avec un petit télescope. Les deux étoiles sont à 19 années-lumière de la Terre et forment une vraie binaire, avec une période orbitale de 480 ans.

Rhô (ρ) Cassiopeiae ◉ ♁ Supergéante jaune très lumineuse. Ses pulsations de taille la font varier entre les magnitudes 4 et 5 sur un cycle d'un peu moins d'un an.

M 52 ♁ ⌇ Amas ouvert. Il est visible avec des jumelles, sur une surface équivalant au tiers de la pleine lune, mais il faut un télescope pour voir ses étoiles. Il est situé à 5 200 années-lumière. Une étoile de magnitude 5 qui paraît appartenir à l'amas est en fait beaucoup plus proche de nous.

NGC 457 ♁ ⌇ Amas ouvert allongé, d'une taille d'environ le tiers de celle de la pleine lune et parfaitement visible avec des jumelles ou un petit télescope. On l'a comparé à un hibou, ses deux étoiles les plus brillantes en marquant les yeux. L'étoile la plus brillante de l'amas est Phi (φ) Cassiopeiae, une supergéante très lumineuse.

| Largeur | Hauteur | Surface 598 degrés carrés | Rang en taille 25ᵉ |

CENTAURUS

| Abréviation | Cen | Génitif | Centauri | Culmination à 22 h | avril à juin |

CENTAURUS

Cette grande constellation du sud de la Voie lactée représente un centaure, l'animal mythique aux jambes de cheval et au torse d'homme. Dans la mythologie grecque, ce centaure est Chiron, tuteur des enfants des dieux. Son étoile la plus brillante, Alpha (α) Centauri, est la troisième étoile la plus brillante du ciel. Une ligne passant par Alpha (α) et Bêta (β) Centauri pointe sur la Croix du Sud.

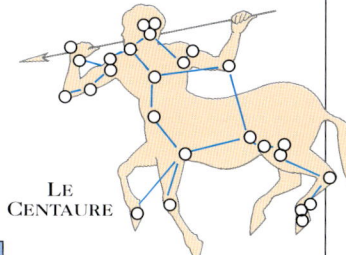

LE CENTAURE

VISIBILITÉ TOTALE : 25° N.–90° S.

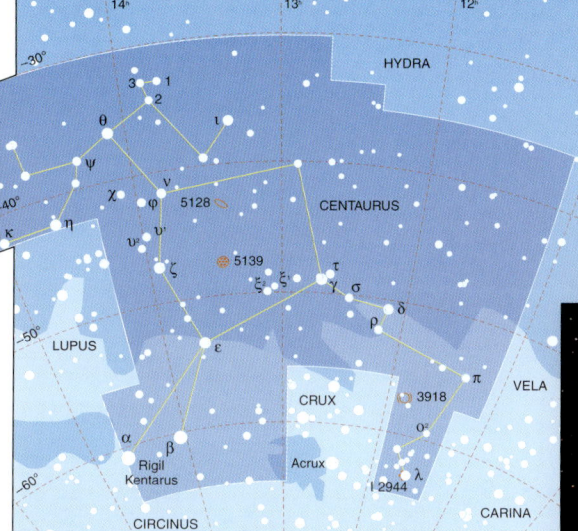

NGC 5139 (OMÉGA CENTAURI)
Au télescope, ce brillant amas globulaire apparaît souvent plus elliptique que circulaire.

OBJETS REMARQUABLES

Alpha (α) Centauri (Rigil Kentarus) 👁 🔭
Étoile multiple proche de la Terre. À l'œil nu, elle est de magnitude –0,3, ce qui la classe comme la troisième étoile la plus brillante du ciel. Un petit télescope révèle une magnifique binaire, formée de deux étoiles jaune et orange de magnitudes 0,0 et 1,4. Leur orbite est de 80 ans, et l'on peut donc suivre une orbite complète en une vie humaine. À 2 degrés de la paire, on trouve une troisième étoile beaucoup plus faible, une naine rouge de magnitude 11 appelée Proxima du Centaure. C'est l'étoile la plus proche du Soleil, à 4,2 années-lumière, plus proche de la Terre d'environ 0,2 année-lumière que les deux membres plus brillants d'Alpha Centauri.

Bêta (β) Centauri 👁 Étoile géante bleu-blanc, de magnitude 0,6 et la 11ᵉ plus brillante du ciel, à 525 années-lumière.

NGC 5139 (Oméga (ω) Centauri) 👁 🔭📷 Le plus grand et le plus brillant des amas globulaires du ciel, à environ 17 000 années-lumière. À l'œil nu ou aux jumelles, il ressemble à une tache floue de magnitude 4, plus grande que la pleine lune. Un petit télescope détaille ses étoiles principales.

NGC 3918 (la Planétaire bleue) 📷 Nébuleuse planétaire qu'un petit télescope permet de voir comme un disque bleu.

NGC 5128 (Centaurus A) 📷 Galaxie peu courante. À travers un petit télescope, elle semble elliptique, mais de plus grandes ouvertures et des clichés à longue pose montrent qu'elle est traversée par une bande de poussière sombre, due à sa fusion avec une autre galaxie. C'est une radiosource intense, appelée Centaurus A.

| Largeur | | Hauteur | | Surface | 1 060 degrés carrés | Rang en taille | 9ᵉ |

| Abréviation | Cep | Génitif | Cephei | Culmination à 22 h | septembre à octobre |

CEPHEUS

Cette constellation boréale, qui touche Cassiopée et s'étend presque jusqu'au pôle céleste Nord, évoque le mythique roi Céphée, époux de la vaniteuse reine Cassiopée et père d'Andromède. Son étoile la plus brillante est Alpha (α) Cephei, de magnitude 2,5.

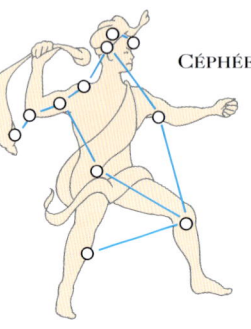

CÉPHÉE

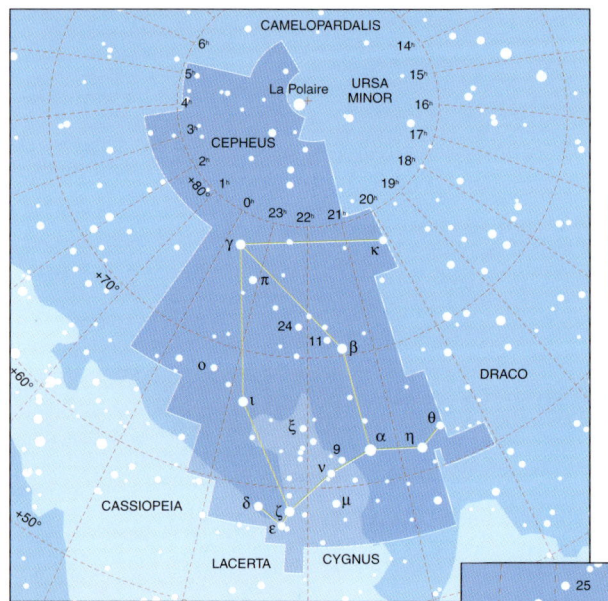

VISIBILITÉ TOTALE :
90° N.–1° S.

DELTA ET MU CEPHEI
Les étoiles suivantes sont utiles pour estimer la magnitude de Delta (δ) et Mu (μ) Cephei : Zêta (ζ), magnitude 3,4 ; Epsilon (ε), magnitude 4,2 ; et Lambda (λ), magnitude 5,1.

OBJETS REMARQUABLES

Bêta (β) Cephei Étoile double et variable. La composante la plus brillante est une géante bleue de magnitude 3,2, située à 600 années-lumière. C'est une variable pulsante (prototype du groupe d'étoiles appelé Bêta Cephei), mais ses variations sont si faibles qu'elles sont à peine perceptibles à l'œil nu. Un petit télescope montre un compagnon de magnitude 7,9.

Delta (δ) Cephei Étoile double et célèbre variable. L'étoile la plus brillante, une supergéante jaune, est le prototype des variables dites céphéides, que les astronomes utilisent pour mesurer les distances dans l'espace. Ces étoiles changent de luminosité au cours de leur pulsation en taille. Delta Cephei varie entre les magnitudes 3,5 et 4,4 en 5 jours et 9 heures. Elle se trouve à 1 000 années-lumière. Un petit télescope montre un compagnon écarté, de magnitude 6,3.

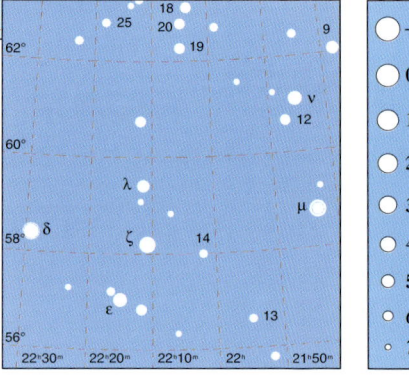

Mu (μ) Cephei (l'Étoile grenat) Étoile variable avec une forte coloration rouge, d'où son nom, bien visible avec des jumelles ou un petit télescope. C'est une supergéante rouge avec des pulsations de taille, variant entre les magnitudes 3,4 et 5,1 en 2 ans environ.

| Largeur | | Hauteur | | Surface | 588 degrés carrés | Rang en taille | 27e |

CETUS • 81

| Abréviation | Cet | Génitif | Ceti | Culmination à 22 h | octobre à décembre |

CETUS

LA BALEINE

La Baleine, située à cheval sur l'équateur céleste au sud des Poissons et du Bélier, est une vaste constellation évoquant le monstre marin mythique de la gueule duquel Andromède fut sauvée par le héros Persée. L'étoile la plus brillante de la constellation est Bêta (β) Ceti, de magnitude 2,0.

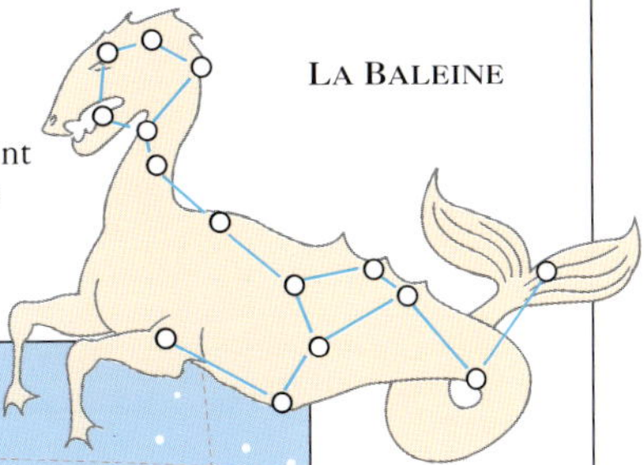

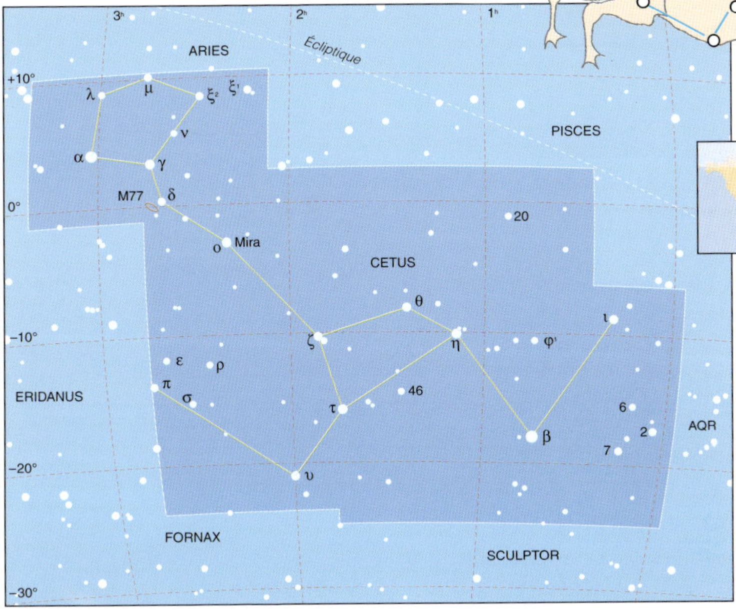

VISIBILITÉ TOTALE : 65° N.–79° S.

OBJETS REMARQUABLES

Omicron (o) Ceti (Mira) 👁 🔭 Célèbre étoile variable, Mira est une géante rouge, environ 300 fois plus grande que le Soleil, qui varie largement en luminosité tandis qu'elle s'enfle et se contracte, selon un cycle proche de 11 mois. À son maximum, elle atteint la magnitude 3 ou 2, mais retombe à la magnitude 10 à son minimum. Mira, identifiée comme une variable dès 1596, est le prototype d'une classe de variables à longue période ; appelées les étoiles Mira, elles constituent le groupe le plus important d'étoiles variables. Mira signifie « merveilleuse » en latin.

Tau (τ) Ceti 👁 Étoile de type solaire. Elle est semblable au Soleil par la température et la luminosité. Située à une distance de 11,9 années-lumière, elle est l'une des 20 étoiles les plus proches de la Terre. Sa magnitude est de 3,5.

M77 🔭 Galaxie spirale, vue de face depuis la Terre. Un télescope la montre comme une petite tache ronde. Elle est la plus brillante d'une classe de galaxies appelées galaxies de Seyfert, qui possèdent des noyaux particulièrement brillants.

OMICRON (O) CETI (MIRA) L'étoile variable Mira (au-dessous du centre du cliché) est ici à son maximum de luminosité.

| Largeur | ✋✋🖐 | Hauteur | ✋🖐 | Surface | 1 231 degrés carrés | Rang en taille | 4e |

| Abréviation Cha | Génitif Chamaeleontis | Culmination à 22 h février à mai |

CHAMAELEON

Le Caméléon est une petite constellation de faible éclat située près du pôle céleste Sud. Introduite à la fin du XVIe siècle par les navigateurs hollandais Pieter Dirkszoon Keyser et Frederick de Houtman, elle évoque un caméléon, ce lézard qui change de couleur pour se camoufler. Ses étoiles les plus brillantes sont de magnitude 4.

VISIBILITÉ TOTALE : 7° N.–90° S.

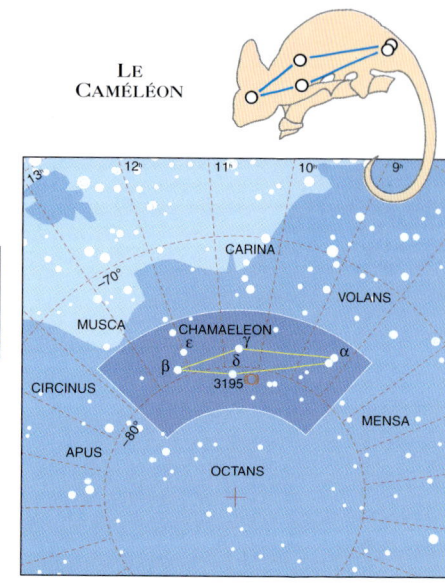

LE CAMÉLÉON

OBJETS REMARQUABLES

Delta (δ) Chamaeleontis Étoile double écartée dont les composantes, de magnitudes 4,4 et 5,5, sont facilement séparables avec des jumelles. Elles sont situées à 360 années-lumière de la Terre.

NGC 3195 Nébuleuse planétaire de faible éclat, d'une taille apparente égale à celle de Jupiter, visible avec un télescope moyen.

| Largeur | Hauteur | Surface 132 degrés carrés | Rang en taille 79e |

| Abréviation Cir | Génitif Circini | Culmination à 22 h mai à juin |

CIRCINUS

Cette petite constellation proche du Centaure fut décrite au XVIIIe siècle par l'astronome français Nicolas Louis de La Caille. Elle évoque un compas, du type de ceux utilisés par les géomètres et les cartographes, et se trouve judicieusement placée près de la Règle. Peu intéressant, le Compas est facile à trouver car proche d'Alpha (α) Centauri, dans le Centaure. Bien qu'il soit dans la Voie lactée, il ne contient pas d'amas d'étoiles notables.

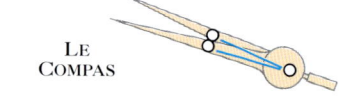

LE COMPAS

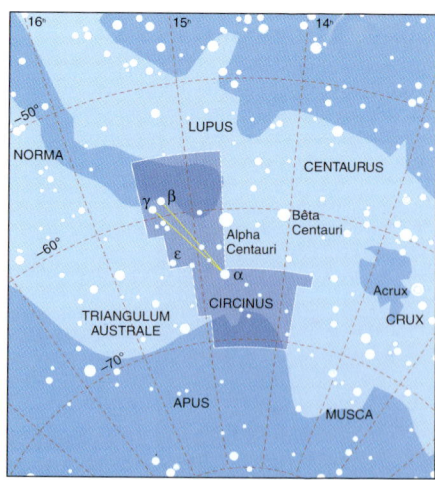

VISIBILITÉ TOTALE : 19° N.–90° S.

OBJETS REMARQUABLES

Alpha (α) Circini Étoile double. L'étoile principale de cette paire, de magnitude 3,2, est la plus brillante de la constellation, et se trouve à 54 années-lumière. Son compagnon, de magnitude 8,6, est visible avec un petit télescope.

| Largeur | Hauteur | Surface 93 degrés carrés | Rang en taille 85e |

COMA BERENICES • 83

| Abréviation | Col | Génitif | Columbae | Culmination à 22 h | janvier |

COLUMBA

LA COLOMBE

La Colombe fut introduite à la fin du XVIe siècle par l'astronome hollandais Petrus Plancius, à partir d'étoiles proches du Grand Chien. Elle représente la colombe de Noé.

OBJETS REMARQUABLES

Alpha (α) Columbae ◉ Étoile bleu-blanc, de magnitude 2,6, située à 270 années-lumière.

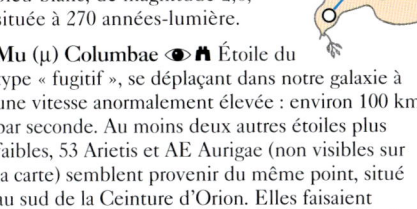

Mu (μ) Columbae ◉ ♁ Étoile du type « fugitif », se déplaçant dans notre galaxie à une vitesse anormalement élevée : environ 100 km par seconde. Au moins deux autres étoiles plus faibles, 53 Arietis et AE Aurigae (non visibles sur la carte) semblent provenir du même point, situé au sud de la Ceinture d'Orion. Elles faisaient peut-être partie d'un système multiple qui aurait été dispersé lors de l'explosion d'une de ses étoiles en supernova, il y a 2 ou 3 millions d'années.

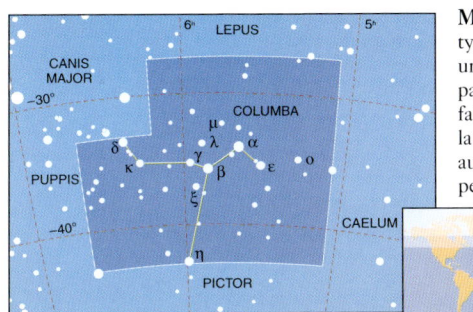

VISIBILITÉ TOTALE : 46° N.–90° S.

| Largeur | ✋ | Hauteur | ✋ | Surface | 270 degrés carrés | Rang en taille | 54e |

| Abréviation | Com | Génitif | Comae Berenices | Culmination à 22 h | avril à mai |

COMA BERENICES

Cette constellation évoque la chevelure de Bérénice, reine d'Égypte. Selon la légende, elle coupa les boucles de ses cheveux pour remercier les dieux du retour de son époux, le roi Ptolémée, sain et sauf après une bataille. La constellation a été formée au XVIe siècle par Gerardus Mercator, le cartographe hollandais, à partir d'un groupe d'étoiles peu lumineuses que les Grecs plaçaient dans la queue du Lion. Les galaxies de sa région sud appartiennent à l'amas de la Vierge.

LA CHEVELURE DE BÉRÉNICE

NGC 4565
Un télescope de taille moyenne révèle cette galaxie spirale, vue de côté. Une bande de poussière sombre la traverse.

VISIBILITÉ TOTALE : 90° N.–55° S.

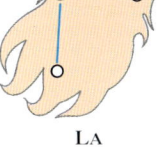

OBJETS REMARQUABLES

M 64 (l'Œil noir) ⚹ Galaxie spirale, visible avec un petit télescope comme une tache brumeuse ovale. Une plus grande ouverture montre un nuage sombre de poussière se découpant sur le centre de la galaxie, d'où son surnom.

L'amas de Coma (Melotte 111) ◉ ♁
Amas ouvert, formé d'un groupe lâche d'étoiles s'étendant en éventail vers le sud à partir de Gamma (γ) Comae Berenices, son membre le plus brillant, de magnitude 4,4. L'amas est situé à 260 années-lumière.

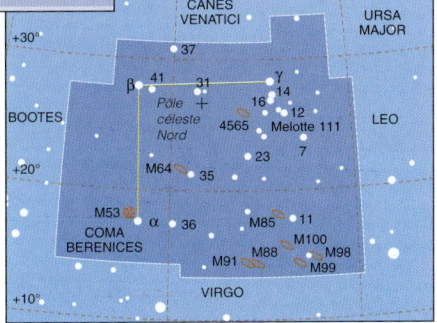

| Largeur | ✋ | Hauteur | ✋ | Surface | 386 degrés carrés | Rang en taille | 42e |

| Abréviation | CrA | Génitif | Coronae Australis | Culmination à 22 h | juillet à août |

CORONA AUSTRALIS

Les anciens Grecs voyaient cette constellation comme une guirlande déployée aux pieds du Sagittaire. Son trait principal est un arc d'étoiles, très visible bien que la plus brillante d'entre elles ne soit que de magnitude 4.

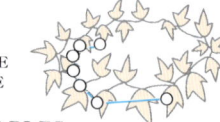

LA COURONNE AUSTRALE

OBJETS REMARQUABLES

Gamma (γ) Coronae Australis Binaire serrée, séparable seulement par un télescope d'ouverture moyenne. Les étoiles, toutes deux de magnitude 5, sont sur une orbite de 120 ans, située à 58 années-lumière de la Terre.

Kappa (κ) Coronae Australis Étoile double, dont les composantes sont de magnitudes 5,7 et 6,3 et facilement séparées par un petit télescope.

NGC 6541 Amas globulaire, visible avec des jumelles ou un petit télescope. Sa surface est d'environ un tiers de celle de la pleine lune.

VISIBILITÉ TOTALE : 44° N.–90° S.

| Largeur | | Hauteur | | Surface | 128 degrés carrés | Rang en taille | 80e |

| Abréviation | CrB | Génitif | Coronae Borealis | Culmination à 22 h | juin |

CORONA BOREALIS

La Couronne boréale est un demi-cercle situé entre le Bouvier et Hercule. Elle évoque la couronne portée par Ariane, princesse crétoise, lors de son mariage avec le dieu Dionysos. Ce dernier jeta la couronne dans le ciel, où les joyaux se changèrent en étoiles. Ainsi, son étoile la plus brillante, Alpha (α) Coronae Borealis (la Perle), de magnitude 2,2, porte le nom de Gemma, « joyau » en latin.

LA COURONNE BORÉALE

L'ARC DE LA COURONNE BORÉALE
Sept étoiles forment la Couronne boréale.

OBJETS REMARQUABLES

Zêta (ζ) Coronae Borealis Étoile double dont les composantes, de magnitudes 5,0 et 6,0, sont séparables par un petit télescope.

Nu (ν) Coronae Borealis Étoile double. Des jumelles montrent deux géantes rouges, de magnitudes 5,2 et 5,4, situées à 550 années-lumière environ, et sans lien physique entre elles.

R Coronae Borealis Étoile variable inhabituelle, généralement de magnitude proche de 6. Il s'agit d'une supergéante jaune très brillante, située à 7 000 années-lumière. Parfois, elle tombe de manière imprévisible jusqu'à la magnitude 15 en quelques semaines, demeurant ainsi quelques mois avant de retrouver son éclat.

VISIBILITÉ TOTALE : 90° N.–50° S.

| Largeur | | Hauteur | | Surface | 179 degrés carrés | Rang en taille | 73e |

CRATER • 85

| Abréviation Crv | Génitif Corvi | Culmination à 22 h avril à mai |

CORVUS

Cette petite constellation au sud de la Vierge représente un corbeau perché sur l'Hydre femelle, le serpent aquatique. Dans la mythologie grecque, le corbeau, envoyé par Apollon pour rapporter de l'eau dans une coupe (la constellation voisine de la Coupe), s'était arrêté en route pour manger des figues. À son retour, le corbeau prétendit avoir été retardé par le serpent aquatique. Mais Apollon, incrédule, condamna le corbeau à la soif éternelle, le plaçant hors de portée de la coupe dans les cieux. La plus brillante étoile, Gamma (γ) Corvi, est de magnitude 2,6.

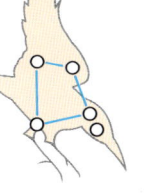

LE CORBEAU

VISIBILITÉ TOTALE : 65° N.–90° S.

ÉTOILES PRINCIPALES DU CORBEAU
Quatre étoiles forment un dessin reconnaissable, la clé de voûte. Bêta (β) Corvi est située en bas à droite.

OBJETS REMARQUABLES

Delta (δ) Corvi ➤ Étoile double, dont les composantes sont très différentes en luminosité. La plus brillante, de magnitude 3,0, possède un compagnon de magnitude 9, visible avec un petit télescope.

NGC 4038 et 4039 (les Antennes) ➤ Une célèbre paire de galaxies en interaction. Elles sont petites et de magnitude 11, il faut donc un télescope de moyenne à grande ouverture pour les distinguer. Des clichés à longue pose montrent deux jets d'étoiles et de gaz qui s'écartent des galaxies comme les antennes d'un insecte, d'où leur surnom.

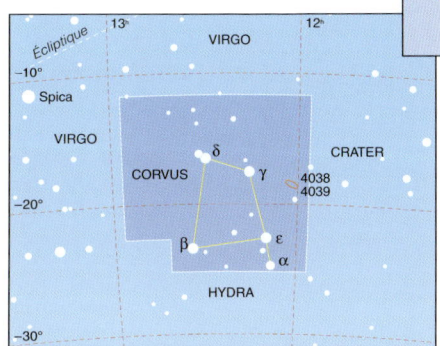

| Largeur 🖐 | Hauteur 🖐 | Surface 184 degrés carrés | Rang en taille 70ᵉ |

| Abréviation Crt | Génitif Crateris | Culmination à 22 h avril |

CRATER

Cette constellation quelconque évoque une coupe, ou un calice. Dans la mythologie grecque, elle est liée aux constellations voisines, le Corbeau et l'Hydre femelle, le serpent aquatique. Son étoile la plus brillante est Delta (δ) Crateris, de magnitude 3,6. Il ne s'y trouve aucun objet intéressant pour les observateurs équipés de petits télescopes.

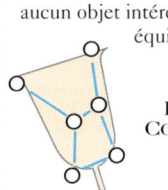

LA COUPE

VISIBILITÉ TOTALE : 65° N.–90° S.

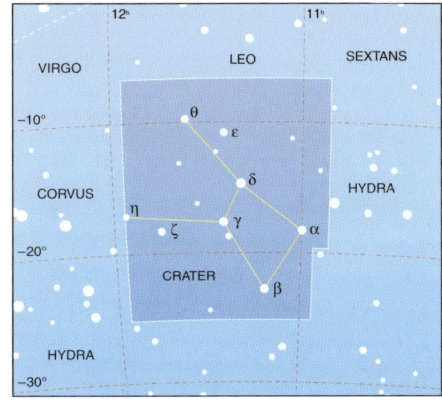

| Largeur 🖐 | Hauteur 🖐 | Surface 282 degrés carrés | Rang en taille 53ᵉ |

CRUX

| Abréviation | Cru | Génitif | Crucis | Culmination à 22 h | avril à mai |

CRUX

Plus petite constellation du ciel, la Croix du Sud couvre à peine 5 % de la surface de la plus grande constellation, l'Hydre femelle. Néanmoins, c'est l'une des configurations stellaires les plus célèbres et les plus faciles à reconnaître. Pour les anciens Grecs, ses étoiles faisaient partie des jambes arrière du Centaure. La Croix du Sud est devenue une constellation à part entière vers la fin du XVIe siècle, lorsque a commencé l'exploration des mers du Sud, mais son inventeur reste inconnu. Elle se trouve dans une région brillante de la Voie lactée, et son grand axe pointe vers le pôle céleste Sud.

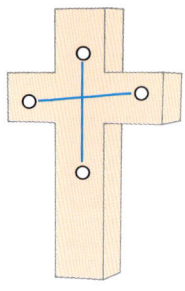

LA CROIX DU SUD

VISIBILITÉ TOTALE : 25° N.–90° S.

OBJETS REMARQUABLES

Alpha (α) Crucis (Acrux) 👁 ♏ ✈ Étoile double, apparaissant à l'œil nu comme un objet simple de magnitude 0,8 ; la 13e étoile la plus brillante du ciel. Un petit télescope la sépare en une paire d'étoiles étincelantes bleu-blanc, de magnitudes 1,3 et 1,7 et situées à 320 années-lumière. Elles forment probablement une vraie binaire, bien qu'on ignore sa période. Avec des jumelles, on distingue une étoile de magnitude 5 plus écartée, sans rapport avec le couple.

Bêta (β) Crucis 👁 Géante bleu-blanc, située à 350 années-lumière de la Terre. De magnitude 1,3, elle est l'une des 20 étoiles les plus brillantes du ciel. Elle subit des pulsations de taille cinq fois par jour, accompagnées de variations de moins d'un dixième de magnitude, imperceptibles à l'œil nu.

LA CROIX DU SUD
Les quatre étoiles les plus brillantes forment le dessin caractéristique de la croix. Une cinquième étoile brillante, Epsilon (ε) Crucis, se trouve près du centre de la croix.

| Largeur | ✋ | Hauteur | ✋ | Surface | 68 degrés carrés | Rang en taille | 88^e |

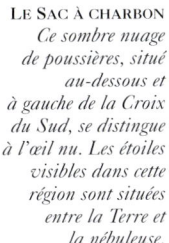

Le Sac à charbon
Ce sombre nuage de poussières, situé au-dessous et à gauche de la Croix du Sud, se distingue à l'œil nu. Les étoiles visibles dans cette région sont situées entre la Terre et la nébuleuse.

NGC 4755 (la Boîte à bijoux)
Ce brillant amas ouvert doit son nom à John Herschel, astronome anglais du XIXe siècle, qui l'a décrit comme une « cassette de pierres précieuses de différentes couleurs ».

Gamma (γ) Crucis ⊙ ♊ Étoile double optique écartée. L'étoile la plus brillante de cette paire est une géante rouge de magnitude 1,6, distante de 88 années-lumière. Des jumelles montrent un compagnon de magnitude 6, sans rapport avec la double car trois fois plus éloigné.

Iota (ι) Crucis ⚹ Étoile double écartée, ayant des composantes de magnitudes 4,7 et 9,5, séparables par un petit télescope.

Mu (μ) Crucis ⊙ ⚹ Double optique écartée. Un petit télescope, ou des jumelles puissantes, montrent les deux étoiles, de magnitudes 4,0 et 5,1. Le compagnon le moins lumineux est une étoile en rotation rapide qui émet des anneaux de gaz, provoquant de petites variations occasionnelles de sa luminosité.

NGC 4755 (l'amas Kappa (κ) Crucis ou la Boîte à bijoux) ⊙ ♊ ⚹ Magnifique amas ouvert, visible à l'œil nu comme une tache brillante dans la Voie lactée, entre Bêta (β) Crucis et le Sac à charbon. Situé à 7 600 années-lumière, il est en réalité beaucoup plus lointain que ces derniers. Des jumelles ou un petit télescope permettent de distinguer ses étoiles, de magnitude 6 pour les plus brillantes, couvrant un champ d'environ le tiers de la surface de la pleine lune. La plupart de ses étoiles sont des supergéantes bleu-blanc, mais près du centre on remarque une supergéante rouge de magnitude 8. L'étoile Kappa (κ) Crucis, située près du centre de l'amas, est une supergéante bleu-blanc de magnitude 5,9.

Le Sac à charbon ⊙ ♊ Remarquable nébuleuse sombre formée par un nuage de poussières et de gaz en forme de coin, le Sac à charbon se situe à 600 années-lumière et bloque la lumière des étoiles de la Voie lactée situées derrière lui. Large comme 13 fois la pleine lune, il s'étend principalement dans la Croix du Sud, mais déborde dans le Centaure et dans la Mouche.

Utilisation de la Croix du Sud pour trouver le pôle céleste Sud
Le pôle céleste Sud se trouve à l'intersection de deux lignes imaginaires. L'une est formée en prolongeant la ligne entre Alpha (α) et Gamma (γ) Crucis (en haut de la photo) ; l'autre est la médiatrice de la ligne joignant Alpha (α) et Bêta (β) Centauri (en bas de la photo).

| Abréviation | Cyg | Génitif | Cygni | Culmination à 22 h | août à septembre |

CYGNUS

Cette grande constellation évoque le cygne de la mythologie grecque dont le dieu Zeus emprunta l'apparence pour l'une de ses escapades amoureuses. La légende, imprécise, raconte que son union avec l'objet de son désir, Léda, reine de Sparte, produisit un ou deux œufs d'où naquirent les jumeaux Castor et Pollux, ainsi qu'Hélène de Troie. Le bec du cygne est marqué par Bêta (β) Cygni et sa queue par Alpha (α) Cygni, appelée également Deneb (qui signifie « queue » en arabe). Cette dernière forme l'un des angles du Triangle d'été, complété par Véga (de la Lyre) et Altaïr (de l'Aigle). Également reconnaissable par sa forme de croix, le Cygne est appelé parfois aussi « la Croix du Nord ». Il se trouve dans une région riche de la Voie lactée.

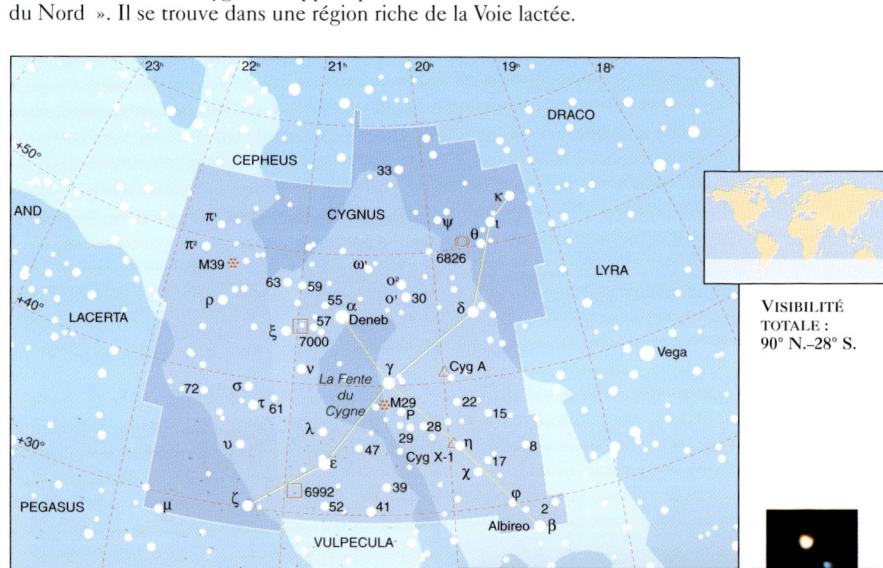

VISIBILITÉ TOTALE : 90° N.–28° S.

OBJETS REMARQUABLES

Alpha (α) Cygni (Deneb) 👁 Étoile la plus lumineuse du Cygne, de magnitude 1,3. C'est une brillante supergéante bleu-blanc située à plus de 3 000 années-lumière, ce qui en fait la plus éloignée des étoiles de première grandeur.

Bêta (β) Cygni (Albireo) Belle étoile double. Les deux étoiles, de magnitudes 3,1 et 5,1, peuvent être séparées par des jumelles puissantes. Elles sont facilement séparées par un télescope, où elles présentent un contraste frappant, l'une étant orange et l'autre bleu-vert. Les deux étoiles sont situées à 380 années-lumière, mais on ne sait pas si elles forment une vraie binaire.

LE CYGNE (EN VIGNETTE, ALBIREO)
Le Cygne forme une grande croix dans la partie nord de la Voie lactée. L'étoile marquant la tête du cygne (ou le pied de la croix) est Albireo, une belle étoile double, séparable par un petit télescope.

| Largeur | | Hauteur | | Surface | 804 degrés carrés | Rang en taille | 16ᵉ |

NGC 7000
(LA NÉBULEUSE
AMÉRIQUE DU NORD)
Cette grande nébuleuse se trouve entre Deneb et Xi (ξ) Cygni. Sa ressemblance avec le continent nord-américain est frappante : on peut voir, en bas de cette photo, une plage sombre ressemblant au golfe du Mexique. La nébuleuse est un nuage de gaz brillant, qui est sans doute éclairé par une étoile intérieure partiellement obscurcie.

Omicron-1 (o¹) Cygni (31 Cygni) ♄ ☇ Géante orange, de magnitude 3,8, accompagnée d'une étoile bleuâtre écartée de magnitude 5 (30 Cygni) que l'on voit bien avec des jumelles. Une étoile bleuâtre plus proche, de magnitude 7, est aussi visible avec des jumelles ou un petit télescope.

Chi (χ) Cygni ◉ ♄ Géante rouge à pulsations de la classe des variables Mira, dont la luminosité varie entre les magnitudes 3 et 14 en 13 mois environ.

61 Cygni ☇ Étoile double intéressante. Les deux composantes, de magnitudes 5,2 et 6,1, peuvent être séparées par un petit télescope ou même des jumelles puissantes. Toutes deux sont des naines orange, plus petites et de plus faible éclat que le Soleil. Elles sont facilement visibles simplement parce que, situées à 11,4 années-lumière, elles sont relativement proches de la Terre. Elles tournent l'une autour de l'autre en 650 ans.

M 39 ♄ ☇ Amas ouvert, visible à l'œil nu dans de très bonnes conditions. Des jumelles ou un petit télescope montrent ses étoiles les plus brillantes. Il couvre dans le ciel une surface égale à celle de la pleine lune, et se trouve à 900 années-lumière.

NGC 6826 (la Planétaire clignotante) ☇ Nébuleuse planétaire, qui apparaît avec un petit télescope comme un disque bleuâtre de la taille de Jupiter. En regardant alternativement la nébuleuse et ses alentours, on a l'impression qu'elle clignote, d'où son surnom.

NGC 6992 (la nébuleuse du Voile) ♄ ☇ Partie d'une nébuleuse complexe, la Dentelle du Cygne, elle-même vestige d'une étoile qui a explosé en supernova, il y a environ 50 000 ans. Par une belle nuit, on peut voir la nébuleuse du Voile avec des jumelles ou un petit télescope, mais l'ensemble de la Dentelle se voit mieux sur une photographie.

NGC 7000 ♄ ☇ **(la nébuleuse Amérique du Nord)** Grande nébuleuse, visible par une nuit noire avec des jumelles ou un télescope à grand champ, elle s'étend sur quatre diamètres lunaires. On la distingue mieux sur une photographie à longue pose, où elle prend la forme du continent nord-américain, ce qui lui a valu son nom.

Cygnus A ⌂ Galaxie particulière, probablement née de la collision de deux galaxies lointaines. De magnitude 15, il faut un grand télescope pour la voir. Elle est également une puissante radiosource.

Cygnus X-1 ⌂ Un candidat trou noir, et l'une des plus puissantes sources de rayons X du ciel. Optiquement, il s'agit d'une supergéante bleue de magnitude 9, située à 8 000 années-lumière. Le rayonnement X provient d'un compagnon invisible, qui tourne autour de la supergéante en 5,6 jours et pourrait être le trou noir.

NGC 6992 (LA NÉBULEUSE DU VOILE)
La nébuleuse du Voile, dans la région sud du Cygne, est le vestige vaporeux d'une étoile qui a explosé.

DELPHINUS

| Abréviation Del | Génitif Delphini | Culmination à 22 h août à septembre |

DELPHINUS

Cette constellation, petite mais très reconnaissable, est coincée entre l'Aigle et Pégase. Le Dauphin est associé à deux mythes grecs différents. Selon l'un d'entre eux, il évoquerait le dauphin à qui Poséidon, dieu de la Mer, demanda de ramener Amphitrite, la nymphe marine, pour en faire sa femme. On l'a également identifié au dauphin qui sauva le poète et musicien Arion, attaqué en mer par des pirates. Les deux étoiles les plus brillantes de la constellation sont Alpha (α) et Bêta (β) Delphini, de magnitudes respectives 3,8 et 3,6. Ces étoiles portent les noms étranges de Sualocin et Rotanev : à l'envers, ils se lisent Nicolaus et Venator, version latinisée de Niccolo Cacciatore, astronome de l'observatoire de Palerme (Italie) qui les baptisa ainsi au début du XIXe siècle.

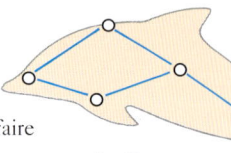

LE DAUPHIN

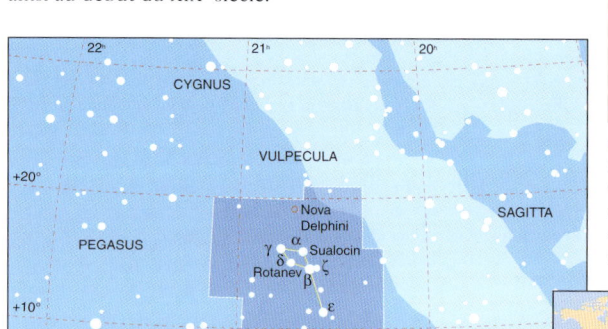

LES ÉTOILES PRINCIPALES DU DAUPHIN
Leur disposition représente un dauphin bondissant. Quatre étoiles, en haut à gauche du cliché, forment le Cercueil de Job.

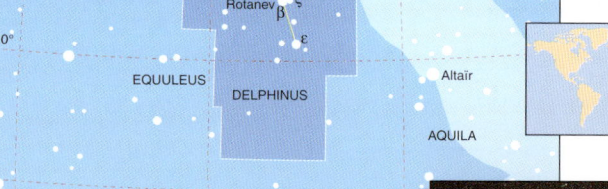

VISIBILITÉ TOTALE :
90° N.–69° S.

OBJETS REMARQUABLES

Le Cercueil de Job 👁 ♍ Nom donné à la forme de boîte évoquée par les quatre étoiles Alpha (α), Bêta (β), Gamma (γ) et Delta (δ) Delphini, toutes de magnitude 4.

Gamma (γ) Delphini ⌖ Étoile double. Un petit télescope en distingue les deux composantes, jaune et blanche, de magnitudes 4,3 et 5,2. Les deux étoiles sont à une centaine d'années-lumière de la Terre. Dans le même champ, on peut voir une paire, de plus faible éclat et plus serrée, d'étoiles de magnitude 8, appelée Struve 2725 (à environ 125 années-lumière).

NOVA DELPHINI
Cette nova est maintenant très peu lumineuse, mais en 1967, date de ce cliché, elle était visible à l'œil nu.

| Largeur ✋ | Hauteur ✋ | Surface 189 degrés carrés | Rang en taille 69[e] |

DORADO

| Abréviation | Dor | Génitif | Doradus | Culmination à 22 h | décembre à janvier |

DORADO

La Dorade, l'une des nombreuses constellations australes figurant des créatures exotiques, a été introduite à la fin du XVIe siècle par les navigateurs hollandais Pieter Dirkszoon Keyser et Frederick de Houtman. Elle n'évoque pas le poisson bien connu sous nos latitudes mais une espèce des mers tropicales, appartenant à la famille des coryphaenidés. On l'a également décrite comme un espadon. Pour les astronomes, la Dorade est importante car elle contient l'essentiel du Grand Nuage de Magellan, la galaxie la plus proche de la Terre. Son étoile la plus brillante est Alpha (α) Doradus, de magnitude 3,3.

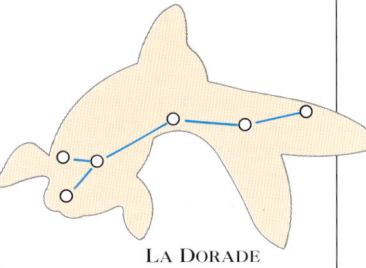
LA DORADE

VISIBILITÉ TOTALE : 20° N.–90° S.

NGC 2070 (LA TARENTULE)
Des anneaux de gaz brillants s'étendant autour de la nébuleuse Tarentule lui donnent l'aspect d'une grande araignée.

OBJETS REMARQUABLES

Bêta (β) Doradus 👁 Céphéide brillante, variant entre les magnitudes 3,5 et 4,1 en 9,8 jours. Il s'agit d'une supergéante jaune-blanc située à 1 000 années-lumière.

NGC 2070 (la Tarentule) 👁 ♁ ✈ Nébuleuse brillante du Grand Nuage de Magellan (voir ci-contre), visible à l'œil nu. Elle a la taille apparente de la pleine lune, mais son diamètre réel est de 800 années-lumière, beaucoup plus important que celui de la nébuleuse d'Orion. C'est une région de formation stellaire, et des jumelles ou un petit télescope révèlent un amas d'étoiles, 30 Doradus, en son centre.

Supernova 1987 A ⚜ La plus brillante des supernovae que l'on ait vue de la Terre depuis 1604. Elle a éclaté en 1987 dans le Grand Nuage de Magellan, près de la Tarentule, atteignant la magnitude 2,8 à son maximum. Elle est restée visible à l'œil nu pendant 10 mois.

Le Grand Nuage de Magellan 👁 ♁ ✈
Petite galaxie satellite de la nôtre, située à 170 000 années-lumière. On croirait une partie, un peu allongée, détachée de la Voie lactée. Sa masse est égale à un dixième de celle de notre galaxie et son diamètre est de 20 000 années-lumière. On la classe habituellement dans les galaxies irrégulières, mais elle porte des traces évoquant la structure d'une spirale barrée. En la parcourant avec des jumelles ou un petit télescope, on découvre nombre d'amas stellaires et de nébuleuses brillantes. La plus grande et la plus brillante de ces dernières est NGC 2070, la Tarentule (voir ci-dessus).

| Largeur | ✋ | Hauteur | ✋ | Surface | 179 degrés carrés | Rang en taille | 72e |

DRACO

| Abréviation | Dra | Génitif | Draconis | Culmination à 22 h | mars à septembre |

DRACO

Cette très vaste constellation du ciel boréal s'enroule autour de la Petite Ourse. Elle évoque le dragon qui, dans la mythologie grecque, gardait les pommes d'or du jardin des Hespérides, filles d'Atlas, et dont l'anéantissement constitua l'un des travaux d'Hercule. Dans le ciel, ce dernier est figuré un pied posé sur la tête du dragon. Malgré sa taille considérable, le Dragon n'a pas d'étoiles remarquables, la plus brillante étant Gamma (γ) Draconis, géante rouge de magnitude 2,2 située à environ 150 années-lumière. Avec les étoiles Bêta (β), Nu (ν) et Xi (ξ) Draconis, elle forme un losange qui marque la tête du dragon.
La constellation est surtout connue pour ses étoiles doubles.

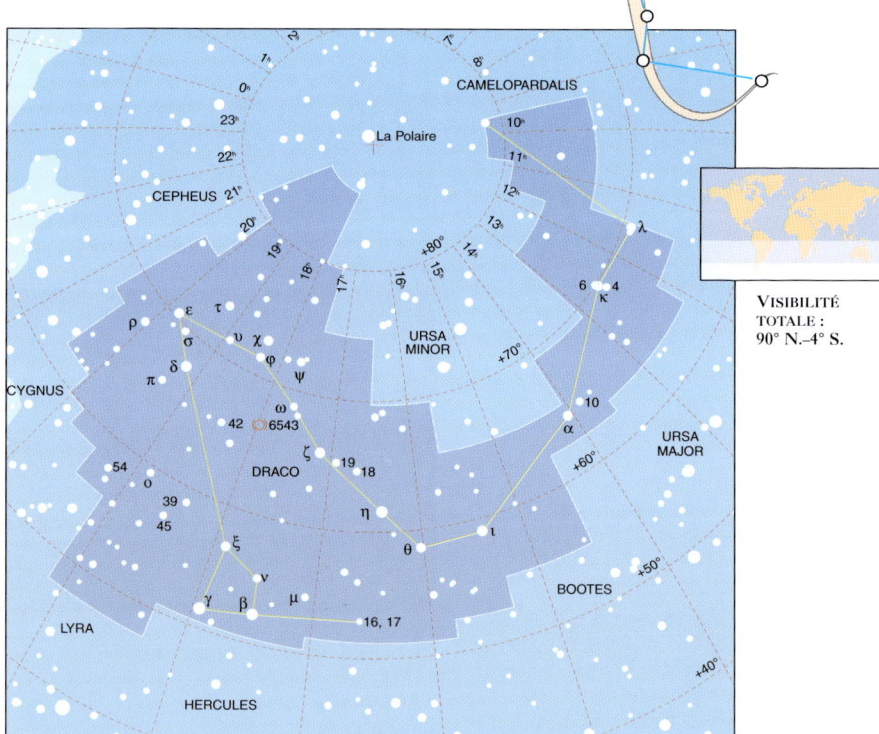

LE DRAGON

VISIBILITÉ TOTALE :
90° N.–4° S.

OBJETS REMARQUABLES

Mu (μ) Draconis Étoile double, dont les composantes sont trop proches pour être séparées par un petit télescope. Une ouverture d'au moins 75 mm et un fort grossissement sont en général nécessaires pour voir ces deux étoiles de magnitude 6. Elles sont situées à 88 années-lumière de la Terre, sur une orbite de 480 ans.

Nu (ν) Draconis Étoile double écartée dont les composantes, de magnitude 5, sont pratiquement identiques en couleur et en luminosité. La paire est bien visible avec des jumelles ou le plus petit des télescopes. Les deux étoiles sont à 100 années-lumière de la Terre.

| Largeur | | Hauteur | | Surface | 1 083 degrés carrés | Rang en taille | 8e |

EQUULEUS • 93

Psi (ψ) Draconis ♊ ⚹ Étoile double, facilement séparable avec un petit télescope. Les deux étoiles, de magnitudes 4,6 et 5,8, sont même séparables avec des jumelles puissantes.

16 et 17 Draconis ♊ ⚹ Étoile multiple. Des jumelles montrent une double écartée, avec des composantes de magnitudes 5 et 6. Un télescope à fort grossissement révèle que l'étoile la plus brillante, 17 Draconis, est elle-même une double serrée.

39 Draconis ♊ ⚹ Étoile multiple. Avec un petit télescope, ou même des jumelles, elle apparaît comme une paire écartée d'étoiles de magnitudes 5 et 8. L'examen sous fort grossissement de l'étoile la plus brillante montrera une troisième étoile beaucoup plus proche, de magnitude 8 également.

NGC 6543 ⚹ Nébuleuse planétaire, qu'un petit télescope montre comme un disque bleuâtre de la taille de Saturne.

LA TÊTE DU DRAGON
Un groupe de quatre étoiles représente la tête du Dragon. La plus brillante, en bas à gauche du cliché, est Gamma (γ) Draconis.

Abréviation Equ	Génitif Equulei	Culmination à 22 h septembre

EQUULEUS

Le Petit Cheval, la deuxième plus petite constellation du ciel, se trouve près de Pégase, le célèbre cheval volant. Il fait partie des 48 constellations décrites par l'astronome grec Ptolémée, mais on ne connaît pas de légende le concernant. Son étoile la plus brillante est Alpha (α) Equulei, de magnitude 3,9.

LE PETIT CHEVAL

VISIBILITÉ TOTALE : 90° N.–77° S.

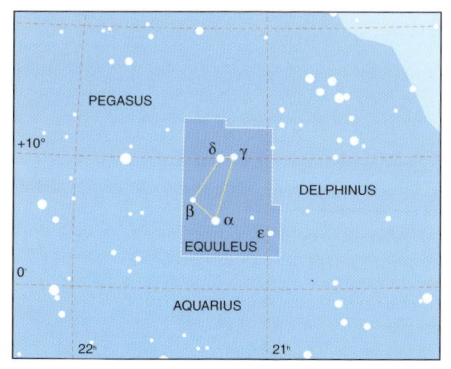

OBJETS REMARQUABLES

Gamma (γ) Equulei ♊ Étoile double optique, séparable avec des jumelles. Elle est formée d'une étoile de magnitude 4,7 et d'un compagnon très écarté, 6 Equulei, de magnitude 6,1.

Epsilon (ε) Equulei ⚹ Étoile multiple. Un petit télescope la montre double, composée d'étoiles de magnitudes 5,2 et 7,4. L'étoile la plus brillante est en réalité une binaire ayant une période orbitale de 100 ans, mais les étoiles sont trop serrées pour être séparées avec un télescope de petite ouverture.

Largeur ✋	Hauteur ✋	Surface 72 degrés carrés	Rang en taille 87ᵉ

| Abréviation | Eri | Génitif | Eridani | Culmination à 22 h | novembre à janvier |

ERIDANUS

Cette longue et sinueuse constellation évoque l'Éridan, la rivière mythologique, dans laquelle tomba Phaéton après avoir tenté de conduire le char de son père, Apollon, le dieu-soleil. La constellation s'étend sur près de 60 degrés du nord au sud, ce qui constitue le plus grand domaine de déclinaison de toutes les constellations.

L'ÉRIDAN

VISIBILITÉ TOTALE : 32° N.–89° S.

OMICRON-2 (o²) ERIDANI
Les trois composantes de cette étoile multiple figurent sur cette vue télescopique. La principale est au centre et les deux étoiles naines, qui se chevauchent, à sa droite.

OBJETS REMARQUABLES

Alpha (α) Eridani (Achernar) Étoile bleu-blanc de magnitude 0,5, l'étoile la plus brillante d'Éridan et la neuvième plus brillante du ciel, située à 140 années-lumière. Achernar, son nom d'origine arabe, signifie « le bout de la rivière », et l'étoile marque l'extrémité sud de la constellation. À côté se trouve p Eridani, une paire écartée de magnitude 6, repérable avec un petit télescope.

| Largeur | | Hauteur | | Surface | 1 138 degrés carrés | Rang en taille | 6e |

Epsilon (ε) Eridani L'une des étoiles visibles à l'œil nu les plus proches du Soleil. Située à 10,5 années-lumière et de magnitude 3,7, elle est assez semblable au Soleil, bien qu'un peu plus froide et moins lumineuse.

Thêta (θ) Eridani Belle étoile double. Ses deux composantes, étoiles blanches jumelles de magnitudes 3,2 et 4,3, sont séparables avec un petit télescope.

Omicron-2 (o²) Eridani (40 Eridani) Étoile multiple à trois composantes, dont une paire formée d'un naine rouge et d'une naine blanche. La plus brillante du trio, de magnitude 4,4, est de type solaire. Un petit télescope montre que cette étoile possède un compagnon, la naine blanche, de magnitude 10 ; cette dernière est la naine blanche la plus facile à observer avec un petit télescope. Elle forme une binaire avec la naine rouge de magnitude 11, observable uniquement avec une ouverture plus grande. Ce remarquable trio est situé à 16,5 années-lumière.

32 Eridani Étoile double aux composantes colorées. Un petit télescope révèle une géante rouge de magnitude 4,8 et un compagnon bleu-blanc de magnitude 6,1.

L'EXTRÉMITÉ SUD DE L'ÉRIDAN
Ici, une petite partie de cette vaste constellation. Achernar est juste au-dessus de l'horizon ; Chi (χ) et Phi (φ) Eridani sont au-dessous et à gauche du centre du cliché.

| Abréviation | For | Génitif | Fornacis | Culmination à 22 h | novembre à décembre |

FORNAX

Le Fourneau est une constellation peu remarquable dans une région qui l'est tout aussi peu. Il se trouve au bord de la rivière céleste Éridan et à la frontière sud de la Baleine. Inventé au XVIIIᵉ siècle par l'astronome français Nicolas Louis de La Caille, il représente un fourneau de chimiste.

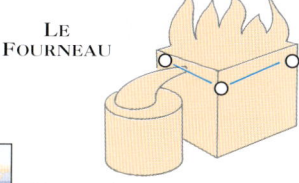

LE FOURNEAU

VISIBILITÉ TOTALE : 50° N.–90° S.

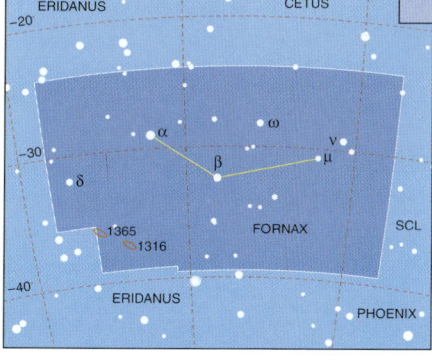

OBJETS REMARQUABLES

Alpha (α) Fornacis L'étoile la plus brillante de la constellation semble être, à l'œil nu, une étoile simple de magnitude 3,8. Un petit télescope distingue un compagnon de magnitude 7. Les deux étoiles forment une vraie binaire, avec une période orbitale de 300 ans. Elles sont à 46 années-lumière de la Terre.

L'amas du Fourneau Amas de galaxies, situées à environ 75 millions d'années-lumière, dont les plus brillantes, notamment NGC 1316, spirale particulière également connue comme la radiosource Fornax A, et NGC 1365, spirale barrée, sont visibles avec un petit télescope.

| Largeur | | Hauteur | | Surface | 398 degrés carrés | Rang en taille | 41ᵉ |

| Abréviation | Gem | Génitif | Geminorum | Culmination à 22 h | janvier à février |

GEMINI

Les Gémeaux évoquent Castor et Pollux, les jumeaux mythologiques qui ont donné leurs noms aux deux étoiles les plus brillantes de cette constellation du zodiaque. Les jumeaux naviguaient avec les Argonautes, à la recherche de la Toison d'or, et furent considérés longtemps par les anciens Grecs comme les protecteurs des marins. À des distances différentes de la Terre, les deux étoiles n'ont pas de lien physique. Situés entre le Taureau et le Cancer, les Gémeaux sont traversés par le Soleil entre le 21 juin et le 20 juillet.

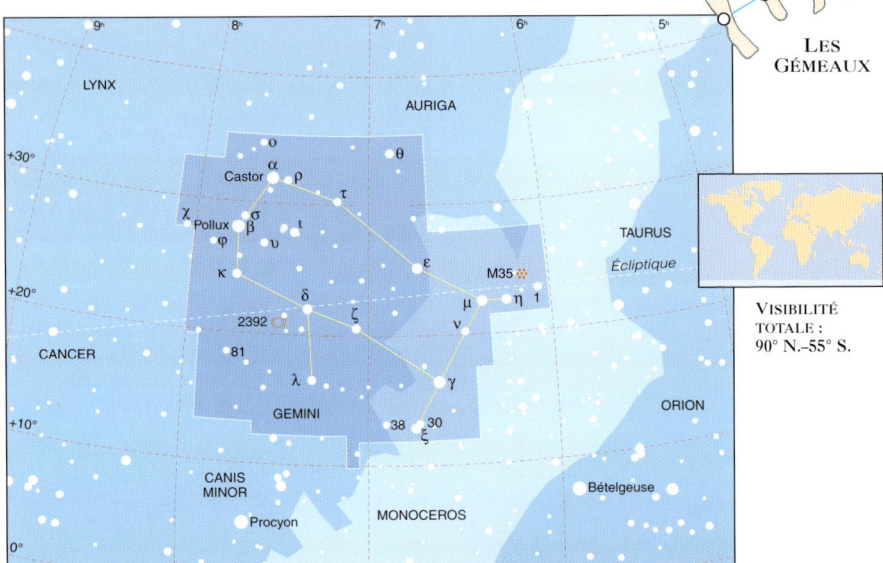

LES GÉMEAUX

VISIBILITÉ TOTALE : 90° N.–55° S.

OBJETS REMARQUABLES

Alpha (α) Geminorum (Castor) 👁 🔭 Étoile multiple remarquable. À l'œil nu, c'est une étoile simple de magnitude 1,6. Un petit télescope la sépare en une paire d'étoiles bleu-blanc, de magnitudes 1,9 et 2,9, formant une vraie binaire dont la période orbitale est de 470 ans. Chaque étoile est une binaire spectroscopique. Un compagnon plus éloigné, de magnitude 9, peut aussi être observé avec un petit télescope ; il s'agit en fait d'une paire serrée de naines rouges, formant une binaire à éclipses. Ces six étoiles sont situées à un peu plus de 50 années-lumière de la Terre.

CASTOR ET POLLUX
Les étoiles les plus brillantes des Gémeaux sont Castor (en haut à droite) et Pollux (en bas à gauche). Bien qu'elle porte la lettre Bêta (β), Pollux est la plus brillante des deux.

| Largeur | 🖐🖐 | Hauteur | 🖐🖐 | Surface | 514 degrés carrés | Rang en taille | 30ᵉ |

GRUS • 97

Bêta (β) Geminorum (Pollux) 👁 ♄ De magnitude 1,2, elle est l'étoile la plus brillante de la constellation et se trouve parmi les 20 premières du ciel. Il s'agit d'une géante orange, située à 34 années-lumière. Sa couleur est plus marquée lorsqu'on l'observe avec des jumelles.

Zêta (ζ) Geminorum 👁 ♄ Céphéide oscillant entre les magnitudes 3,6 et 4,2 en un peu plus de 10 jours. Il s'agit d'une supergéante jaune, située à 1 200 années-lumière. Des jumelles montrent un compagnon éloigné de magnitude 8, sans lien physique avec elle.

Êta (η) Geminorum 👁 ♄ Géante rouge variable, située à 350 années-lumière. Elle subit des fluctuations périodiques de taille sur un cycle de 8 mois, accompagnées de variations de magnitude entre 3,2 et 3,9.

M 35 ♄ ⚹ Riche amas ouvert, à peine visible à l'œil nu et facile à observer avec des jumelles. Sa surface est presque celle de la pleine lune. Des jumelles ou un petit télescope résolvent ses étoiles, de magnitude 8 pour les plus brillantes. L'amas se situe à près de 3 000 années-lumière.

NGC 2392 (Face de clown, ou Esquimau) ⚹ Nébuleuse planétaire. Son disque bleuâtre, de la taille du globe de Saturne, est visible à l'aide d'un petit télescope, mais il faut une grande ouverture pour distinguer les détails environnants qui lui donnent l'aspect d'une figure humaine, d'où ses surnoms.

M35
L'amas ouvert M 35, au centre du cliché, avec Iota (ι) Geminorum au-dessous à droite, contient environ 200 étoiles. L'examen au télescope révèle que les étoiles sont disposées en lignes courbes.

Abréviation	Gru	Génitif	Gruis	Culmination à 22 h	septembre à octobre

GRUS

La Grue est l'une des 12 constellations australes introduites à la fin du XVIe siècle par les navigateurs hollandais Pieter Dirkszoon Keyser et Frederick de Houtman. Elle évoque l'échassier au long cou de la famille des gruidés. Son étoile la plus brillante est Alpha (α) Gruis, ou Alnaïr, de magnitude 1,7.

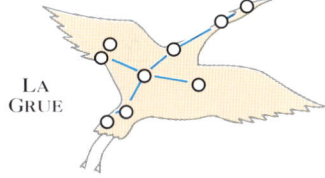

LA GRUE

VISIBILITÉ TOTALE :
33° N.–90° S.

OBJETS REMARQUABLES

Bêta (β) Gruis 👁 Géante rouge variable, qui fluctue entre les magnitudes 2,0 et 2,3 sans période définie, à 170 années-lumière.

Delta (δ) Gruis 👁 Étoile double, séparable à l'œil nu, à environ 300 années-lumière de la Terre. Delta-1 est une géante jaune de magnitude 4,0 ; Delta-2 est une géante rouge de magnitude 4,1.

Mu (μ) Gruis 👁 ♄ Étoile double écartée, séparable à l'œil nu. Les deux étoiles sont des géantes jaunes : Mu-1, située à 260 années-lumière, de magnitude 4,8 ; Mu-2, située à 240 années-lumière, de magnitude 5,1.

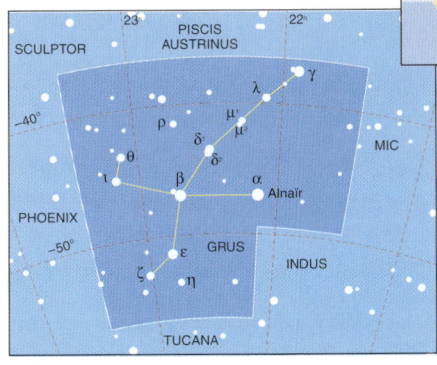

Largeur	✋	Hauteur	✋	Surface	366 degrés carrés	Rang en taille	45e

| Abréviation | Her | Génitif | Herculis | Culmination à 22 h | juin à août |

HERCULES

Hercule est une grande constellation, assez peu remarquable, qui s'étend entre les étoiles brillantes Arcturus et Véga, et évoque le célèbre héros de la mythologie grecque. Le corps d'Hercule est à l'envers dans le ciel : sa tête, vers le sud, est marquée par Alpha (α) Herculis, et ses pieds par les étoiles situées au nord. Tuer un dragon (celui de la voisine constellation du Dragon) fut l'un des douze travaux imposés à Hercule par Eurysthée, roi de Mycènes. Hercule se présente le genou droit à terre et le pied gauche posé sur la tête du dragon. La constellation contient M 13, l'amas globulaire le plus brillant du ciel boréal, et quelques belles étoiles doubles. Son étoile la plus brillante est Bêta (β) Herculis, de magnitude 2,8.

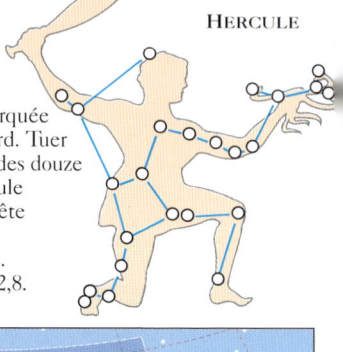

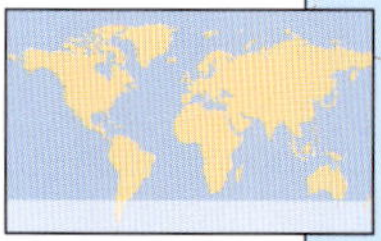

HERCULE

VISIBILITÉ TOTALE : 90° N.–38° S.

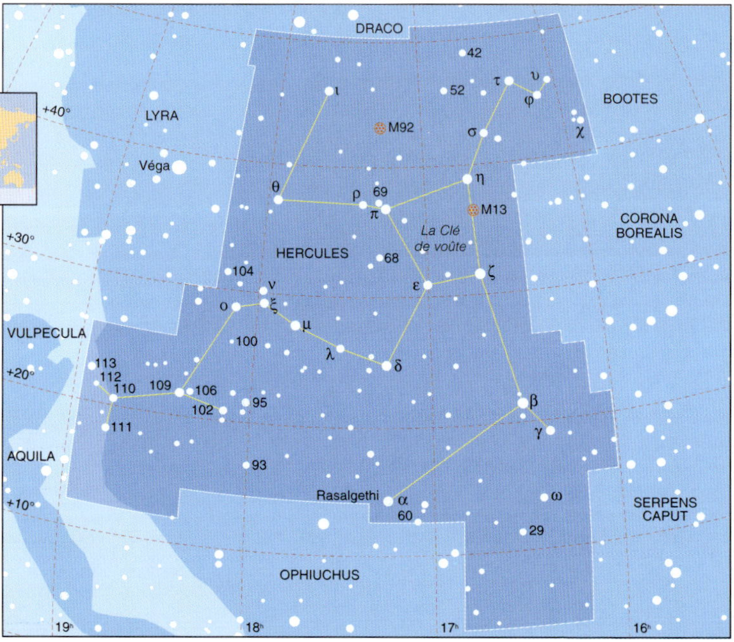

OBJETS REMARQUABLES

Alpha (α) Herculis (Rasalgethi) 👁 ⚹
Géante rouge, dont les fluctuations de taille s'accompagnent de variations de luminosité, de la magnitude 3 à la magnitude 4. Un petit télescope dévoile un compagnon de magnitude 5,4. Hercule est représenté à genou et le nom Rasalgethi signifie en arabe « la tête de l'agenouillé ».

Rhô (ρ) Herculis ⚹ Étoile double optique. Les deux composantes, de magnitudes 4,6 et 5,4, sont séparables avec un petit télescope et un fort grossissement.

95 Herculis ⚹ Paire d'étoiles argent et or, de magnitudes 5,0 et 5,2, séparables avec un petit télescope.

100 Herculis ⚹ Paire d'étoiles blanches presque identiques, toutes deux de magnitude 5,8, séparables avec un petit télescope. Il ne s'agit pas d'une vraie binaire.

| Largeur | ✋ ✋ | Hauteur | ✋ ✋ ✋ | Surface | 1 225 degrés carrés | Rang en taille | 5ᵉ |

HERCULE, INCLUANT LA CLÉ DE VOÛTE
Pi (π), Êta (η), Zêta (ζ) et Epsilon (ε) Herculis (au centre du cliché) forment un quadrilatère appelé la Clé de voûte, qui marque le bassin d'Hercule.

M 13 L'amas globulaire le plus brillant du ciel boréal. Par nuit noire, il apparaît à l'œil nu comme une étoile floue. Des jumelles le montrent nettement, sa taille étant la moitié de celle de la pleine lune. Un petit télescope révèle ses étoiles les plus brillantes. Il est à 23 500 années-lumière.

M 92 Amas globulaire, plus faible et plus petit que M 13, mais néanmoins intéressant. Il faut des jumelles pour le trouver, et un télescope d'ouverture moyenne pour distinguer ses étoiles.

M 13
Cet amas spectaculaire se trouve à côté de la Clé de voûte, à un tiers de la distance entre Êta (η) et Zêta (ζ) Herculis. Il contient des centaines de milliers d'étoiles.

Abréviation Hor	Génitif Horologii	Culmination à 22 h novembre à décembre

HOROLOGIUM

Cette constellation australe peu connue fut inventée au XVIIIe siècle par l'astronome français Nicolas Louis de La Caille. Elle se situe entre les étoiles brillantes Achernar et Canopus, et évoque une horloge, son étoile la plus brillante, Alpha (α) Horologii (magnitude 3,9) marquant le balancier.

VISIBILITÉ TOTALE : 23° N.–90° S.

L'HORLOGE

OBJETS REMARQUABLES

R Horologii Géante rouge variable, du type Mira. Elle varie entre les magnitudes 5 et 14, en 13 mois environ.

TW Horologii Géante rouge variable. Elle varie entre les magnitudes 5 et 6, sur une période de cinq à six mois.

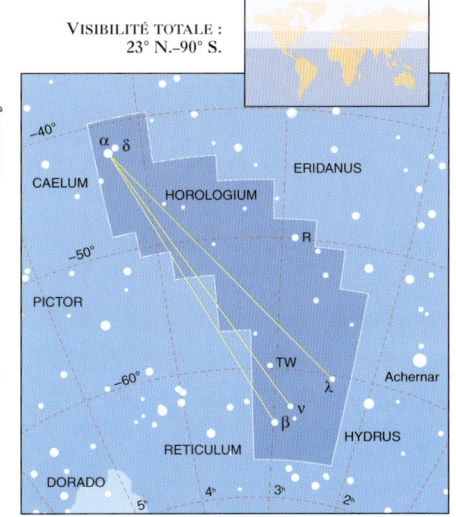

Largeur	Hauteur	Surface 249 degrés carrés	Rang en taille 58e

HYDRA

| Abréviation Hya | Génitif Hydrae | Culmination à 22 h février à juin |

HYDRA

La plus grande des 88 constellations n'a rien d'exceptionnel. Sa tête, formée d'une boucle de six étoiles de magnitudes 3 et 4, se trouve juste au nord de l'équateur céleste, sous le Cancer, alors que le bout de sa queue est à 90 degrés de là, entre la Balance et le Centaure. Dans la mythologie grecque, l'Hydre femelle est le monstre à plusieurs têtes tué par Hercule au cours de l'un de ses fameux travaux. Durant leur combat, Hercule fut attaqué par un crabe, évoqué par la constellation du Cancer. L'Hydre femelle est également associée à une fable où un corbeau devait rapporter une coupe d'eau. Le corbeau et la coupe sont représentés par les constellations de mêmes noms, posées sur le dos de l'Hydre femelle.

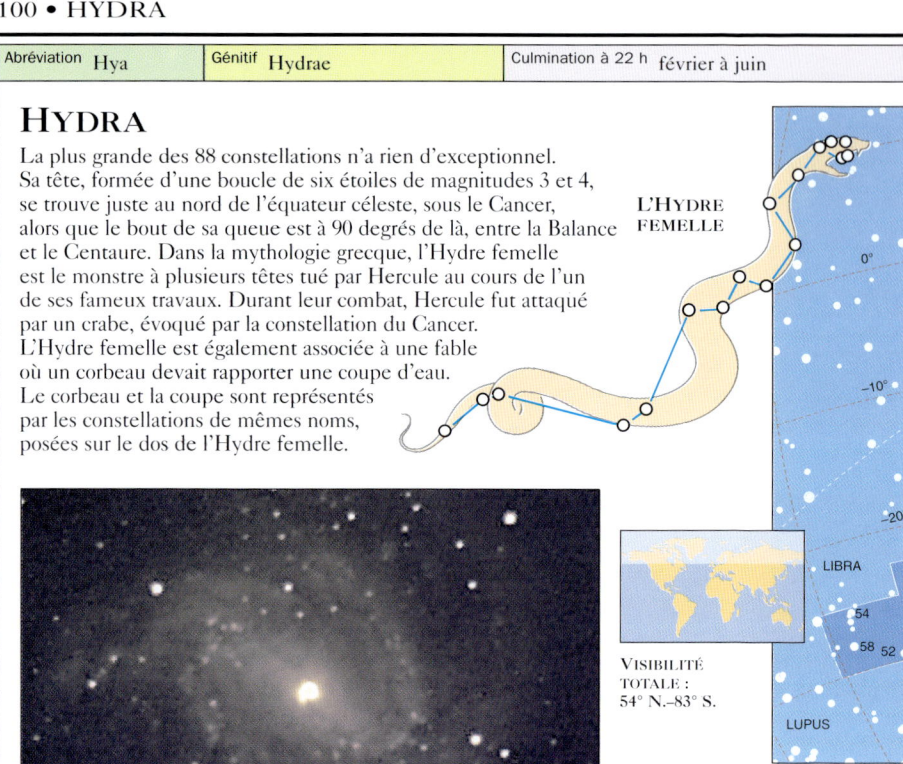

L'HYDRE FEMELLE

VISIBILITÉ TOTALE : 54° N.–83° S.

M 83
Le noyau et les bras spiraux de cette galaxie, vue de face depuis la Terre, sont visibles sur les photographies et les images numériques, comme celle-ci, prise avec une caméra CCD.

OBJETS REMARQUABLES

Alpha (α) Hydrae (Alphard) 👁 Géante orange, située à 175 années-lumière. Le nom arabe Alphard signifie « l'isolée ». De fait, de magnitude 2,0, Alphard est la seule étoile de l'Hydre femelle dépassant la magnitude 3.

Epsilon (ε) Hydrae 🔭 Étoile double. Il faut un télescope d'ouverture moyenne pour séparer ses composantes, de magnitudes 3,4 et 6,5, qui tournent l'une autour de l'autre sur une orbite de 900 ans. Elles sont situées à 135 années-lumière de la Terre.

R Hydrae 👁 🔭 Géante rouge variable du type Mira, évoluant entre les magnitudes 3 et 11 en 13 mois environ.

U Hydrae 🔭 Géante rouge variable, qui fluctue en taille et en luminosité, entre les magnitudes 4 et 6, de façon irrégulière. Elle est située à 530 années-lumière.

M48 🔭 Amas ouvert, à peine visible à l'œil nu dans de bonnes conditions, mais parfaitement repérable à l'aide de jumelles ou d'un télescope à grand champ. Il est situé à près de 2 000 années-lumière ; sa surface est supérieure à celle de la pleine lune.

M 83 🔭 Galaxie spirale vue de face, dont les bras sont bien visibles avec un télescope de grande ouverture ou sur une photographie. Un petit télescope ne montre qu'une tache arrondie.

NGC 3242 (le Fantôme de Jupiter) 🔭 Nébuleuse planétaire qui, avec un petit télescope, apparaît comme un disque planétaire bleuâtre, d'où son surnom.

| Largeur | Hauteur | Surface 1 303 degrés carrés | Rang en taille 1ᵉʳ |

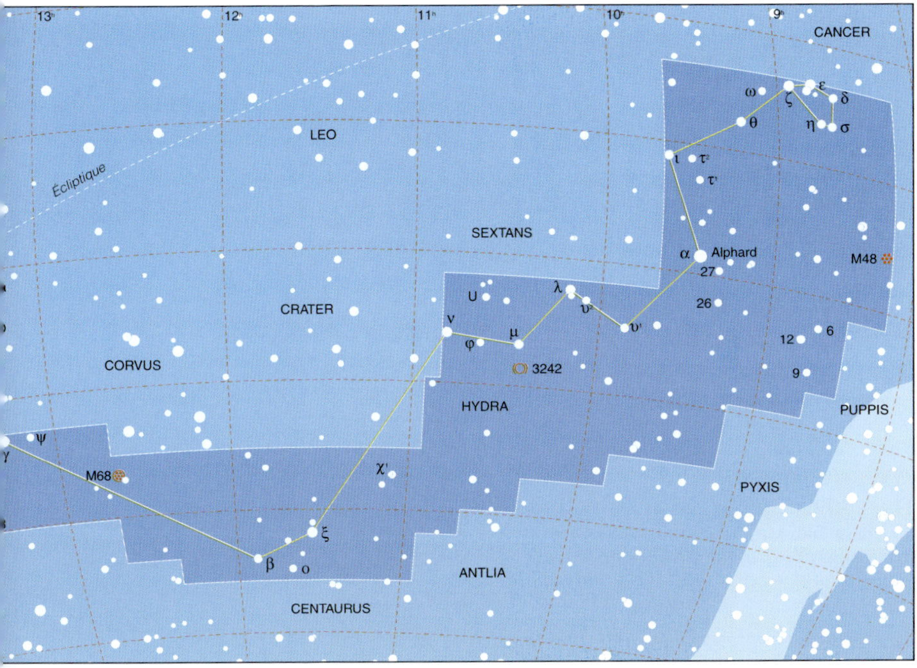

HYDRUS • 101

| Abréviation | Hyi | Génitif | Hydri | Culmination à 22 h | octobre à décembre |

HYDRUS

Cette constellation du ciel austral a été inventée par les navigateurs hollandais Pieter Dirkszoon Keyser et Frederick de Houtman. Située entre l'étoile Achernar et le pôle céleste Sud, elle évoque un petit serpent aquatique. Il ne faut pas la confondre avec l'Hydre femelle, connue dès l'Antiquité grecque. L'étoile la plus brillante de la constellation est Bêta (β) Hydri, de magnitude 2,8.

L'HYDRE MÂLE

VISIBILITÉ TOTALE : 8° N.–90° S.

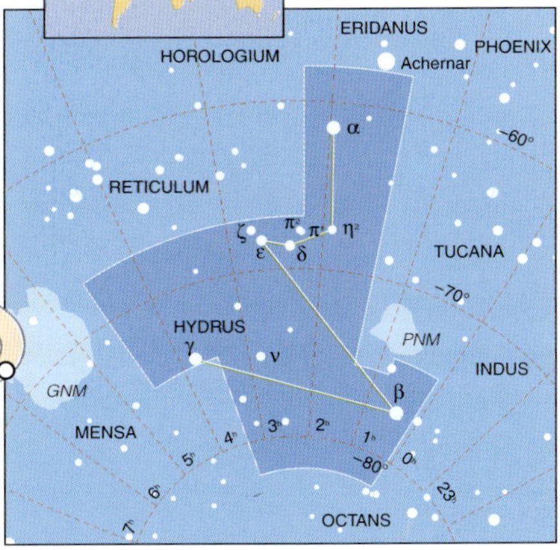

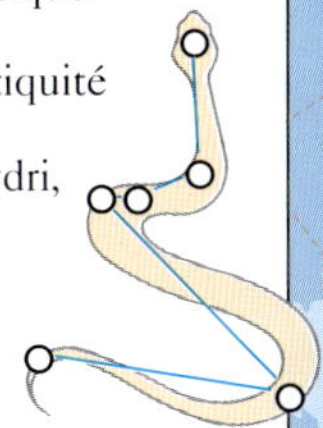

OBJETS REMARQUABLES

Pi (π) Hydri Paire optique écartée, facile à séparer avec des jumelles. Les deux étoiles sont des géantes rouges : Pi-1 (π^1), de magnitude 5,6 est à 740 années-lumière, et Pi-2 (π^2), de magnitude 5,7, à 470 années-lumière.

| Largeur | Hauteur | Surface | 243 degrés carrés | Rang en taille | 61e |

102 • INDUS

| Abréviation Ind | Génitif Indi | Culmination à 22 h août à octobre |

INDUS

L'INDIEN

Cette constellation australe, située entre le Paon et le Toucan, a été introduite à la fin du XVIe siècle par les navigateurs hollandais Pieter Dirkszoon Keyser et Frederick de Houtman. Elle évoque un Amérindien, mais on ignore la source de cette représentation ; sur certaines vieilles cartes, l'homme tient des flèches et une lance. L'étoile la plus brillante de l'Indien, Alpha (α) Indi, est de magnitude 3,1.

VISIBILITÉ TOTALE : 15° N.–90° S.

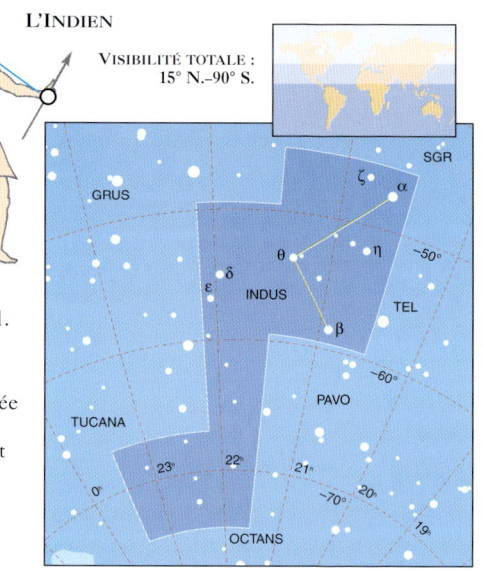

OBJETS REMARQUABLES

Epsilon (ε) Indi De magnitude 4,7 et située à seulement 11,8 années-lumière, c'est l'une des étoiles les plus proches de la Terre. Elle est un peu plus petite et plus froide que le Soleil.

Thêta (θ) Indi Étoile double dont les composantes, de magnitudes 4,5 et 6,9, sont visibles avec un petit télescope.

| Largeur | Hauteur | Surface 294 degrés carrés | Rang en taille 49e |

| Abréviation Lac | Génitif Lacertae | Culmination à 22 h septembre à octobre |

LACERTA

LE LÉZARD

Le Lézard est une petite constellation boréale peu remarquable, coincée entre le Cygne et Andromède, sur le bord de la Voie lactée. Elle a été introduite au XVIIe siècle par l'astronome polonais Johannes Hevelius. Son étoile la plus brillante est Alpha (α) Lacertae, de magnitude 3,8. Trois novae visibles à l'œil nu y sont apparues au cours du XXe siècle.

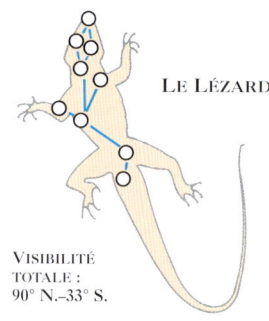

VISIBILITÉ TOTALE : 90° N.–33° S.

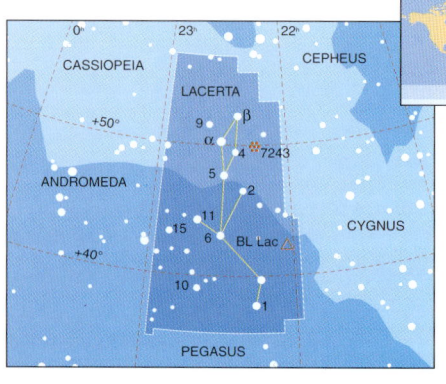

OBJETS REMARQUABLES

BL Lacertae Noyau d'une galaxie elliptique lointaine, classé à l'origine comme étoile variable, d'où sa désignation. Il a donné son nom à une classe d'objets semblables, les objets BL Lacertae (ou BL Lac), qui seraient des galaxies au centre occupé par une puissante source d'énergie, peut-être un trou noir massif. BL Lacertae varie entre les magnitudes 12 et 16.

| Largeur | Hauteur | Surface 201 degrés carrés | Rang en taille 68e |

LEO

Cette grande constellation majestueuse représente un lion tapi. Il s'agit du lion de la mythologie grecque, qu'Hercule tua au cours de l'un de ses travaux. Le Lion est une constellation du zodiaque, située entre le Cancer et la Vierge. Le Soleil le traverse du 10 août au 16 septembre.

| Abréviation | Leo | Génitif | Leonis | Culmination à 22 h | mars à avril |

LE LION

VISIBILITÉ TOTALE : 87° N.–57° S.

LES ÉTOILES PRINCIPALES DU LION
Ces étoiles évoquent la silhouette d'un lion tapi. Régulus et la Faucille sont à droite du cliché.

OBJETS REMARQUABLES

La Faucille 👁 Un motif de six étoiles très reconnaissable, formant un point d'interrogation renversé, ou un crochet, et constituant la tête et la poitrine du lion. La Faucille est formée des étoiles Epsilon (ε), Mu (μ), Zêta (ζ), Gamma (γ), Êta (η) et Alpha (α) Leonis.

Alpha (α) Leonis (Régulus) 👁 🔭
De magnitude 1,4, elle est la plus faible des étoiles de première magnitude. C'est une étoile bleu-blanc située à 77 années-lumière. Des jumelles ou un petit télescope dévoilent un compagnon éloigné de magnitude 8.

Gamma (γ) Leonis (Algieba) 🔭 Magnifique étoile double, formée de deux géantes orange de magnitudes 2,4 et 3,5, bien visibles dans un petit télescope. C'est une vraie binaire, de 600 ans de période orbitale. Des jumelles montrent une étoile de magnitude 5 beaucoup plus écartée, 40 Leonis, sans rapport physique avec elle.

Zêta (ζ) Leonis 🔭 Une triple écartée, formée d'étoiles sans rapport entre elles. Zêta elle-même est de magnitude 3,4. Des jumelles montrent deux étoiles de magnitude 6 : 35 Leonis, au nord, et 39 Leonis, plus au sud.

R Leonis 🔭 Géante rouge variable de type Mira, fluctuant entre les magnitudes 4 et 11 en 10 mois.

M 65 et M 66 🔭 Galaxies spirales de magnitude 9, visibles avec un petit télescope. Elles paraissent elliptiques car inclinées par rapport à la Terre.

M 95 et M 96 🔭 Paire de galaxies spirales, visibles avec un petit télescope comme des taches allongées. Comme M 65 et M 66, elles sont situées à 20-25 millions d'années-lumière.

| Largeur | | Hauteur | | Surface | 947 degrés carrés | Rang en taille | 12ᵉ |

| Abréviation | LMi | Génitif | Leonis Minoris | Culmination à 22 h | mars à avril |

LEO MINOR

LE PETIT LION

Cette constellation de faible éclat, évoquant un lionceau, est coincée entre le Lion et la Grande Ourse. Elle a été inventée au XVIIe siècle par Johannes Hevelius. Elle est pauvre en objets intéressants pour les possesseurs de petits instruments ; son étoile la plus brillante est 46 Leonis Minoris, de magnitude 3,8.

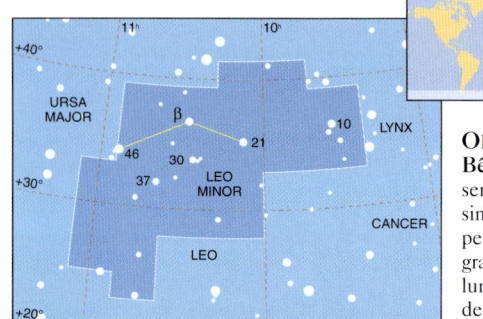

VISIBILITÉ TOTALE :.
90° N.–48° S.

OBJETS REMARQUABLES

Bêta (β) Leonis Minoris ♦ Étoile double serrée. À l'œil nu, elle apparaît comme une étoile simple de magnitude 4,2, et ses composantes ne peuvent être séparées qu'avec un télescope de très grande ouverture. Elles sont situées à 145 années-lumière de la Terre et ont une période orbitale de 37 ans. C'est la seule étoile de la constellation désignée par une lettre grecque.

| Largeur | ✋ | Hauteur | ✋ | Surface | 232 degrés carrés | Rang en taille | 64^e |

| Abréviation | Lep | Génitif | Leporis | Culmination à 22 h | janvier |

LEPUS

LE LIÈVRE

Le Lièvre se trouve sous les pieds d'Orion, le chasseur, et est poursuivi par le Grand Chien dans le ciel. La constellation était connue des anciens Grecs. Sa plus brillante étoile est Alpha (α) Leporis, de magnitude 2,6, dont le nom, Arneb, signifie « le lièvre » en arabe.

VISIBILITÉ TOTALE :
62° N.–90° S.

OBJETS REMARQUABLES

Gamma (γ) Leporis ♦ Étoile double, dont les composantes, de magnitudes 3,6 et 6,2, sont visibles à l'aide de jumelles. Les deux étoiles sont à la même distance de la Terre, environ 30 années-lumière.

R Leporis ♦ ⚹ Variable Mira, connue pour sa couleur rouge foncé. Elle varie entre les magnitudes 6 et 12 en 14 mois.

M 79 ⚹ Petit amas globulaire de magnitude 8, visible avec un petit télescope. Il se situe à 40 000 années-lumière. Dans le même champ, on trouve une étoile triple, h3752 (le « h » rappelle John Herschel, qui l'a cataloguée le premier). Elle est formée d'une paire serrée, de magnitudes 5 et 7, avec un compagnon plus éloigné de magnitude 9.

NGC 2017 ⚹ Petit amas stellaire, dont les membres principaux sont catalogués comme l'étoile multiple h3780. Un petit télescope révèle une étoile de magnitude 6 et ses quatre compagnons de magnitudes 8 à 10. Une plus grande ouverture séparera deux des compagnons en deux doubles serrées, et dévoilera une étoile moins lumineuse, de magnitude 12, qui complète le groupe.

| Largeur | ✋ | Hauteur | ✋ | Surface | 290 degrés carrés | Rang en taille | 51^e |

| Abréviation | Lib | Génitif | Librae | Culmination à 22 h | mai à juin |

LIBRA

Constellation du zodiaque, la Balance se trouve juste au sud de l'équateur céleste, entre la Vierge et le Scorpion. À l'origine, elle représentait les pinces du Scorpion, c'est pourquoi ses étoiles les plus brillantes portent des noms signifiant « pince nord » et « pince sud ». Il y a plus de 2 000 ans, les Romains y virent une balance. Elle représente aujourd'hui la balance tenue par la constellation voisine, la Vierge, déesse de la Justice. Le Soleil traverse la Balance du 31 octobre au 23 novembre.

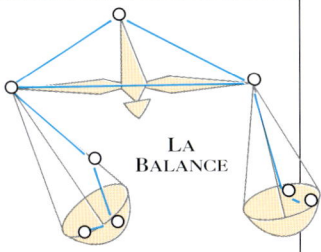

LA BALANCE

VISIBILITÉ TOTALE : 60° N.–90° S.

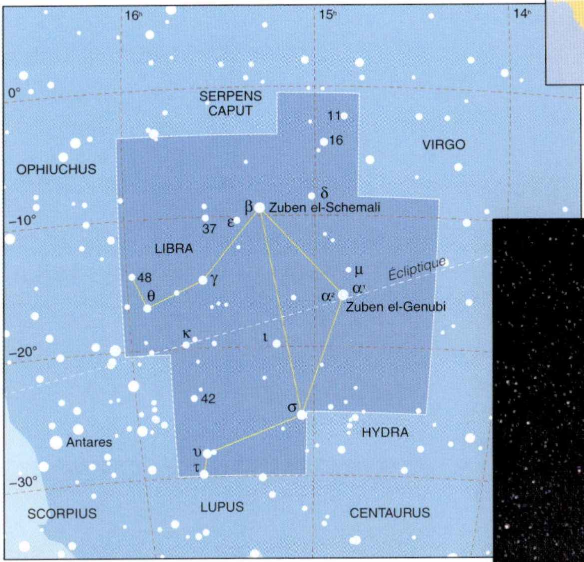

LES ÉTOILES PRINCIPALES DE LA BALANCE
Alpha (α) Librae est au centre droit de ce cliché, Bêta (β) Librae étant au-dessus d'elle et à sa gauche.

OBJETS REMARQUABLES

Alpha (α) Librae (la Pince sud, Zuben el-Genubi) Étoile double écartée. Les deux composantes, de magnitudes 2,8 et 5,2, sont séparables avec des jumelles ou à l'œil nu avec une bonne vue.

Bêta (β) Librae (la Pince nord, Zuben el-Schemali) L'étoile la plus brillante de la constellation, de magnitude 2,6. Certains observateurs lui attribuent une teinte verdâtre, ce qui est tout à fait inhabituel. Des jumelles ou un petit télescope devraient révéler sa couleur.

Delta (δ) Librae Binaire à éclipses du type d'Algol (dans Persée). Ses variations d'éclat, de 4,9 à 5,9 en 2 jours et 8 heures, sont faciles à suivre aux jumelles.

Iota (ι) Librae Étoile multiple complexe, apparaissant à l'œil nu comme une étoile simple de magnitude 4,5. Des jumelles montrent un compagnon éloigné de magnitude 6, 25 Librae. Un télescope d'au moins 75 mm d'ouverture montre que la composante principale a un partenaire de magnitude 9. Un fort grossissement devrait révéler que ce faible compagnon est lui-même une paire serrée.

Mu (μ) Librae Étoile double, avec des composantes de magnitudes 5,7 et 6,7. Il faut un télescope de 75 mm d'ouverture pour les séparer.

| Largeur | | Hauteur | | Surface | 538 degrés carrés | Rang en taille | 29e |

106 • LUPUS

| Abréviation | Lup | Génitif | Lupi | Culmination à 22 h | mai à juin |

LUPUS

Le Loup est situé dans la Voie lactée, au sud de la Balance. Il était représenté par les Grecs et les Romains comme un loup tenu sur une perche par le Centaure, la constellation voisine, mais on ne connaît pas de mythe particulier concernant le loup. Son étoile la plus brillante est Alpha (α) Lupi, de magnitude 2,3.

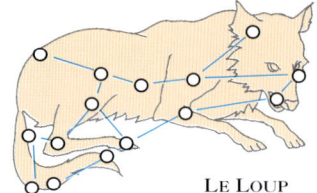

LE LOUP

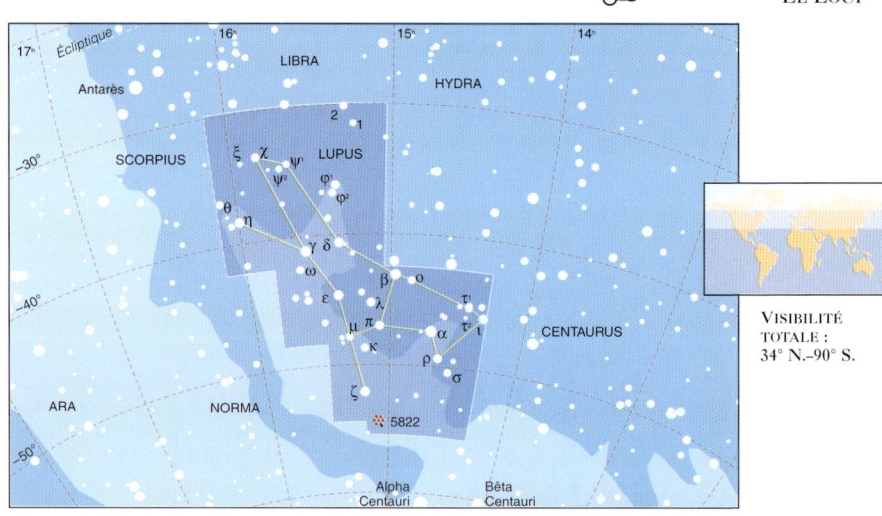

VISIBILITÉ TOTALE : 34° N.–90° S.

OBJETS REMARQUABLES

Kappa (κ) Lupi ⚹ Étoile double optique. Les deux composantes, de magnitudes 3,9 et 5,7, sont facilement séparées par un petit télescope.

Mu (μ) Lupi ⚹ Étoile multiple. Avec un petit télescope, elle apparaît comme une étoile double, aux composantes de magnitudes 4,3 et 6,9. Une ouverture d'au moins 100 mm, avec un fort grossissement, montre que la composante principale est une paire serrée d'étoiles de magnitude 5.

Xi (ξ) Lupi ⚹ Étoile double. Ses composantes, de magnitudes 5,1 et 5,6, sont séparables par un petit télescope.

Pi (π) Lupi ⚹ Paire d'étoiles identiques bleu-blanc, de magnitude 5. Il faut une ouverture d'au moins 75 mm pour les séparer.

NGC 5822 👁⚹ Riche amas ouvert, de la taille de la pleine lune. Visible avec des jumelles ou un petit télescope, il contient plus de 100 étoiles faibles, et se trouve à 1 800 années-lumière.

NGC 5822
Ce grand amas ouvert est vu ici comme dans un petit télescope.

| Largeur | ✋ | Hauteur | ✋🖐 | Surface | 334 degrés carrés | Rang en taille | 46ᵉ |

| Abréviation Lyn | Génitif Lyncis | Culmination à 22 h janvier à mars |

LYNX

L'astronome polonais Johannes Hevelius, qui a décrit cette constellation de faible éclat au XVIIe siècle, l'a nommée ainsi parce que, selon lui, seul un œil de lynx pouvait la repérer. Il s'agit d'une constellation boréale, située entre la Grande Ourse et le Cocher, étonnamment vaste – plus grande que les Gémeaux, par exemple. Excepté dans d'excellentes conditions, on ne voit à l'œil nu que son étoile la plus brillante, Alpha (α) Lyncis, de magnitude 3,1. Elle inclut pourtant de nombreuses étoiles doubles observables au télescope.

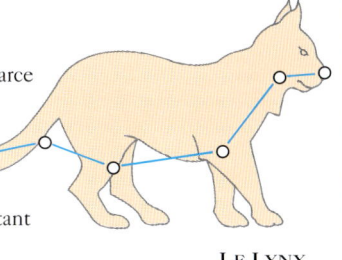

LE LYNX

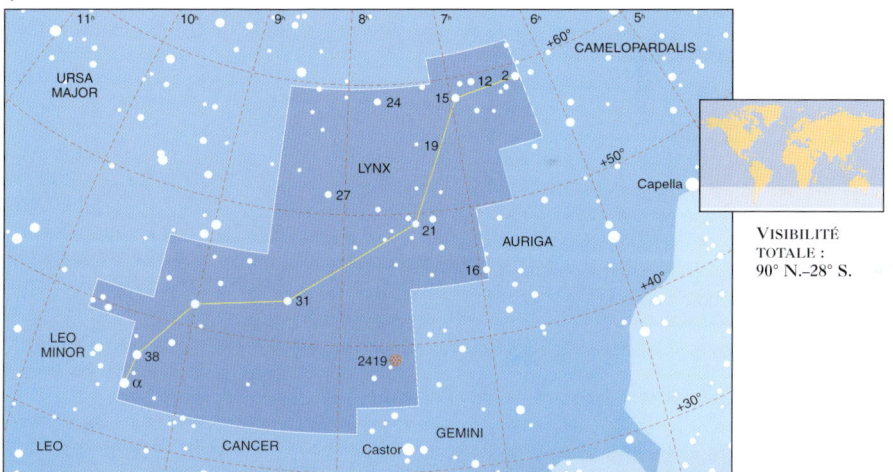

VISIBILITÉ TOTALE : 90° N.–28° S.

OBJETS REMARQUABLES

12 Lyncis ☆ Étoile multiple. Elle apparaît double dans un petit télescope, avec des composantes de magnitudes 4,9 et 7,3. Une ouverture d'au moins 75 mm révèle que l'étoile la plus brillante est une paire serrée d'étoiles de magnitudes 5 et 6, sur une orbite de 700 ans.

19 Lyncis ☆ Étoile multiple facile à séparer. Un petit télescope la montre double, avec des composantes de magnitudes 5,8 et 6,9. Plus loin, une troisième étoile, de magnitude 8, devrait être également visible.

38 Lyncis ☆ Étoile double très serrée, exigeant un télescope d'au moins 75 mm d'ouverture pour séparer ses composantes, de magnitudes 3,9 et 6,3.

NGC 2419 ⊕ Amas globulaire, remarquable par son éloignement. Situé à 300 000 années-lumière, il est plus éloigné que les Nuages de Magellan, et paraît donc petit et de magnitude 10 seulement.

NGC 2419
On pense que cet amas, vu ici en image CCD, est dans l'espace intergalactique, en-dehors de notre galaxie.

| Largeur | Hauteur | Surface 545 degrés carrés | Rang en taille 28e |

| Abréviation | Lyr | Génitif | Lyrae | Culmination à 22 h | juillet à août |

LYRA

Cette constellation boréale remarquable se trouve entre le Cygne et Hercule. Elle représente la lyre d'Orphée, le grand musicien de la mythologie grecque. Les astronomes arabes, eux, y voyaient un aigle, et le nom de sa plus brillante étoile, Véga, signifie en arabe « l'aigle en piqué ». Véga forme l'un des angles du grand Triangle d'été, complété par Deneb (du Cygne) et Altaïr (de l'Aigle).

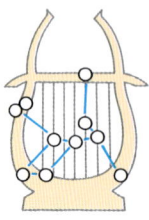

LA LYRE

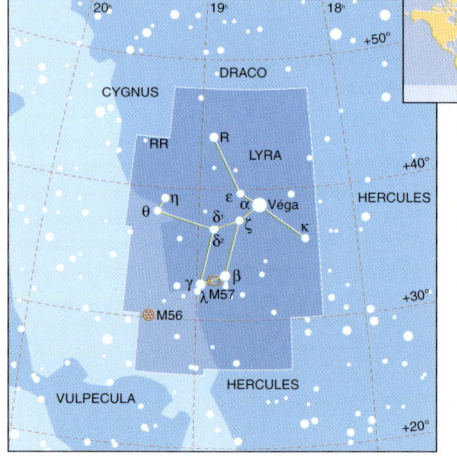

VISIBILITÉ TOTALE :
90° N.–42° S.

Delta (δ) Lyrae Paire optique écartée, séparable avec des jumelles ou même à l'œil nu. L'une des étoiles est une géante rouge variant légèrement entre les magnitudes 4,2 et 4,3. L'autre est une étoile bleu-blanc de magnitude 5,6.

Epsilon (ε) Lyrae (la Double Double) Magnifique étoile quadruple. Avec des jumelles, ou avec une très bonne vue, on voit une paire d'étoiles de magnitude 5. Un télescope de 60-75 mm d'ouverture, avec un fort grossissement, divisera chacune des étoiles en une binaire serrée. La paire légèrement plus écartée, de magnitudes 5,0 et 6,1, a une période orbitale de plus de 1 000 ans. L'autre paire, de magnitudes 4,3 et 5,7, a une période orbitale de 600 ans. Les quatre étoiles sont à 130 années-lumière de nous.

OBJETS REMARQUABLES

Alpha (α) Lyrae (Véga) La cinquième étoile la plus brillante du ciel, de magnitude 0,0. C'est une étoile bleu-blanc, à 25 années-lumière.

Bêta (β) Lyrae Étoile double, dont la composante la plus brillante est une étoile variable. Bêta Lyrae est elle-même une binaire à éclipses, qui varie entre les magnitudes 3,3 et 4,4 en un cycle de 12 jours et 22 heures. Un petit télescope montre un compagnon éloigné de magnitude 7,2.

Zêta (ζ) Lyrae Étoile double, dont les deux composantes, de magnitudes 4,3 et 5,7, sont faciles à séparer avec des jumelles ou un petit télescope.

M 57 (l'Anneau de fumée) Nébuleuse planétaire, visible dans un petit télescope comme un disque elliptique. Avec une plus grande ouverture, ou sur une photographie, on discerne un anneau.

EPSILON (ε) LYRAE ET VÉGA
La fameuse Double Double, Epsilon (ε) Lyrae, est en haut à gauche du cliché, avec l'étoile brillante Véga à sa droite.

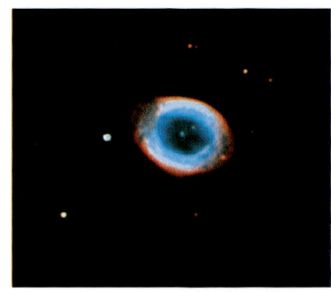

M 57 (L'ANNEAU DE FUMÉE)
Dans un petit télescope, cette nébuleuse planétaire est visible comme un disque elliptique.

| Largeur | | Hauteur | | Surface | 286 degrés carrés | Rang en taille | 52e |

| Abréviation | Men | Génitif | Mensae | Culmination à 22 h | décembre à février |

MENSA

Cette petite constellation peu lumineuse, proche du pôle céleste Sud, a été introduite au XVIIIe siècle par l'astronome français Nicolas Louis de La Caille. Il l'a nommée d'après la montagne de la Table, près du cap de Bonne-Espérance, d'où il cartographiait le ciel austral. La seule particularité de la Table est de contenir une partie du Grand Nuage de Magellan, qui s'étend dans la Dorade, la constellation voisine.

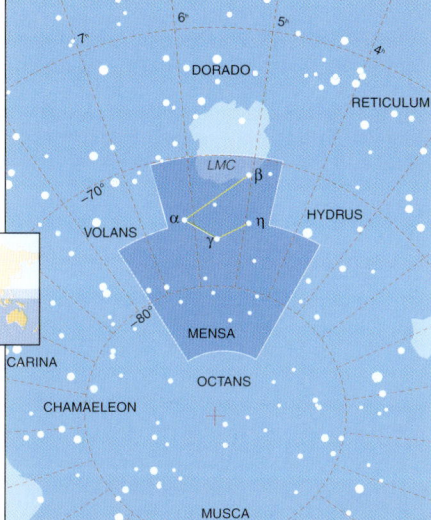

LA TABLE

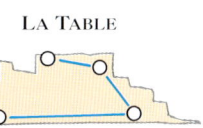

VISIBILITÉ TOTALE :
5° N.–90° S.

OBJETS REMARQUABLES

Alpha (α) Mensae Étoile jaune semblable au Soleil, située à 30 années-lumière. De magnitude 5,1, c'est l'étoile la plus brillante de la constellation.

| Largeur | | Hauteur | | Surface | 153 degrés carrés | Rang en taille | 75[e] |

| Abréviation | Mic | Génitif | Microscopii | Culmination à 22 h | août à septembre |

MICROSCOPIUM

Le Microscope est une faible constellation située au sud du Capricorne. Il a été introduit au XVIIIe siècle par l'astronome français Nicolas Louis de La Caille, et évoque l'instrument bien connu. Les étoiles les plus brillantes de la constellation, Gamma (γ) et Epsilon (ε) Microscopii, sont de magnitude 4,7.

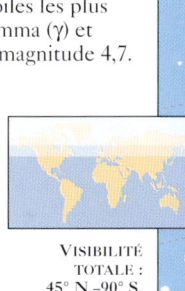

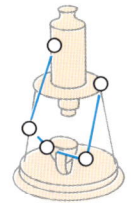

LE MICROSCOPE

VISIBILITÉ TOTALE :
45° N.–90° S.

OBJETS REMARQUABLES

Alpha (α) Microscopii Géante orange de magnitude 4,9. Un télescope dévoile un compagnon de magnitude 10.

| Largeur | | Hauteur | | Surface | 210 degrés carrés | Rang en taille | 66[e] |

| Abréviation | Mon | Génitif | Monocerotis | Culmination à 22 h | janvier à février |

Monoceros

La Licorne chevauche l'équateur céleste entre Orion et le Petit Chien. Introduite au début du XVIIe siècle par le Hollandais Petrus Plancius, elle évoque l'animal légendaire. Son étoile la plus brillante est Alpha (α) Monocerotis, de magnitude 3,9. Si la Licorne passe souvent inaperçue au milieu de ses brillantes voisines, elle se trouve néanmoins dans la Voie lactée et contient beaucoup d'objets intéressants, accessibles à toutes les sortes d'instruments optiques.

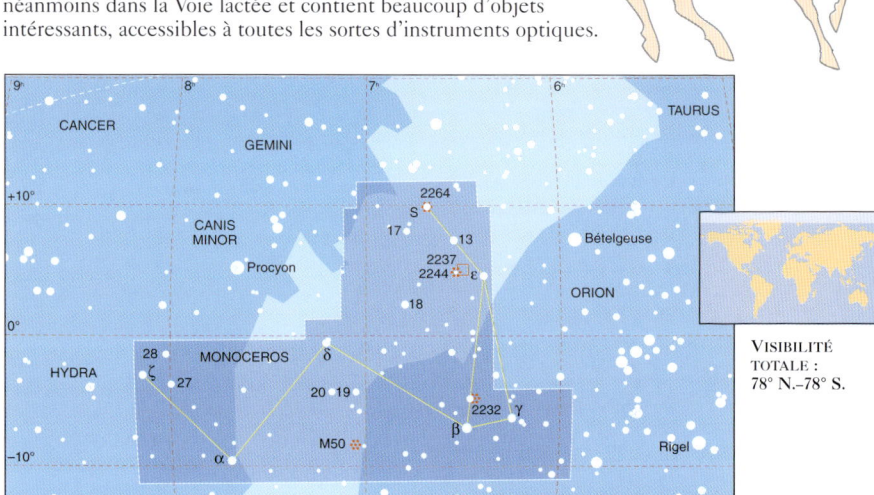

VISIBILITÉ TOTALE : 78° N.–78° S.

Objets remarquables

Bêta (β) Monocerotis Étoile triple, séparable avec un petit télescope. Les trois étoiles, de magnitudes 4,6, 5,0 et 5,4, forment un arc.

Epsilon (ε) Monocerotis (8 Monocerotis) Étoile double dont les composantes, de magnitudes 4,4 et 6,7, sont faciles à séparer avec un petit télescope.

S Monocerotis (15 Monocerotis) Étoile bleu-blanc très lumineuse, de magnitude 4,7 (légèrement variable), située dans l'amas NGC 2264 (voir page suivante). Elle possède un compagnon de magnitude 8, visible avec un petit télescope.

M 50 Amas ouvert, d'une taille d'environ la moitié de celle de la pleine lune, visible avec des jumelles. Un petit télescope révèle ses étoiles, de magnitude 8 ou plus faibles. Il est situé à 3 000 années-lumière.

NGC 2244 ET LA NÉBULEUSE DE LA ROSETTE
Les étoiles de l'amas ouvert NGC 2244 (au centre du cliché) sont entourées par la nébuleuse de la Rosette.

| Largeur | | Hauteur | | Surface | 482 degrés carrés | Rang en taille | 35e |

NGC 2232 ♍ Amas ouvert clairsemé. De la taille de la pleine lune, il est juste perceptible à l'œil nu. Son étoile la plus brillante, 10 Monocerotis, est de magnitude 5, et plusieurs autres étoiles sont visibles avec des jumelles. Il est situé à 1 300 années-lumière.

NGC 2244 ♍ Amas ouvert situé au cœur de la bien plus vaste nébuleuse de la Rosette. L'amas est bien visible avec des jumelles et constitue un groupe allongé, d'une surface représentant les deux tiers de celle de la pleine lune. En revanche, il faut un ciel nocturne exceptionnel pour apercevoir avec précision les contours de la nébuleuse de la Rosette, qui, trois à quatre fois plus grande, n'est bien visible que sur une photographie. L'amas et la nébuleuse sont à 5 500 années-lumière de la Terre.

NGC 2264 ♍ Amas ouvert, visible avec des jumelles. Au télescope, il a une forme triangulaire. Son membre le plus brillant est S Monocerotis (voir page précédente). Une photographie à longue pose montre une nébulosité de faible éclat autour de l'amas, ainsi qu'une bande sombre, la nébuleuse du Cône. L'amas et la nébuleuse associée sont situés à 2 500 années-lumière.

LA NÉBULEUSE DU CÔNE
Elle forme une colonne conique au sud de la nébulosité peu lumineuse qui entoure l'amas stellaire NGC 2264.

| Abréviation | Mus | Génitif | Muscae | Culmination à 22 h | avril à mai |

MUSCA

La Mouche est située dans la Voie lactée, au sud du Centaure et de la Croix du Sud. C'est l'une des 12 constellations australes inventées à la fin du XVIe siècle par les navigateurs hollandais Pieter Dirkszoon Keyser et Frederick de Houtman. Son étoile la plus brillante est Alpha (α) Muscae, de magnitude 2,7.

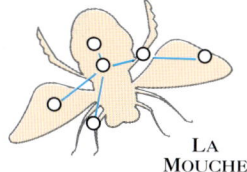

LA MOUCHE

VISIBILITÉ TOTALE :
14° N.–90° S.

OBJETS REMARQUABLES

Bêta (β) Muscae ⚹ Binaire serrée, qui apparaît comme une étoile simple de magnitude 3,0 avec un petit télescope. Une ouverture d'environ 100 mm la séparera en deux étoiles de magnitudes 3,6 et 4,1, sur une orbite de 400 ans.

Thêta (θ) Muscae ⚹ Étoile double dont les composantes, de magnitudes 5,6 et 7,6, sont séparables par un petit télescope. La plus brillante est une supergéante bleue très lumineuse, et son compagnon une étoile de Wolf-Rayet, étoile chaude qui a perdu ses couches externes.

| Largeur | ✋ | Hauteur | ✋ | Surface | 138 degrés carrés | Rang en taille | 77e |

| Abréviation | Nor | Génitif | Normae | Culmination à 22 h | juin |

NORMA

La Règle est située dans la Voie lactée, entre l'Autel et le Loup. Introduite au XVIIIe siècle par l'astronome français Nicolas Louis de La Caille, elle représente une équerre de dessinateur. Elle est voisine d'une autre invention de La Caille, le Compas. Il n'y a pas d'étoiles Alpha (α) ou Bêta (β) Normae, à cause de modifications de frontières intervenues depuis l'époque de La Caille.

LA RÈGLE

VISIBILITÉ TOTALE :
29° N.–90° S.

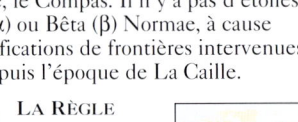
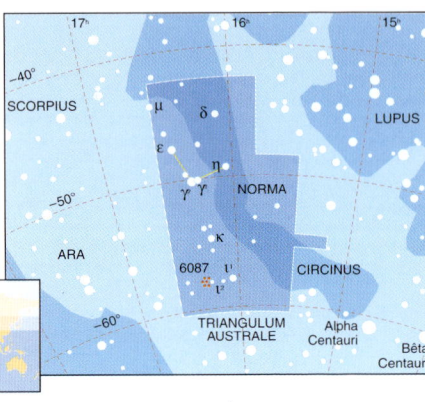

OBJETS REMARQUABLES

Gamma (γ) Normae 👁 Étoile double optique, séparable à l'œil nu. La principale, Gamma-2 ($γ^2$), est l'étoile la plus brillante de la constellation ; il s'agit d'une géante orange de magnitude 4,0, située à 130 années-lumière. Gamma-1 ($γ^1$), de magnitude 5,0, est une supergéante jaune extrêmement lumineuse, située 100 fois plus loin.

Epsilon (ε) Normae ⚹ Étoile double dont les composantes, de magnitudes 4,5 et 6,7, sont séparables par un petit télescope.

Iota-1 ($ι^1$) Normae ⚹ Étoile double dont les composantes, de magnitudes 4,6 et 8,1, sont séparables par un petit télescope. Iota-2 ($ι^2$) est une étoile de magnitude 6 sans rapport, située un peu plus loin.

| Largeur | ✋ | Hauteur | ✋ | Surface | 165 degrés carrés | Rang en taille | 74^e |

| Abréviation | Oct | Génitif | Octantis | Culmination à 22 h | octobre |

OCTANS

L'Octant contient le pôle céleste Sud. La constellation, qui évoque un instrument de navigation qui a précédé le sextant, fut introduite au XVIIIe siècle par l'astronome français Nicolas Louis de La Caille. Son étoile la plus brillante est Nu (ν) Octantis, géante orange de magnitude 3,7. En dehors de sa position au pôle céleste Sud, l'Octant n'a rien de remarquable.

VISIBILITÉ TOTALE :
0°–90° S.

L'OCTANT

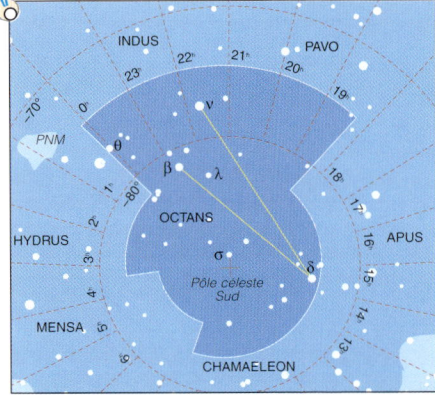

OBJETS REMARQUABLES

Sigma (σ) Octantis 👁 Elle est l'étoile visible à l'œil nu la plus proche du pôle céleste Sud (à moins de 1 degré) mais, de magnitude 5,5, elle est plutôt discrète. C'est une géante jaune-blanc, située à 270 années-lumière.

Lambda (λ) Octantis ⚹ Étoile double serrée, séparable par un petit télescope. Ses deux composantes sont de magnitudes 5,5 et 7,2.

| Largeur | ✋ | Hauteur | ✋ | Surface | 291 degrés carrés | Rang en taille | 50^e |

OPHIUCHUS • 113

| Abréviation Oph | Génitif Ophiuchi | Culmination à 22 h juin à juillet |

OPHIUCHUS

OPHIUCHUS (LE SERPENTAIRE)

Cette grande constellation qui traverse l'équateur céleste s'étend depuis Hercule, au nord, jusqu'au Scorpion, au sud. Elle représente Esculape, le dieu grec de la Médecine, tenant un serpent (la constellation du Serpent), symbole traditionnel de la médecine. La constellation contient plusieurs amas globulaires. Son étoile la plus brillante est Alpha (α) Ophiuchi, de magnitude 2,1, appelée aussi Rasalhague, qui signifie en arabe « la tête du serpentaire ».

VISIBILITÉ TOTALE : 59° N.–75° S.

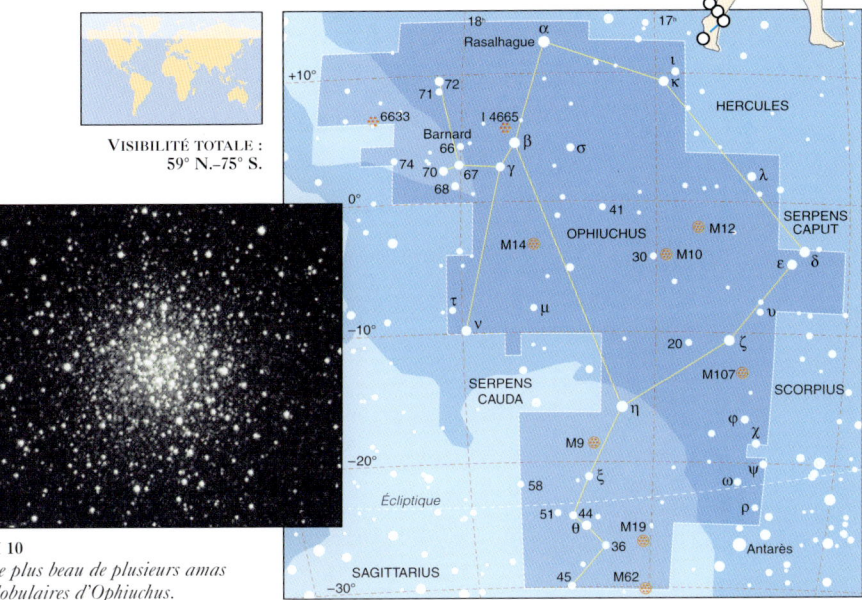

M 10
Le plus beau de plusieurs amas globulaires d'Ophiuchus.

OBJETS REMARQUABLES

Rhô (ρ) Ophiuchi ♏︎ ⌖ Étoile multiple. Des jumelles montrent une étoile de magnitude 4,6 et deux compagnons éloignés, de magnitudes 6,8 et 7,3. Un petit télescope, avec un fort grossissement, révèle que l'étoile la plus brillante possède un compagnon plus proche, de magnitude 5,7.

36 Ophiuchi ⌖ Paire d'étoiles naines orange, presque identiques, de magnitude 5, séparables par un petit télescope et de 500 ans de période orbitale. Elles sont situées à 20 années-lumière.

70 Ophiuchi ⌖ Étoile binaire, formée de deux étoiles naines jaune et orange, de magnitudes 4,2 et 6,1, situées à 17 années-lumière, et dont la période orbitale est de 88 ans. Elles s'éloignent lentement l'une de l'autre et devraient être séparables par un télescope d'ouverture moyenne.

L'Étoile de Barnard ⌖ La deuxième étoile la plus proche du Soleil, située à 5,9 années-lumière. C'est une naine rouge froide et peu lumineuse, de magnitude 9,5, et donc invisible à l'œil nu.

M 10 et M 12 ♏︎ ⌖ Deux amas globulaires séparés d'environ 3 degrés. D'une taille égale à la moitié de celle de la pleine lune, ils sont tous deux visibles avec des jumelles, mais il faut un télescope d'ouverture moyenne pour séparer leurs étoiles. M 10 est à 14 000 années-lumière et M 12 à 18 000 années-lumière.

NGC 6633 ♏︎ Amas ouvert de la taille de la pleine lune, visible avec des jumelles.

IC 4665 ♏︎ Grand amas ouvert clairsemé, visible avec des jumelles.

| Largeur | Hauteur | Surface 948 degrés carrés | Rang en taille 11e |

Orion

| Abréviation Ori | Génitif Orionis | Culmination à 22 h décembre à janvier |

Orion est la plus magnifique de toutes les constellations. Proche de l'équateur céleste, elle est visible de presque partout sur terre. Elle évoque un chasseur avec ses chiens, le Grand Chien et le Petit Chien. La mythologie grecque raconte qu'Orion, fils de Poséidon, le dieu de la Mer, mourut d'une piqûre de scorpion ; sa position dans le ciel est telle qu'il se couche quand le Scorpion se lève. Selon une autre légende, Orion tomba amoureux d'un groupe de nymphes, les Pléiades, représentées par un amas stellaire de la constellation voisine du Taureau. Au cours de la rotation de la Terre, Orion semble poursuivre les Pléiades à travers le ciel. La constellation contient plusieurs étoiles brillantes, mais sa notoriété est principalement liée à une énorme nébuleuse, M 42, située dans l'épée du chasseur, sous les trois étoiles marquant son baudrier.

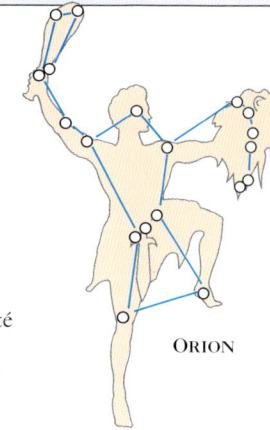

ORION

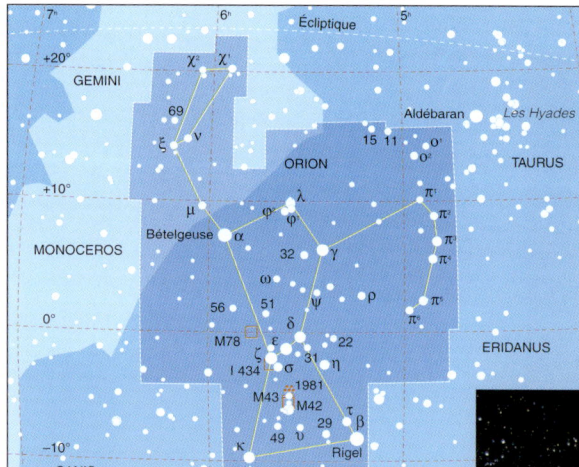

VISIBILITÉ TOTALE :
79° N.–67° S.

ORION
La magnifique constellation d'Orion : Bételgeuse est en haut à gauche, Rigel en bas à droite ; la nébuleuse d'Orion et les étoiles du Baudrier sont au centre.

Objets remarquables

Alpha (α) Orionis (Bételgeuse) 👁
Supergéante rouge, dont la magnitude varie de 0 à 1,3 en 6 ans environ. Son nom d'origine arabe, Bételgeuse, fait référence à une main, bien que l'étoile soit sur l'épaule du chasseur.

Bêta (β) Orionis (Rigel) 👁 Supergéante bleue de magnitude 0,2, l'étoile la plus brillante de la constellation et la septième du ciel. Elle est située à 770 années-lumière. Son nom, Rigel, vient du mot arabe signifiant « pied », position qu'elle occupe dans la constellation.

Thêta-1 (θ¹) Orionis (le Trapèze) ⚹ Étoile multiple, située au cœur de la nébuleuse d'Orion

| Largeur 🖐🖐 | Hauteur 🖐🖐 | Surface 594 degrés carrés | Rang en taille 26ᵉ |

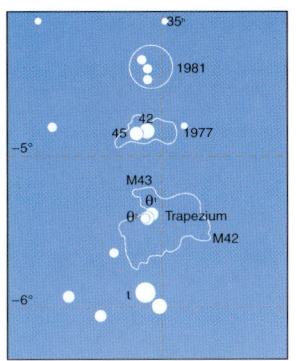

Détail de la région de M 42
(la nébuleuse d'Orion)

**M 42 (la nébuleuse d'Orion)
et, en vignette, le Trapèze**
M 42 est une masse de gaz brillants où des étoiles sont en formation. En son centre se trouve l'étoile multiple Thêta-1 (θ^1) Orionis.

(voir ci-dessous). Un petit télescope distingue une étoile quadruple, avec des composantes de magnitudes 5,1, 6,7, 6,7 et 8,0 arrangées en trapèze. Une plus grande ouverture révèle dans le groupe deux autres étoiles de magnitude 11.

Thêta-2 (θ^2) Orionis ♏ Étoile double dont les composantes, de magnitudes 5,0 et 6,4, sont séparables avec des jumelles. Thêta-2 forme également avec Thêta-1 Orionis un couple brillant écarté, visible avec des jumelles.

Iota (ι) Orionis ♏ ⤳ Étoile double dont les composantes, de magnitudes 2,8 et 7,0, sont séparables par un petit télescope. Des jumelles montrent une autre double dans son voisinage, Struve 747, formée d'étoiles de magnitudes 4,8 et 5,7.

Sigma (σ) Orionis ⤳ Remarquable étoile multiple. L'étoile principale, de magnitude 3,8, est encadrée par deux compagnons, l'un de magnitude 7, l'autre de magnitude 9. Une étoile triple de faible éclat, Struve 761, devrait être visible dans le même champ télescopique.

M 42 (la nébuleuse d'Orion) 👁 ♏ ⤳ L'un des objets les plus spectaculaires du ciel. C'est une masse de gaz brillants, d'à peu près deux fois le diamètre de la pleine lune. Visible à l'œil nu, elle apparaît de plus en plus grande et complexe avec des jumelles ou des télescopes d'ouverture croissante. Elle est située à 1 500 années-lumière, et est éclairée par les étoiles du Trapèze (voir Thêta-1 (θ^1) Orionis, ci-dessus) qui en font

partie. Une extension nord de la nébuleuse est connue sous le nom de M 43.

NGC 1981 ♏ Grand amas ouvert clairsemé, visible avec des jumelles, ses étoiles les plus brillantes étant de magnitude 6. L'amas est au nord de la nébuleuse d'Orion, et à peu près à la même distance de nous (1 400 années-lumière).

La nébuleuse de la Tête de cheval 🔭
Nébuleuse sombre, en forme de cavalier de jeu d'échecs, vue en ombre chinoise sur une bande lumineuse qui s'étend au sud de Zêta (ζ) Orionis. On ne peut la voir qu'avec un grand télescope, et sa forme se distingue mieux sur une photographie à longue pose.

La nébuleuse de la Tête de cheval
Ce nuage de gaz à la forme caractéristique se détache sur un fond d'hydrogène brillant.

PAVO

| Abréviation Pav | Génitif Pavonis | Culmination à 22 h juillet à septembre |

Le Paon est l'une des 12 constellations australes inventées à la fin du XVI⁰ siècle par les navigateurs hollandais Pieter Dirkszoon Keyser et Frederick de Houtman. L'étoile la plus brillante, Alpha (α) Pavonis, de magnitude 1,9, est également appelée l'Œil du paon. Comme il s'agit d'une constellation moderne, il n'existe pas de mythe associé.

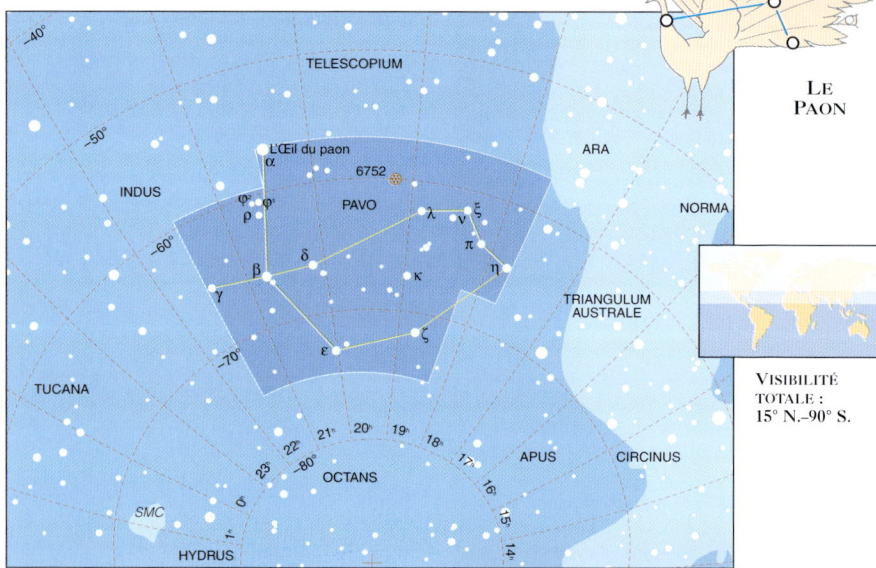

LE PAON

VISIBILITÉ TOTALE :
15° N.–90° S.

OBJETS REMARQUABLES

Kappa (κ) Pavonis 👁 Céphéide.
C'est une supergéante jaune-blanc qui varie entre les magnitudes 3,9 et 4,8 en 9 jours et 2 heures. Elle est située à 540 années-lumière.

Xi (ξ) Pavonis ⊁ Étoile double serrée aux composantes de luminosité inégale. Elle est formée d'une géante rouge de magnitude 4,4 et d'un compagnon de magnitude 8 ; ils sont tous deux situés à 420 années-lumière. Avec un petit télescope, il est difficile de distinguer l'étoile la moins lumineuse dans l'éclat de la composante la plus brillante.

NGC 6752 🜨⊁ Amas globulaire, à peine visible à l'œil nu, mais facile à observer avec des jumelles ou un petit télescope. Une ouverture de 75 mm résoudra ses étoiles. L'amas est d'une taille apparente égale à la moitié de la pleine lune et se trouve à 14 000 années-lumière.

NGC 6752
Ce grand amas globulaire, l'un des plus brillants du ciel, abrite beaucoup d'étoiles éloignées.

| Largeur ✋🖐 | Hauteur 🖐 | Surface 378 degrés carrés | Rang en taille 44⁰ |

PEGASUS

| Abréviation Peg | Génitif Pegasi | Culmination à 22 h septembre à octobre |

PÉGASE

Cette grande constellation située au nord du Verseau et des Poissons est voisine d'Andromède. Elle évoque la partie supérieure du cheval ailé qui, dans la mythologie grecque, bondit du corps de la Méduse quand elle fut décapitée par Persée. Le trait le plus remarquable de Pégase est le Grand Carré formé par Alpha (α), Bêta (β) et Gamma (γ) Pegasi, et Alpha (α) Andromedae. L'intérieur du carré est assez vide, ne contenant pas d'étoiles plus brillantes que la magnitude 4.

VISIBILITÉ TOTALE : 90° N.-53° S.

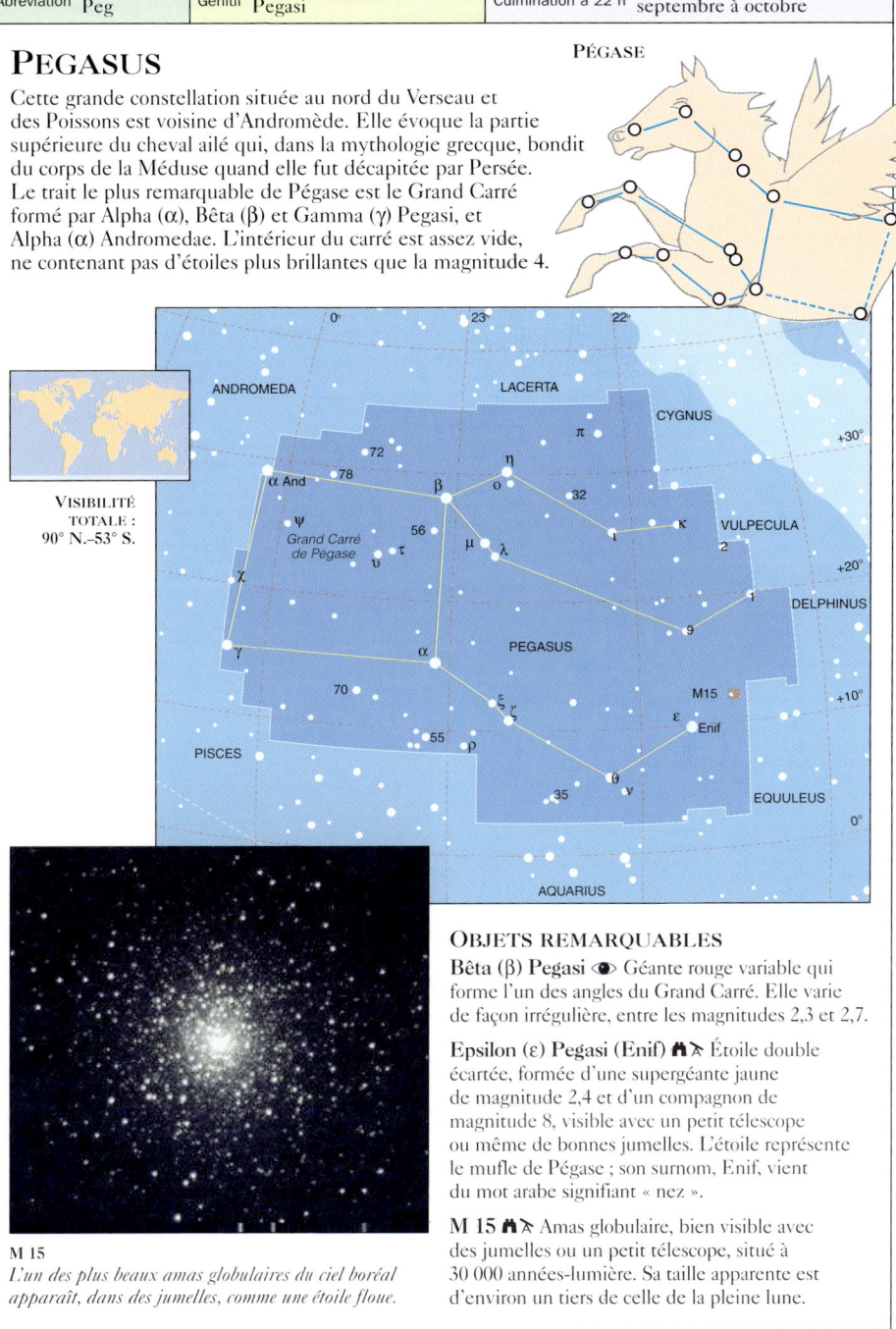

M 15
L'un des plus beaux amas globulaires du ciel boréal apparaît, dans des jumelles, comme une étoile floue.

OBJETS REMARQUABLES

Bêta (β) Pegasi Géante rouge variable qui forme l'un des angles du Grand Carré. Elle varie de façon irrégulière, entre les magnitudes 2,3 et 2,7.

Epsilon (ε) Pegasi (Enif) Étoile double écartée, formée d'une supergéante jaune de magnitude 2,4 et d'un compagnon de magnitude 8, visible avec un petit télescope ou même de bonnes jumelles. L'étoile représente le mufle de Pégase ; son surnom, Enif, vient du mot arabe signifiant « nez ».

M 15 Amas globulaire, bien visible avec des jumelles ou un petit télescope, situé à 30 000 années-lumière. Sa taille apparente est d'environ un tiers de celle de la pleine lune.

| Largeur | Hauteur | Surface 1 121 degrés carrés | Rang en taille 7e |

| Abréviation Per | Génitif Persei | Culmination à 22 h novembre à décembre |

PERSEUS

Persée est le héros de la mythologie grecque qui décapita la terrible Méduse, dont le regard transformait les hommes en pierre. Au retour de son exploit, il sauva Andromède de la gueule d'un monstre marin. Dans le ciel, Persée se trouve près d'Andromède et de sa mère, Cassiopée, faisant ainsi partie d'une sorte de fresque évoquant l'un des mythes grecs les plus célèbres. Persée est représenté brandissant son épée de la main droite, marquée par les amas stellaires jumeaux NGC 869 et NGC 884, et tenant dans sa main gauche la tête de la Méduse, marquée par l'étoile Bêta (β) Persei, plus connue sous le nom d'Algol. Une riche section de la Voie lactée traverse Persée, rendant la constellation attrayante pour l'observation avec des jumelles.

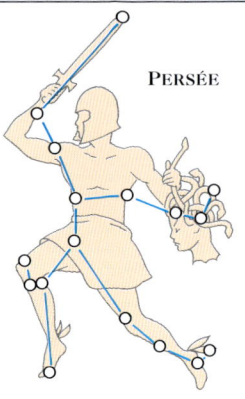

PERSÉE

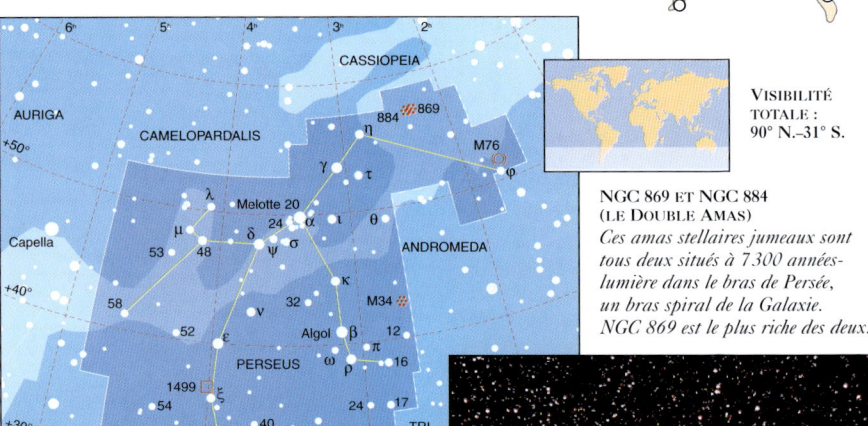

VISIBILITÉ TOTALE : 90° N.–31° S.

NGC 869 ET NGC 884 (LE DOUBLE AMAS)
Ces amas stellaires jumeaux sont tous deux situés à 7.300 années-lumière dans le bras de Persée, un bras spiral de la Galaxie. NGC 869 est le plus riche des deux.

OBJETS REMARQUABLES

Alpha (α) Persei Supergéante jaune-blanc de magnitude 1,8, l'étoile la plus brillante de la constellation. C'est le membre le plus important d'un grand amas stellaire clairsemé, Melotte 20, situé à 550 années-lumière et visible avec des jumelles.

Bêta (β) Persei (Algol) Célèbre binaire à éclipses, formée d'une paire d'étoiles serrée en orbite mutuelle. Quand la plus brillante est éclipsée par la plus faible, tous les 2 jours et 21 heures, la magnitude chute de 2,1 à 3,4 pendant une dizaine d'heures.

Rhô (ρ) Persei Géante rouge variable. Ses variations de taille entraînent des fluctuations de magnitude de 3,3 à 4,0 sur un cycle de 7 semaines.

M 34 Amas ouvert, situé à 1 400 années-lumière. De la taille de la pleine lune, il est visible avec des jumelles ou un petit télescope. Les plus brillantes étoiles de l'amas sont de magnitude 7.

NGC 869 et NGC 884 (η et χ Persei, le Double Amas) Deux amas ouverts, à peine visibles à l'œil nu et offrant un superbe spectacle avec des jumelles ou un petit télescope. Chaque amas a environ la taille apparente de la pleine lune.

| Largeur | Hauteur | Surface 615 degrés carrés | Rang en taille 24e |

| Abréviation Phe | Génitif Phoenicis | Culmination à 22 h octobre à novembre |

PHOENIX

Le Phénix se trouve près de l'extrémité sud de l'Éridan, à côté de l'étoile brillante Achernar. C'est la plus grande des 12 constellations inventées à la fin du XVIe siècle par les navigateurs hollandais Pieter Dirkszoon Keyser et Frederick de Houtman, et elle évoque l'oiseau mythique qui renaissait de ses cendres. Son étoile la plus brillante est Alpha (α) Phoenicis, de magnitude 2,4.

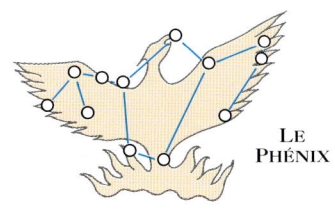

LE PHÉNIX

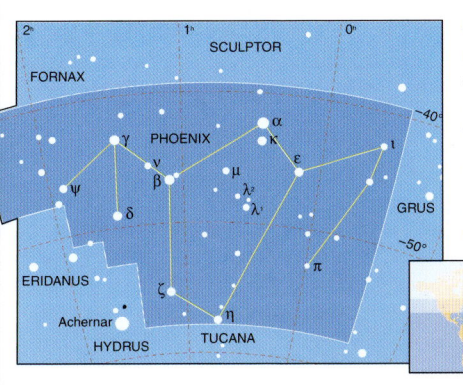

OBJETS REMARQUABLES

Bêta (β) Phoenicis Étoile double. Les deux composantes, de magnitudes 4,0 et 4,2, ne sont séparables qu'avec un télescope d'une ouverture égale ou supérieure à 100 mm.

Zêta (ζ) Phoenicis Étoile à la fois variable et double. La composante la plus brillante, une binaire à éclipses du type Algol, varie entre les magnitudes 3,9 et 4,4 en 1 jour et 16 heures. L'étoile la moins lumineuse, de magnitude 8, est visible avec un petit télescope.

VISIBILITÉ TOTALE : 32° N.–90° S.

| Largeur | Hauteur | Surface 469 degrés carrés | Rang en taille 37e |

| Abréviation Pic | Génitif Pictoris | Culmination à 22 h décembre à février |

PICTOR

Le Chevalet du Peintre est l'une des constellations introduites au XVIIIe siècle par l'astronome français Nicolas Louis de La Caille évoquant des instruments scientifiques ou artistiques. Connu ensuite comme le Peintre, il se situe au sud de la Colombe, entre Canopus, dans la Carène, et le Grand Nuage de Magellan. Son étoile la plus brillante est Alpha (α) Pictoris, de magnitude 3,2.

VISIBILITÉ TOTALE : 26° N.–90° S.

LE PEINTRE

OBJETS REMARQUABLES

Bêta (β) Pictoris Étoile bleu-blanc de magnitude 3,9, située à 63 années-lumière. Autour d'elle, les astronomes ont découvert un disque de poussières, qu'ils pensent être un système planétaire en formation.

Iota (ι) Pictoris Étoile double. Les deux composantes, de magnitudes 5,6 et 6,4, sont faciles à séparer avec un petit télescope.

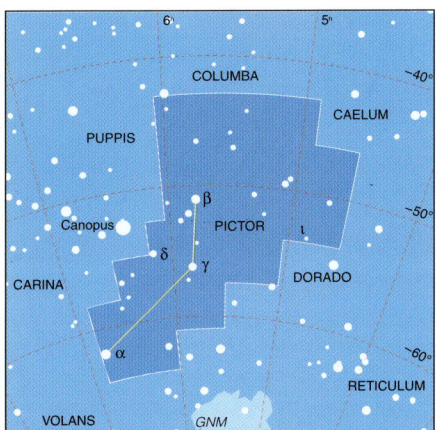

| Largeur | Hauteur | Surface 247 degrés carrés | Rang en taille 59e |

| Abréviation Psc | Génitif Piscium | Culmination à 22 h octobre à novembre |

PISCES

Cette constellation du zodiaque, située entre le Verseau et le Bélier, représente deux poissons, une corde attachée à la queue de chacun. L'étoile Alpha (α) Piscium marque le nœud qui relie les deux cordes. L'origine de la constellation remonte aux Babyloniens et se retrouve chez les anciens Grecs pour qui les poissons représentaient Aphrodite et Éros, son fils, qui plongèrent dans l'Euphrate pour échapper à Typhon, le monstre à plusieurs têtes. Les Poissons, traversés par le Soleil du 12 mars au 18 avril, sont donc la constellation de l'équinoxe de printemps.

LES POISSONS

VISIBILITÉ TOTALE :
83° N.–56° S.

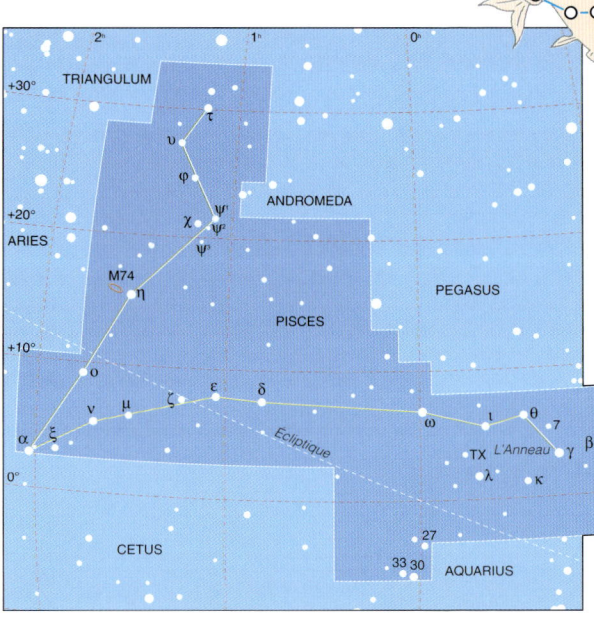

M 74
Avec un grand télescope, on peut distinguer la structure de cette galaxie spirale, vue de face.

OBJETS REMARQUABLES

L'Anneau 👁 Cercle de sept étoiles de magnitudes 4 et 5, situé au sud du Grand Carré de Pégase et représentant la tête du poisson le plus au sud. Il est formé de Gamma (γ), Kappa (κ), Lambda (λ), TX (ou 19), Iota (ι), Thêta (θ) et 7 Piscium.

Alpha (α) Piscium ⚹ Étoile double. Un télescope d'au moins 75 mm d'ouverture est nécessaire pour séparer les composantes bleu-blanc serrées, de magnitudes 4,2 et 5,2. Les deux étoiles, situées à 140 années-lumière, ont une période orbitale de près de 1 000 ans et, vues de la Terre, se rapprochent actuellement l'une de l'autre.

Zêta (ζ) Piscium ⚹ Étoile double optique écartée. Les composantes, de magnitudes 5,2 et 6,4, sont à 150 et 195 années-lumière de la Terre. Elles sont séparables par un petit télescope.

Psi-1 (ψ¹) Piscium ⚹ Étoile double écartée, dont les composantes, de magnitudes 5,3 et 5,5, sont séparables par un petit télescope. Elles sont situées à 230 années-lumière de la Terre.

TX Piscium (19 Piscium) 👁 🜨 Géante rouge variable dont la magnitude évolue entre 4,8 et 5,2, sans période définie.

M 74 ⚹ Galaxie spirale, que l'on voit comme une tache brumeuse avec un petit télescope.

| Largeur | Hauteur | Surface 889 degrés carrés | Rang en taille 14ᵉ |

| Abréviation PsA | Génitif Piscis Austrini | Culmination à 22 h septembre à octobre |

PISCIS AUSTRINUS

Le Poisson austral est une petite constellation connue des anciens Grecs. Elle évoque le poisson dans la bouche duquel le Verseau, la constellation boréale, verse l'eau de son urne. Dans la mythologie grecque, ce poisson était le parent des deux Poissons de la constellation boréale. La constellation porte parfois le nom de Piscis Australis.

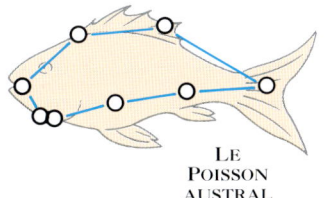

LE POISSON AUSTRAL

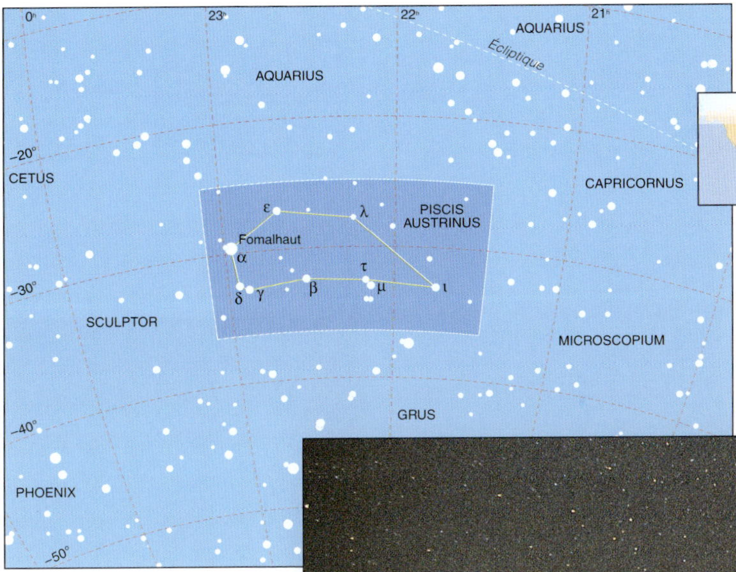

VISIBILITÉ TOTALE : 53° N.–90° S.

LES ÉTOILES PRINCIPALES DU POISSON AUSTRAL
Fomalhaut, l'étoile brillante au centre gauche du cliché, domine le Poisson austral. La forme du poisson est tout juste discernable parmi les étoiles plus faibles à sa droite.

OBJETS REMARQUABLES

Alpha (α) Piscis Austrini (Fomalhaut) Étoile bleu-blanc, située à 25 années-lumière. De magnitude 1,2, elle est l'étoile la plus brillante de la constellation, mais aussi l'une des 20 plus brillantes du ciel. Son nom, Fomalhaut, vient de l'arabe et signifie « la bouche du poisson », qui est la place qu'elle occupe dans la constellation.

Bêta (β) Piscis Austrini Étoile double écartée, séparable avec un petit télescope. Ses deux composantes sont de magnitudes 4,3 et 7,7.

Gamma (γ) Piscis Austrini Étoile double. Avec un petit télescope, il est difficile de la séparer, l'étoile principale de magnitude 5 écrasant son proche compagnon, de magnitude 8.

| Largeur | Hauteur | Surface 245 degrés carrés | Rang en taille 60ᵉ |

PUPPIS

| Abréviation Pup | Génitif Puppis | Culmination à 22 h janvier à février |

LA POUPE

Cette riche constellation se trouve dans la Voie lactée, près du Grand Chien. Elle évoque la poupe du navire des Argonautes. Les anciens Grecs représentaient l'intégralité du navire comme une seule constellation, le Navire Argo. Plus tard, cette constellation a été divisée en trois, la Poupe en étant la plus grande partie. N'étant qu'une partie d'une constellation jadis plus grande, la Poupe n'a pas d'étoiles Alpha (α), Bêta (β), Gamma (γ), Delta (δ) ou Epsilon (ε).

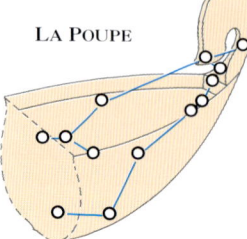

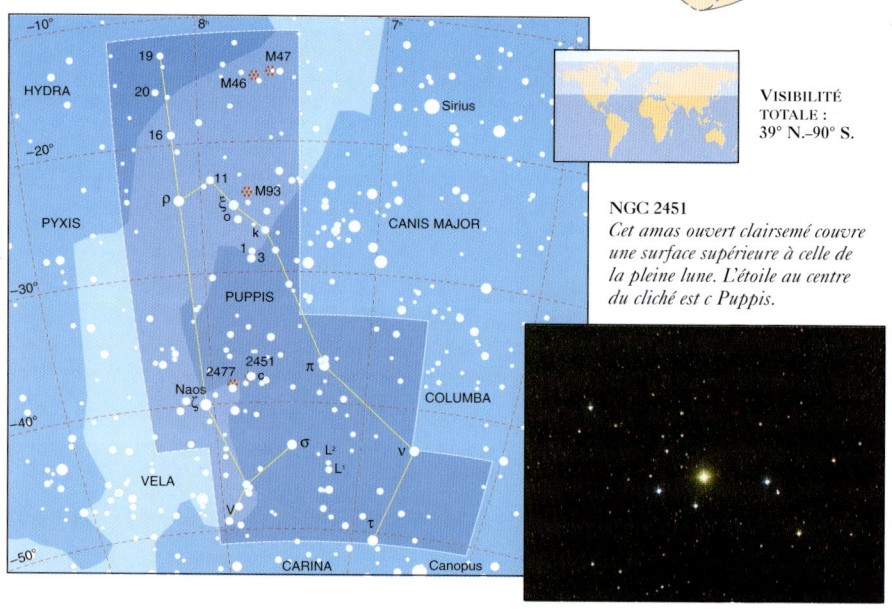

VISIBILITÉ TOTALE : 39° N.–90° S.

NGC 2451
Cet amas ouvert clairsemé couvre une surface supérieure à celle de la pleine lune. L'étoile au centre du cliché est c Puppis.

OBJETS REMARQUABLES

Zêta (ζ) Puppis (Naos)
L'étoile la plus brillante de la constellation, de magnitude 2,2, est une supergéante bleu-blanc, chaude et lumineuse, située à 1 400 années-lumière. Son nom, Naos, vient du mot grec signifiant « navire ».

k Puppis Étoile double. Un petit télescope révèle deux étoiles bleu-blanc très semblables, de magnitudes 4,5 et 4,6.

L Puppis Paire optique écartée, visible à l'œil nu. L¹ Puppis est une étoile bleu-blanc de magnitude 4,9 et L² une géante rouge qui varie de la magnitude 3 à la magnitude 5 en 5 mois.

V Puppis Binaire à éclipses variant entre les magnitudes 4,4 et 4,9 en 1 jour et 11 heures.

M 46 Amas ouvert, juste visible à l'œil nu, de la taille de la pleine lune. Un petit télescope résout ses étoiles. Il est situé à 5 000 années-lumière.

M 47 Amas ouvert clairsemé, visible à l'œil nu et un peu plus grand que M 46 mais beaucoup plus proche (1 500 années-lumière). Ses étoiles les plus brillantes sont de magnitude 6.

NGC 2451 Amas ouvert, visible à l'œil nu et avec des jumelles, situé à 850 années-lumière. Son membre le plus brillant est une géante orange, c Puppis, de magnitude 3,6.

NGC 2477 Amas ouvert, situé à 4 200 années-lumière. Il est si riche qu'avec des jumelles il ressemble à un amas globulaire. Un télescope résoudra ses étoiles.

| Largeur | Hauteur | Surface 673 degrés carrés | Rang en taille 20ᵉ |

SAGITTA • 123

| Abréviation | Pyx | Génitif | Pyxidis | Culmination à 22 h | février à mars |

PYXIS

Cette constellation australe se trouve au bord de la Voie lactée, entre l'Hydre femelle et la Poupe. Inventée au XVIIIe siècle par l'astronome français Nicolas Louis de La Caille, elle représente une boussole de marine.

OBJETS REMARQUABLES
T Pyxidis ♏ Nova qui a flamboyé jusqu'à la magnitude 6 ou 7 au moins cinq fois depuis 1890, dont la dernière en 1966.

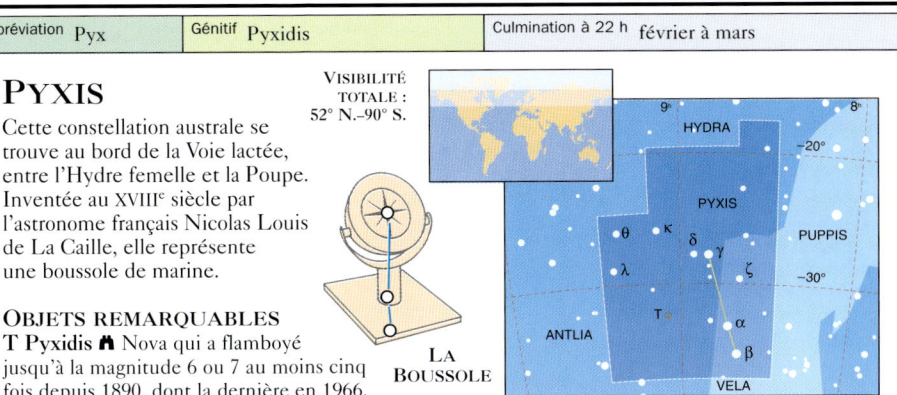

LA BOUSSOLE

| Largeur | ✋ | Hauteur | ✋ | Surface | 221 degrés carrés | Rang en taille | 65e |

| Abréviation | Ret | Génitif | Reticuli | Culmination à 22 h | décembre |

RETICULUM

Cette petite constellation australe, située près du Grand Nuage de Magellan, date du XVIIIe siècle. Elle évoque un réticule, utilisé dans les oculaires de télescope pour relever les positions d'étoiles. L'étoile la plus brillante de la constellation est Alpha (α) Reticuli, de magnitude 3,3.

LE RÉTICULE

OBJETS REMARQUABLES
Zêta (ζ) Reticuli 👁 ♏ Étoile double séparable à l'œil nu. Les deux étoiles jaunes de magnitude 5, semblables au Soleil, sont situées à 39 années-lumière.

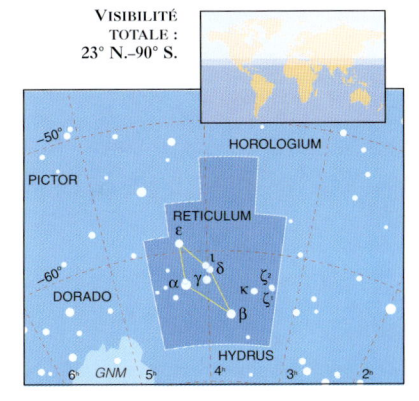

| Largeur | ✋ | Hauteur | ✋ | Surface | 114 degrés carrés | Rang en taille | 82e |

| Abréviation | Sge | Génitif | Sagittae | Culmination à 22 h | août |

SAGITTA

LA FLÈCHE   VISIBILITÉ TOTALE : 90° N.–69° S.

Bien qu'elle soit dans la Voie lactée, avec le Petit Renard et le Cygne, au nord, et l'Aigle, au sud, la Flèche présente peu d'intérêt. Elle est la troisième plus petite constellation du ciel, et évoque, depuis les anciens Grecs, une flèche dont la brillante étoile Gamma (γ) Sagittae, de magnitude 3,5, marque la pointe.

OBJETS REMARQUABLES
M 71 ♏ 🔭 Petit amas globulaire, visible avec des jumelles ou un petit télescope.

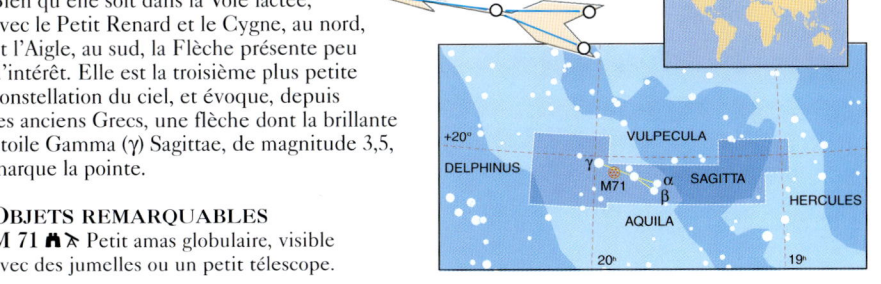

| Largeur | ✋ | Hauteur | ✋ | Surface | 80 degrés carrés | Rang en taille | 86e |

| Abréviation | Sgr | Génitif | Sagittarii | Culmination à 22 h | juillet à août |

SAGITTARIUS

Cette constellation du zodiaque se situe entre le Scorpion et le Capricorne. Elle évoque Crotos, fils du dieu grec Pan et inventeur du tir à l'arc, pointant son arc vers un scorpion, représenté par la constellation voisine du même nom. Le centre de notre galaxie se trouve dans la direction du Sagittaire, et des jumelles montrent que les champs stellaires dans cette région de la Voie lactée sont particulièrement denses. Le Soleil traverse le Sagittaire du 18 décembre au 19 janvier, période qui inclut le solstice d'hiver. L'étoile la plus brillante de la constellation est Epsilon (ε) Sagittarii, de magnitude 1,8.

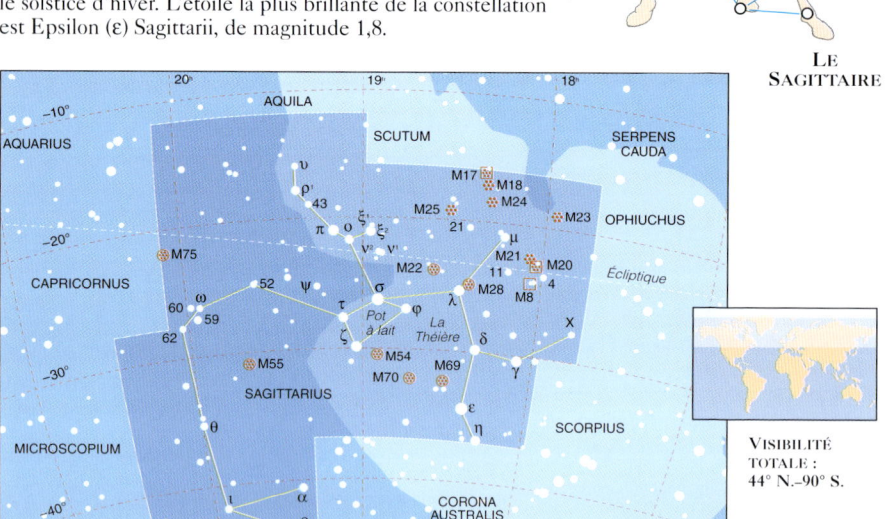

LE SAGITTAIRE

VISIBILITÉ TOTALE : 44° N.–90° S.

OBJETS REMARQUABLES

La Théière 👁 Groupe de huit étoiles : Gamma (γ), Epsilon (ε), Delta (δ), Lambda (λ), Phi (φ), Zêta (ζ), Sigma (σ) et Tau (τ) Sagittarii. Elles dessinent une théière, munie d'un couvercle pointu et d'un grand bec. Les étoiles Lambda (λ), Phi (φ), Zêta (ζ), Sigma (σ) et Tau (τ) Sagittarii forment le Pot à lait, ainsi nommé parce qu'il se trouve dans une région riche de la Voie lactée.

Bêta (β) Sagittarii 👁 🔭 Étoile multiple, dont les composantes sont à différentes distances de nous et n'ont pas de lien physique entre elles. À l'œil nu, on voit une double écartée avec des composantes de magnitudes 4,0 et 4,3. L'étoile la plus brillante, Bêta-1 (β¹), a un compagnon de magnitude 7 visible avec un petit télescope.

LES ÉTOILES PRINCIPALES DU SAGITTAIRE
La Théière est au centre du cliché. On voit aussi M 7 (amas ouvert du Scorpion) au centre droit, et, sous la Théière, l'arc de la Couronne australe.

| Largeur | 🤚🤚 | Hauteur | 🤚 | Surface | 867 degrés carrés | Rang en taille | 14ᵉ |

M 8 (LA NÉBULEUSE DU LAGON)
Cette nébuleuse brillante se trouve dans la Voie lactée, dans la partie est du Sagittaire. La bande de poussières incurvée qui a donné son nom à la nébuleuse est au centre du cliché. Le groupe d'étoiles immédiatement à sa gauche appartient à l'amas NGC 6530, et l'étoile entourée de nébulosité à sa droite est 9 Sagittarii.

M 8 (la nébuleuse du Lagon) ◐ ♄ ⚹ Nébuleuse brillante visible à l'œil nu. De forme allongée, elle a un diamètre apparent presque triple de celui de la pleine lune. Une bande de poussières sombres la traverse : une moitié contient l'amas NGC 6530, dont les étoiles les plus brillantes sont de magnitude 7 ; dans l'autre moitié, l'objet le plus remarquable est l'étoile 9 Sagittarii. La nébuleuse et les étoiles sont situées à 5 200 années-lumière.

M 17 (la nébuleuse Oméga) ♄ ⚹ Nuage de gaz brillants de la taille de la pleine lune. Elle est visible avec des jumelles, mais il faut un télescope pour distinguer sa forme réelle. Un petit télescope montre un amas stellaire, NGC 6618, situé à l'intérieur du nuage. La nébuleuse et l'amas sont à 4 900 années-lumière de la Terre.

M 20 (la nébuleuse Trifide) ⚹ Nébuleuse dont le centre est une faible étoile double, visible avec un petit télescope. Une plus grande ouverture, ou une photographie, montrent des bandes de poussières qui partagent la nébuleuse en trois.

M 22 ♄ ⚹ Troisième amas globulaire le plus brillant du ciel, situé à 10 000 années-lumière. Il est tout juste visible à l'œil nu dans de bonnes conditions, et facile à trouver avec des jumelles, où il apparaît comme une tache arrondie, d'une surface d'environ les deux tiers de la pleine lune. Un télescope d'ouverture moyenne résout ses étoiles les plus brillantes.

M 23 ♄ ⚹ Riche amas ouvert, de forme allongée et presque aussi grand que la pleine lune. Il est visible avec des jumelles, et un petit télescope résout ses étoiles. Il est situé à 2 100 années-lumière.

M 24 ◐ ♄ ⚹ Grand et brillant champ d'étoiles dans la Voie lactée, visible à l'œil nu et spectaculaire avec des jumelles. Un petit télescope révèle un petit amas ouvert, NGC 6603, en son centre.

M 25 ♄ ⚹ Amas ouvert, juste visible à l'œil nu et bon sujet d'observation avec des jumelles ou un petit télescope. Ses étoiles, de magnitude 7 pour les plus brillantes, sont réparties sur une surface apparente égale à celle de la pleine lune. Il est situé à 1 900 années-lumière.

M 17 (LA NÉBULEUSE OMÉGA)
Au télescope, cette nébuleuse a la forme de la lettre grecque majuscule Oméga (Ω).

M 20 (LA NÉBULEUSE TRIFIDE)
Un télescope révèle les trois principales bandes de poussières qui traversent la nébuleuse et lui donnent son surnom.

| Abréviation Sco | Génitif Scorpii | Culmination à 22 h juin à juillet |

SCORPIUS

Constellation du zodiaque, le Scorpion se trouve entre la Balance et le Sagittaire. Il représente le scorpion qui, dans la mythologie grecque, piqua et tua Orion. C'est pour cela qu'Orion se couche quand le Scorpion se lève. La constellation est dans une région riche de la Voie lactée, en direction du centre de notre galaxie. Le Soleil la traverse brièvement, du 23 au 29 novembre. L'ancienne forme de son nom, Scorpio, n'est utilisée qu'en astrologie.

LE SCORPION

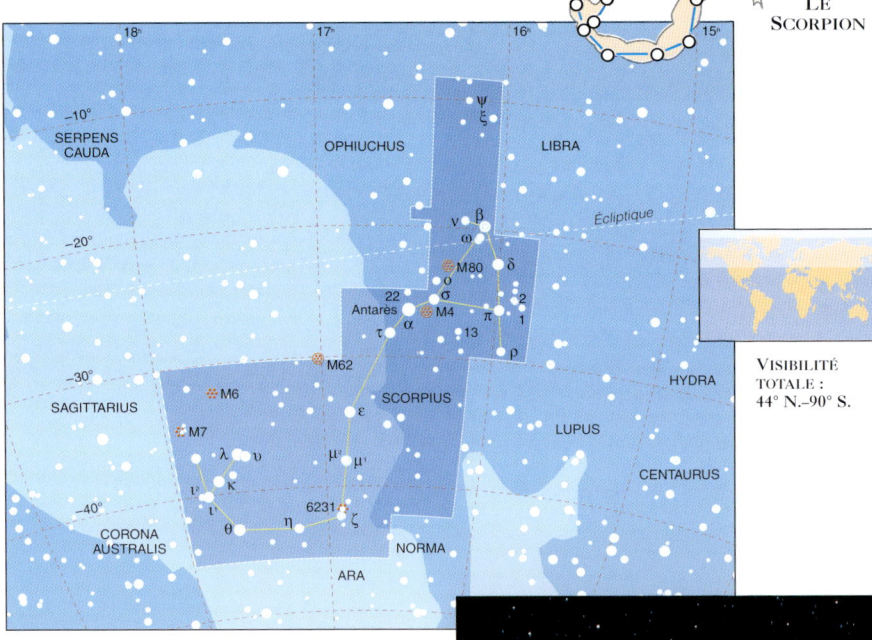

VISIBILITÉ TOTALE : 44° N.–90° S.

OBJETS REMARQUABLES

Alpha (α) Scorpii (Antarès) 👁 🔭
Supergéante rouge variable, fluctuant entre les magnitudes 0,9 et 1,2 en un cycle de 4 à 5 ans. Elle possède un compagnon serré de magnitude 5, sur une orbite de 900 ans, visible avec un télescope d'ouverture moyenne. Le nom Antarès est généralement traduit par « rivale de Mars » (Arès) à cause de sa couleur rouge, mais il pourrait aussi signifier « comme Mars ».

Bêta (β) Scorpii 🔭 Étoile double, dont les composantes de magnitudes 2,6 et 4,9 sont faciles à séparer avec un petit télescope. Les deux étoiles n'ont pas de lien physique, étant situées respectivement à 530 et 1 100 années-lumière de la Terre.

LES ÉTOILES PRINCIPALES DU SCORPION
Les étoiles représentant la tête du scorpion sont en haut à droite du cliché. Antarès marque le cœur, et les étoiles du corps et de la queue forment une courbe, en bas à gauche.

| Largeur | Hauteur | Surface 497 degrés carrés | Rang en taille 33e |

Nébulosité autour d'Antarès
Une nébulosité peu lumineuse, visible seulement sur une photographie à longue pose, s'étend depuis Antarès (en dessous du centre du cliché) vers le nord jusqu'à Rhô (ρ) Ophiuchi (en haut, au centre).

Zêta (ζ) Scorpii ◉ ⋒ Paire optique écartée, séparable à l'œil nu. Zêta-1 (ζ¹) est une supergéante bleu-blanc de magnitude 4,7, et la plus brillante étoile de l'amas NGC 6231 (voir ci-contre). À 150 années-lumière, Zêta-2 (ζ²), géante rouge de magnitude 3,6, est beaucoup plus proche.

Mu (μ) Scorpii ◉ ⋒ Étoile double séparable à l'œil nu. La composante la plus brillante est une binaire à éclipses qui varie entre les magnitudes 2,9 et 3,2 en 1 jour et 10 heures. Son compagnon est de magnitude 3,6.

Nu (ν) Scorpii ⋗ Étoile multiple. Un petit télescope ou même de bonnes jumelles révéleront une double optique, avec des composantes de magnitudes 4,0 et 6,3. L'étoile la plus faible de la paire a un compagnon de magnitude 8, visible avec un télescope de 75 mm. Une plus grande ouverture (au moins 100 mm) montre que l'étoile la plus brillante a un compagnon encore plus proche, de magnitude 5. Nu Scorpii apparaît donc quadruple.

Xi (ξ) Scorpii ⋗ Étoile multiple. C'est une quadruple, comme Nu Scorpii. Un petit télescope révèle une paire d'étoiles de magnitudes 5 et 7 ; dans le même champ, on peut voir aussi une paire plus écartée d'étoiles de magnitudes 7 et 8.

Oméga (ω) Scorpii ◉ ⋒ Étoile double visible à l'œil nu, aux composantes de magnitudes 3,9 et 4,3, situées à 420 et 260 années-lumière de la Terre.

M 4 ⋒ ⋗ L'un des amas globulaires les plus proches de la Terre, à moins de 7 000 années-lumière. On peut le voir avec des jumelles ou un petit télescope, mais seulement pendant une nuit bien noire, car sa lumière est répartie sur une surface étendue, égale aux deux tiers de la pleine lune.

M 6 ◉ ⋒ ⋗ Amas ouvert, situé à 2 000 années-lumière. Il est visible à l'œil nu, et on sépare ses étoiles avec des jumelles. Son étoile la plus brillante est BM Scorpii, une géante orange qui varie entre les magnitudes 5 et 7.

M 7 ◉ ⋒ Grand et magnifique amas ouvert, visible à l'œil nu ou avec des jumelles, d'un diamètre apparent égal à deux fois celui de la pleine lune. Ses étoiles les plus brillantes, de magnitude 6, se détachent sur le fond brillant de la Voie lactée. L'amas est situé à 780 années-lumière.

NGC 6231 ⋒ ⋗ Remarquable amas ouvert, situé à 5 900 années-lumière. Il est facile de séparer ses étoiles avec des jumelles ou un petit télescope. L'étoile de magnitude 5 Zêta-1 (ζ¹) Scorpii (voir ci-contre) est son membre le plus brillant.

M 4
Cet amas globulaire, situé entre Antarès et Sigma (σ) Scorpii, est grand mais faible, et donc difficile à voir.

M 6 et M 7
M 6 est au centre droit du cliché, et M 7 à sa gauche, devant une bande brillante de la Voie lactée.

| Abréviation | Sci | Génitif | Sculptoris | Culmination à 22 h | octobre à novembre |

SCULPTOR

Cette constellation peu lumineuse est située au sud du Verseau et de la Baleine. Inventée au XVIIIe siècle par l'astronome français Nicolas Louis de La Caille, qui l'imaginait comme un atelier de sculpteur, elle est devenue plus tard le Sculpteur. Son étoile la plus brillante, Alpha (α) Sculptoris, est de magnitude 4,3 seulement. Le Sculpteur contient le pôle Sud de notre galaxie, le point situé à 90° au sud du plan de la Voie lactée. Dans cette région, la vision que nous avons de l'Univers n'est pas obscurcie par le gaz et la poussière de notre galaxie, et l'on y voit beaucoup de galaxies de faible éclat et lointaines. Le pôle Nord galactique se trouve dans la Chevelure de Bérénice.

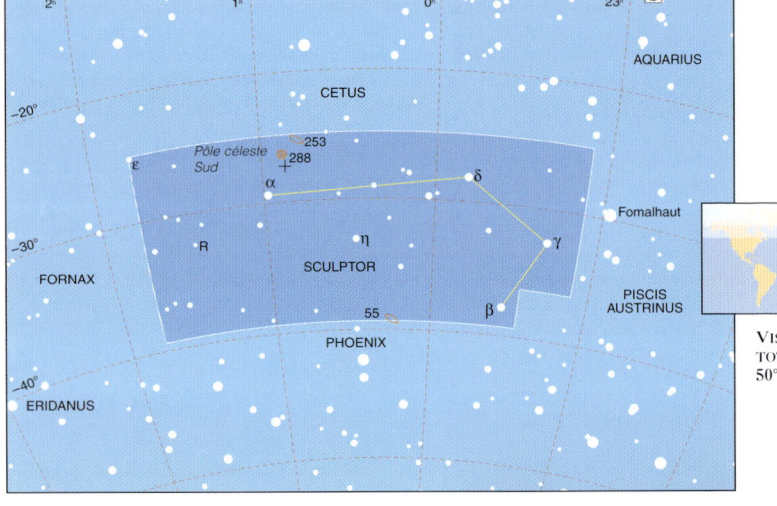

LE SCULPTEUR

VISIBILITÉ TOTALE : 50° N.–90° S.

OBJETS REMARQUABLES

Epsilon (ε) Sculptoris Étoile double séparable avec un petit télescope. Ses composantes, de magnitudes 5 et 9, forment une vraie paire sur une orbite de 1 200 ans. Elles sont situées à 89 années-lumière de la Terre.

R Sculptoris Géante rouge variant entre les magnitudes 6 et 8 sur un cycle d'environ un an.

NGC 55 Galaxie spirale, vue presque de profil, d'où la forme de cigare qu'elle présente avec un petit télescope.

NGC 253 Galaxie spirale. Comme NGC 55, on la voit de profil, mais elle est plus brillante et donc visible avec des jumelles. Un télescope d'ouverture moyenne ou grande permet d'apercevoir des nuages de poussières sombres devant ses étoiles.

NGC 253 ET NGC 288
Ces deux objets sont dans la partie nord du Sculpteur. NGC 288 (à gauche du cliché) est un amas globulaire visible avec un télescope. La galaxie NGC 253 est à droite.

| Largeur | Hauteur | Surface | 475 degrés carrés | Rang en taille | 36[e] |

| Abréviation Sct | Génitif Scuti | Culmination à 22 h juillet à août |

SCUTUM

L'Écu de Sobieski est une petite constellation située juste au sud de l'équateur céleste, entre l'Aigle et le Sagittaire, dans une région riche de la Voie lactée. Il a été introduit à la fin du XVIIe siècle par l'astronome polonais Johannes Hevelius, qui l'a nommé en l'honneur de son protecteur, le roi Jean Sobieski. Son étoile la plus brillante est Alpha (α) Scuti, de magnitude 3,9.

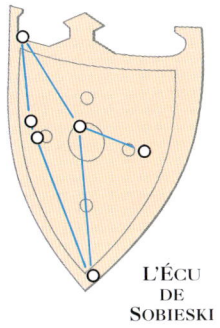

L'ÉCU DE SOBIESKI

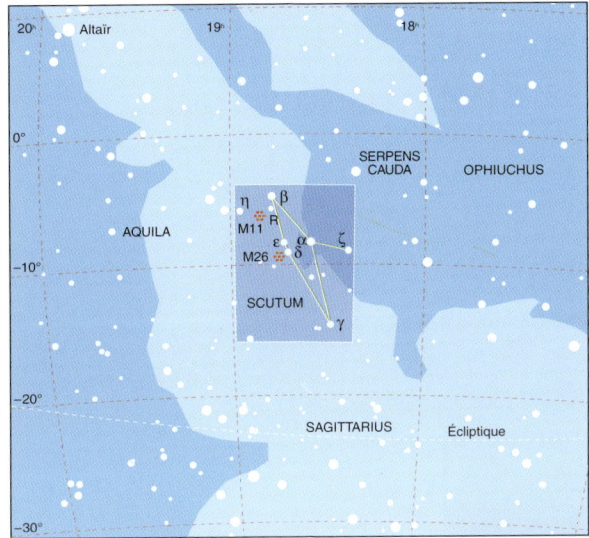

VISIBILITÉ TOTALE :
74° N.–90° S.

M 11
(L'AMAS DU CANARD SAUVAGE)
L'amas ouvert M 11 se trouve dans une région brillante de la Voie lactée, près de la frontière entre l'Aigle et l'Écu de Sobieski. Sur ce cliché, pris au télescope, on voit tout juste la forme en V, avec la pointe en haut à droite de l'amas Altaïr.

OBJETS REMARQUABLES

Delta (δ) Scuti ⊙ ♆ Géante pulsante, prototype d'une classe d'étoiles qui montrent de petites fluctuations de luminosité (quelques dixièmes de magnitude ou moins) sur de courtes périodes (pas plus de quelques heures). Delta Scuti elle-même varie entre les magnitudes 4,6 et 4,8 sur une période de moins de 5 heures. Elle est située à 190 années-lumière.

R Scuti ♆ Supergéante orange pulsante, qui varie entre les magnitudes 4,2 et 8,6 en un cycle de 20 semaines.

M 11 (l'amas du Canard sauvage) ♆ ✈ Riche amas ouvert, formé de centaines d'étoiles, d'une taille presque égale à la moitié de la pleine lune. Vu avec des jumelles, il ressemble à une boule floue. Dans un petit télescope, il apparaît en forme de V, comme un vol de canards, d'où son surnom. Près de la pointe du V, on trouve l'étoile

la plus brillante, de magnitude 8. M 11 est situé à 5 600 années-lumière, à la limite nord d'une région particulièrement brillante de la Voie lactée, le Nuage d'étoiles de l'Écu de Sobieski.

| Largeur | Hauteur | Surface 475 degrés carrés | Rang en taille 84^e |

| Abréviation Ser | Génitif Serpentis | Culmination à 22 h juin à août |

Serpens

Cas unique, le Serpent est formé de deux régions séparées considérées comme une seule constellation. Il représente un serpent enroulé autour d'Ophiuchus (le Serpentaire), qui tient la Tête du Serpent dans la main gauche et la Queue du Serpent dans la droite. L'étoile la plus brillante de la constellation, Alpha (α) Serpentis, de magnitude 2,6, s'appelle aussi Unukalhai, ce qui signifie en arabe « le cou du serpent ».

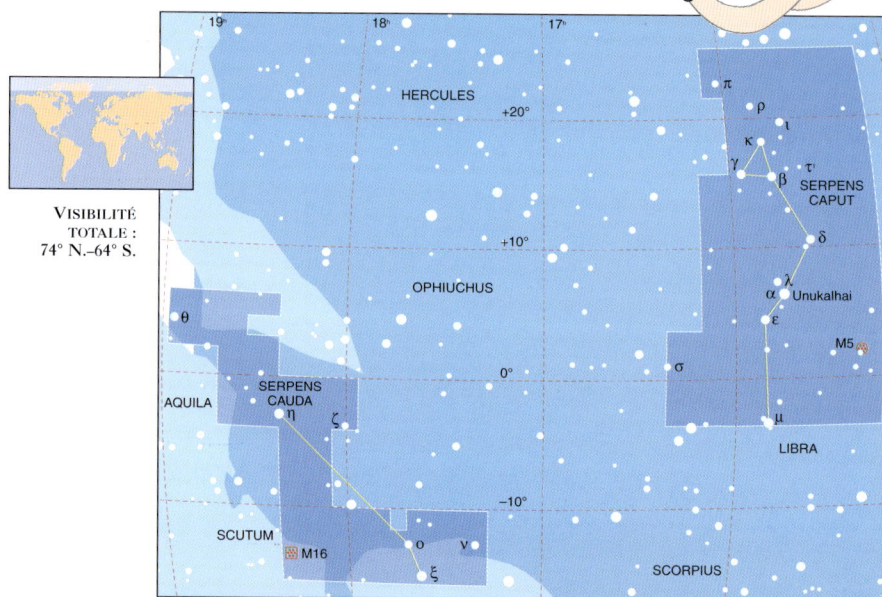

VISIBILITÉ TOTALE : 74° N.-64° S.

Objets remarquables

Delta (δ) Serpentis ☆ Étoile binaire. La principale composante, de magnitude 4, et son compagnon, de magnitude 5, sont séparables par un petit télescope avec un fort grossissement. On estime leur période orbitale à plusieurs milliers d'années.

Thêta (θ) Serpentis ☆ Étoile double écartée, dont les composantes, de magnitudes 4,6 et 5,0, sont séparables par un petit télescope.

Nu (ν) Serpentis ♏ ☆ Étoile double écartée, dont les composantes, de magnitudes 4 et 5, sont séparables avec des jumelles ou un petit télescope.

Tau-1 (τ¹) Serpentis ♏ La plus brillante et la plus à l'est d'un champ d'étoiles triangulaire qui s'évase vers Iota (ι) et Kappa (κ) Serpentis.

M 5
Cet amas globulaire, situé dans la partie sud de la Tête du Serpent, est visible avec des jumelles. C'est l'un des plus beaux objets de ce type du ciel boréal.

| Largeur | Hauteur | Surface 637 degrés carrés | Rang en taille 23ᵉ |

SEXTANS • 131

M 5 Amas globulaire, situé à 25 000 années-lumière. D'une taille égale à la moitié de celle de la pleine lune, il est visible avec des jumelles. Un télescope d'ouverture moyenne résout ses étoiles les plus brillantes. Il révèle aussi une condensation centrale et des chaînes d'étoiles vers l'extérieur.

M 16 Amas ouvert, visible avec des jumelles ou un petit télescope. Il apparaît brumeux, car ses étoiles sont noyées dans la nébuleuse de l'Aigle, qui ne se voit bien qu'avec une grande ouverture ou en photographie. L'amas et la nébuleuse sont situés à plus de 8 000 années-lumière de la Terre.

◁ LA NÉBULEUSE DE L'AIGLE
Cette nébuleuse est visible avec un télescope de grande ouverture ou sur une photographie à longue pose.

▽ COLONNES SOMBRES DANS LA NÉBULEUSE DE L'AIGLE
Ce gros plan, pris par le télescope spatial Hubble, montre des « doigts » de poussières sombres.

Abréviation Sex	Génitif Sextantis	Culmination à 22 h mars à avril

SEXTANS

Cette constellation de faible éclat est située sur l'équateur céleste, au sud du Lion. Elle a été inventée à la fin du XVIIe siècle par l'astronome polonais Johannes Hevelius et évoque le sextant utilisé pour mesurer les positions stellaires. Son étoile la plus brillante est Alpha (α) Sextantis, de magnitude 4,5.

LE SEXTANT

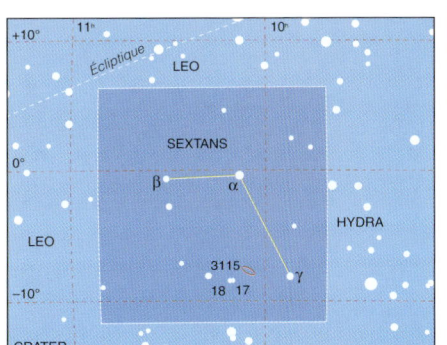

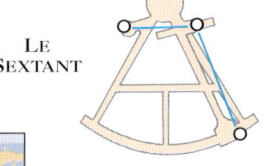

VISIBILITÉ TOTALE : 78° N.–83° S.

OBJETS REMARQUABLES

17 et 18 Sextantis Paire optique écartée, détectable à l'œil nu avec une bonne vue et facile à séparer avec des jumelles. Les étoiles sont de magnitudes 5,9 et 5,6, et situées respectivement à 530 et 470 années-lumière de la Terre.

NGC 3115 (la galaxie du Fuseau)

Galaxie elliptique, visible avec un télescope de petite ou moyenne ouverture. Sa forme allongée lui vaut son surnom.

Largeur	Hauteur	Surface 314 degrés carrés	Rang en taille 47[e]

| Abréviation | Tau | Génitif | Tauri | Culmination à 22 h | décembre à janvier |

TAURUS

Cette imposante constellation du zodiaque se trouve entre le Bélier et les Gémeaux. Elle évoque le taureau dont Zeus emprunta l'apparence pour enlever Europe, princesse de Phénicie. Zeus nagea ensuite jusqu'en Crète, la princesse sur son dos. La constellation représente la partie antérieure du taureau – celle émergeant des vagues de la Méditerranée. Elle contient deux grands amas stellaires, les Pléiades et les Hyades. Dans la mythologie, les Pléiades étaient les sept filles d'Atlas et de Pléioné, et l'amas est parfois appelé « les Sept Sœurs » ; les Hyades étaient les filles d'Atlas et d'Æthra. Dans le ciel, l'amas des Hyades marque la face du taureau, et la géante rouge Aldébaran représente l'œil injecté de sang de l'animal. Les pointes des cornes sont marquées par Bêta (β) et Zêta (ζ) Tauri, de magnitudes respectives 1,7 et 3,0. Le Soleil est dans le Taureau du 14 mai au 21 juin.

LE TAUREAU

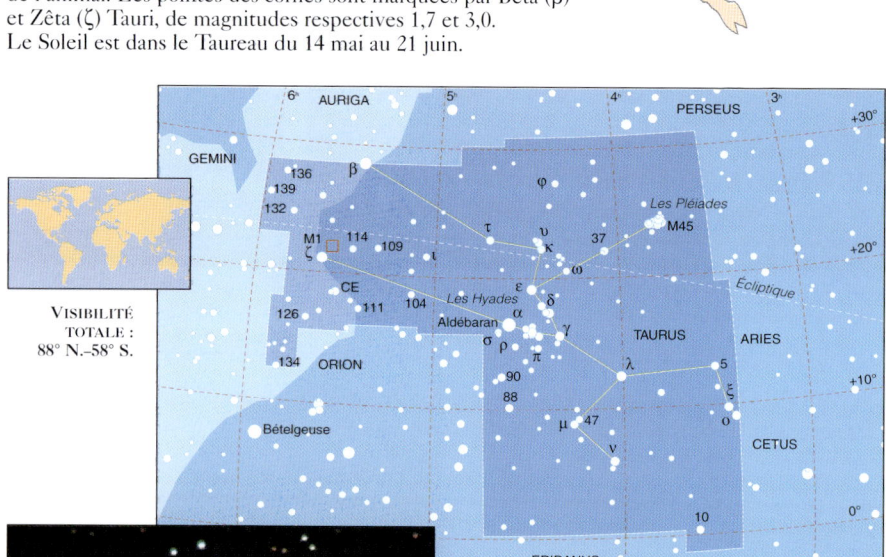

VISIBILITÉ TOTALE : 88° N.–58° S.

M 1 (LA NÉBULEUSE DU CRABE)
Ce remarquable objet est le vestige de l'explosion d'une étoile massive en supernova.

OBJETS REMARQUABLES

Alpha (α) Tauri (Aldébaran) 👁
Géante rouge, qui varie de façon irrégulière entre les magnitudes 0,75 et 0,95. Bien qu'elle paraisse dans l'amas des Hyades, elle est en fait beaucoup plus proche de la Terre, à seulement 65 années-lumière.

Thêta (θ) Tauri 👁 🔭 Étoile double écartée, dans l'amas des Hyades. Avec une bonne vue, on peut séparer les deux étoiles à l'œil nu. Thêta-1 ($θ^1$) est une géante jaune de magnitude 3,8 ; Thêta-2 ($θ^2$), géante blanche de magnitude 3,4, est le membre le plus brillant des Hyades.

| Largeur | | Hauteur | | Surface | 797 degrés carrés | Rang en taille | 17e |

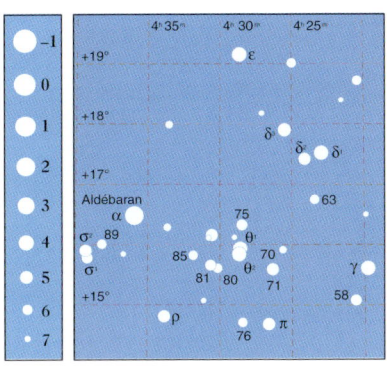
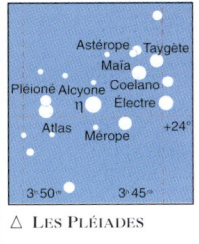

△ Les Pléiades

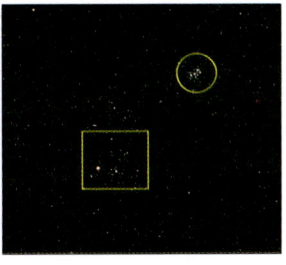

△ Les Hyades et les Pléiades
Ces deux remarquables amas ouverts sont voisins dans le ciel.

◁ Les Hyades

△ Symboles de magnitude

Lambda (λ) Tauri 👁 Binaire à éclipses du même type qu'Algol. Elle varie entre les magnitudes 3,4 et 3,9 en un cycle inférieur à 4 jours.

M 1 (la nébuleuse du Crabe) 🔭📷 Vestiges d'une supernova qui a été observée de la Terre en 1054. Dans de très bonnes conditions, on peut la trouver avec des jumelles ou un petit télescope, mais il faut une ouverture moyenne pour bien l'observer. Elle est de forme elliptique et d'une taille intermédiaire entre le disque d'une planète et la pleine lune. Elle est à 6 500 années-lumière.

M 45 (les Pléiades) 👁🔭📷 Grand et brillant amas ouvert, facile à voir à l'œil nu et superbe avec des jumelles, apparaissant alors presque quatre fois plus grand que la pleine lune. Son étoile la plus brillante est Êta (η) Tauri (Alcyone), une géante bleu-blanc de magnitude 2,9. Une vue normale découvre à peu près six étoiles, mais on en voit plusieurs douzaines avec des jumelles ou un petit télescope. L'amas est situé à un peu plus de 400 années-lumière. Une photographie à longue pose montre une nébulosité autour des étoiles, mais il faut un grand télescope pour la voir directement.

Les Hyades 👁🔭📷 Grand amas stellaire clairsemé, en forme de V, facile à voir à l'œil nu. À cause de sa taille considérable – 10 fois celle de la pleine lune –, c'est avec des jumelles qu'on l'observe le mieux. L'amas est situé à 150 années-lumière.

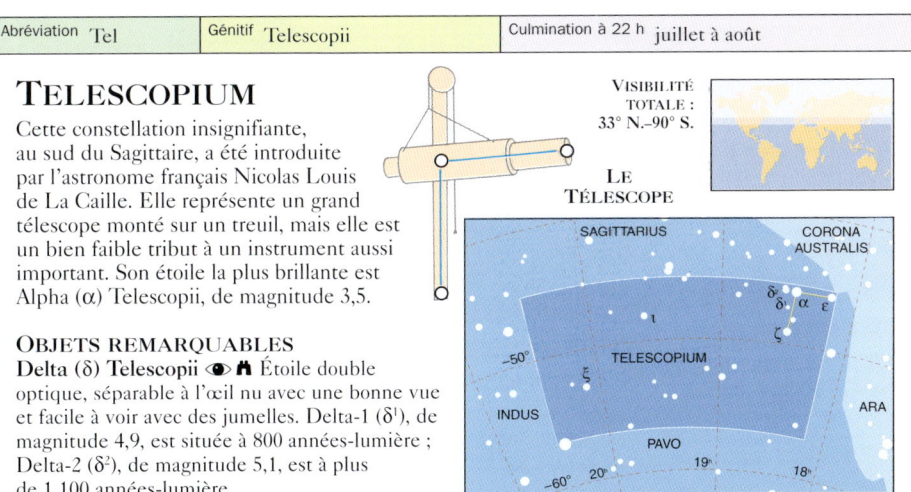

TELESCOPIUM

Cette constellation insignifiante, au sud du Sagittaire, a été introduite par l'astronome français Nicolas Louis de La Caille. Elle représente un grand télescope monté sur un treuil, mais elle est un bien faible tribut à un instrument aussi important. Son étoile la plus brillante est Alpha (α) Telescopii, de magnitude 3,5.

OBJETS REMARQUABLES
Delta (δ) Telescopii 👁🔭 Étoile double optique, séparable à l'œil nu avec une bonne vue et facile à voir avec des jumelles. Delta-1 (δ¹), de magnitude 4,9, est située à 800 années-lumière ; Delta-2 (δ²), de magnitude 5,1, est à plus de 1 100 années-lumière.

Abréviation	Tel	Génitif	Telescopii	Culmination à 22 h	juillet à août
Largeur	✋	Hauteur	✋	Surface 252 degrés carrés	Rang en taille 57e

Visibilité totale : 33° N.–90° S.

Le Télescope

134 • TRIANGULUM

| Abréviation | Tri | Génitif | Trianguli | Culmination à 22 h | novembre à décembre |

TRIANGULUM

Cette petite constellation se trouve entre Andromède et le Bélier. Elle était connue des anciens Grecs, dont beaucoup y voyaient le delta du Nil, tandis que pour d'autres elle représentait la Sicile. Son étoile la plus brillante est Bêta (β) Trianguli, de magnitude 3,0.

LE TRIANGLE

VISIBILITÉ TOTALE :
90° N.–52° S.

OBJETS REMARQUABLES

6 Trianguli ☆ Étoile binaire. Un petit télescope est nécessaire pour séparer sa principale composante, de magnitude 5, de son compagnon serré, de magnitude 7.

M 33 ♊ ☆ Galaxie spirale, située à 2,6 millions d'années-lumière, la troisième en taille dans le Groupe local de galaxies. Elle fait à peu près la taille de la pleine lune. Sa lumière étant ainsi étalée, il faut un ciel pur et noir pour la distinguer. Dans de bonnes conditions, on peut la détecter avec des jumelles ou un petit télescope.

| Largeur | ✋ | Hauteur | ✋ | Surface | 132 degrés carrés | Rang en taille | 78ᵉ |

| Abréviation | TrA | Génitif | Trianguli Australis | Culmination à 22 h | juin à juillet |

TRIANGULUM AUSTRALE

Situé dans la Voie lactée près d'Alpha (α) et de Bêta (β) Centauri, il est le pendant austral du Triangle boréal. Bien que plus petit que ce dernier, le Triangle austral est plus visible, car ses étoiles principales sont plus brillantes. C'est la plus petite des 12 constellations introduites à la fin du XVIᵉ siècle par les navigateurs hollandais Pieter Dirkszoon Keyser et Frederick de Houtman. Son étoile la plus brillante est Alpha (α) Trianguli Australis, de magnitude 1,9.

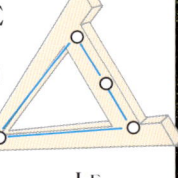
LE TRIANGLE AUSTRAL

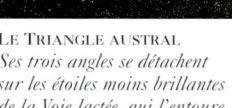
LE TRIANGLE AUSTRAL
Ses trois angles se détachent sur les étoiles moins brillantes de la Voie lactée, qui l'entoure.

VISIBILITÉ TOTALE :
19° N.–90° S.

OBJETS REMARQUABLES

NGC 6025 ♊ ☆ Amas ouvert dans la Voie lactée, d'une taille apparente égale à environ un tiers de la pleine lune, facile à voir avec des jumelles ou un petit télescope, son étoile la plus brillante étant de magnitude 7. Il est situé à 2 700 années-lumière.

| Largeur | ✋ | Hauteur | ✋ | Surface | 110 degrés carrés | Rang en taille | 83ᵉ |

| Abréviation Tuc | Génitif Tucanae | Culmination à 22 h septembre à novembre |

TUCANA

Cette constellation australe, représentant un toucan, l'oiseau au grand bec des Amériques du Sud et centrale, se trouve près de la brillante étoile Achernar et au sud de deux autres oiseaux célestes, la Grue et le Phénix. Elle a été inventée à la fin du XVIe siècle par les navigateurs hollandais Pieter Dirkszoon Keyser et Frederick de Houtman. Son étoile la plus brillante est Alpha (α) Tucanae, de magnitude 2,9, mais son objet le plus remarquable à l'œil nu est le Petit Nuage de Magellan.

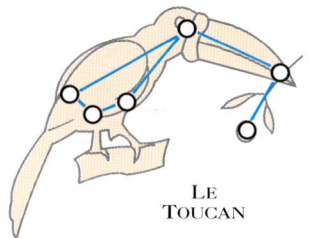

LE TOUCAN

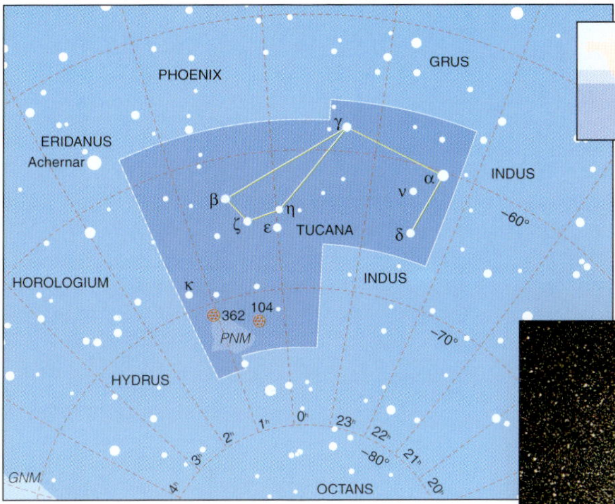

VISIBILITÉ TOTALE : 14° N.–90° S.

NGC 104 (47 Tucanae)
Un télescope d'ouverture moyenne révèle que cet amas globulaire spectaculaire possède une condensation centrale particulièrement brillante et des régions externes moins denses.

OBJETS REMARQUABLES

Bêta (β) Tucanae Étoile multiple. À l'œil nu ou avec des jumelles, elle apparaît double, avec des composantes de magnitudes 4 et 5. Un petit télescope sépare l'étoile principale en composantes de magnitudes 4,4 et 4,5.

Kappa (κ) Tucanae Étoile double, avec des composantes de magnitudes 5 et 8, séparables par un petit télescope.

NGC 104 (47 Tucanae) Amas globulaire, considéré comme le deuxième de sa catégorie dans tout le ciel. À l'œil nu, il ressemble à une étoile floue de magnitude 4. Des jumelles ou un petit télescope montrent qu'il a une taille apparente égale à celle de la pleine lune, mais il faut une ouverture de 100 mm pour résoudre ses étoiles. L'amas est situé à 15 000 années-lumière.

NGC 362 Amas globulaire, visible avec des jumelles ou un petit télescope. Il paraît proche du Petit Nuage de Magellan (voir ci-dessous), mais il n'est qu'à 29 000 années-lumière de la Terre, et donc dans notre propre galaxie.

Le Petit Nuage de Magellan (PNM) La plus petite des deux galaxies satellites de la Voie lactée. Elle apparaît à l'œil nu comme une tache lumineuse allongée, sept fois plus grande que la pleine lune. Des jumelles ou un petit télescope résolvent ses amas et ses nébuleuses. Cette galaxie est beaucoup plus petite que la nôtre, ne représentant qu'un faible pourcentage de la masse de la Galaxie et moins de 10 % de son diamètre. Elle est située à 190 000 années-lumière.

| Largeur | Hauteur | Surface 295 degrés carrés | Rang en taille 48e |

Ursa Major

Abréviation UMa	Génitif Ursae Majoris	Culmination à 22 h février à mai

Ursa Major

La Grande Ourse est l'une des constellations les plus célèbres. C'est la troisième en taille de tout le ciel, occupant une surface bien plus importante que le groupe de sept étoiles du Chariot. La Grande Ourse évoque Callisto, une mortelle de la mythologie grecque, partenaire de chasse d'Artémis, qui fut séduite par Zeus. Selon différentes versions de la légende, elle fut changée en ourse par Héra, épouse jalouse de Zeus, ou par Artémis en colère. Ses étoiles les plus brillantes sont Alpha (α) et Epsilon (ε) Ursae Majoris, toutes deux de magnitude 1,8. Une ligne tracée de Bêta (β) à Alpha (α) Ursae Majoris pointe vers la Polaire, l'étoile du pôle Nord, dans la constellation voisine de la Petite Ourse.

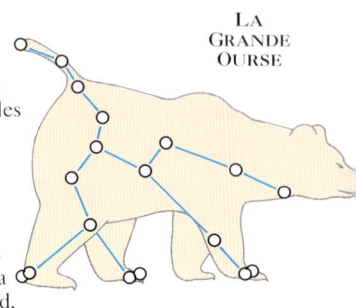

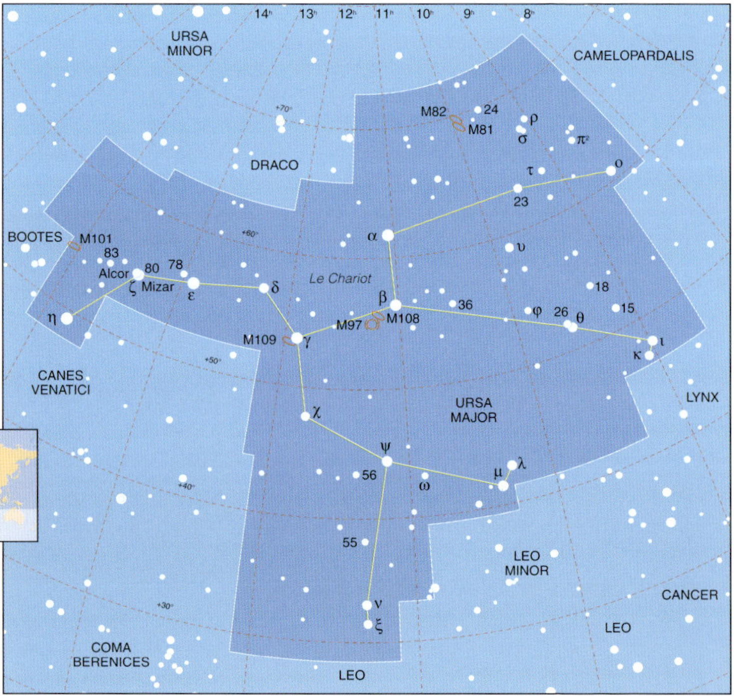

LA GRANDE OURSE

VISIBILITÉ TOTALE : 90° N.–16° S.

Objets remarquables

Le Chariot 👁 L'un des motifs les plus connus du ciel, formé d'étoiles visibles à l'œil nu : Alpha (α), Bêta (β), Gamma (γ), Delta (δ), Epsilon (ε), Zêta (ζ) et Êta (η) Ursae Majoris. La forme qu'elles dessinent est vue selon les cultures comme une charrue, une louche, une casserole ou un chariot. Toutes les étoiles du Chariot, à l'exception des deux plus externes (Alpha et Êta), voyagent dans la même direction de l'espace, formant un « amas mobile ».

Zêta (ζ) Ursae Majoris (Mizar) 👁 ♊ ⚹
Étoile multiple. Avec une bonne vue ou des jumelles, on voit que l'étoile, de magnitude 2,2, a un compagnon de magnitude 4,0, Alcor

Largeur	Hauteur	Surface 1 280 degrés carrés	Rang en taille 3ᵉ

La Grande Ourse
(en vignette, Mizar et Alcor)
Le cliché principal montre l'ensemble de la Grande Ourse, le Chariot formant la croupe et la queue de l'animal. Mizar, la deuxième étoile du timon du Chariot (à droite dans la vignette), forme une paire optique avec Alcor (à gauche) et une vraie binaire avec son compagnon plus proche.

ou 80 Ursae Majoris. Mizar et Alcor sont respectivement situées à 78 et 81 années-lumière de la Terre, et ne forment donc pas une vraie binaire. Néanmoins, un petit télescope révèle que Mizar possède un compagnon plus proche, de magnitude 4, formant une vraie binaire de très longue période orbitale.

Xi (ξ) Ursae Majoris ☌ Étoile binaire, avec des composantes proches de magnitudes 4,3 et 4,8, séparables par un télescope de 75 mm d'ouverture. Ces étoiles jaunâtres, semblables au Soleil, sont situées à 26 années-lumière de la Terre et ont une période orbitale de 60 ans.

M 81 et M 82 ☌ Deux galaxies différentes, situées à environ 10 millions d'années-lumière de la Terre. M 81 est une belle spirale, visible avec des jumelles ou un petit télescope. À un diamètre lunaire au nord, on trouve M 82, galaxie plus petite, plus faible d'éclat et d'aspect particulier, qu'on pense être une spirale vue de profil qui traverse un nuage de poussières.

M 101 ☌ Galaxie spirale, vue de face. Elle a le diamètre de la pleine lune mais, comme elle est très peu lumineuse, de bonnes conditions sont nécessaires pour l'observer avec des jumelles ou un petit télescope.

M 81
Cette belle galaxie spirale est l'une des plus faciles à voir avec un petit télescope.

M 101
Les bras de cette galaxie spirale sont visibles avec un grand télescope ou sur une photographie à longue pose.

Ursa Minor

Abréviation UMi	Génitif Ursae Minoris	Culmination à 22 h mai à juin

Ursa Minor

La Petite Ourse renferme le pôle céleste Nord. Par chance, on y trouve une étoile raisonnablement brillante, la Polaire, à un degré environ du pôle. Les navigateurs savent depuis longtemps qu'en regardant la Polaire on fait face au nord. Les étoiles principales de la Petite Ourse forment le Petit Chariot, et les étoiles Bêta (β) et Gamma (γ) Ursae Minoris (Kochab et Pherkad) sont connues comme les Gardiens du pôle. La constellation évoque la nymphe qui éleva Zeus enfant, mais on ignore pourquoi elle est représentée comme une ourse.

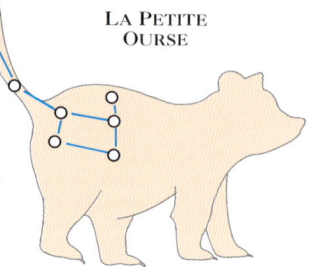

LA PETITE OURSE

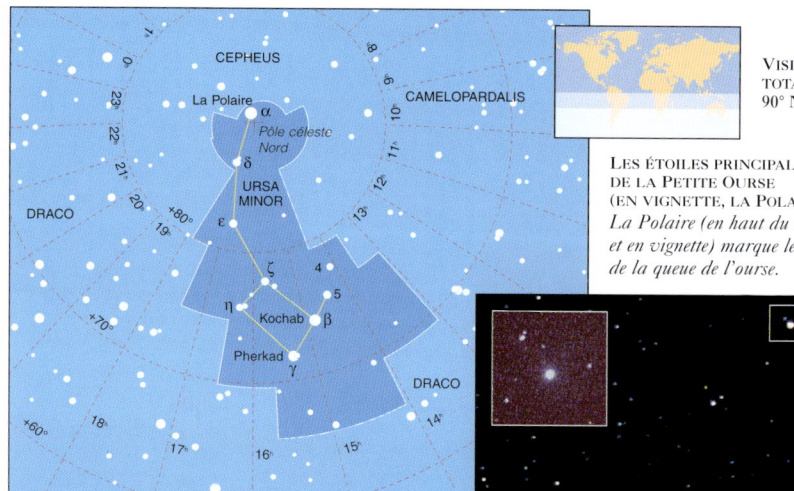

VISIBILITÉ TOTALE : 90° N.–0°

LES ÉTOILES PRINCIPALES DE LA PETITE OURSE (EN VIGNETTE, LA POLAIRE) *La Polaire (en haut du cliché et en vignette) marque le bout de la queue de l'ourse.*

Objets remarquables

Alpha (α) Ursae Minoris (la Polaire) 👁 ✈
Étoile du pôle Nord, la plus brillante de la constellation. Il s'agit d'une supergéante jaune-blanc de magnitude 2,0. C'est une Céphéide, mais ses fluctuations de magnitude sont trop faibles pour être détectées à l'œil nu. Un petit télescope montre un compagnon de magnitude 8 sans rapport physique avec elle.

Gamma (γ) Ursae Minoris (Pherkad) 👁 🔭
Étoile double optique, séparable à l'œil nu ou avec des jumelles. Gamma elle-même est une étoile géante bleu-blanc de magnitude 3,0, située à 480 années-lumière. Son compagnon, 11 Ursae Majoris, est une géante orange, de magnitude 5,0, située à 390 années-lumière.

Êta (η) Ursae Minoris 👁 🔭 Paire optique. La composante principale est blanche, de magnitude 5,0, à 97 années-lumière. À l'œil nu ou aux jumelles, on distingue un compagnon, 19 Ursae Minoris, de magnitude 5,5, presque sept fois plus éloigné.

Largeur ✋	Hauteur ✋🖐	Surface 256 degrés carrés	Rang en taille 56ᵉ

VELA • 139

| Abréviation | Vel | Génitif | Velorum | Culmination à 22 h | février à avril |

VELA

C'est l'une des trois parties découpées par Nicolas Louis de La Caille dans l'ancienne constellation grecque du Navire Argo (le navire des Argonautes). Elle évoque les voiles du navire. Les Voiles se trouvent dans la Voie lactée, entourées par les deux autres parties du navire, la Carène et la Poupe, d'un côté, et par le Centaure de l'autre. N'étant qu'une partie d'une ancienne constellation, les Voiles n'ont pas d'étoiles Alpha (α) ou Bêta (β).

LES VOILES

VISIBILITÉ TOTALE : 32° N.–90° S.

NGC 3132 (LA NÉBULEUSE EN HUIT)
Une photographie à longue pose comme celle-ci révèle des boucles de gaz entrelacées en forme de huit, d'où le nom de la nébuleuse.

OBJETS REMARQUABLES

Gamma (γ) Velorum Étoile multiple. Avec un petit télescope ou de bonnes jumelles, elle apparaît comme une double écartée. La composante principale, Gamma-2 (γ^2), de magnitude 1,8, est l'étoile la plus brillante de la constellation. C'est une binaire spectroscopique, dont une composante est une étoile de type Wolf-Rayet, étoile ultra-chaude qui a perdu ses couches externes d'hydrogène. Le compagnon visible, Gamma-1 (γ^1), est une étoile ordinaire bleu-blanc, de magnitude 4,3. Deux compagnons écartés, de magnitudes 8 et 9, sont visibles avec un petit télescope.

NGC 2547 Amas ouvert, visible avec des jumelles ou un petit télescope. Il a une taille supérieure à plus de la moitié de celle de la pleine lune, et se trouve à 1 300 années-lumière.

NGC 3132 (la Nébuleuse en huit) Nébuleuse planétaire. Son disque arrondi est visible avec un petit télescope, qui peut aussi révéler une étoile de magnitude 10 en son centre. Une photographie montre des boucles complexes dans la nébuleuse.

IC 2391 Grand amas ouvert, visible à l'œil nu et objet d'observation idéal avec des jumelles, couvrant une surface supérieure à celle de la pleine lune. Son étoile la plus brillante est Omicron (o) Velorum, de magnitude 3,6. L'amas est situé à près de 600 années-lumière.

| Largeur | | Hauteur | | Surface | 500 degrés carrés | Rang en taille | 32e |

140 • VIRGO

| Abréviation | Vir | Génitif | Virginis | Culmination à 22 h | avril à juin |

VIRGO

C'est la plus grande constellation du zodiaque et la deuxième de toutes les constellations. Elle se trouve sur l'équateur céleste, entre le Lion et la Balance. On l'identifie en général à Thémis, la déesse grecque de la Justice, ou parfois à Déméter, la déesse des Moissons. La Vierge est particulièrement intéressante parce qu'elle contient le plus proche des grands amas de galaxies, l'amas de la Vierge. Le Soleil traverse la constellation du 16 septembre au 31 octobre.

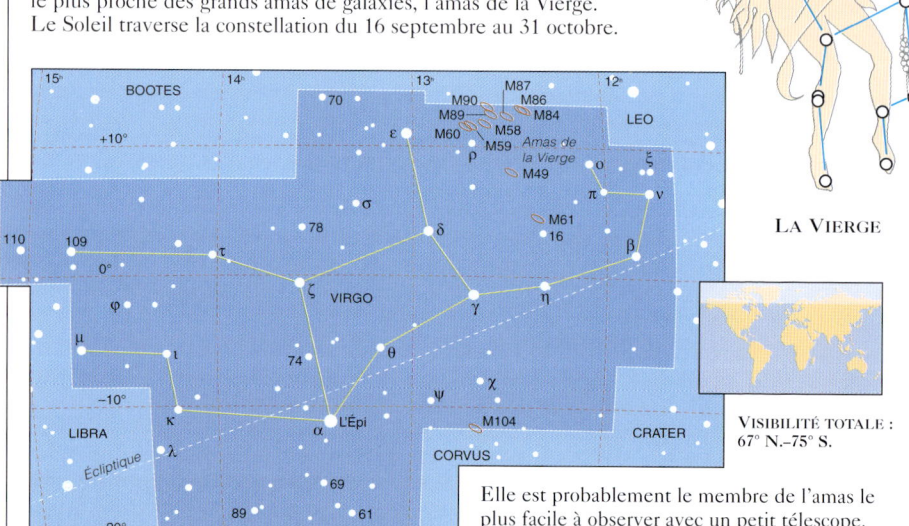

LA VIERGE

VISIBILITÉ TOTALE : 67° N.–75° S.

OBJETS REMARQUABLES

Alpha (α) Virginis (l'Épi) L'étoile la plus brillante de la Vierge, de magnitude 1,0. C'est l'une des vingt plus brillantes du ciel. Cette étoile bleu-blanc, située à 260 années-lumière, représente l'épi de blé que la Vierge tient dans la main gauche.

Gamma (γ) Virginis Étoile binaire. À l'œil nu, c'est une étoile de magnitude 2,7, mais elle est composée de deux étoiles jaune-blanc, toutes deux de magnitude 3,5, sur une orbite de 169 ans. Ce mouvement orbital affecte l'aspect des étoiles : dans les années 1990, on peut les séparer avec un télescope d'ouverture moyenne ; vers 2005, quand, vues de la Terre, elles seront le plus rapprochées, il faudra une ouverture de 250 mm pour les séparer. Elles s'éloigneront alors rapidement l'une de l'autre et seront séparables avec une petite ouverture pendant le reste du siècle.

M 87 Célèbre galaxie elliptique géante, proche du centre de l'amas de la Vierge (voir ci-dessous).

Elle est probablement le membre de l'amas le plus facile à observer avec un petit télescope.

M 104 (la galaxie du Sombrero) Galaxie spirale vue presque de profil, dont l'aspect allongé est visible avec un petit télescope. Une plus grande ouverture dévoile une bande sombre de poussières dans les bras spiraux, traversant le noyau stellaire central. La galaxie n'appartient pas à l'amas de la Vierge, étant un peu plus proche de la Terre que ce dernier.

L'amas de la Vierge Amas de plus de 2 000 galaxies, situé à 50 millions d'années-lumière, qui déborde de la Vierge jusque dans la Chevelure de Bérénice. Ses membres les plus brillants, notamment les galaxies elliptiques M 49, M 60, M 84, M 86 et M 87, sont observables avec un télescope d'amateur.

M 104 (LA GALAXIE DU SOMBRERO) *Cette galaxie spirale doit son nom à sa forme aplatie.*

| Largeur | | Hauteur | | Surface | 1 294 degrés carrés | Rang en taille | 2e |

Abréviation Vol	Génitif Volantis	Culmination à 22 h janvier à mars

VOLANS

Cette faible constellation australe touche la Carène. Inventée à la fin du XVIe siècle par les navigateurs hollandais Pieter Dirkszoon Keyser et Frederick de Houtman, elle évoque le poisson des mers tropicales qui plane au-dessus des vagues sur ses nageoires déployées.

LE POISSON VOLANT

VISIBILITÉ TOTALE : 14° N.–90° S.

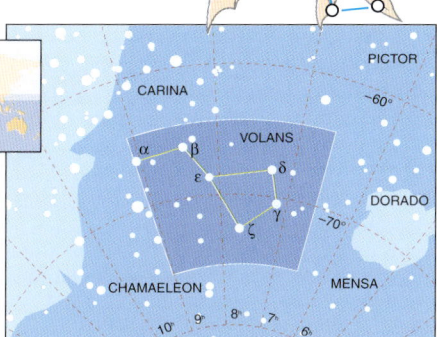

OBJETS REMARQUABLES

Gamma (γ) Volantis Intéressante étoile double. Un petit télescope révèle ses composantes orange et jaune, de magnitudes respectives 3,8 et 5,7.

Epsilon (ε) Volantis Étoile double dont les composantes, de magnitudes 4 et 7, sont séparables par un petit télescope.

Largeur	Hauteur	Surface 141 degrés carrés	Rang en taille 76e

Abréviation Vul	Génitif Vulpeculae	Culmination à 22 h août à septembre

VULPECULA

Le Petit Renard est situé dans la Voie lactée, au sud du Cygne. Quand il fut introduit à la fin du XVIIe siècle par l'astronome polonais Johannes Hevelius, il s'appelait le Petit Renard et l'Oie. Son étoile la plus brillante est Alpha (α) Vulpeculae, de magnitude 4,4.

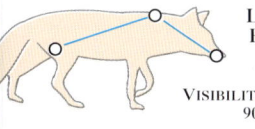

LE PETIT RENARD

VISIBILITÉ TOTALE : 90° N.–61° S.

L'AMAS DE BROCCHI
Cet amas ouvert est situé dans la partie sud du Petit Renard, dans la division de la Voie lactée qu'on appelle la Fente du Cygne.

OBJETS REMARQUABLES

M 27 (la nébuleuse Dumbbell, l'Haltère) Grande nébuleuse planétaire, apparaissant avec des jumelles comme une tache arrondie d'une taille égale à environ le quart de celle de la pleine lune. Sa forme à deux lobes, qui lui vaut son surnom, est visible avec un télescope de moyenne à grande ouverture, ou sur une photographie. Elle est située à 1 000 années-lumière.

L'amas de Brocchi (Collinder 399, le Portemanteau) Amas ouvert inhabituel, facile à trouver avec des jumelles. Il est formé d'une ligne de six étoiles de magnitudes 6 et 7, du centre desquelles s'étend un « crochet » de quatre autres étoiles, lui donnant l'aspect d'un portemanteau.

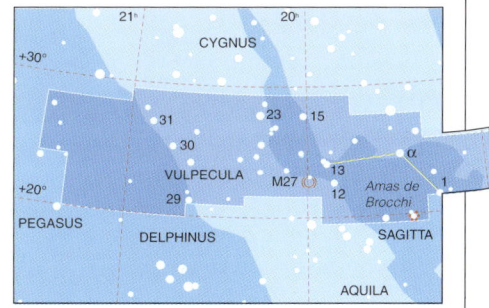

Largeur	Hauteur	Surface 268 degrés carrés	Rang en taille 55e

LE CIEL MOIS PAR MOIS

COMMENT CONSULTER CE CHAPITRE

Ce chapitre détaille la carte du ciel pour chaque mois de l'année et pour chaque hémisphère. Une double page présente les phénomènes célestes les plus intéressants au cours du mois traité, à l'aide de cartes simplifiées permettant d'identifier aisément les principales étoiles et les constellations.

COMMENT CONSULTER LES CARTES ?

Les cartes simplifiées (ci-dessous), comme les cartes du ciel entier (page de droite), montrent le ciel nocturne comme on le voit des latitudes allant de 60 à 20° N. (hémisphère Nord) et de 0 à 40° S. (hémisphère Sud). La carte du monde (ci-contre) vous permet d'identifier un code de couleur selon la latitude où vous vous trouvez, et de choisir également la carte de l'hémisphère appropriée. Sur chaque carte, les lignes et les croix de couleur indiquent l'horizon et le zénith correspondant à votre latitude. Les cartes simplifiées offrent une vue moins détaillée du ciel nocturne que celles du ciel entier.

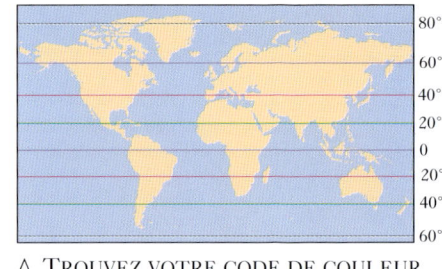

△ TROUVEZ VOTRE CODE DE COULEUR
Utilisez cette carte pour identifier la couleur correspondant à la latitude la plus proche de votre position géographique. Souvenez-vous qu'à 10° de latitude près, les étoiles visibles dans le ciel sont sensiblement les mêmes.

Heures du lever et du coucher du Soleil au milieu du mois

Photographie d'une configuration stellaire ou d'un objet du ciel profond facile à reconnaître

Symbole de magnitudes stellaires

Les horloges indiquent les heures auxquelles les cartes correspondent (voir encadré page ci-contre).

L'encadré concerne les objets visibles sur les cartes du ciel entier, dans les pages suivantes.

Le texte attire l'attention sur les étoiles brillantes et les constellations remarquables durant le mois.

Description des étoiles et des objets du ciel profond

Les cartes montrent toutes les étoiles de magnitude supérieure à 3,0 et une sélection de constellations.

Références aux objets bien visibles décrits pour d'autres mois

Les lignes de couleur définissent le champ de vision, du zénith aux horizons est et ouest.

Description des averses de météores (elles ne figurent pas sur les cartes)

Direction géographique

Lignes d'horizon colorées selon le code de couleur

Écliptique

△ LE SOMMAIRE DU MOIS
Ces pages résument tout ce qu'il peut être intéressant d'observer au cours du mois concerné. Les cartes doivent être tenues verticalement, et présentent le ciel devant soi et sur les côtés, lorsqu'on fait face au nord ou au sud.

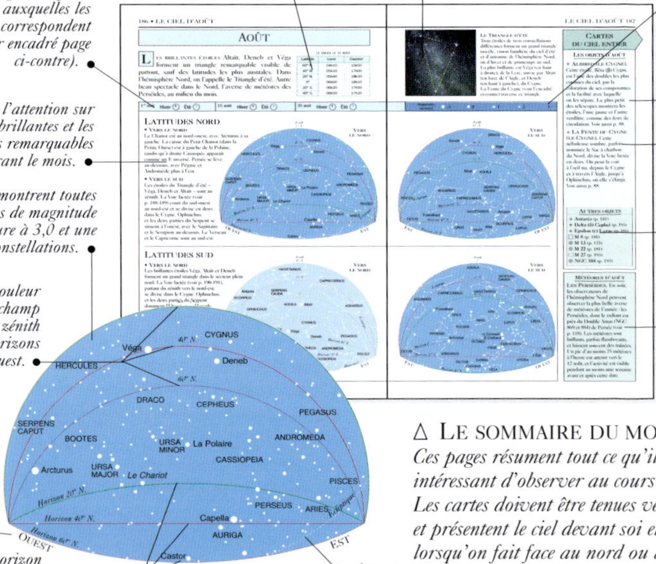

COMMENT CONSULTER
LES CARTES DU CIEL ENTIER

Pour observer le ciel vers le sud, tenez le livre à plat, le mot sud vers vous. La ligne de la couleur correspondant à votre latitude (vers le bas de la carte) indique l'horizon que vous voyez ; la croix de même couleur proche du centre de la carte représente le zénith. La partie de la carte au-delà de votre zénith représente le ciel vers le nord ; pour l'observer, retournez le livre.

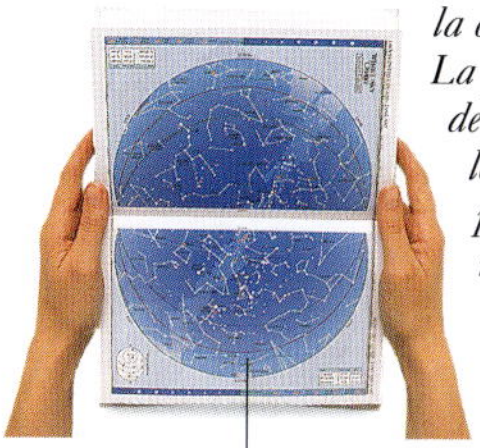

Pour regarder vers le sud, tenez la page de droite du livre vers vous.

DIAGRAMMES DES MOUVEMENTS STELLAIRES

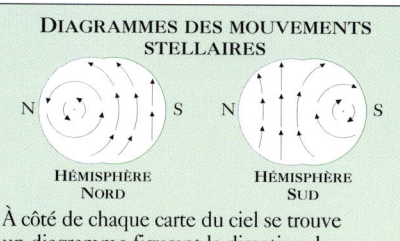

HÉMISPHÈRE NORD — HÉMISPHÈRE SUD

À côté de chaque carte du ciel se trouve un diagramme figurant la direction du mouvement apparent des étoiles au cours de la nuit. Les flèches indiquent un mouvement général d'est en ouest, dû à la rotation de la Terre, mais les étoiles circumpolaires (à une extrémité de chaque carte, comme le montre le diagramme) tournent autour de l'un des pôles sans se coucher.

CARTE DU CIEL ENTIER ▷

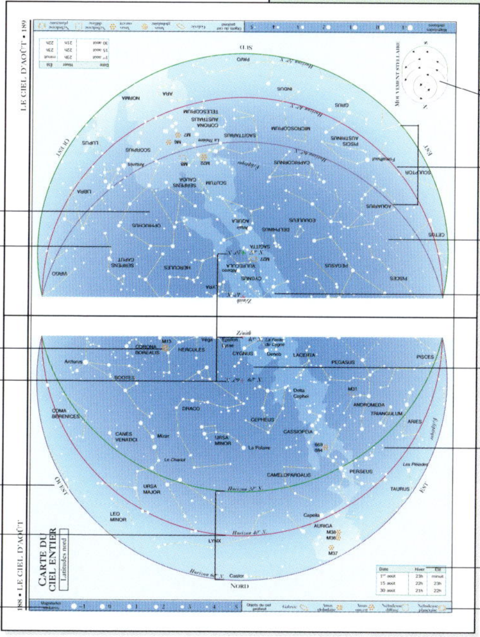

- La carte montre toutes les étoiles de magnitude supérieure à 5,0.
- Les dessins des 88 constellations sont reproduits sur les cartes.
- Symboles pour les objets du ciel profond
- Les croix colorées selon le code de couleur indiquent les zéniths à différentes latitudes.
- Direction géographique
- Lignes d'horizon colorées selon le code à utiliser en regardant le nord
- Symboles des magnitudes stellaires

- Diagramme des mouvements stellaires (voir ci-dessus)
- Lignes d'horizon colorées à utiliser en regardant le sud
- Écliptique (utile pour trouver les planètes)
- Voie lactée
- Le centre de la carte montre la région du ciel voisine du zénith.
- Les côtés de la carte montrent les étoiles visibles à l'est et à l'ouest.
- Table montrant les heures auxquelles la carte correspond (voir encadré ci-dessous)
- Symboles pour les objets du ciel profond

HEURE

Les cartes correspondant à un mois donné montrent le ciel tel qu'il apparaît à 22 h, heure d'hiver, en milieu de mois pour un fuseau horaire donné. Dans les pays où l'heure d'été est en pratique, elles montrent le ciel une heure plus tard. Le ciel aura le même aspect à 23 h au début du mois qu'à 22 h en milieu de mois et à 21 h en fin de mois. Si vous regardez le ciel à une heure différente, vous devez utiliser les cartes correspondant à un autre mois : deux heures avant 22 h, choisissez la carte du mois précédent ; deux heures après 22 h, utilisez la carte du mois suivant. Par exemple, si vous observez le ciel le 15 janvier à minuit, référez-vous à la carte de février.

Janvier

Le ciel de janvier est le plus beau de l'année, avec Orion entouré d'étoiles brillantes, dont Sirius, la plus lumineuse de toutes. Sous les latitudes australes, Canopus, la deuxième étoile la plus brillante, et le Grand Nuage de Magellan, la petite galaxie voisine, ajoutent à la richesse du spectacle.

LE SOLEIL LE 15 JANVIER

Latitude	Lever	Coucher
60° N.	08h50	15h30
40° N.	07h20	17h00
20° N.	06h40	17h40
0°	06h10	18h10
20° S.	05h30	18h50
40° S.	04h50	19h30

| 1er janvier | Hiver 🕐 Été 🕐 | 15 janvier | Hiver 🕐 Été 🕐 | 30 janvier | Hiver 🕐 Été 🕐 |

LATITUDES NORD

• **VERS LE NORD**
Le Chariot est dressé sur son timon à droite de l'étoile Polaire. Le W de Cassiopée est à gauche de la Polaire, avec Céphée au-dessous. La Chèvre est presque au zénith. Le Lion se lève au nord-est tandis que le Grand Carré de Pégase se couche au nord-ouest.

• **VERS LE SUD**
Orion le magnifique tient le centre de la scène, à droite de ses chiens, Sirius (dans le Grand Chien) et Procyon (dans le Petit Chien). Aldébaran étincelle au-dessus et à droite d'Orion, avec l'amas des Pléiades (voir p. 147) plus haut et plus à droite. Presque au zénith, on trouve Castor et Pollux, et la Chèvre.

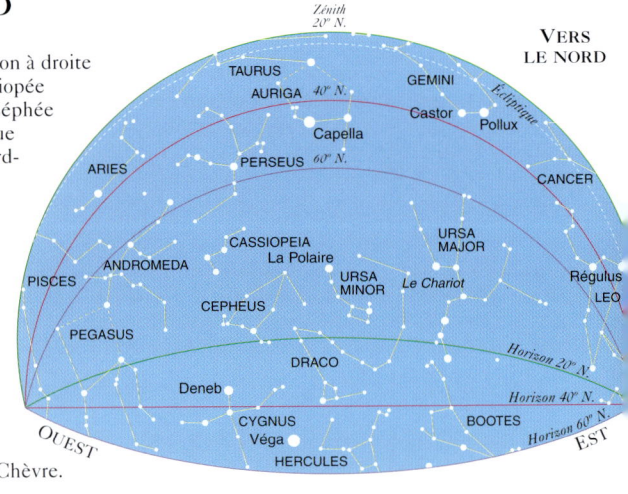

LATITUDES SUD

• **VERS LE NORD**
Orion est haut dans le ciel, avec la Chèvre et les autres étoiles du Cocher près de l'horizon nord. Sirius et Procyon brillent à droite d'Orion. Aldébaran et les étoiles du Taureau sont au-dessous et à gauche d'Orion, tandis que Castor et Pollux sont en dessous et à droite d'Orion, au nord-est. Persée se couche au nord-ouest.

• **VERS LE SUD**
Canopus est haut vers le sud, avec Sirius au-dessus, presque au zénith. Plus bas, au sud-ouest, Achernar marque l'extrémité de la rivière céleste, Éridan. Juste au-dessous de Canopus se trouve le Grand Nuage de Magellan (GNM) ; le Petit Nuage de Magellan (PNM) est plus bas à droite (voir p. 149).

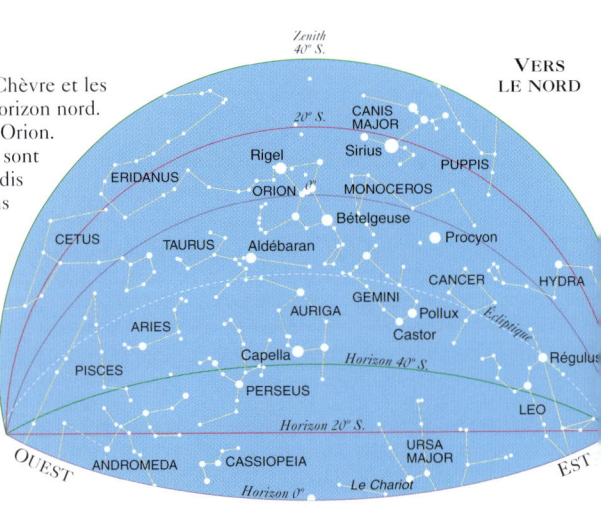

LE CIEL DE JANVIER • 145

LE BAUDRIER D'ORION Les trois étoiles au centre du cliché forment une ligne bien marquée, constituant le Baudrier d'Orion le chasseur (p.114-115). De gauche à droite : Delta (δ) Orionis (ou Mintaka), Epsilon (ε) Orionis (Alnilam) et Zêta (ζ) Orionis (Alnitak).

CARTES DU CIEL ENTIER

LES OBJETS DE JANVIER

☐ **M 42 (ORION)** Cette nébuleuse diffuse fait partie de l'épée qui pend du Baudrier d'Orion. C'est l'un des objets les plus connus du ciel et la plus remarquable des nébuleuses. Elle est visible à l'œil nu, dans de bonnes conditions, comme une tache brumeuse blanc laiteux ou verdâtre, mais on la voit mieux avec des jumelles. C'est un immense nuage de poussières et de gaz, essentiellement de l'hydrogène, qui, photographié, paraît rougeâtre. Il est illuminé par une étoile qui s'y est formée, Thêta-1 (θ¹) Orionis, appelée aussi le Trapèze, car elle comprend quatre étoiles, visibles avec un petit télescope. Voir aussi p. 114-115.

AUTRES OBJETS

- **Castor** (p. 151)
- **M 36, M 37 et M 38** (p. 211)
- **M 41** (p. 151)
- **M 44** (p. 157)
- ☐ **NGC 2244** (p. 151)
- **Les Hyades et les Pléiades** (p. 211)

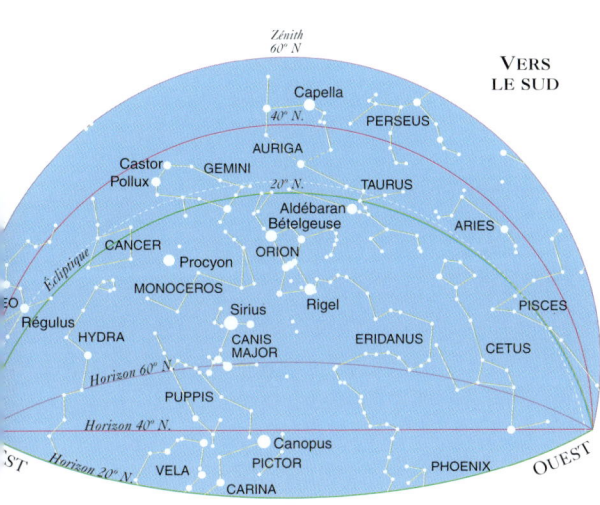

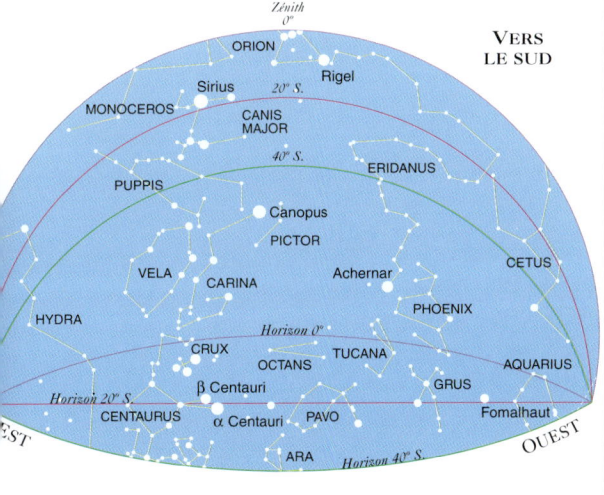

MÉTÉORES DE JANVIER

LES QUADRANTIDES

Cette averse, visible seulement dans l'hémisphère Nord, apparaît la première semaine de janvier, d'un point au nord du Bouvier, près du timon du Chariot. Cette région s'appelait autrefois le Quadrant, d'où le nom de l'averse. L'activité atteint 100 météores à l'heure les 3 et 4 janvier, mais le pic est de courte durée, les météores sont généralement faibles, et le radiant n'est pas très haut avant minuit.

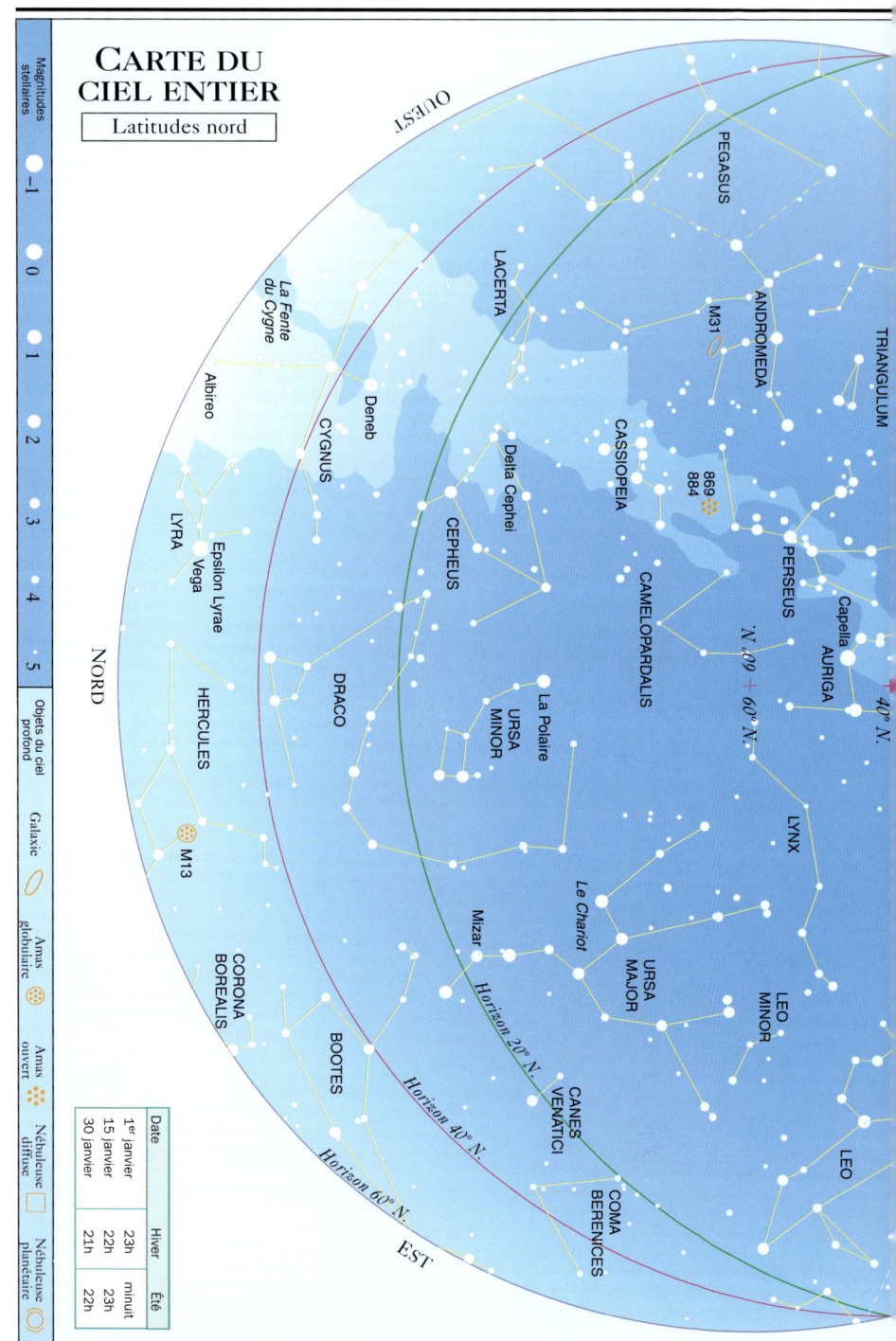

LE CIEL DE JANVIER • 147

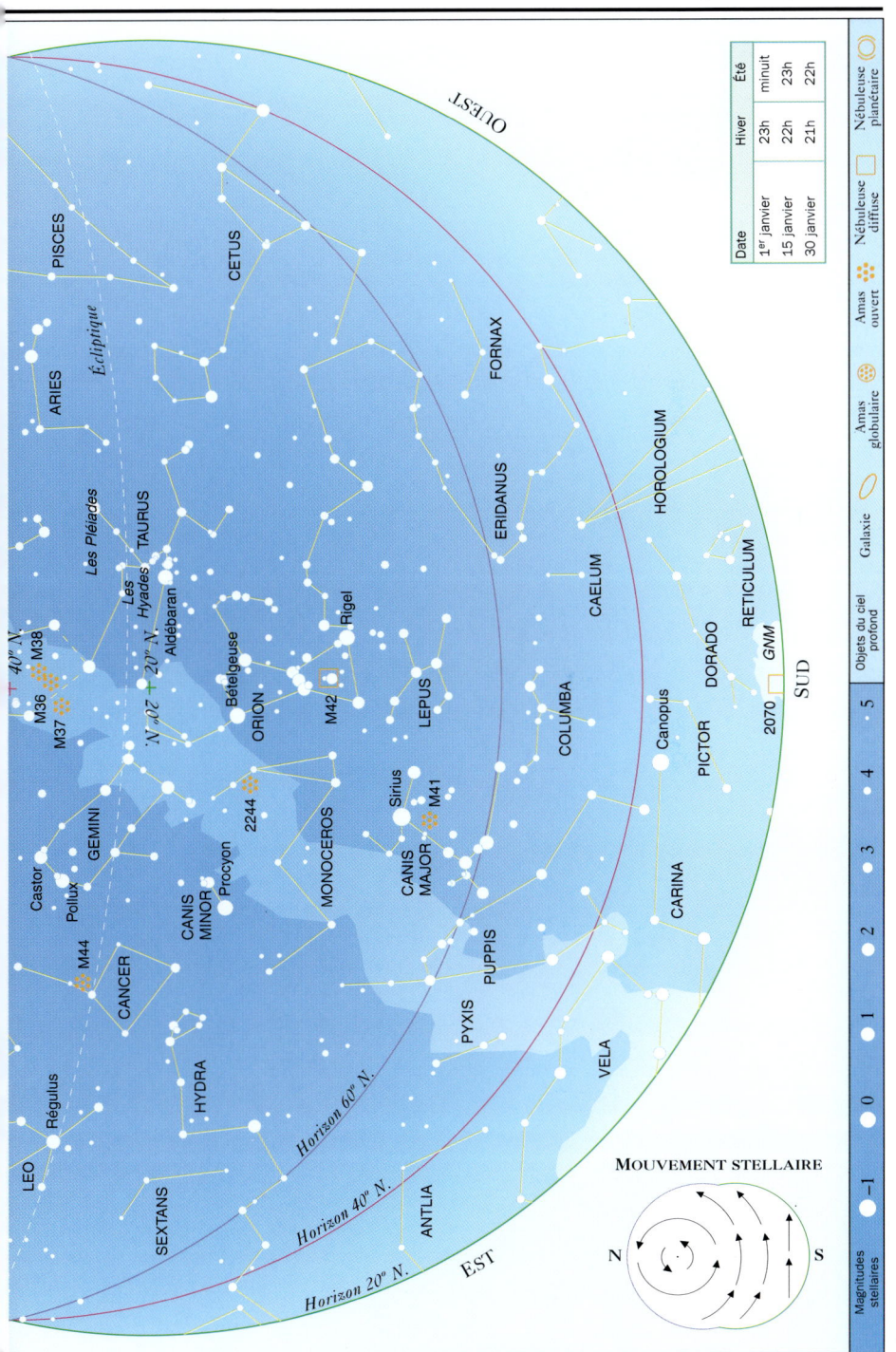

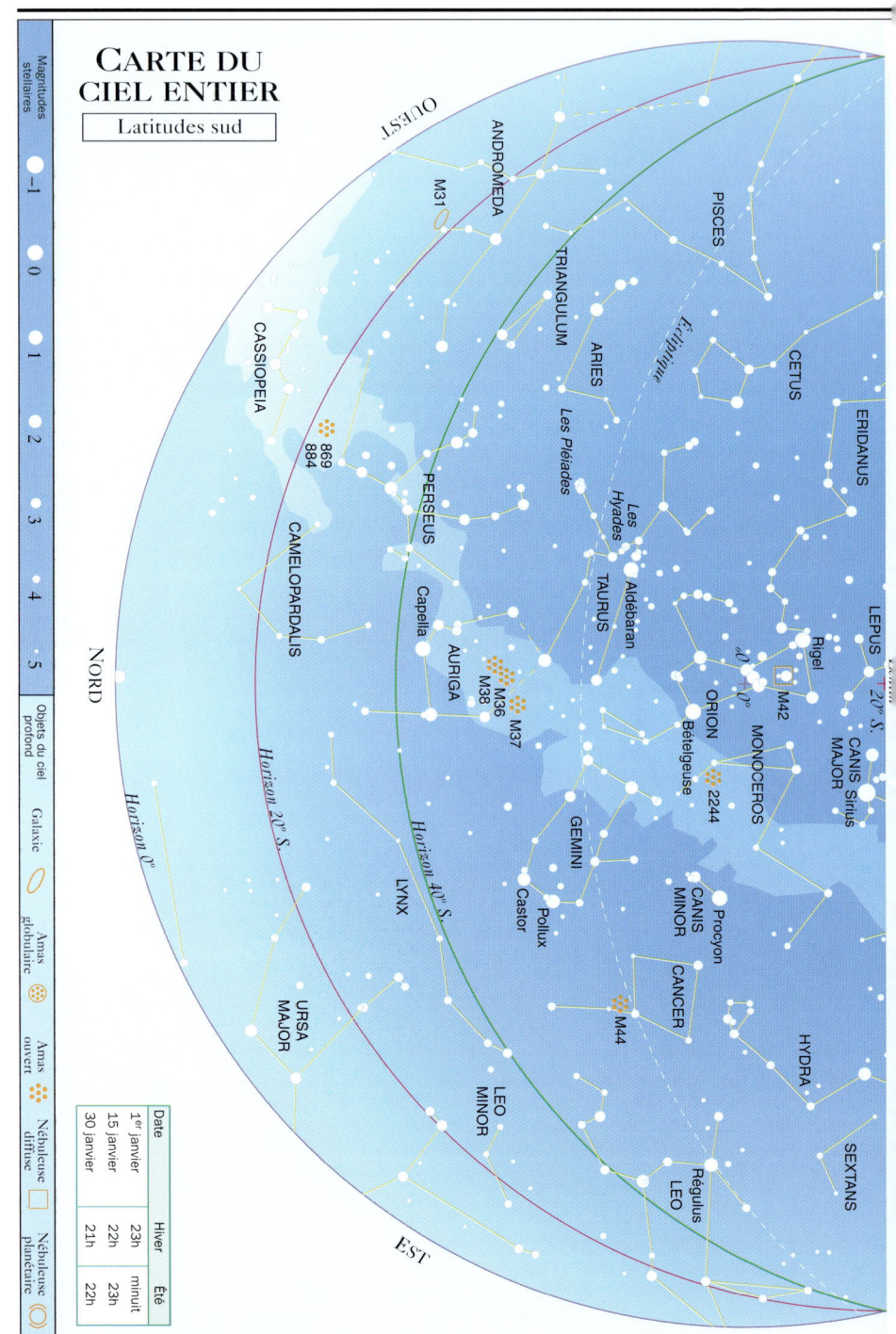

LE CIEL DE JANVIER • 149

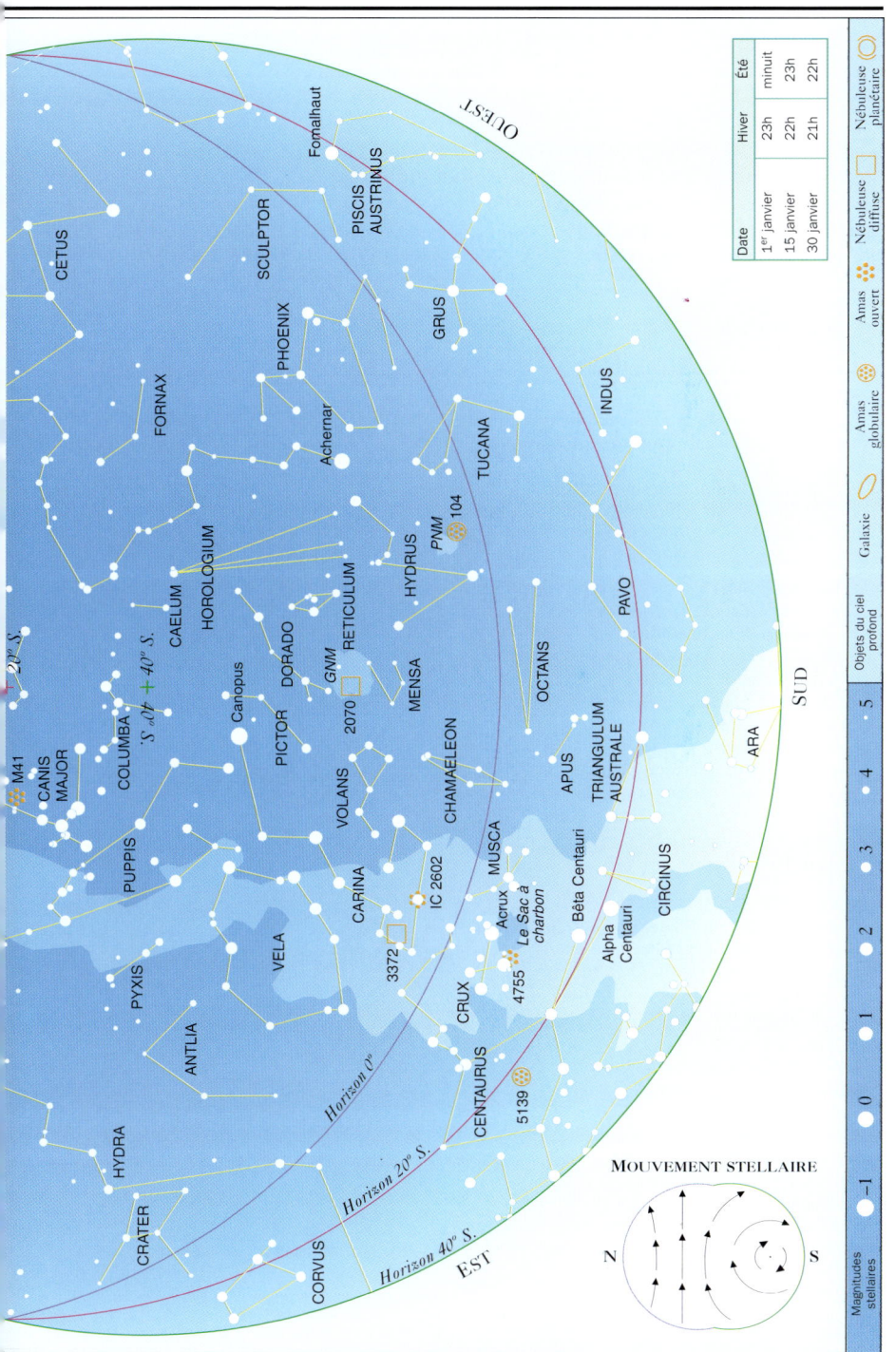

Février

SIRIUS, L'ÉTOILE LA PLUS BRILLANTE, est visible le soir sous toutes les latitudes et, dans l'hémisphère Sud, on peut également voir Canopus, la deuxième étoile la plus brillante. Trois constellations sont haut dans le ciel (la Carène, la Poupe et les Voiles), qui jadis n'en faisaient qu'une : le Navire Argo de Jason et de ses Argonautes.

LE SOLEIL LE 15 FÉVRIER		
Latitude	Lever	Coucher
60° N.	07h40	16h50
40° N.	06h50	17h40
20° N.	06h30	18h00
0°	06h10	18h20
20° S.	05h50	18h40
40° S.	05h30	19h00

| 1er février | Hiver | Été | 15 février | Hiver | Été | 1er mars | Hiver | Été |

LATITUDES NORD

• **VERS LE NORD**

Persée et Cassiopée sont faciles à trouver au nord-ouest, avec la brillante étoile de la Chèvre, située au-dessus d'elles, dans le Cocher. La silhouette familière des sept étoiles du Chariot domine le Nord-Est. Plein nord, deux constellations, Céphée et le Dragon, frôlent l'horizon.

• **VERS LE SUD**

Orion et le Taureau resplendissent au sud-ouest. Sirius, l'étoile la plus brillante du ciel, est presque plein sud, avec Procyon au-dessus et légèrement à gauche. Castor et Pollux, les deux étoiles les plus brillantes des Gémeaux, sont au zénith et le Cancer se situe à leur gauche. La forme caractéristique du Lion commence à être bien placée au sud-est.

LATITUDES SUD

• **VERS LE NORD**

Castor et Pollux, des Gémeaux, sont plein nord, avec Procyon, du Petit Chien, au-dessus. Les étoiles d'Orion et du Taureau sont en évidence au nord-ouest, et le Lion suit le Cancer au nord-est.

• **VERS LE SUD**

Les trois parties du Navire Argo, le vaisseau des Argonautes, sont faciles à repérer : la Carène (avec Canopus, son étoile la plus brillante), la Poupe, et, entre les deux précédentes, les Voiles. Achernar, dans Éridan, est au sud-ouest, près des Nuages de Magellan (voir p. 155). Au sud-est, le Centaure et la Croix du Sud se lèvent.

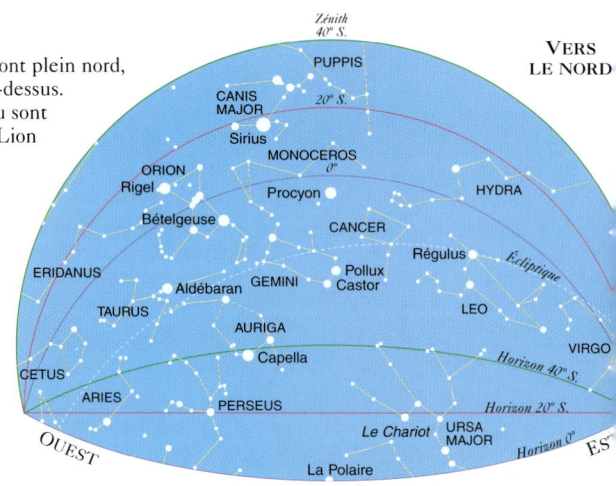

LE CIEL DE FÉVRIER • 151

LE TRIANGLE D'HIVER
Trois étoiles de constellations différentes forment un triangle équilatéral dans le ciel de l'hiver boréal ou de l'été austral. Sirius, du Grand Chien, en forme l'angle sud ; Bételgeuse, d'Orion (en haut à droite), et Procyon, du Petit Chien, (en haut à gauche) complètent la figure. Le Triangle d'hiver chevauche l'équateur céleste et est bien visible sous toutes les latitudes.

CARTES DU CIEL ENTIER

LES OBJETS DE FÉVRIER

● **CASTOR (LES GÉMEAUX).** Cette étoile, Alpha (α) Geminorum, est une double serrée, visible au télescope avec un grossissement de 100. Les deux étoiles sont sur une orbite de 470 ans. D'autres étoiles sont reliées gravitationnellement à Castor, composant une famille de six étoiles en tout. Elles se sont toutes formées à partir d'un même nuage de gaz. Voir aussi p. 96.

✦ **M 41 (LE GRAND CHIEN).** Les observateurs des hautes latitudes boréales ignorent souvent cet amas ouvert, situé à quatre degrés au sud de Sirius, parce que, pour eux, il frôle l'horizon. Il est néanmoins facile à trouver avec des jumelles, et même à l'œil nu dans des conditions favorables. Voir aussi p. 74.

✦ **NGC 2244 (LA LICORNE).** Les membres les plus brillants de ce grand amas ouvert sont faciles à voir avec des jumelles. Les étoiles forment un rectangle, mais la plus brillante, 12 Monocerotis, de magnitude 6, est au premier plan. L'amas se situe au centre de la nébuleuse de la Rosette (NGC 2237), une boucle de gaz en forme de fleur qui ne se voit bien qu'en photographie. Voir aussi p. 110-111.

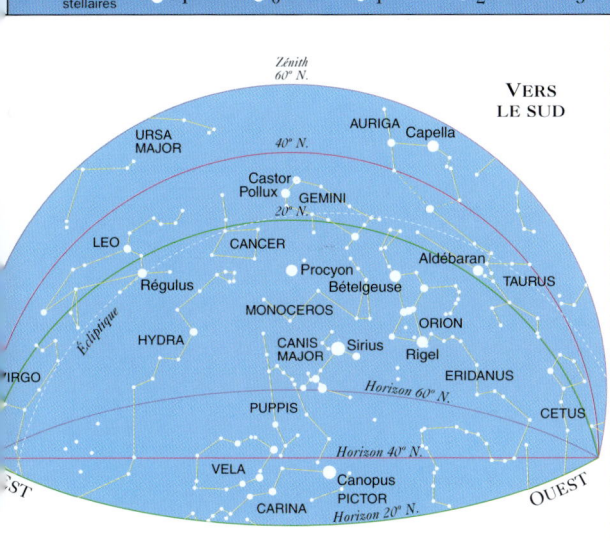

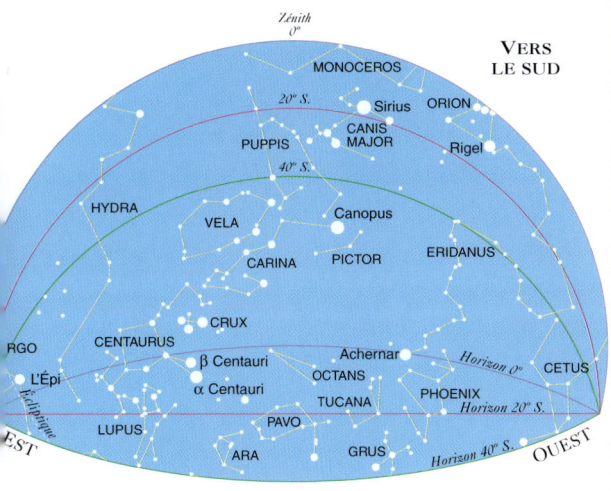

AUTRES OBJETS

✦ **M 36, M 37 et M 38** (p. 211)
☐ **M 42** (p. 145)
✦ **M 44** (p. 157)
☐ **NGC 3372** (p. 157)
✦ **IC 2062** (p. 157)
● **Les Hyades et les Pléiades** (p. 211)

152 • LE CIEL DE FÉVRIER

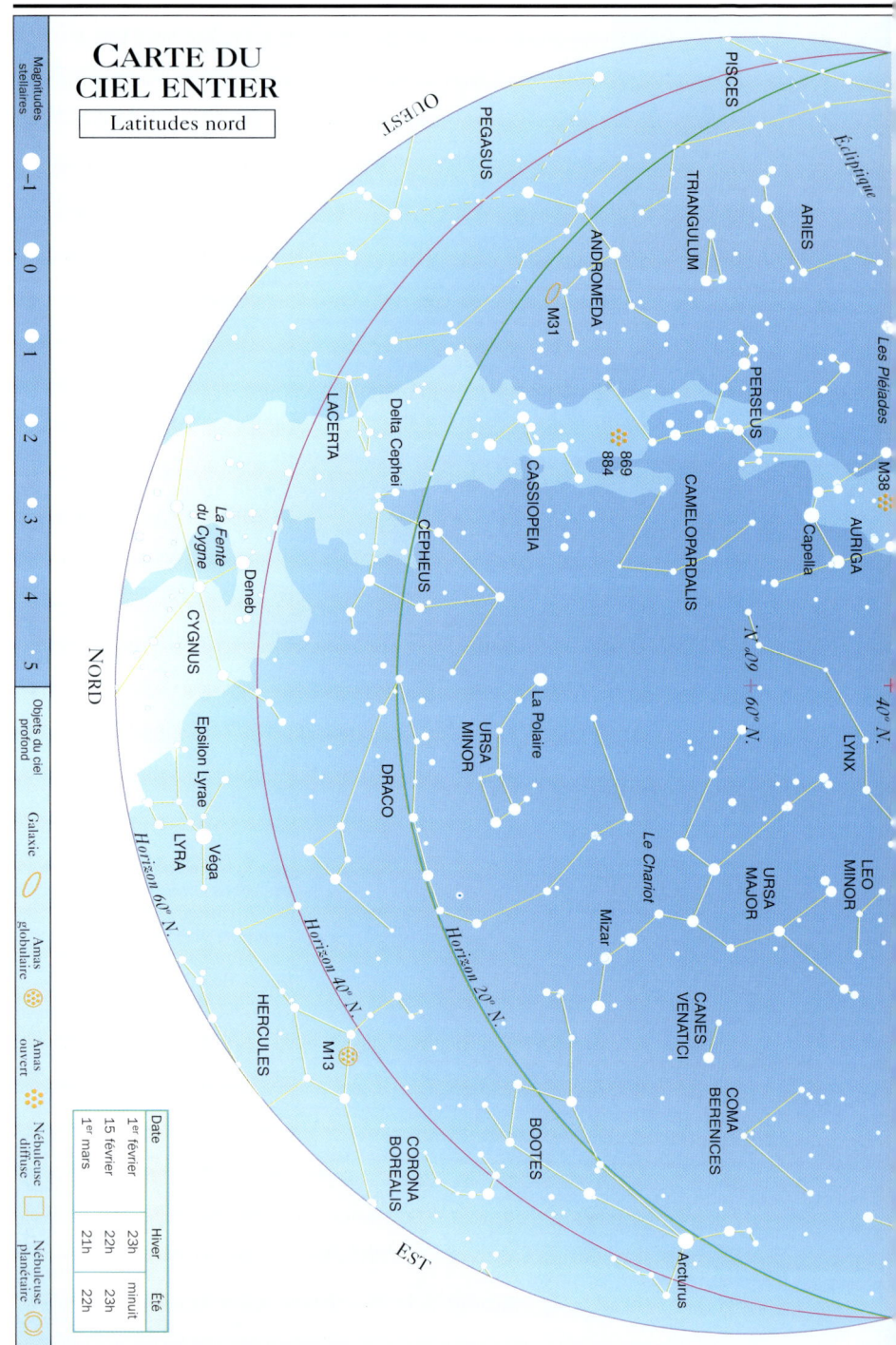

LE CIEL DE FÉVRIER • 153

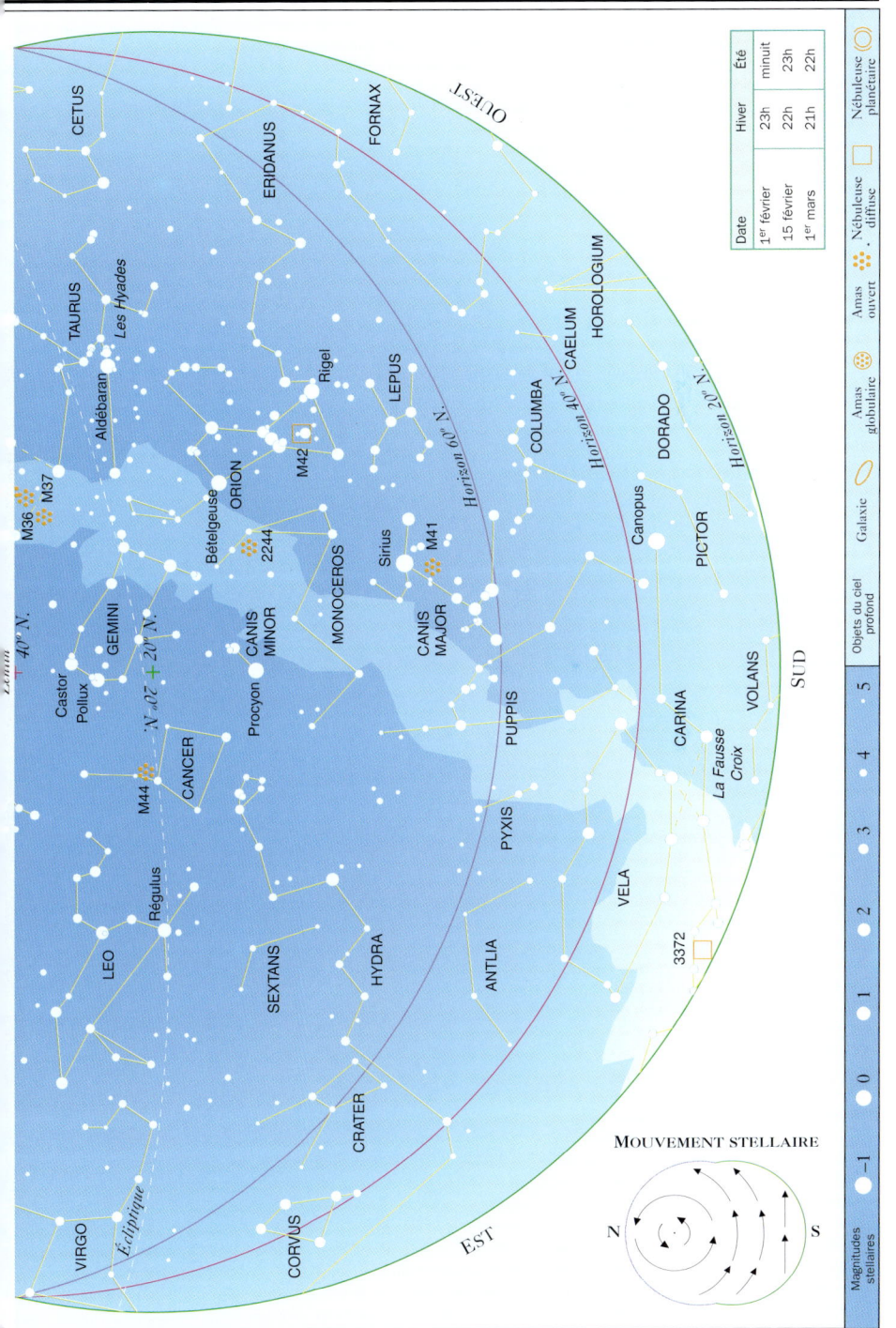

154 • LE CIEL DE FÉVRIER

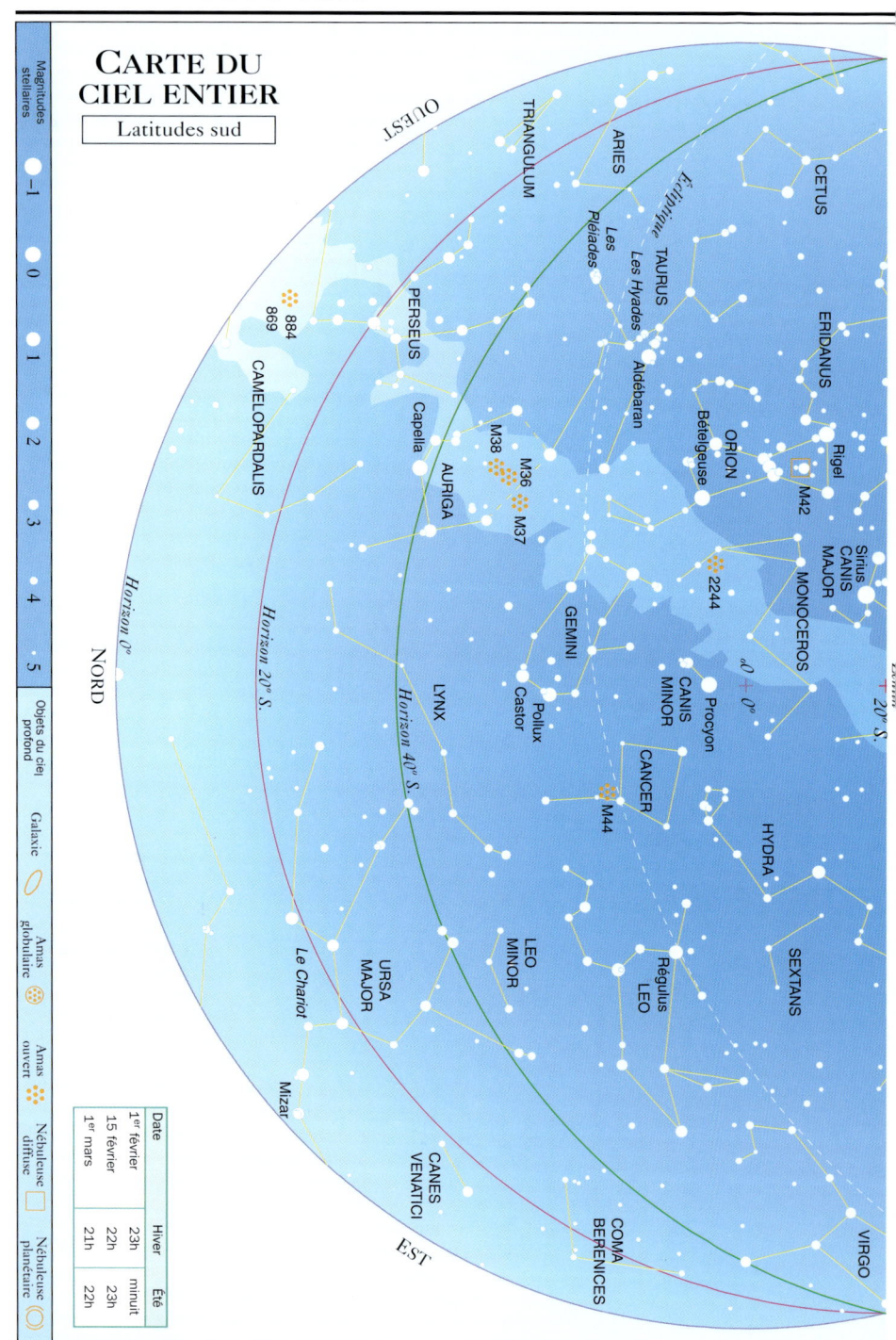

LE CIEL DE FÉVRIER • 155

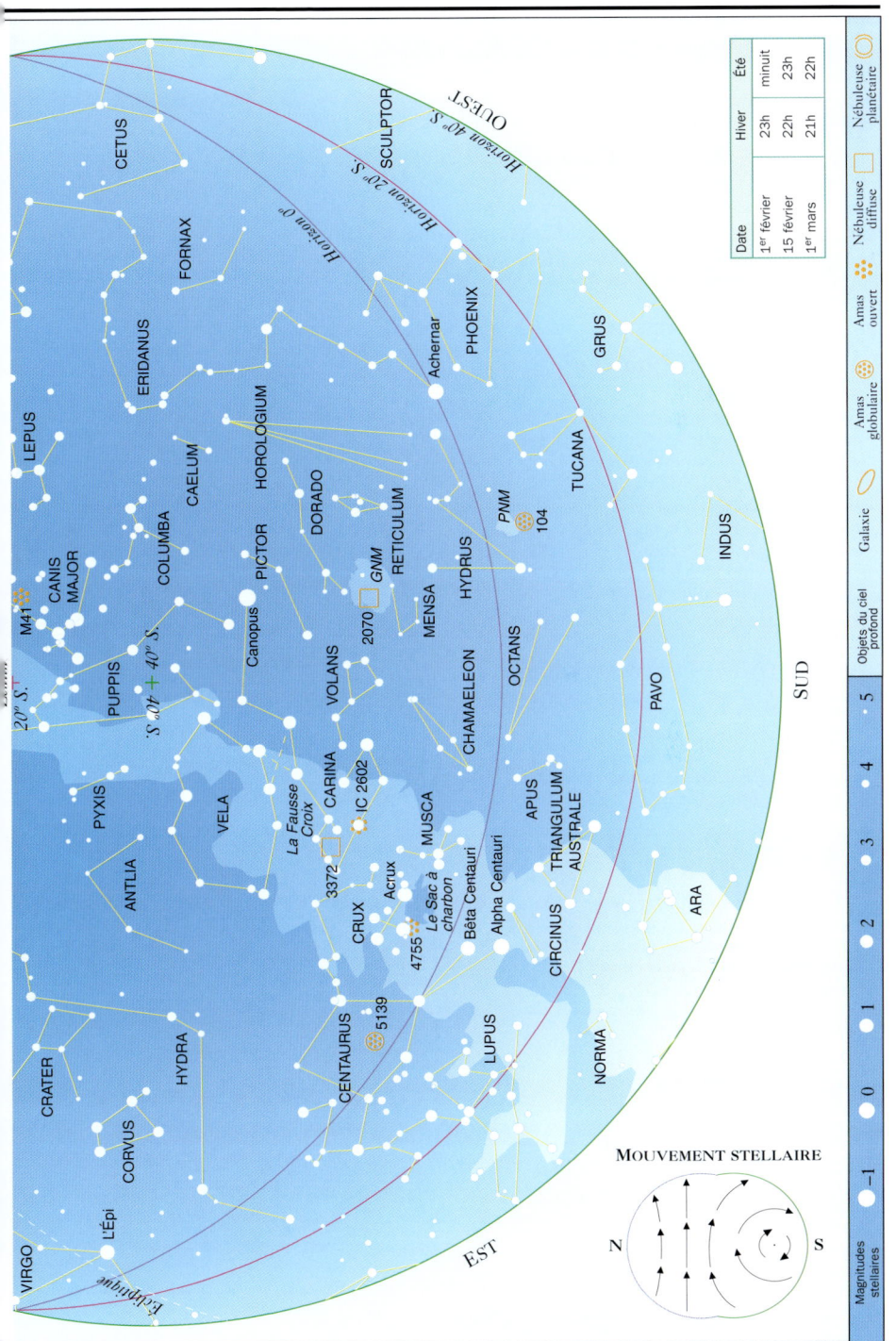

MARS

P ARTOUT, LES JOURS ET LES NUITS sont déjà presque d'égale durée à l'approche de l'équinoxe, vers le 21 mars, début du printemps boréal et de l'automne austral. Orion et les étoiles voisines sont à l'ouest, tandis que, sous les latitudes australes, de riches champs stellaires, de la Carène au Centaure, s'étendent au sud et au sud-est.

LE SOLEIL LE 15 MARS

Latitude	Lever	Coucher
60° N.	06h20	18h00
40° N.	06h10	18h10
20° N.	06h10	18h10
0°	06h10	18h10
20° S.	06h00	18h20
40° S.	06h00	18h20

| 1er mars | Hiver | Été | 15 mars | Hiver | Été | 30 mars | Hiver | Été |

LATITUDES NORD

• **VERS LE NORD**
Le Chariot se trouve haut dans le ciel, au nord-est. Sa caisse s'ouvre vers le bas, en direction de la Polaire, tandis que son timon pointe à l'est, vers Arcturus, dont le lever annonce l'arrivée du printemps. La Chèvre est l'étoile la plus visible au nord-ouest, avec Persée et Cassiopée qui plongent vers l'horizon ouest.

• **VERS LE SUD**
Le Lion est tapi plein sud, avec les étoiles du Cancer à sa droite. La Vierge se lève au sud-est avec l'Épi, son étoile la plus brillante, tandis qu'Orion et les autres étoiles d'hiver s'en vont au sud-ouest. Sirius scintille au-dessus de l'horizon sud-ouest.

LATITUDES SUD

• **VERS LE NORD**
Les constellations zodiacales des Gémeaux, du Cancer et du Lion se suivent à travers le ciel, du nord-ouest au nord-est. Les étoiles peu lumineuses situées autour de la tête de l'Hydre femelle se trouvent haut dans le ciel, au nord. Arcturus devient juste visible au-dessus de l'horizon nord-est, annonçant le changement de saison.

• **VERS LE SUD**
La Carène et les Voiles, presque plein sud, sont très fournies en étoiles. Sirius, Canopus et le Grand Nuage de Magellan (voir p. 161) se voient au sud-ouest. Le Centaure et la Croix du Sud se lèvent au sud-est. Orion plonge à l'ouest, tandis que la Vierge et les autres étoiles d'hiver se lèvent à l'est.

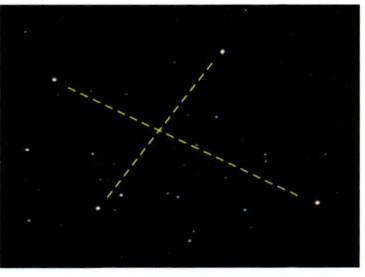

La Fausse Croix

Quatre étoiles de la Carène et des Voiles forment la Fausse Croix, parfois confondue avec la vraie Croix du Sud, plus petite mais plus brillante. Ce sont Kappa (κ) et Delta (δ) Velorum (en haut à gauche et à droite) et Iota (ι) et Epsilon (ε) Carinae (en bas à gauche et à droite).

Cartes du ciel entier

Les objets de Mars

❖ **M 44 (le Cancer).**
Le Cancer, la plus faible des constellations du zodiaque, contient une attraction majeure : l'amas ouvert M 44, surnommé « la Crèche » ou « la Ruche ». Des jumelles permettent de le voir comme une tache arrondie d'étoiles de faible éclat, ressemblant à un essaim d'abeilles. À la campagne, on peut le voir à l'œil nu. Les étoiles Gamma (γ) et Delta (δ) Cancri, au nord et au sud de l'amas, étaient autrefois décrites comme des ânes à la mangeoire. Voir aussi p. 72.

☐ **NGC 3372 (la Carène).** Cette nébuleuse diffuse, qui contient l'étoile de magnitude 6 Êta (η) Carinae, est communément appelée la nébuleuse Êta Carinae. Par nuit noire, elle est visible à l'œil nu, comme une tache plus brillante dans la Voie lactée. Sa grande taille en fait un objet d'observation idéal avec des jumelles. Une bande sombre de poussière, en forme de V, la traverse. Voir aussi p. 76-77.

❖ **IC 2602 (la Carène).**
Ce brillant amas ouvert, appelé communément les Pléiades du Sud, est formé d'une poignée d'étoiles visibles à l'œil nu, dont la plus brillante est Thêta (θ) Carinae, de magnitude 2,7. Des jumelles montrent une douzaine d'étoiles. Voir aussi p. 76-77.

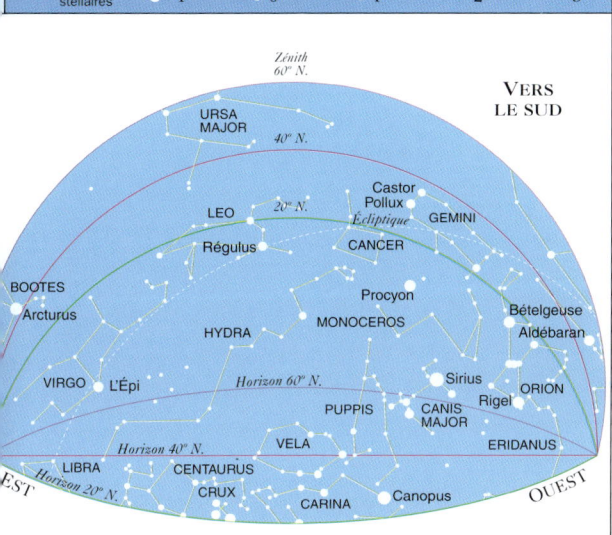

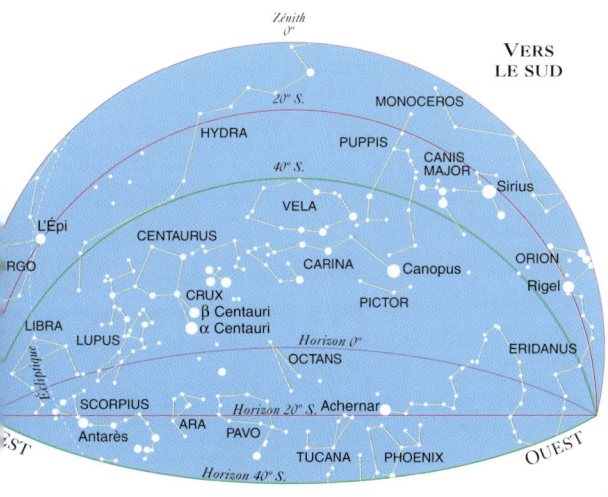

Autres objets

- **Acrux** (p. 163)
- **Castor** (p. 151)
- ❖ **M 36, M 37 et M 38** (p. 211)
- ❖ **M 41** (p. 151)
- ☐ **M 42** (p. 145)
- ☐ **NGC 2244** (p. 151)
- ❖ **NGC 4755** (p. 163)

CARTE DU CIEL ENTIER
Latitudes nord

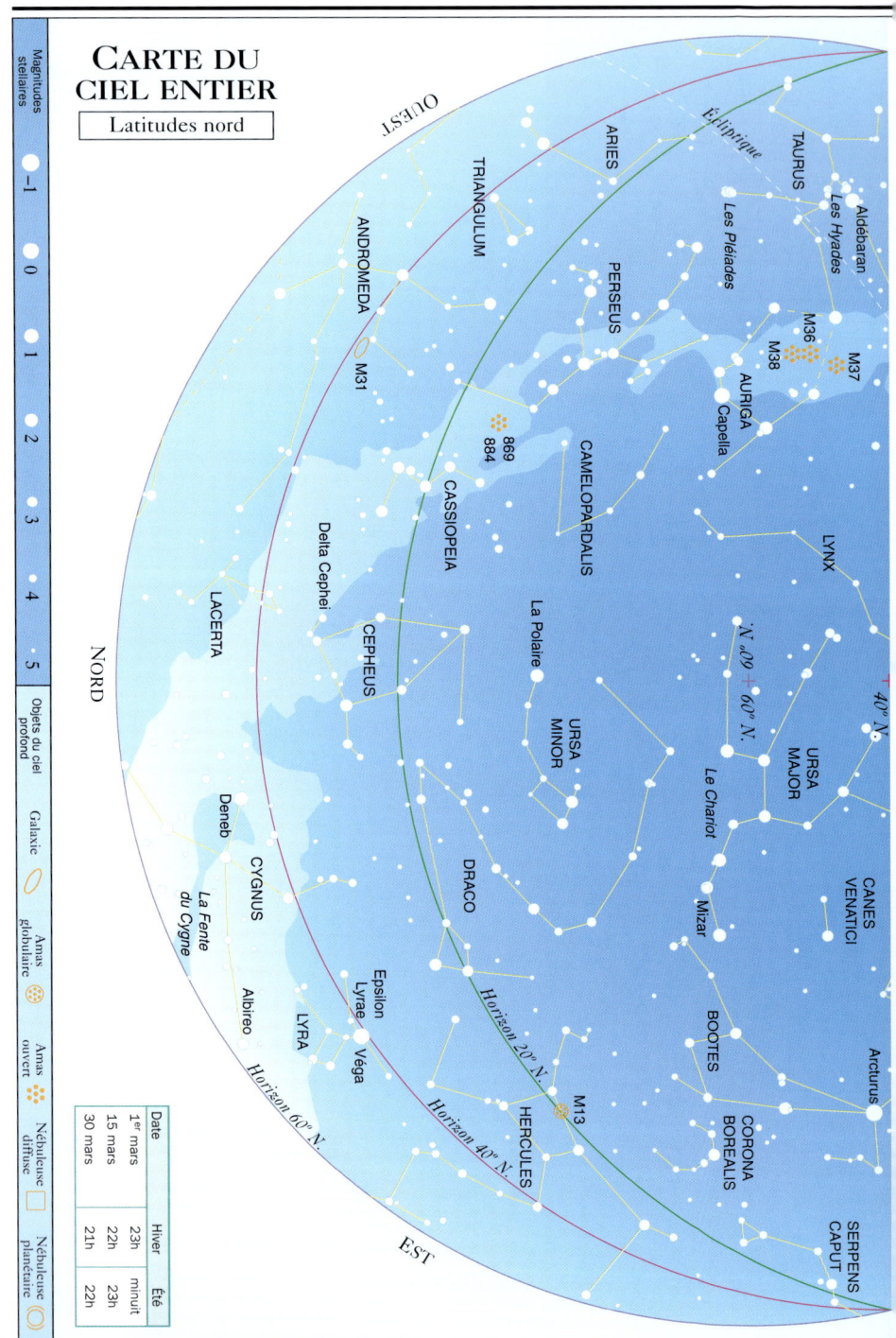

LE CIEL DE MARS • 159

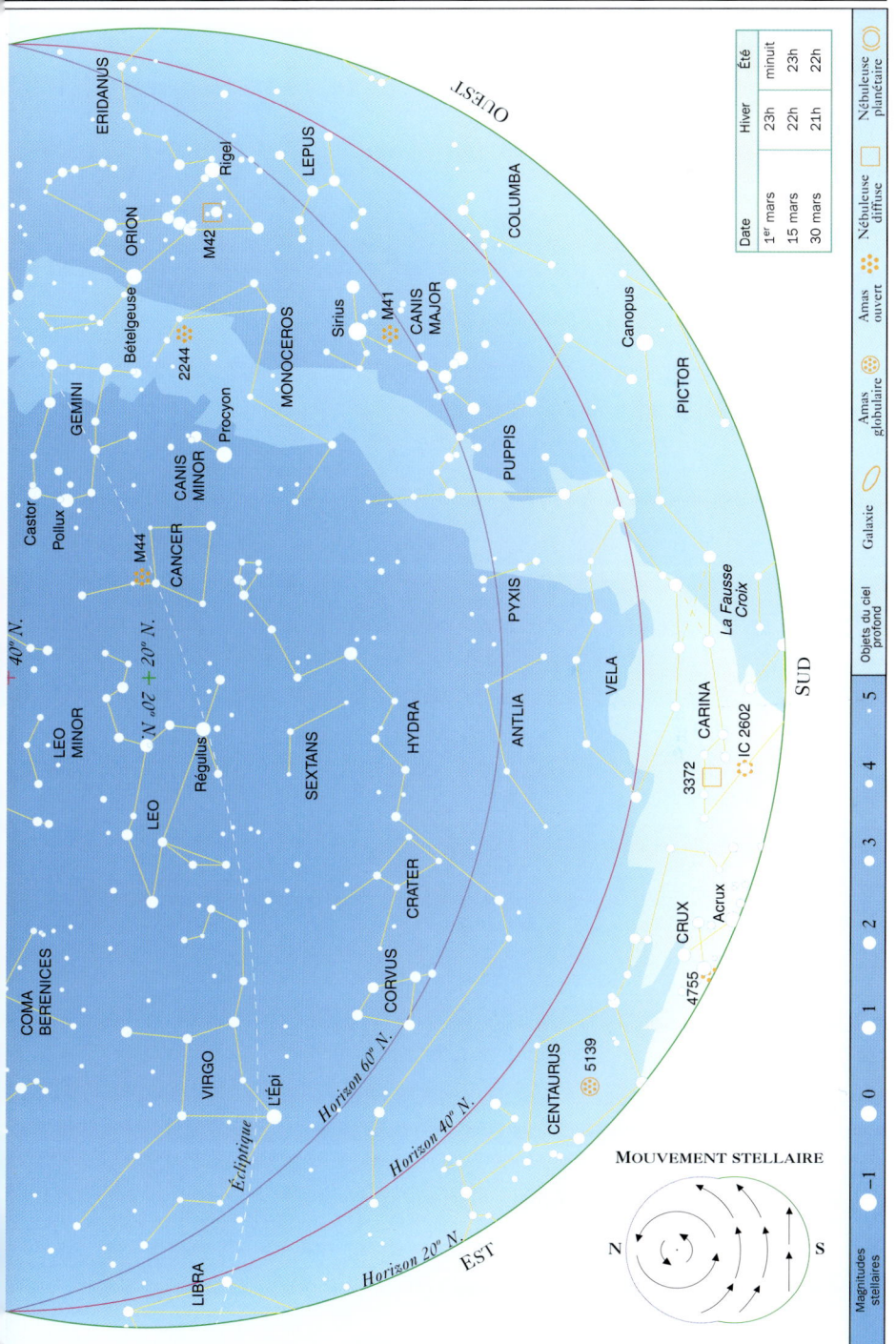

160 • LE CIEL DE MARS

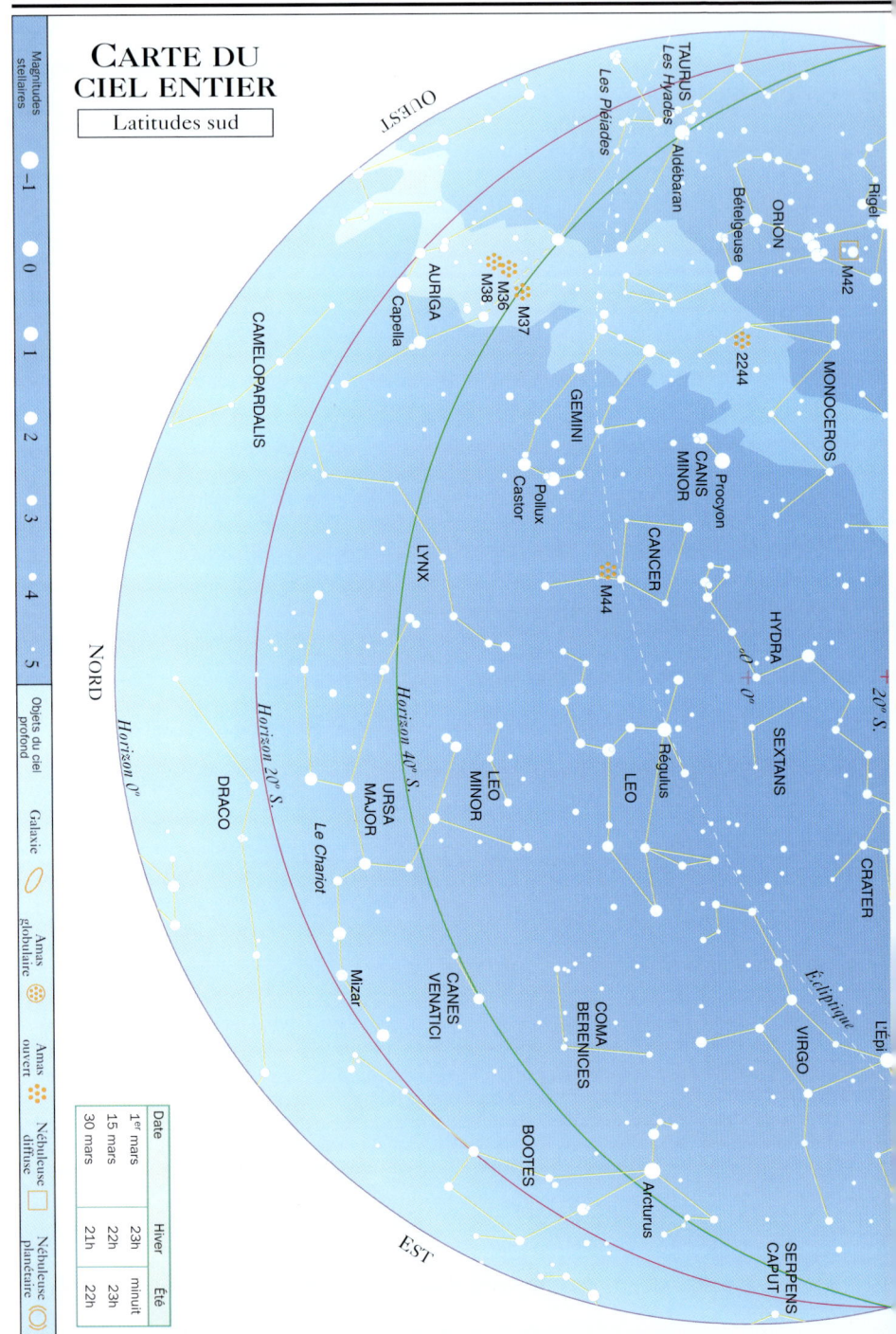

LE CIEL DE MARS • 161

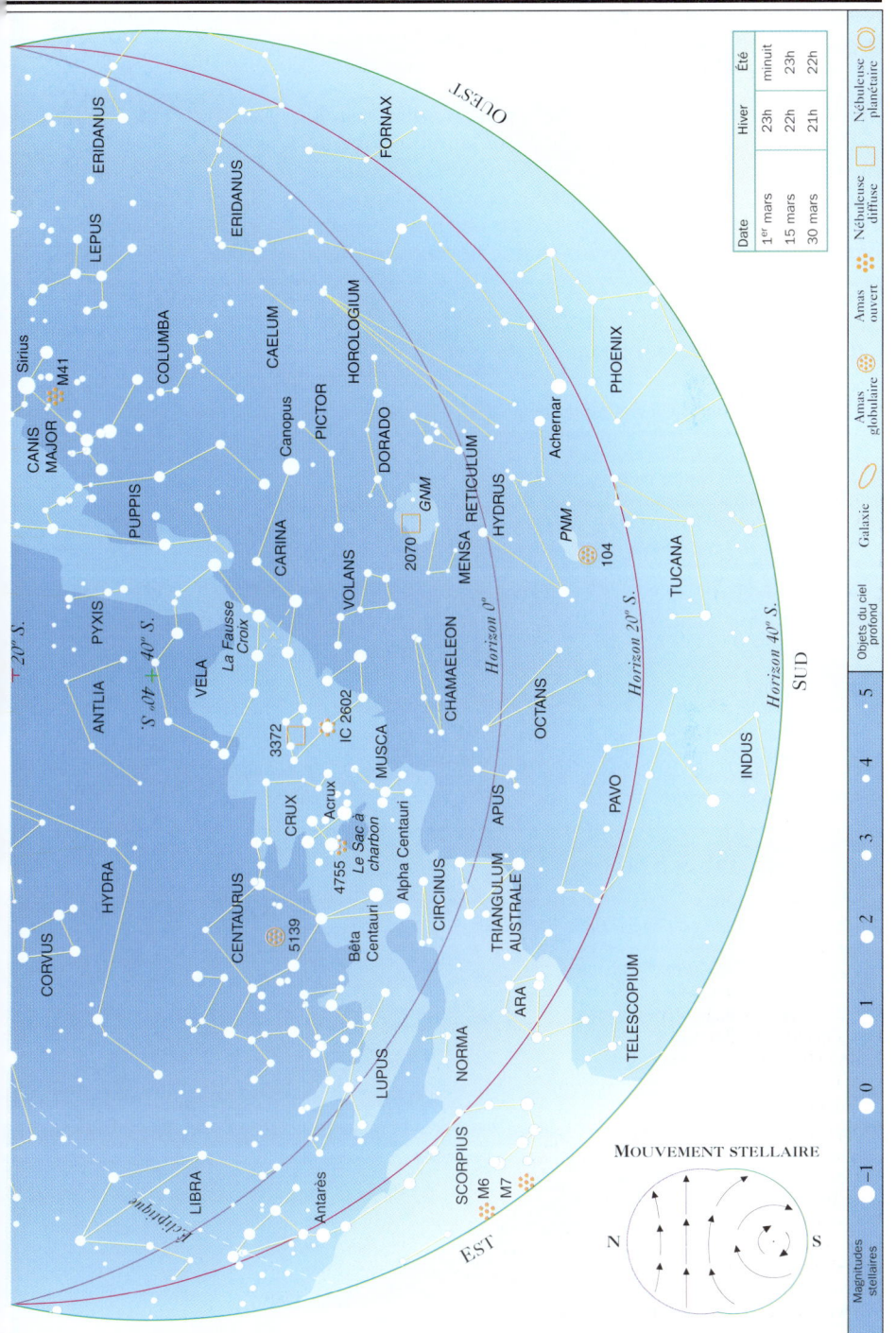

Avril

L'HEURE D'ÉTÉ est en cours dans la plus grande partie de l'hémisphère Nord, et la nuit tombe de plus en plus tôt dans le Sud. Le Chariot est haut dans le ciel boréal. Le Lion est visible sous toutes les latitudes, et la Voie lactée, avec une foule d'étoiles brillantes, est bien placée pour les observateurs de l'hémisphère Sud.

LE SOLEIL LE 15 AVRIL

Latitude	Lever	Coucher
60° N.	04h40	19h20
40° N.	05h20	18h40
20° N.	05h40	18h20
0°	06h00	18h00
20° S.	06h10	17h50
40° S.	06h30	17h30

1er avril Hiver Été   15 avril Hiver Été   30 avril Hiver Été

LATITUDES NORD

- **VERS LE NORD**

La forme familière du Chariot est presque au zénith, les étoiles de la caisse pointant vers le bas en direction de la Polaire. La Chèvre est au nord-ouest tandis que, à sa droite, les constellations de Persée et Cassiopée descendent vers l'horizon. À l'est, Véga et Deneb apparaissent en tête des étoiles d'été.

- **VERS LE SUD**

Le Lion est haut dans le ciel. Dessous, une zone relativement vide entoure l'Hydre femelle. À gauche du Lion, au sud-est, Arcturus est bien en vue, avec l'Épi, de la Vierge, près de l'horizon. Sur l'horizon ouest, Castor et Pollux, des Gémeaux, sont encore visibles, avec Procyon juste au-dessous.

LATITUDES SUD

- **VERS LE NORD**

Plein nord, le Lion est couché sur le dos, tandis qu'Arcturus resplendit à l'est, avec l'Épi loin au-dessus. Procyon reste visible au nord-ouest, tandis que Castor et Pollux, des Gémeaux, se couchent au-dessous. La grande et faible constellation de l'Hydre femelle s'étale dans le ciel, du nord-ouest au nord-est.

- **VERS LE SUD**

La Croix du Sud se situe haut dans le Sud, avec les Voiles et la Carène à sa droite, et Alpha (α) et Bêta (β) Centauri à sa gauche. Canopus se voit au sud-ouest et le Grand Nuage de Magellan (GNM) est en dessous à sa gauche (voir p. 167). Sirius est presque plein ouest, et le Scorpion au sud-est.

LE CIEL D'AVRIL • 163

LE SAC À CHARBON
Ce qui ressemble à un trou dans la Voie lactée, près de la Croix du Sud, est un immense nuage de poussières qui masque les étoiles situées derrière lui. Cette nébuleuse obscure, le Sac à charbon, présente un diamètre de 60 années-lumière et se trouve à 600 années-lumière de nous.

CARTES DU CIEL ENTIER

LES OBJETS D'AVRIL

● **ACRUX (LA CROIX DU SUD).** Acrux, ou Alpha (α) Crucis, la plus brillante étoile de la Croix du Sud, est en réalité une étoile double serrée. Un petit télescope la sépare en deux point brillants. Une étoile moins lumineuse, sans rapport avec la paire principale, est visible avec des jumelles. Voir aussi p. 86-87.

✸ **NGC 4755 (LA CROIX DU SUD).** Cet amas ouvert, la Boîte à bijoux, est visible à l'œil nu comme une étoile floue, mais on le voit mieux avec des jumelles ou un petit télescope. L'astronome anglais sir John Herschel l'a décrit dans les années 1830 comme « une cassette de pierres précieuses de diverses couleurs ». Bien qu'il paraisse proche du Sac à charbon (voir cliché ci-dessus), il est en fait plus de 12 fois plus éloigné de nous que ce dernier. Voir aussi p. 86-87.

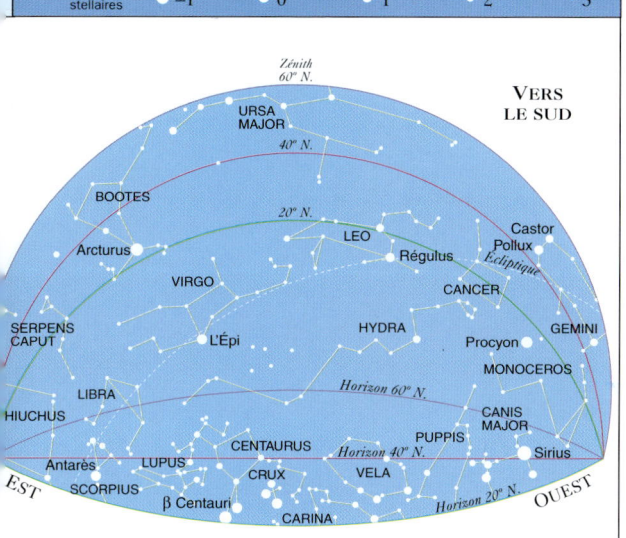

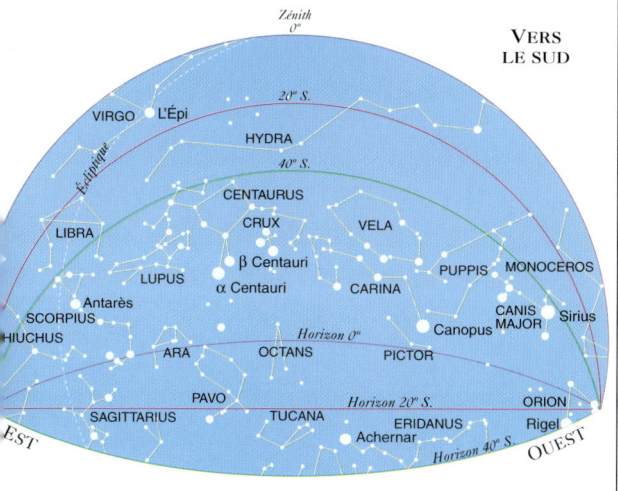

AUTRES OBJETS

● Alpha (α) Centauri (p. 169)
● Mizar (p. 169)
✸ M 44 (p. 157)
✸ NGC 2244 (p. 151)
□ NGC 3372 (p. 157)
◉ NGC 5139 (p. 169)
✸ IC 2602 (p. 157)

MÉTÉORES D'AVRIL

LES LYRIDES. L'averse de météores des Lyrides, plus visible sous les latitudes boréales, atteint son pic vers le 21 avril. C'est l'une des averses les plus pauvres, avec un taux maximal d'une dizaine de météores à l'heure, mais ceux-ci sont rapides, brillants, et laissent souvent une traînée. Le radiant est dans la constellation de la Lyre, près de l'étoile Véga.

164 • LE CIEL D'AVRIL

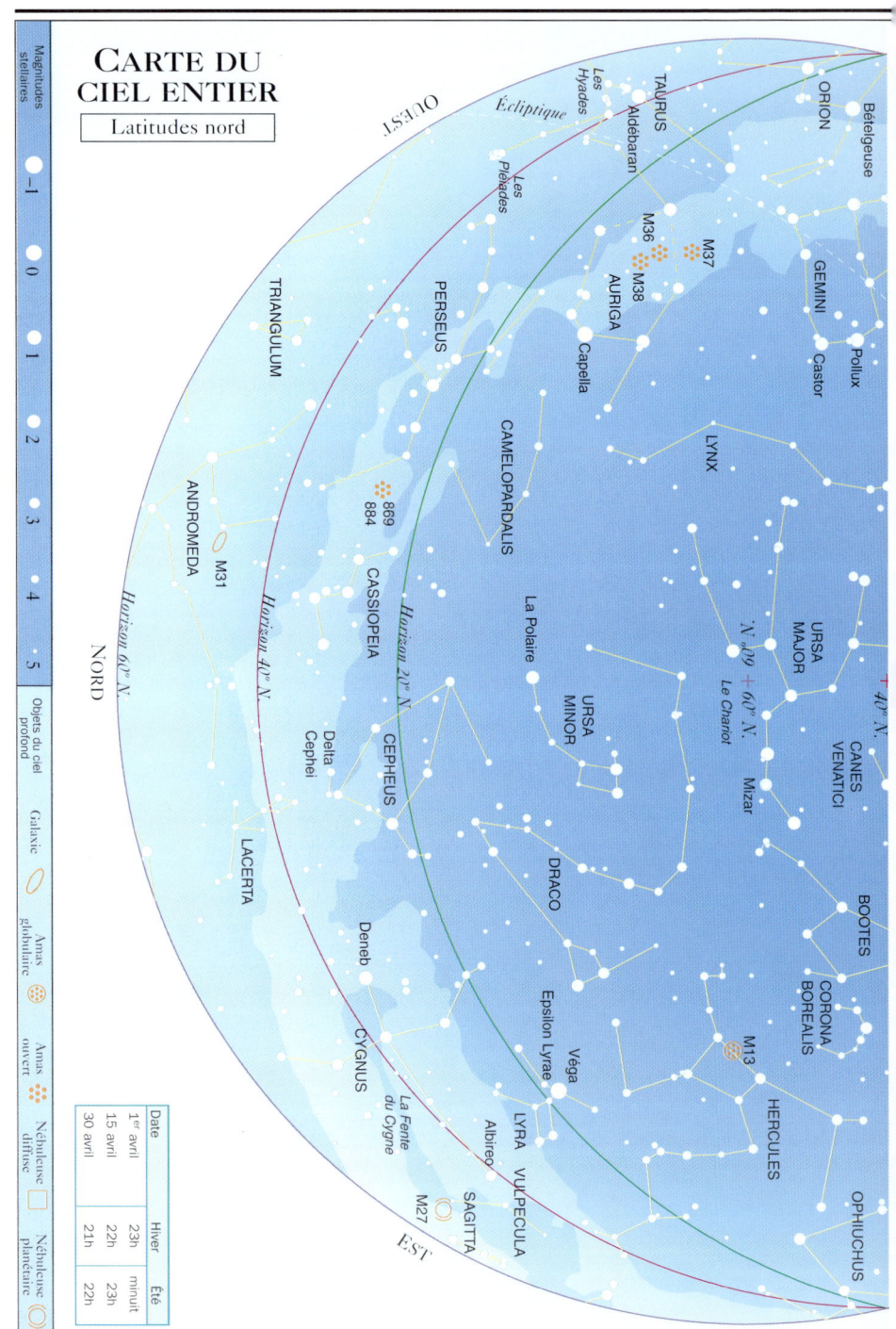

LE CIEL D'AVRIL • 165

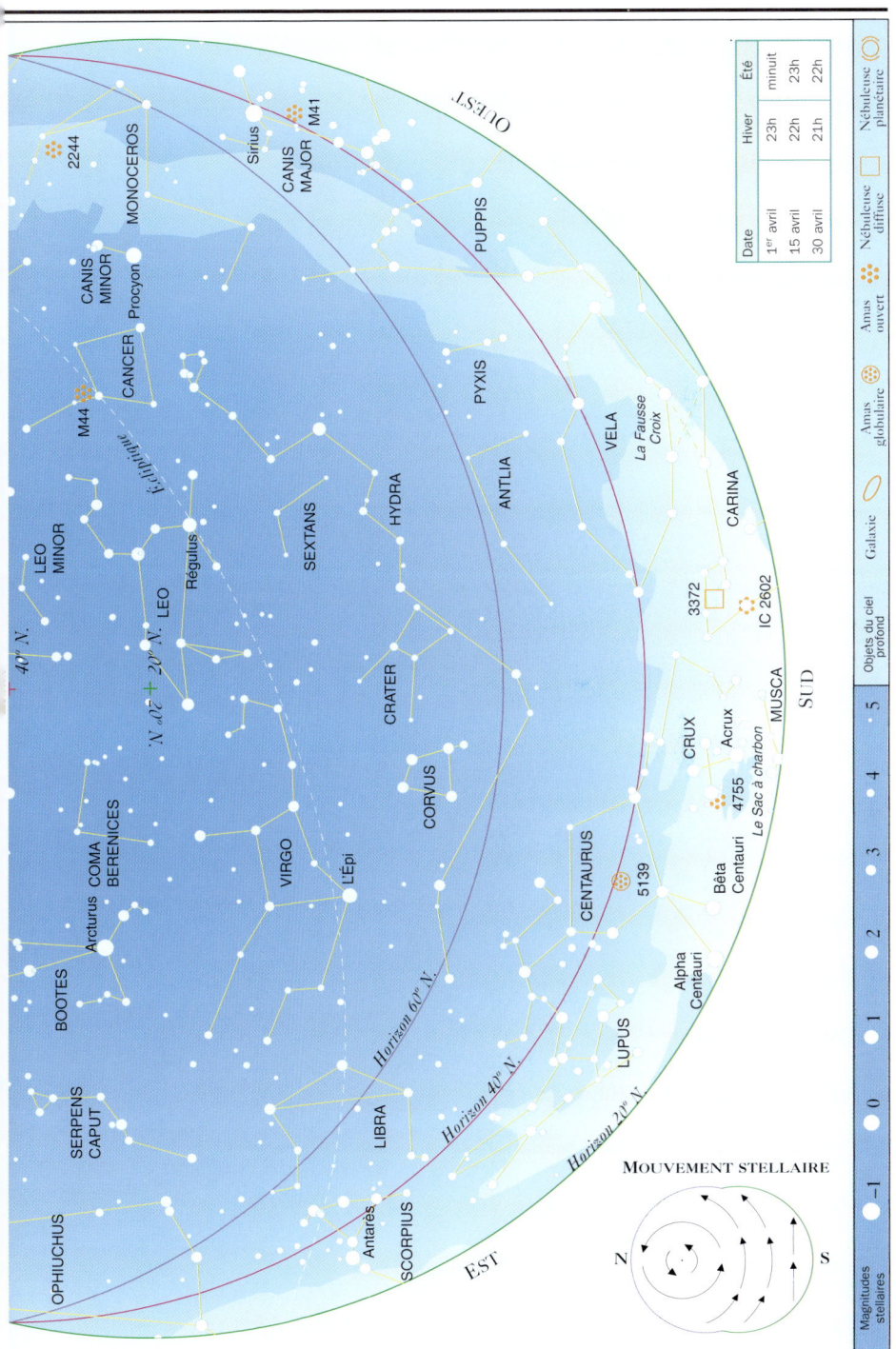

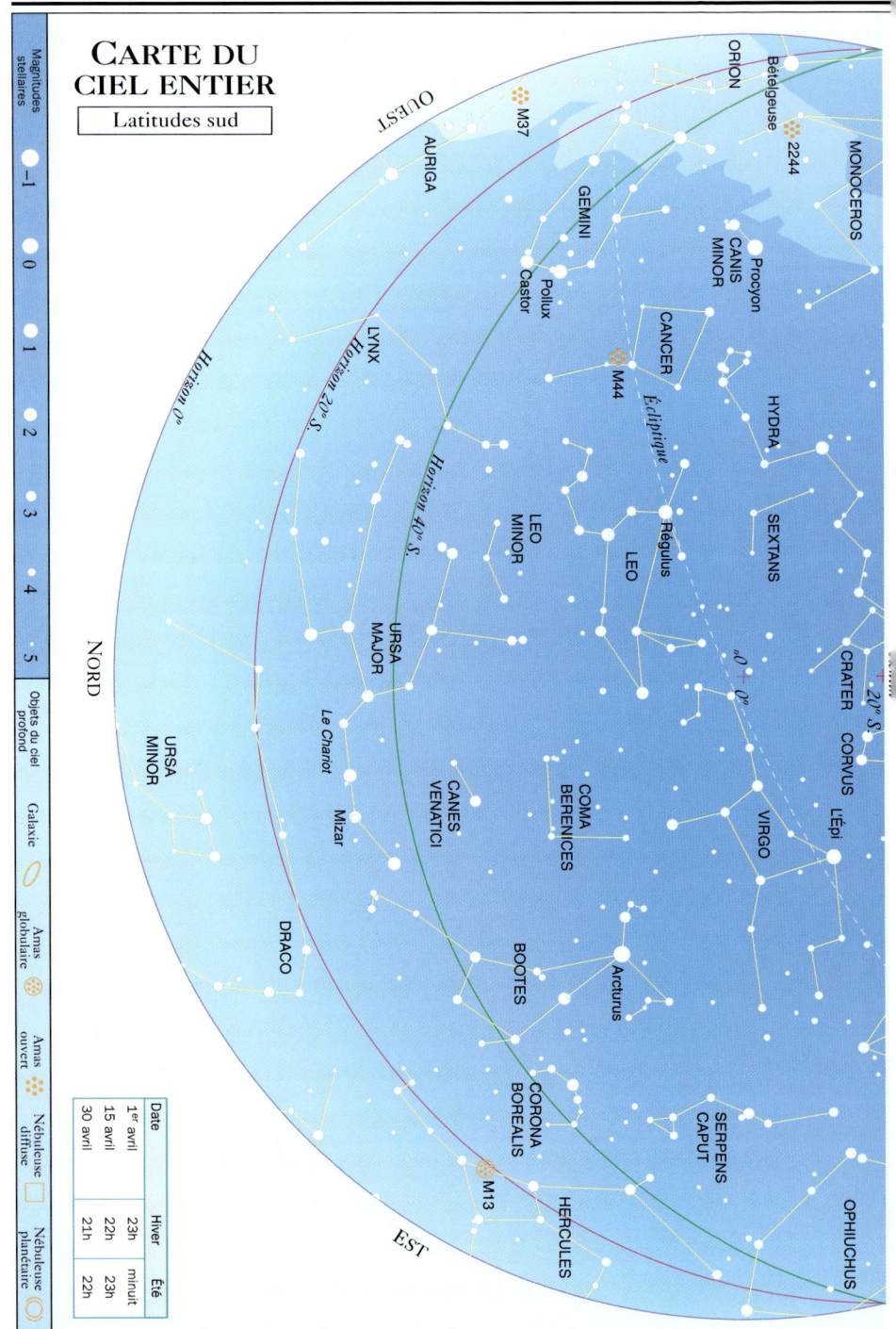

LE CIEL D'AVRIL • 167

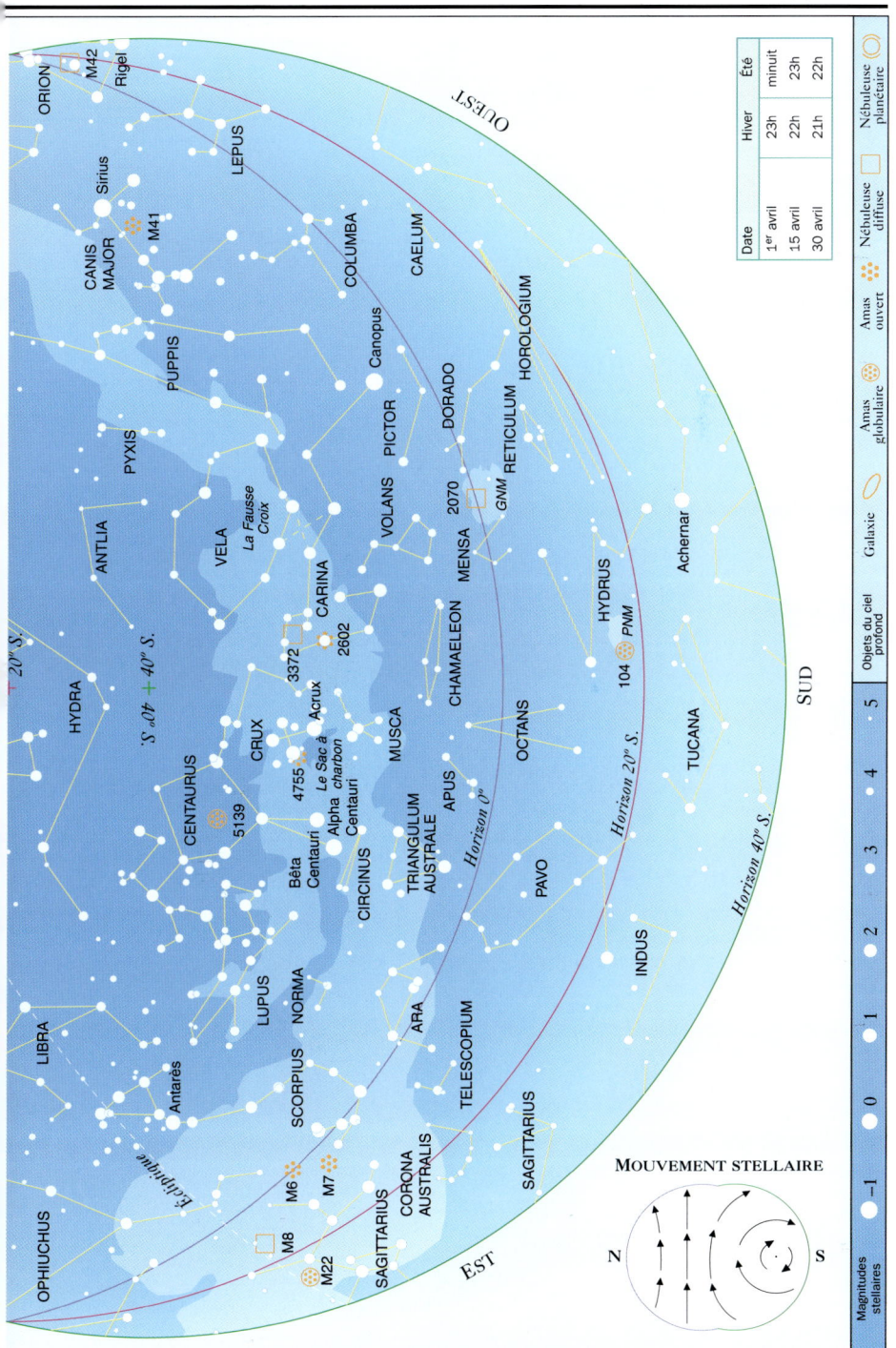

Mai

LE CRÉPUSCULE QUI S'ALLONGE rend difficile l'observation en début de soirée dans l'hémisphère Nord, où les brillantes étoiles d'hiver cèdent la place à celles de l'été. Dans l'hémisphère Sud, c'est le meilleur moment pour voir la Croix du Sud et ses « pointeurs », Alpha et Bêta Centauri.

LE SOLEIL LE 15 MAI

Latitude	Lever	Coucher
60° N.	03h20	20h30
40° N.	04h40	19h10
20° N.	05h20	18h30
0°	05h50	18h00
20° S.	06h20	17h30
40° S.	07h00	17h00

1er mai	Hiver	Été	15 mai	Hiver	Été	30 mai	Hiver	Été

LATITUDES NORD

• **VERS LE NORD**
Le Chariot est presque au zénith, tandis que le Cygne et la brillante étoile Véga montent au nord-est, donnant un avant-goût d'été. La constellation de Céphée, de faible éclat, se situe entre la Polaire et l'horizon nord. Les Gémeaux sont la dernière constellation d'hiver à disparaître sous l'horizon nord-ouest.

• **VERS LE SUD**
Les brillantes étoiles Arcturus, du Bouvier, et l'Épi, de la Vierge, sont haut dans le Sud. Ophiuchus et les deux moitiés du Serpent occupent l'essentiel du Sud-Est, avec Hercule au-dessus. Le Lion domine le Sud-Ouest, la région assez vide de l'Hydre femelle se situant au-dessous.

LATITUDES SUD

• **VERS LE NORD**
Arcturus, du Bouvier, étincelle au nord, avec l'Épi, de la Vierge, presque au zénith. Hercule est près de l'horizon nord-est, au-dessous et à droite d'Arcturus, tandis qu'Ophiuchus et les deux moitiés du Serpent couvrent l'essentiel de l'Est. Le Lion resplendit au nord-ouest.

• **VERS LE SUD**
Le Centaure et les constellations voisines dominent le ciel du Sud, avec Alpha (α) et Bêta (β) Centauri pointant vers la Croix du Sud. Alors que Canopus se couche au sud-ouest, les riches constellations du Sagittaire et du Scorpion se lèvent au sud-est, annonçant l'hiver.

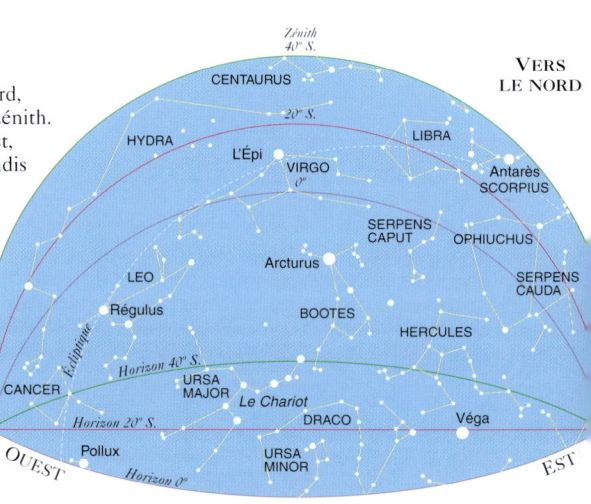

LE CIEL DE MAI • 169

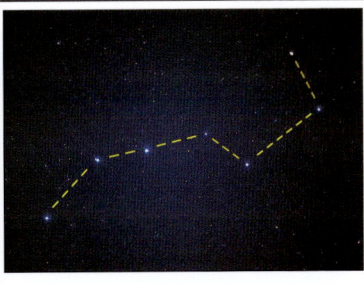

Le Chariot
La forme familière du Chariot, dessinée par sept étoiles de la Grande Ourse (p.136-137), est un spectacle remarquable dans le ciel boréal, au printemps. Mizar, la deuxième étoile du timon, a un faible compagnon, visible à l'œil nu (voir l'encadré ci-contre).

CARTES DU CIEL ENTIER

LES OBJETS DE MAI

- **ALPHA (α) CENTAURI.** C'est l'étoile la plus proche de la Terre après le Soleil, à seulement 4,3 années-lumière. Un petit télescope révèle deux étoiles jaunes, dont la plus brillante est semblable au Soleil en couleur et en luminosité. Un troisième membre de la famille, Proxima Centauri, est beaucoup moins lumineux. Voir aussi p. 79.

- **MIZAR (LA GRANDE OURSE).** La deuxième étoile du timon du Chariot, Mizar ou Zêta (ζ) Ursae Majoris, est une étoile double écartée. Son compagnon, Alcor, est visible à l'œil nu, tandis qu'un petit télescope montre une troisième étoile, encore plus proche de Mizar. Voir aussi p. 136-137.

- **NGC 5139 (LE CENTAURE).** Le plus grand et le plus brillant amas globulaire du ciel, appelé aussi Oméga (ω) Centauri, est visible à l'œil nu comme une étoile floue. On le voit mieux avec des jumelles, et un petit télescope montre les plus brillantes de ses quelque 100 000 étoiles. Voir aussi p. 79.

AUTRES OBJETS

- Acrux (p. 163)
- M 6 et M 7 (p. 175)
- M 13 (p. 175)
- M 44 (p. 157)
- NGC 4755 (p. 163)

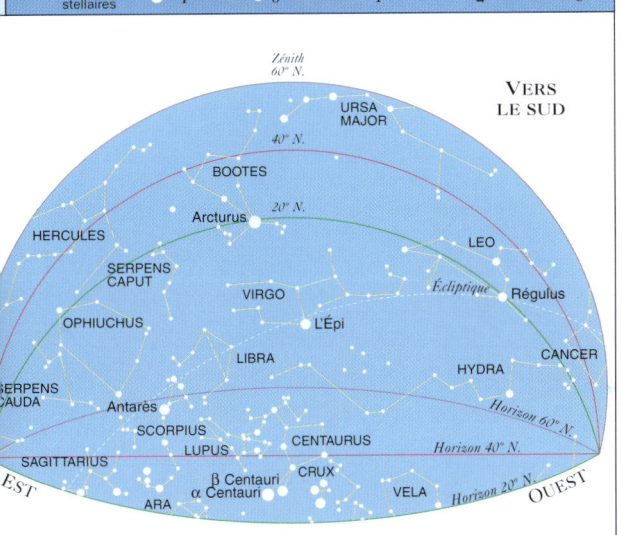

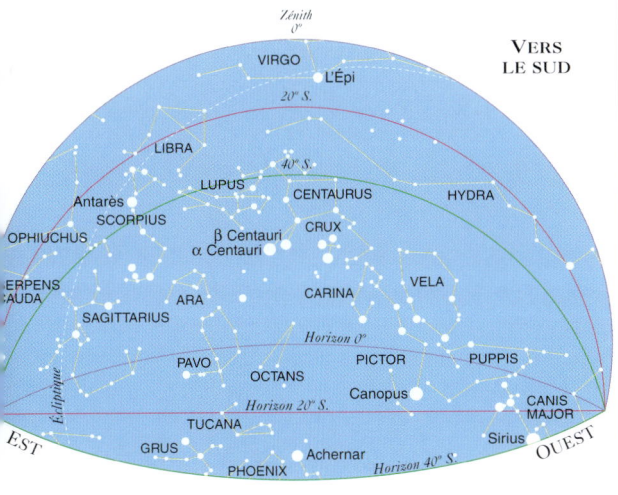

MÉTÉORES DE MAI

LES ÊTA AQUARIDES. Ces météores rapides et brillants, causés par les poussières de la comète de Halley, proviennent d'un point situé près de la « cruche », dans le Verseau, et se voient mieux sous les latitudes australes. L'activité commence fin avril, culmine début mai à environ 35 météores à l'heure, et s'achève en fin de mois.

170 • LE CIEL DE MAI

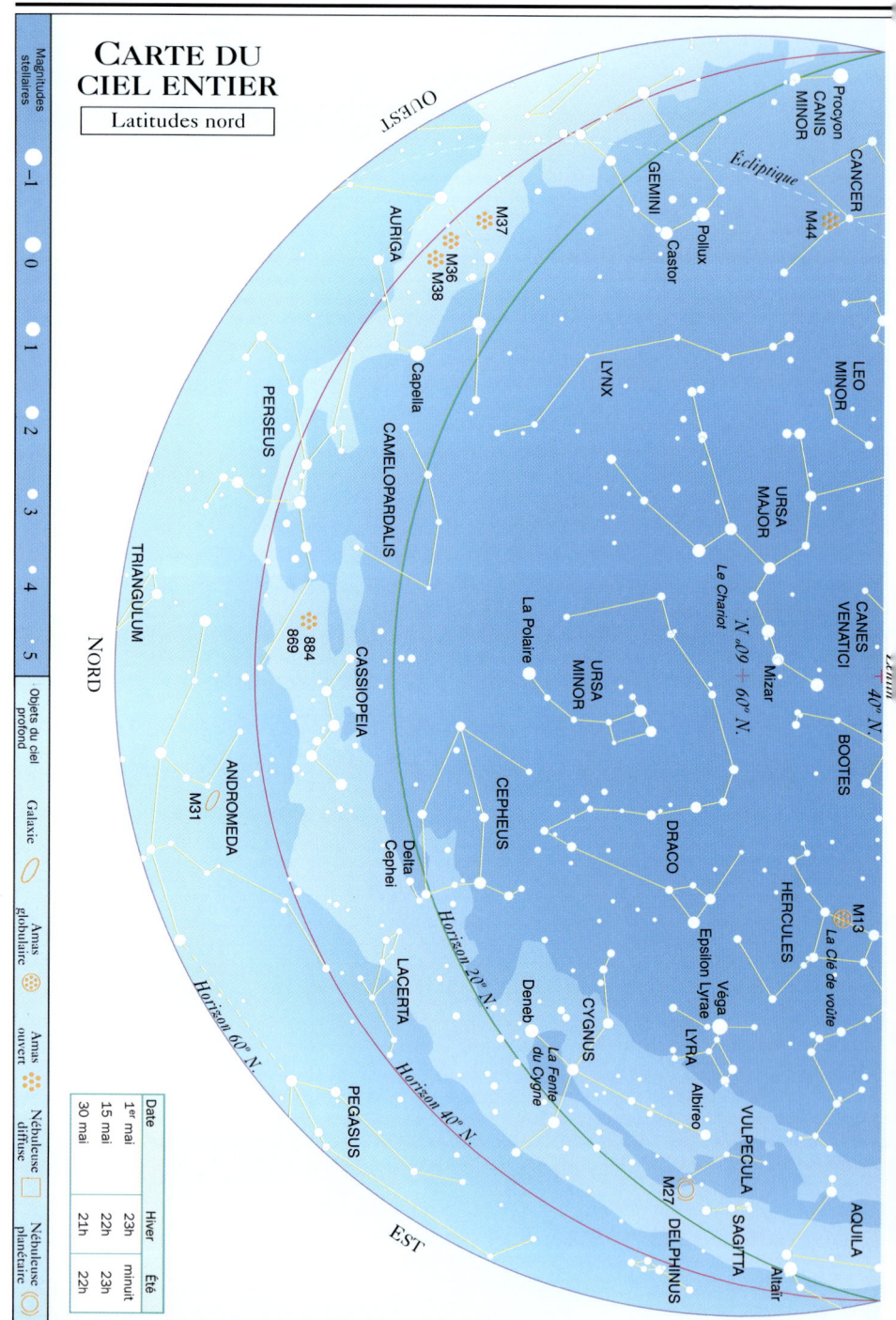

LE CIEL DE MAI • 171

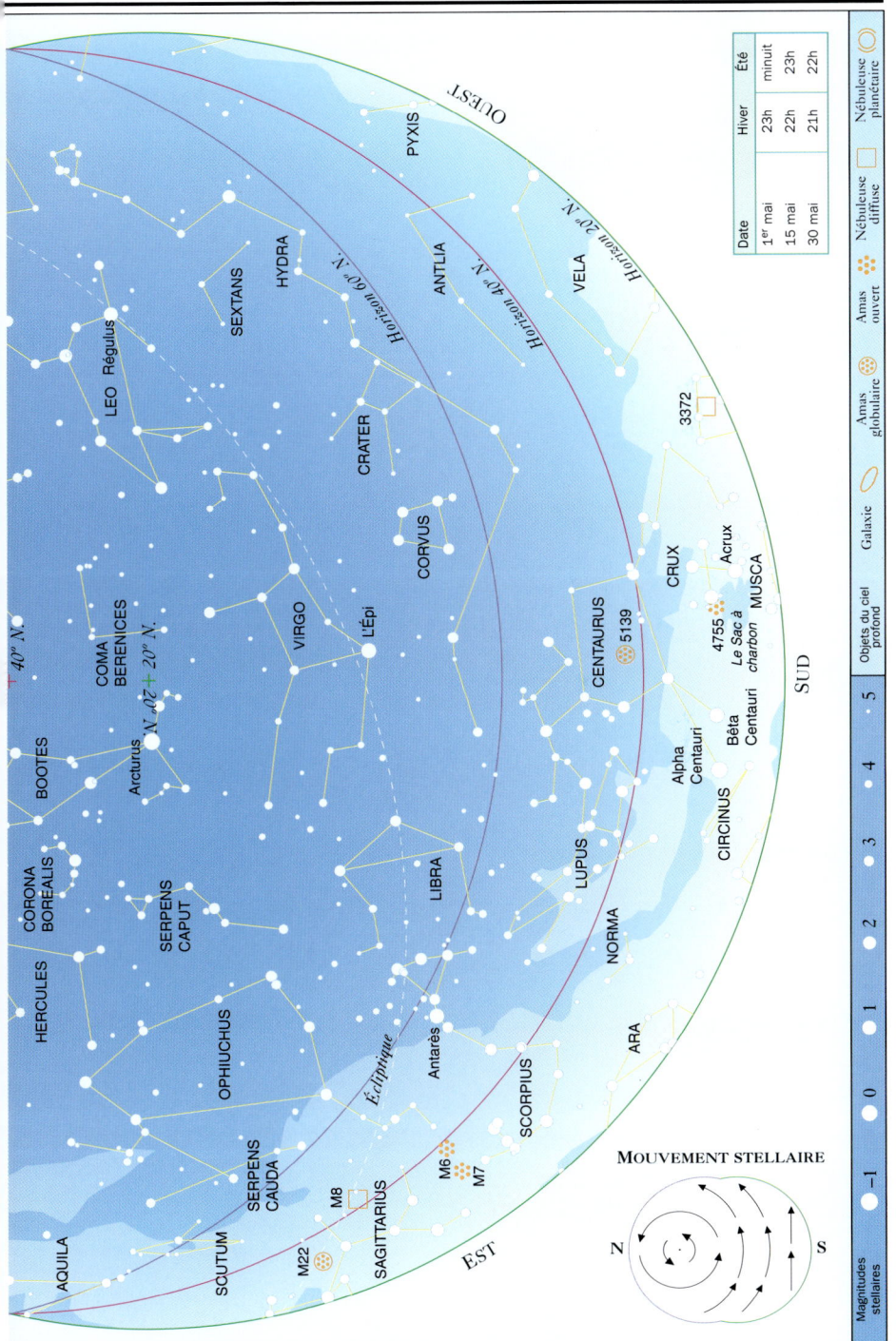

LE CIEL DE MAI

CARTE DU CIEL ENTIER
Latitudes sud

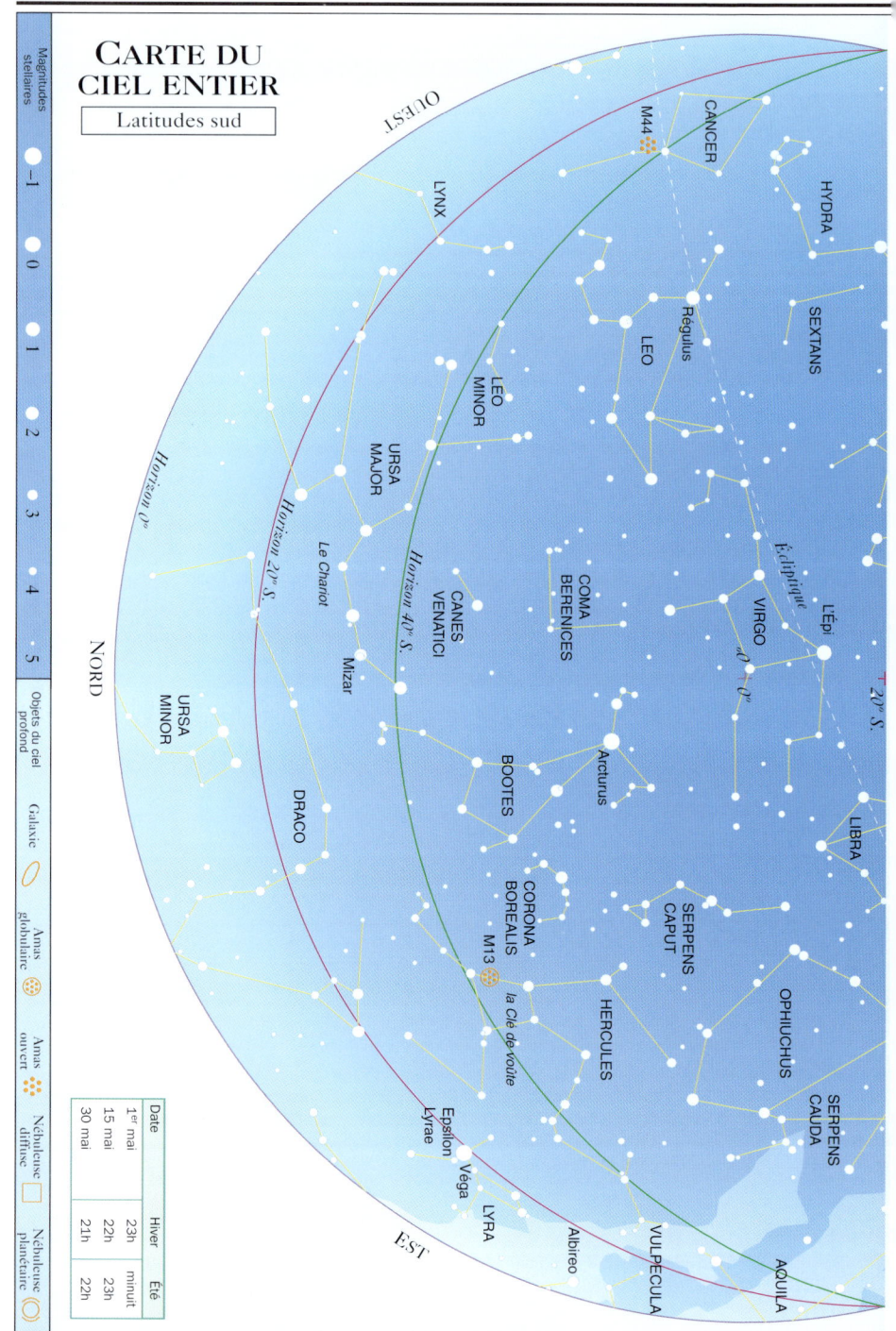

LE CIEL DE MAI

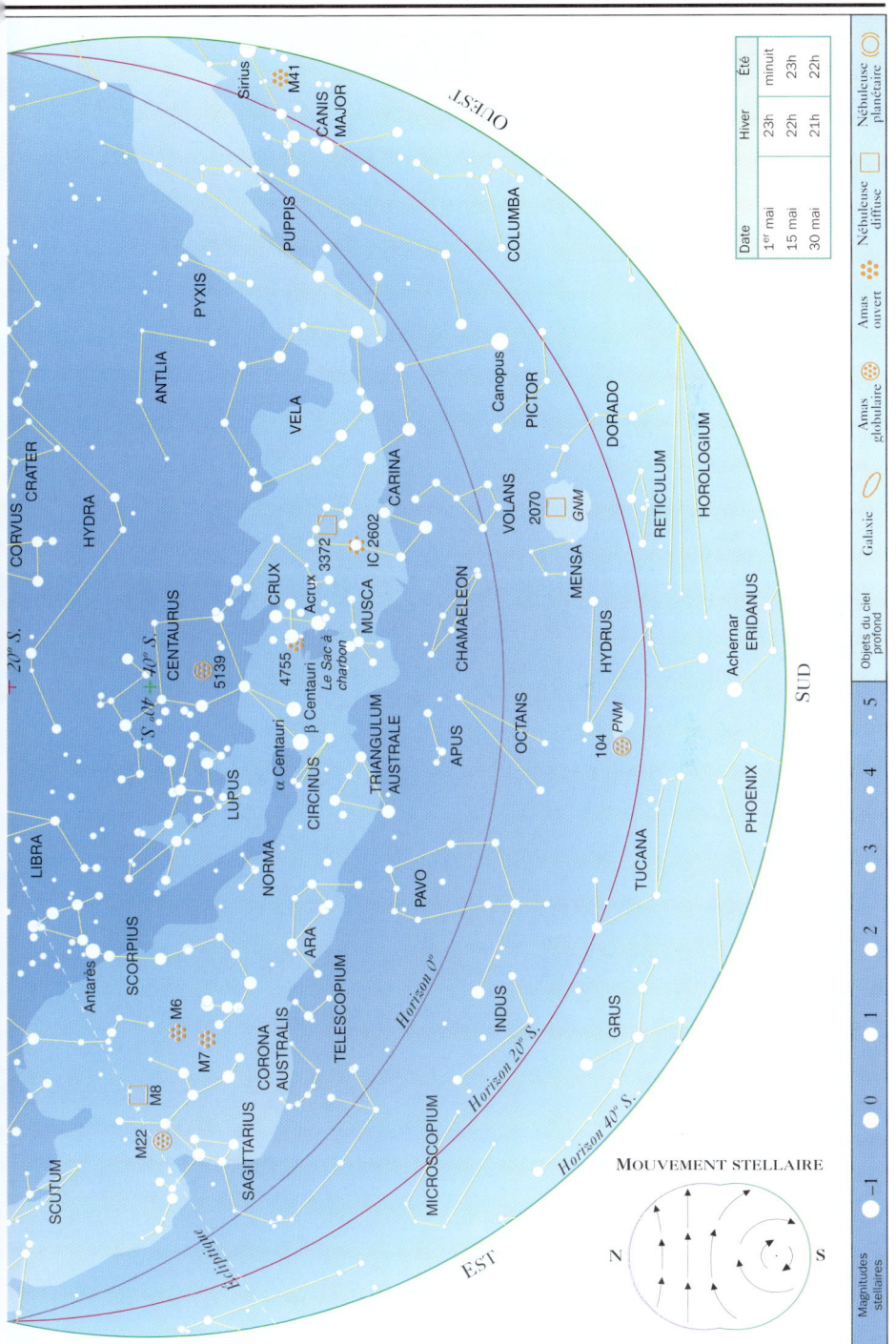

JUIN

C'EST EN JUIN que les nuits sont le plus courtes et les jours le plus longs sous les latitudes boréales, et inversement dans l'hémisphère Sud. Dans le Grand Nord, un crépuscule permanent remplace la nuit, tandis que le ciel austral d'hiver est dominé par de belles constellations situées dans la Voie lactée.

LE SOLEIL LE 15 JUIN

Latitude	Lever	Coucher
60° N.	02h40	21h20
40° N.	04h30	19h30
20° N.	05h20	18h40
0°	06h00	18h00
20° S.	06h30	17h30
40° S.	07h20	16h40

1er juin Hiver Été   15 juin Hiver Été   30 juin Hiver Été

LATITUDES NORD

• **VERS LE NORD**
La Petite Ourse se dresse sur sa queue, et le Dragon surplombe le pôle céleste Nord, marqué par la Polaire. Le Chariot trône au nord-ouest. Vers l'est, on observe les étoiles du Triangle d'été : Véga, de la Lyre, Deneb, du Cygne, et Altaïr, de l'Aigle (à l'extrême gauche de la carte VERS LE SUD).

• **VERS LE SUD**
Hercule est haut vers le Sud-Est, entouré de Véga à sa gauche et d'Arcturus, du Bouvier, à sa droite. Ophiuchus, la Vierge et les deux moitiés du Serpent sont situés au-dessous. Antarès, du Scorpion, rougeoie au-dessus de l'horizon sud, les étoiles de la Balance étant à sa droite. Le Lion se couche à l'ouest.

LATITUDES SUD

• **VERS LE NORD**
Le Bouvier et Hercule resplendissent presque plein nord, avec la Vierge, Ophiuchus et les deux parties du Serpent au-dessus. Antarès, du Scorpion, est au zénith. Altaïr, de l'Aigle, et Véga, de la Lyre, dominent le Nord-Est. Le Lion se couche au nord-ouest.

• **VERS LE SUD**
Les constellations du Sagittaire, de l'Autel, du Scorpion, du Loup, du Centaure, de la Croix du Sud, de la Carène et des Voiles forment une bande brillante, du sud-est au sud-ouest, sur le fond stellaire dense de la Voie lactée. Les plus brillantes étoiles de la bande sont Antarès, Alpha (α) et Bêta (β) Centauri, et Acrux (voir p. 179).

LE CIEL DE JUIN • 175

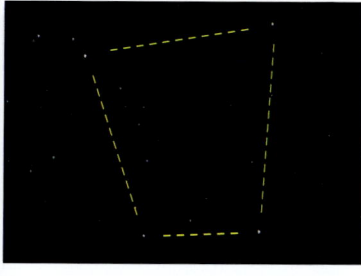

La Clé de voûte (Hercule)

Elle est formée de quatre étoiles, qui marquent le bassin d'Hercule (p. 98-99). Dans le sens des aiguilles d'une montre, en partant du haut à gauche : Pi (π), Êta (η), Zêta (z) et Epsilon (ε) Herculis. M 13 (voir l'encadré ci-contre) est entre Êta et Dzêta.

Cartes du ciel entier

Les objets de juin

M 6 (le Scorpion). Cet amas ouvert et son voisin M 7 sont près du « dard », dans la queue du Scorpion. M 6 est visible à l'œil nu et plutôt impressionnant avec des jumelles. On l'appelle parfois l'amas Papillon, car il évoque un papillon aux ailes étendues. Voir aussi p. 126-127.

M 7 (le Scorpion). Cet amas ouvert apparaît à l'œil nu comme une tache brillante sur le fond stellaire dense de la Voie lactée, et il est superbe vu avec des jumelles. Il est plus grand et plus brillant que son voisin M 6, étant beaucoup plus proche de nous que ce dernier (780 années-lumière, au lieu de 2 000 pour M 6). Voir aussi p. 126-127.

M 13 (Hercule). C'est le plus remarquable des amas globulaires du ciel boréal. Néanmoins, il est à peine visible à l'œil nu, et en zone urbaine, on ne peut le voir qu'avec des jumelles. Il apparaît comme une boule rougeoyante avec un centre brillant. Il est situé sur un côté de la Clé de voûte d'Hercule (voir cliché ci-dessus), à un tiers de la distance entre Êta (η) et Zêta (ζ) Herculis. Voir aussi p. 98-99.

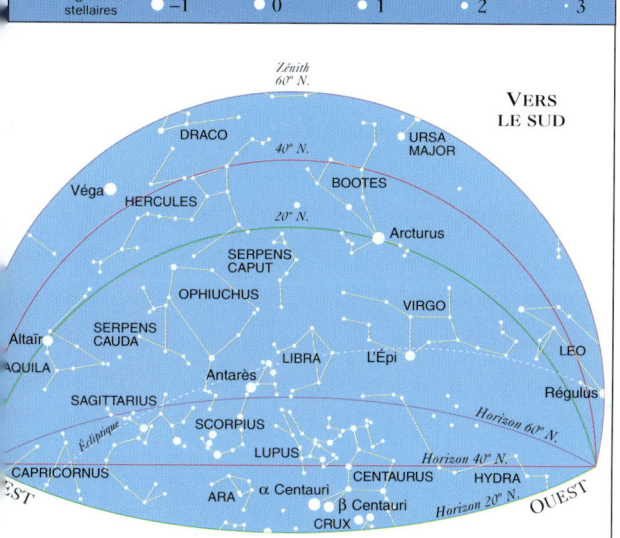

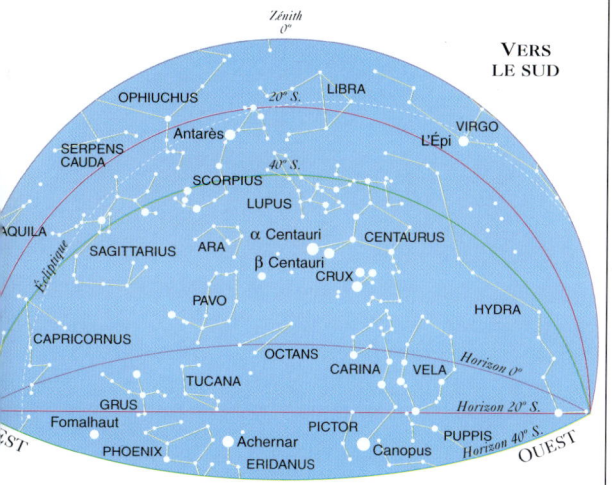

Autres objets

- Albireo (p. 187)
- Alpha (α) Centauri (p. 169)
- Antarès (p. 181)
- Epsilon (ε) Lyrae (p. 181)
- Mizar (p. 169)
- M 8 (p. 181)
- M 22 (p. 181)
- M 27 (p. 193)
- NGC 5139 (p. 169)

176 • LE CIEL DE JUIN

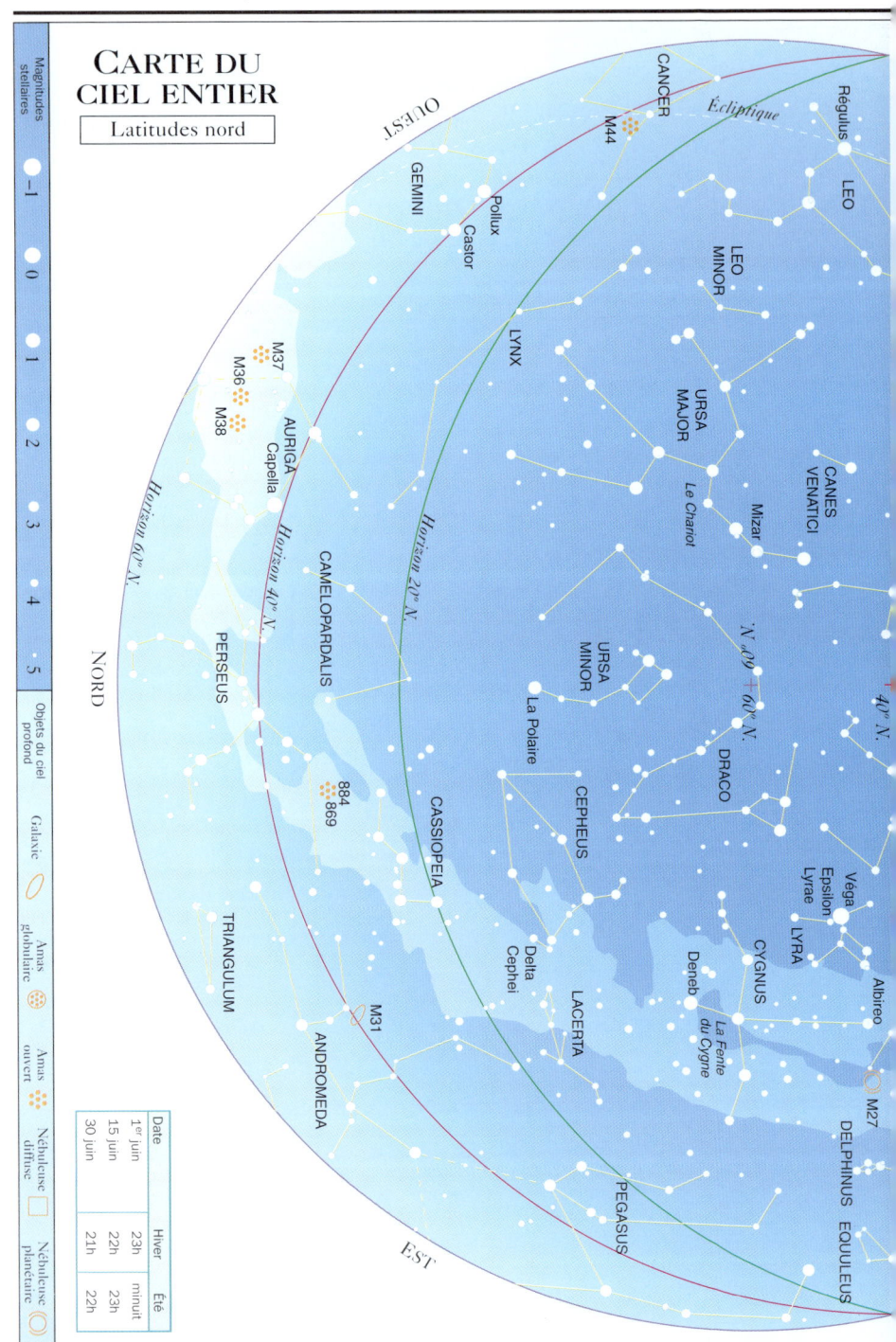

LE CIEL DE JUIN • 177

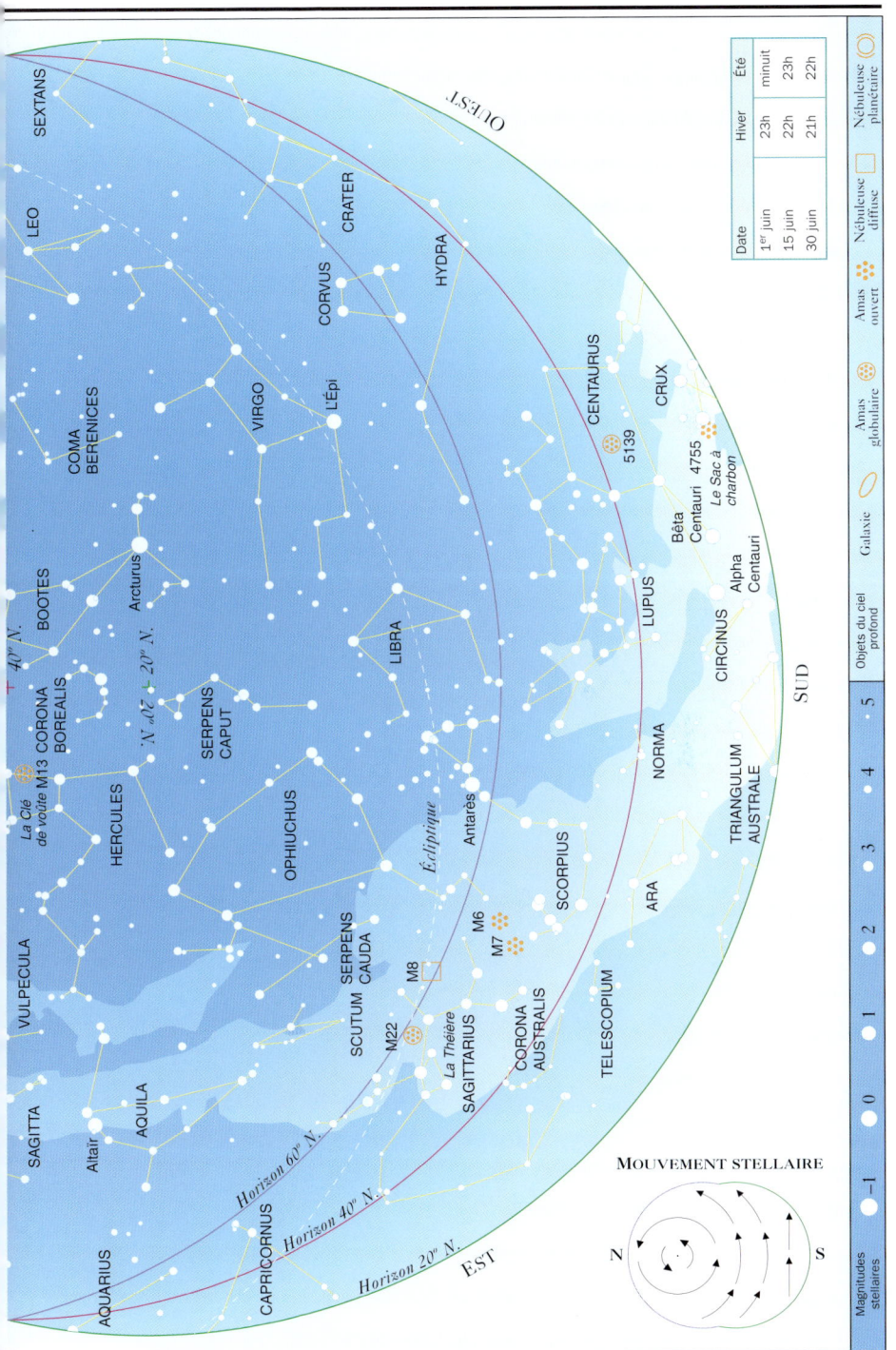

LE CIEL DE JUIN

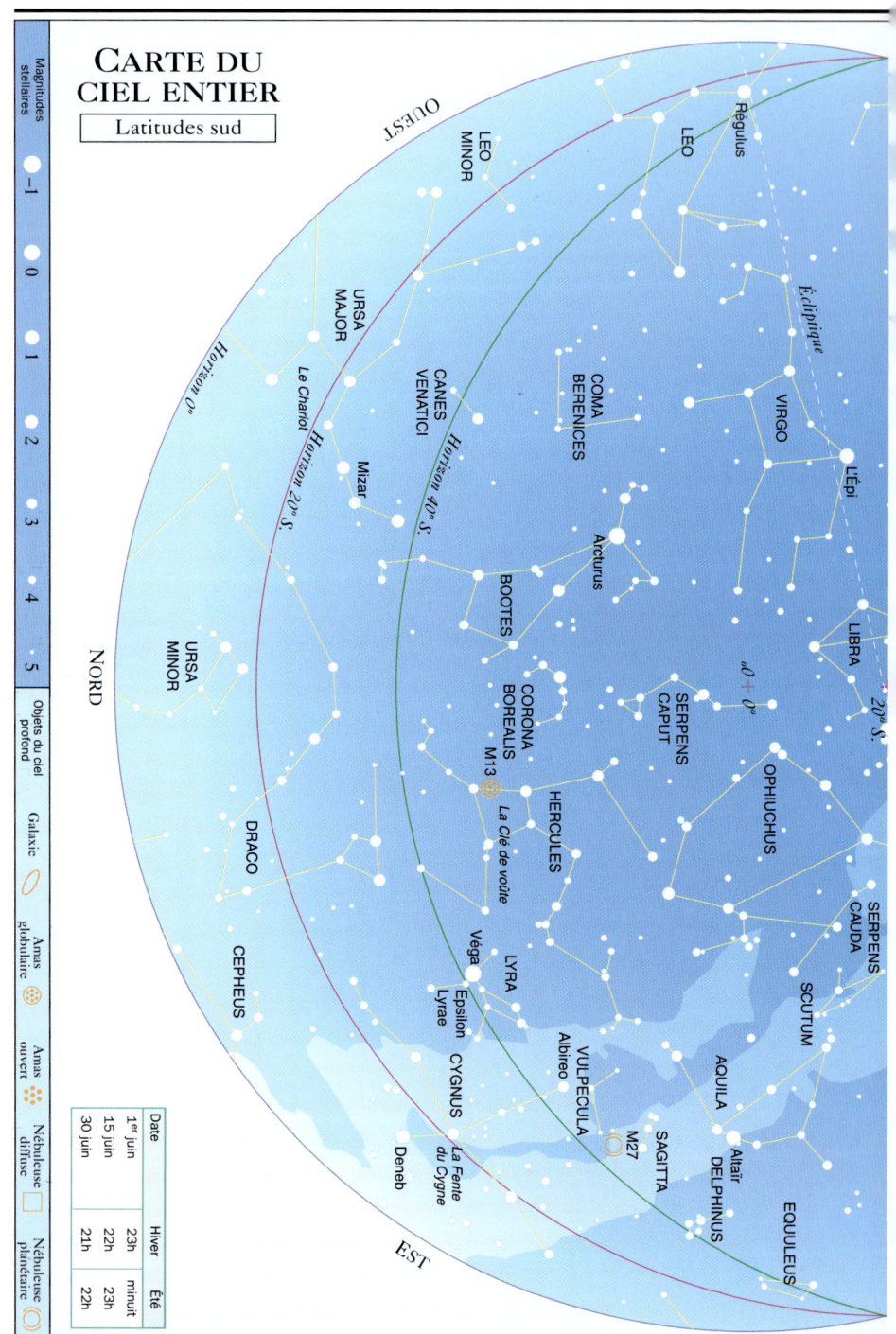

LE CIEL DE JUIN • 179

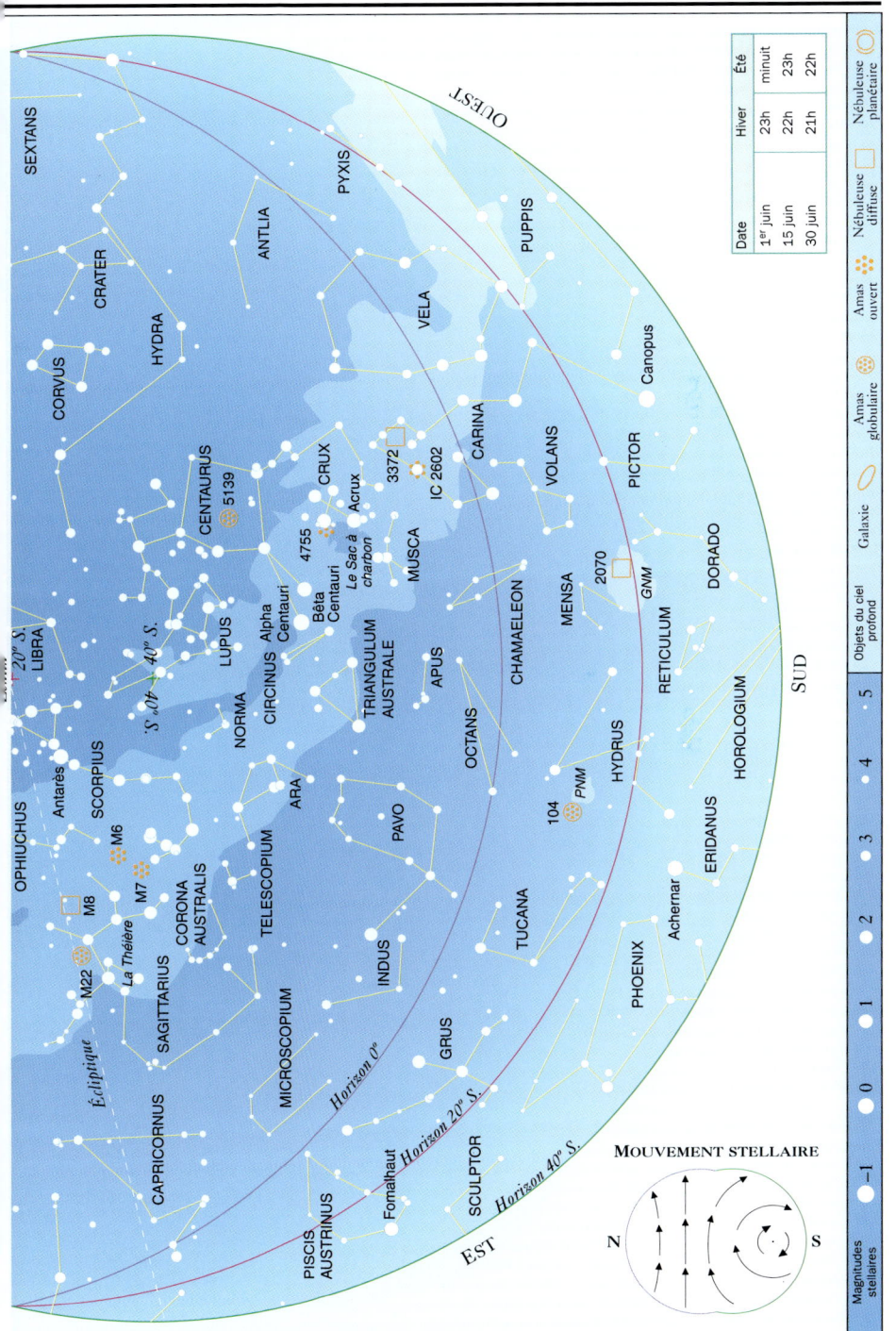

JUILLET

C'EST LE MEILLEUR MOMENT dans l'hémisphère Nord pour observer les constellations du Scorpion et du Sagittaire. Le centre de notre galaxie est dans ce dernier, aussi les champs stellaires de la Voie lactée y sont-ils très riches. Dans l'hémisphère Sud, ces constellations sont presque au zénith et dominent la scène.

LE SOLEIL LE 15 JUILLET

Latitude	Lever	Coucher
60° N.	03h00	21h10
40° N.	04h40	19h30
20° N.	05h30	18h40
0°	06h00	18h10
20° S.	06h40	17h40
40° S.	07h20	06h50

1er juillet Hiver Été   15 juillet Hiver Été   30 juillet Hiver Été

LATITUDES NORD

• **VERS LE NORD**
La Petite Ourse reste bien visible, avec le Dragon enroulé autour d'elle. Le Chariot est au nord-ouest, Cassiopée et Céphée au nord-est. Le Grand Carré de Pégase se lève à l'est, tandis qu'Arcturus, du Bouvier, reste haut à l'ouest.

• **VERS LE SUD**
Plein sud, Ophiuchus est enlacé par les deux moitiés du Serpent, avec Hercule au-dessus. À l'est, le Triangle d'été, formé par Véga, Deneb et Altaïr, est bien placé. Antarès, du Scorpion, est proche de l'horizon sud, avec le Sagittaire visible à sa gauche pour les observateurs les plus au sud. La Vierge se couche loin à l'ouest.

LATITUDES SUD

• **VERS LE NORD**
Ophiuchus et les deux parties du Serpent sont au centre, l'Aigle à leur droite. Hercule est plus près de l'horizon nord, à mi-distance du rougeâtre Arcturus, au nord-ouest, et de Véga, bleu-blanc, au nord. À droite de Véga se lève le Cygne.

• **VERS LE SUD**
Le Scorpion, en forme d'hameçon, et le Sagittaire sont presque au zénith, avec leurs champs stellaires denses près du centre de notre galaxie. Au sud-ouest, le long de la piste étoilée de la Voie lactée (voir p. 184-185), on trouve le Centaure et la Croix du Sud ; la Vierge se couche plus à l'ouest. À l'est se lèvent le Capricorne, le Verseau et l'étoile Fomalhaut.

LE CIEL DE JUILLET • 181

LE CENTRE GALACTIQUE (LE SAGITTAIRE)
Sous les latitudes australes, durant les soirs de juillet, le centre de notre galaxie est au zénith, parmi les champs stellaires denses de la Voie lactée, dans le Sagittaire. Huit étoiles du Sagittaire (dans le rectangle figuré ci-contre) forment la Théière (voir p. 124-125).

CARTES DU CIEL ENTIER

LES OBJETS DE JUILLET

● **ANTARÈS (LE SCORPION).** Connue aussi comme Alpha (α) Scorpii, Antarès est l'une des plus grandes étoiles visibles à l'œil nu. Cette supergéante rouge est environ 500 fois plus grande que le Soleil. Si elle était à la place de ce dernier, elle contiendrait l'orbite de Mars. Voir aussi p. 126-127.

● **EPSILON (ε) LYRAE.** Cette remarquable étoile multiple est proche de la brillante étoile Véga. Des jumelles, ou même une vue perçante, la montrent double. Au télescope, chacune des deux étoiles apparaît comme une double serrée, d'où son surnom : la Double Double. Voir aussi p. 108.

□ **M 8 (LE SAGITTAIRE).** Cette nébuleuse diffuse est visible à l'œil nu en rase campagne et facile à trouver avec des jumelles. Elle a une forme allongée et s'appelle aussi la nébuleuse du Lagon, le lagon étant une bande sombre de poussières qui traverse son centre. Elle contient NGC 6530, un amas visible avec des jumelles. Voir aussi p. 124-125.

⊛ **M 22 (LE SAGITTAIRE).** Cet amas globulaire, près du couvercle de la Théière, dans le Sagittaire, est le troisième au classement de sa catégorie, après Oméga (ω) Centauri et 47 Tucanae. On peut le voir à l'œil nu comme une étoile floue, et il est facile à identifier avec des jumelles. Voir aussi p. 124-125.

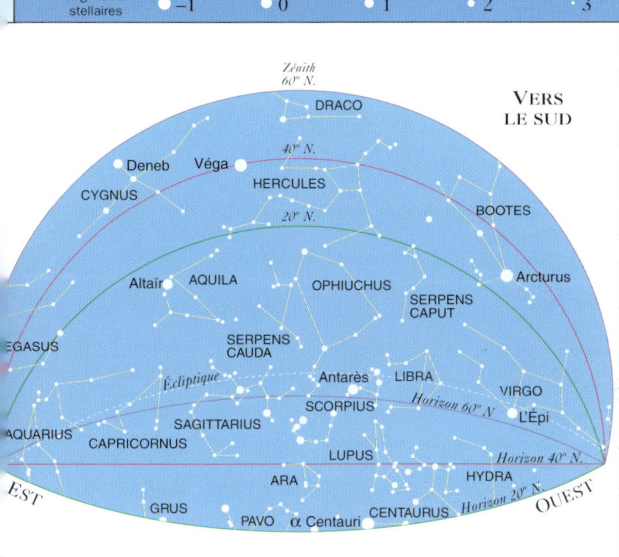

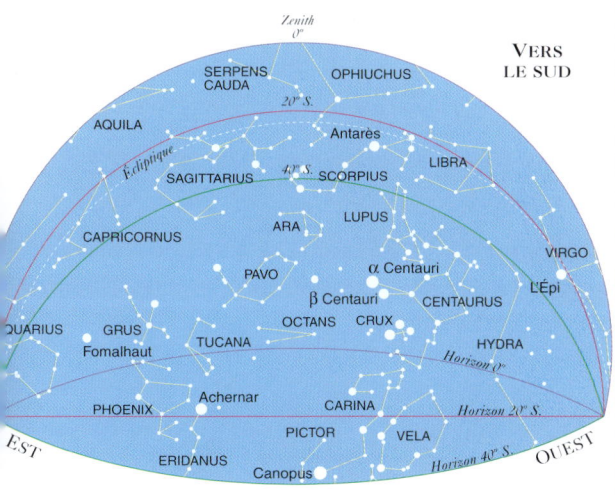

AUTRES OBJETS

● **Albireo** (p. 187)
⊛ **M 6 et M 7** (p. 175)
⊛ **M 13** (p. 175)
◉ **M 27** (p. 193)
● **La Fente du Cygne** (p. 187)

182 • LE CIEL DE JUILLET

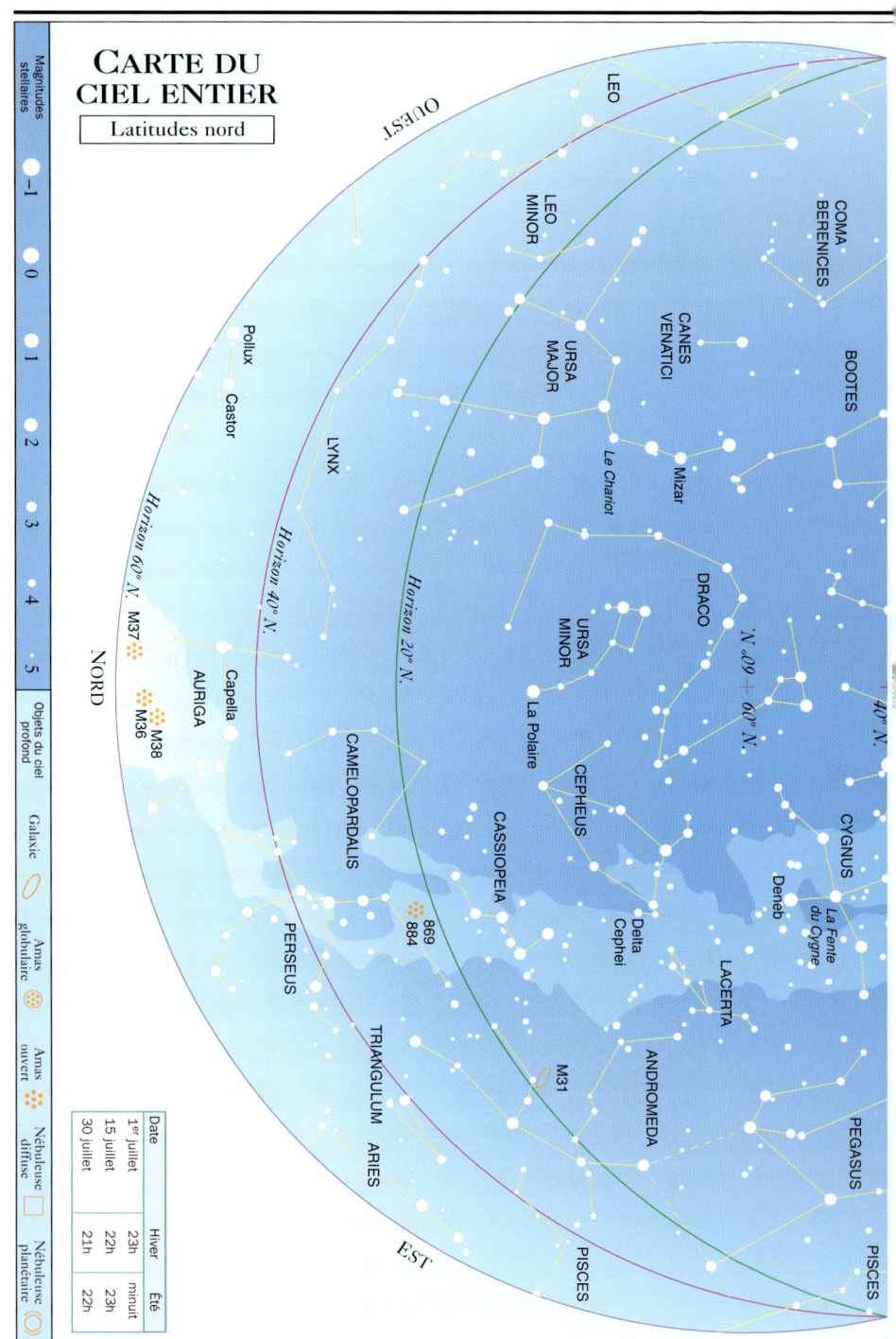

LE CIEL DE JUILLET • 183

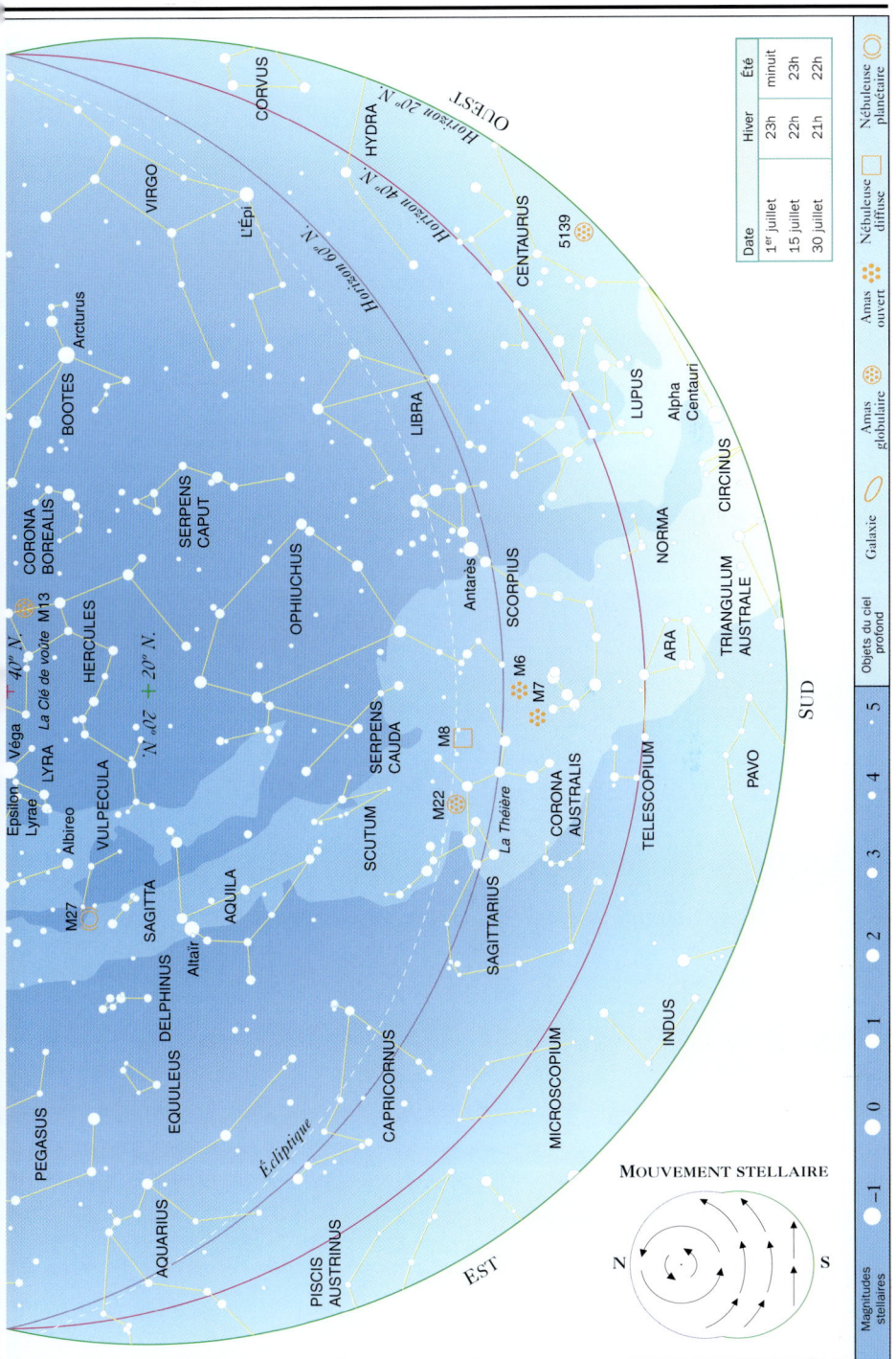

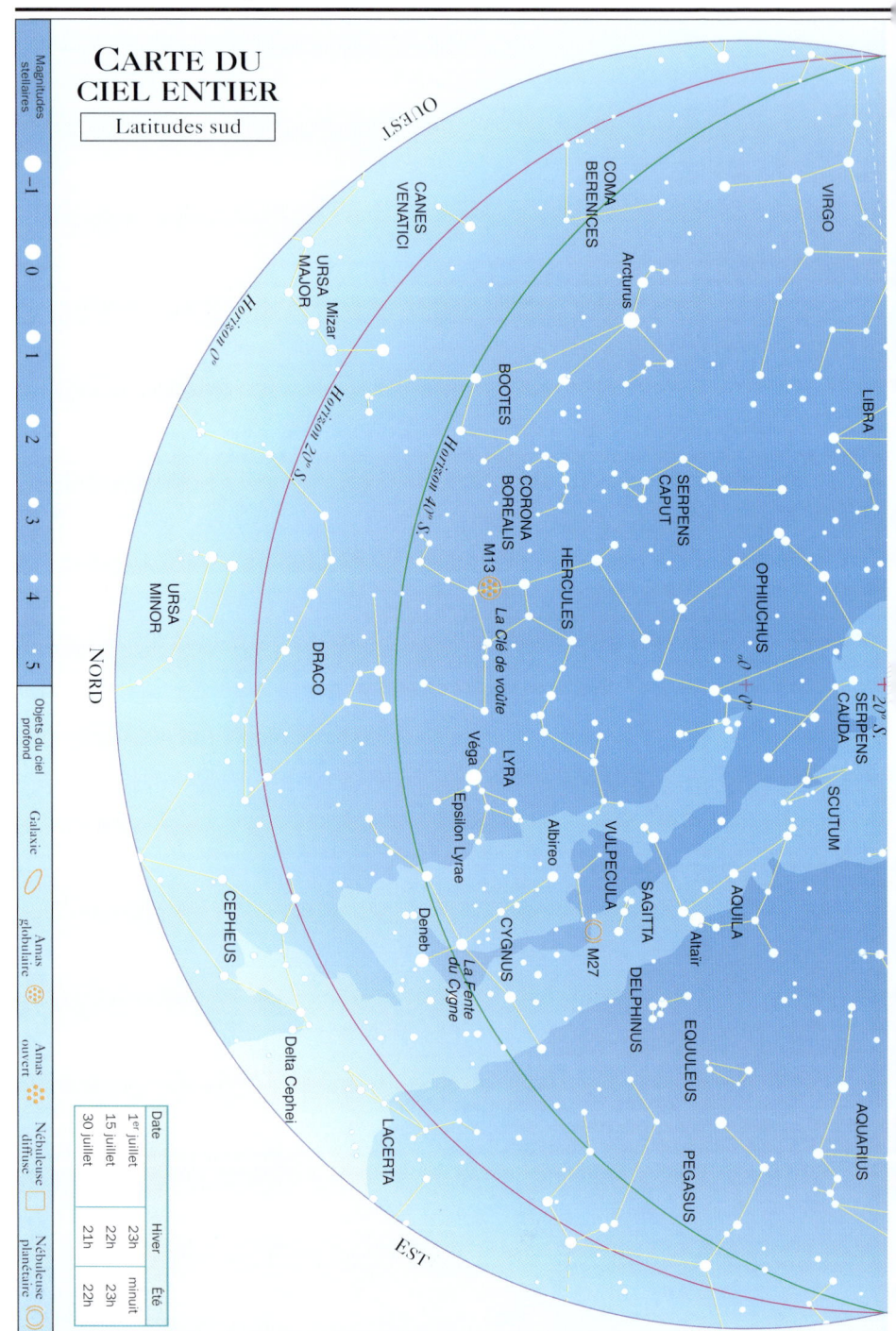

LE CIEL DE JUILLET • 185

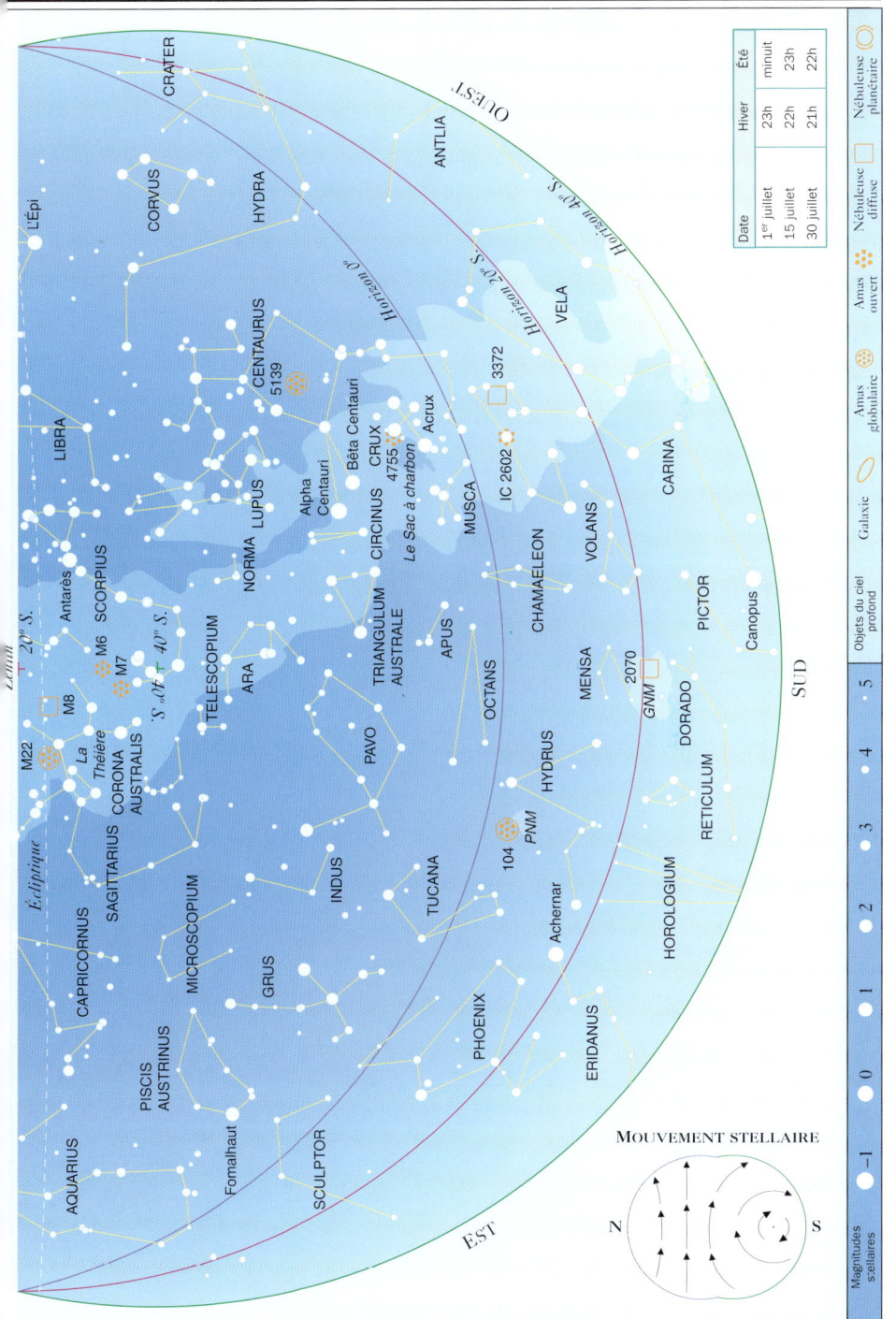

AOÛT

L ES BRILLANTES ÉTOILES Altaïr, Deneb et Véga forment un triangle remarquable visible de partout, sauf des latitudes les plus australes. Dans l'hémisphère Nord, on l'appelle le Triangle d'été. Autre beau spectacle dans le Nord, l'averse de météores des Perséides, au milieu du mois.

LE SOLEIL LE 15 AOÛT

Latitude	Lever	Coucher
60° N.	04h10	19h50
40° N.	05h10	17h00
20° N.	05h40	18h30
0°	06h00	18h10
20° S.	06h20	17h50
40° S.	06h50	17h20

1er août	Hiver	Été	15 août	Hiver	Été	30 août	Hiver	Été

LATITUDES NORD

• VERS LE NORD

Le Chariot est au nord-ouest, avec Arcturus à sa gauche. La caisse du Petit Chariot (dans la Petite Ourse) est à gauche de la Polaire, tandis qu'à droite Cassiopée apparaît comme un E inversé. Persée se lève au-dessous, avec Pégase et Andromède plus à l'est.

• VERS LE SUD

Les étoiles du Triangle d'été – Véga, Deneb et Altaïr – sont au zénith. La Voie lactée (voir p. 188-189) court du sud-ouest au nord-est et se divise en deux dans le Cygne. Ophiuchus et les deux parties du Serpent se situent à l'ouest, avec le Sagittaire et le Scorpion au-dessous. Le Verseau et le Capricorne sont au sud-est.

LATITUDES SUD

• VERS LE NORD

Les brillantes étoiles Véga, Altaïr et Deneb forment un grand triangle dans le secteur plein nord. La Voie lactée (voir p. 190-191), partant du zénith vers le nord-est, se divise dans le Cygne. Ophiuchus et les deux parties du Serpent dominent l'Ouest, avec Hercule juste au-dessous. Au nord-est se lève le Grand Carré de Pégase.

• VERS LE SUD

Au sud-est se lève Achernar, Fomalhaut étant au-dessus et légèrement à gauche. Plus haut se trouvent le Capricorne et le Verseau. Le Sagittaire est presque au zénith, avec le Scorpion au-dessous et à droite. Le Centaure et la Croix du Sud se couchent au sud-ouest.

LE CIEL D'AOÛT • 187

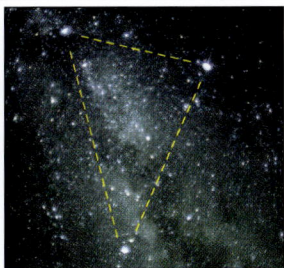

LE TRIANGLE D'ÉTÉ
Trois étoiles de trois constellations différentes forment un grand triangle isocèle, vision familière du ciel d'été et d'automne de l'hémisphère Nord, ou d'hiver et de printemps au sud. La plus brillante est Véga (en haut à droite), de la Lyre, suivie par Altaïr (en bas), de l'Aigle, et Deneb (en haut à gauche), du Cygne. La Fente du Cygne (voir l'encadré ci-contre) traverse ce triangle.

CARTES DU CIEL ENTIER

LES OBJETS D'AOÛT

● **ALBIREO (LE CYGNE).** Cette étoile, Bêta (β) Cygni, est l'une des doubles les plus connues du ciel, par la coloration de ses composantes et la facilité avec laquelle on les sépare. Le plus petit des télescopes montrera les étoiles, l'une jaune et l'autre verdâtre, comme des feux de circulation. Voir aussi p. 88.

● **LA FENTE DU CYGNE (LE CYGNE).** Cette nébuleuse sombre, parfois nommée le Sac à charbon du Nord, divise la Voie lactée en deux. On peut la voir à l'œil nu, depuis le Cygne et à travers l'Aigle, jusqu'à Ophiuchus, où elle s'élargit. Voir aussi p. 88.

Magnitudes stellaires: −1, 0, 1, 2, 3

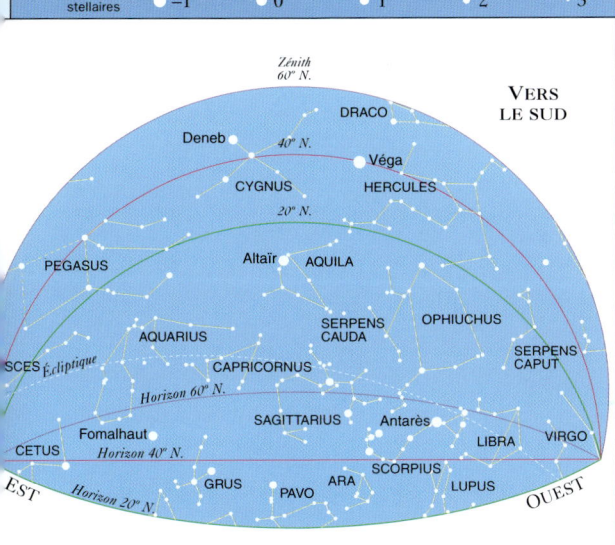

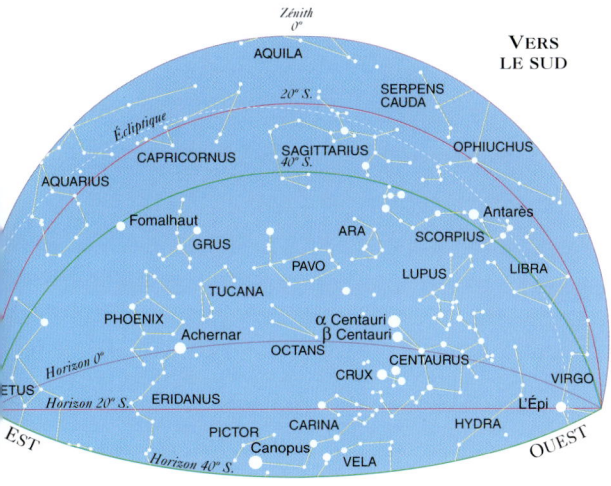

AUTRES OBJETS

● **Antarès** (p. 181)
● **Delta (δ) Cephei** (p. 193)
● **Epsilon (ε) Lyrae** (p. 181)
□ **M 8** (p. 181)
⊛ **M 13** (p. 175)
⊛ **M 22** (p. 181)
◌ **M 27** (p. 193)
⊛ **NGC 104** (p. 193)

MÉTÉORES D'AOÛT

LES PERSÉIDES. En août, les observateurs de l'hémisphère Nord peuvent observer la plus belle averse de météores de l'année : les Perséides, dont le radiant est près du Double Amas (NGC 869 et 884) de Persée (voir p. 118). Les météores sont brillants, parfois flamboyants, et laissent souvent des traînées. Un pic d'au moins 75 météores à l'heure est atteint vers le 12 août, et l'activité est visible pendant au moins une semaine avant et après cette date.

LE CIEL D'AOÛT

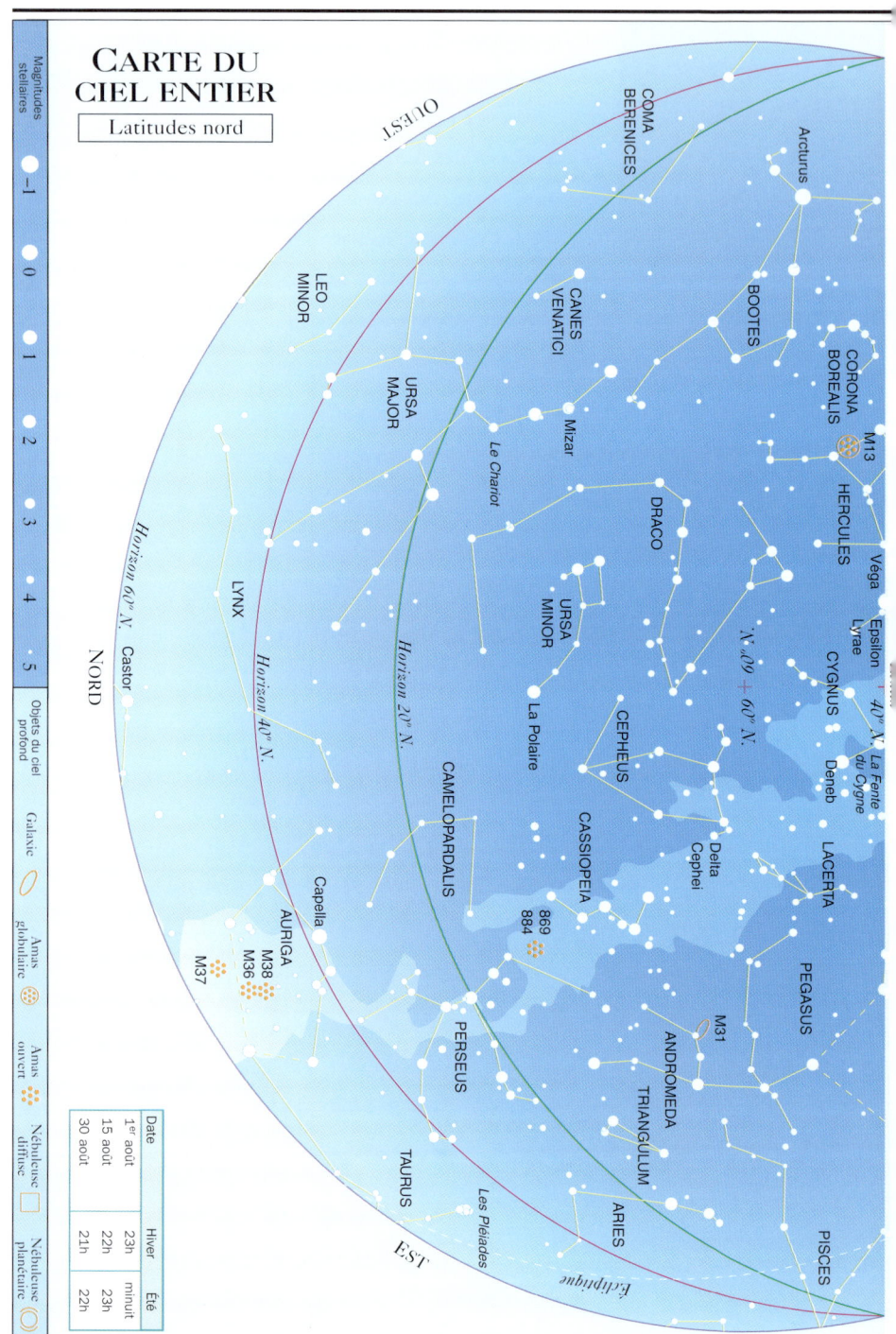

LE CIEL D'AOÛT • 189

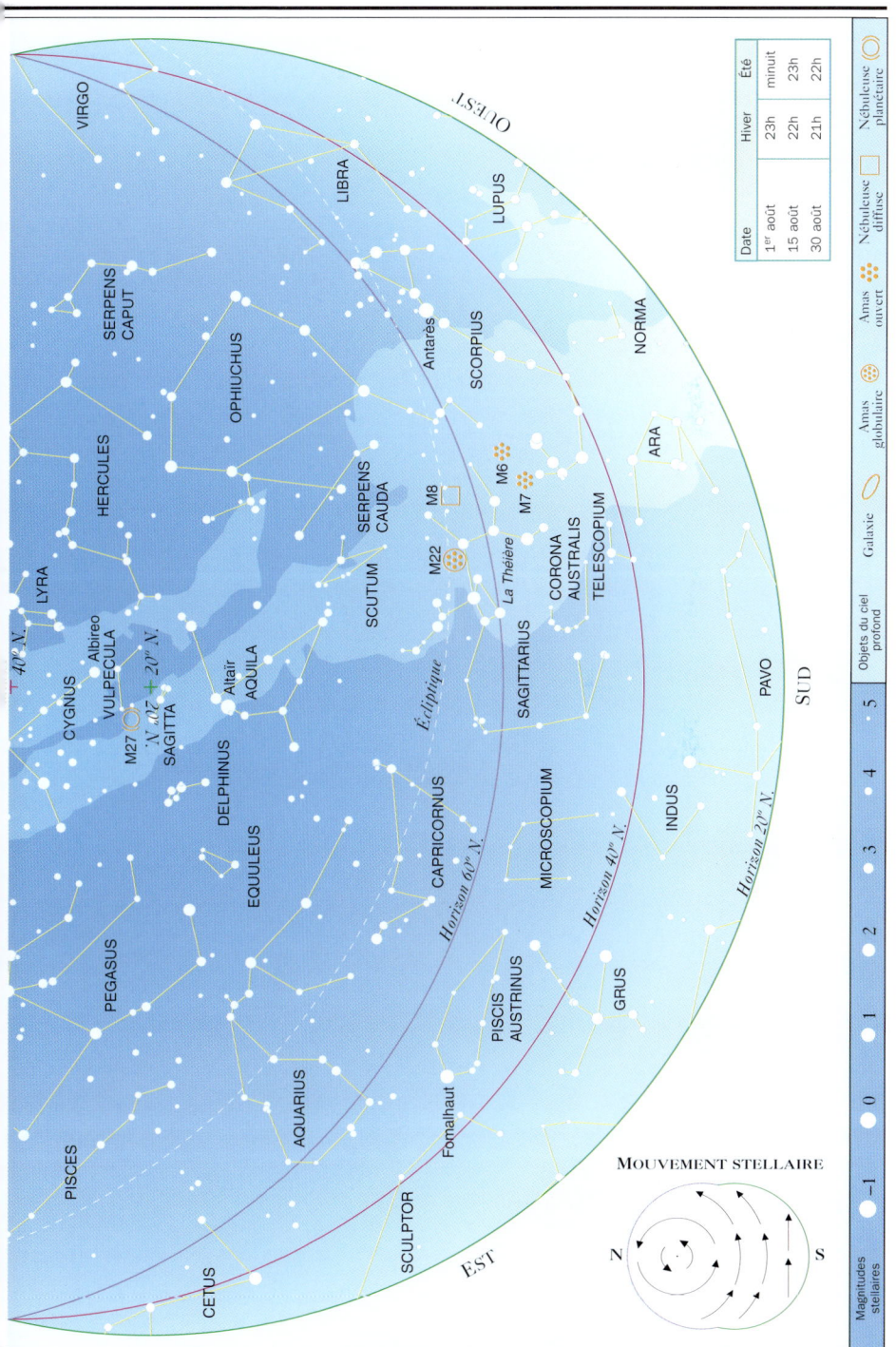

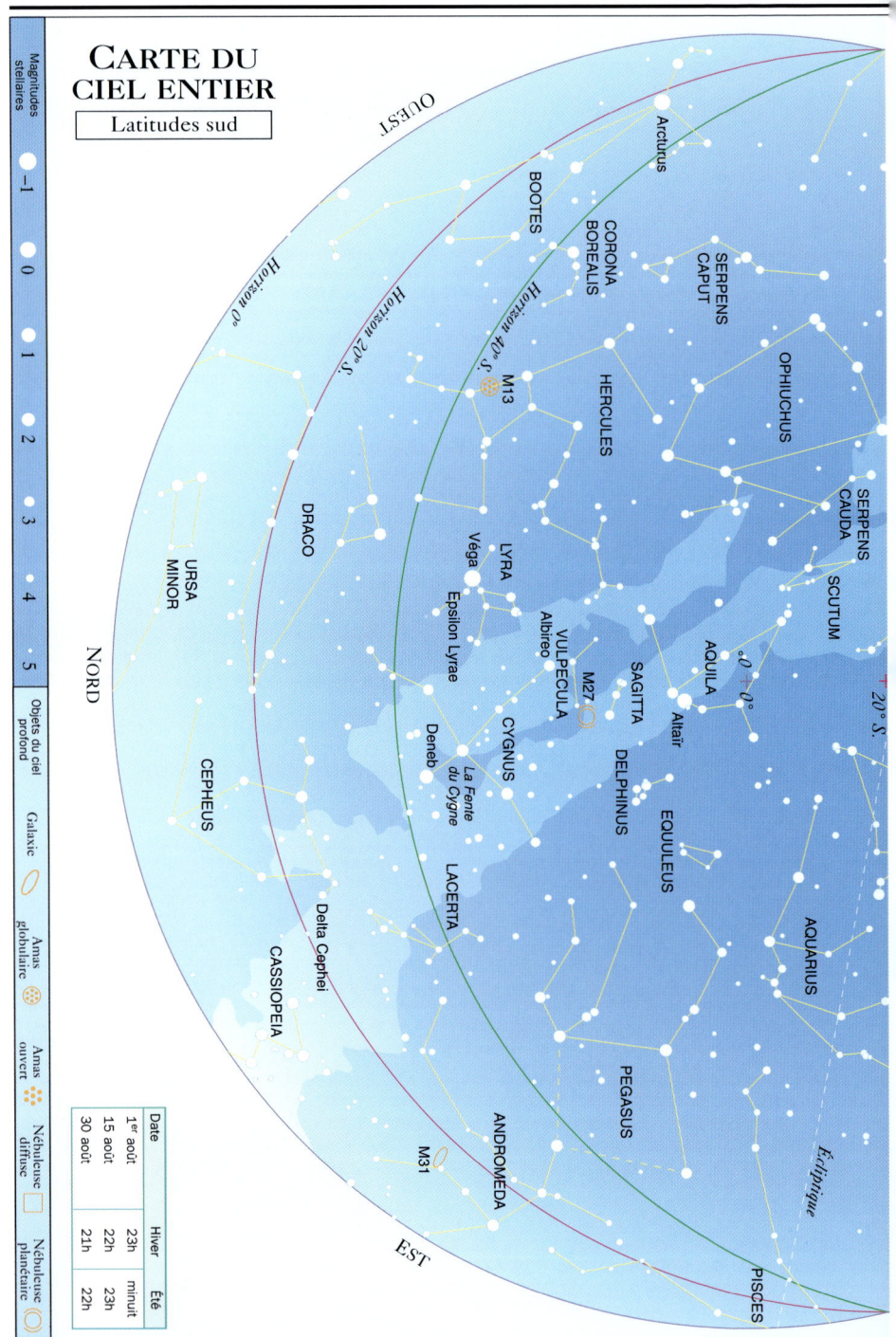

LE CIEL D'AOÛT • 191

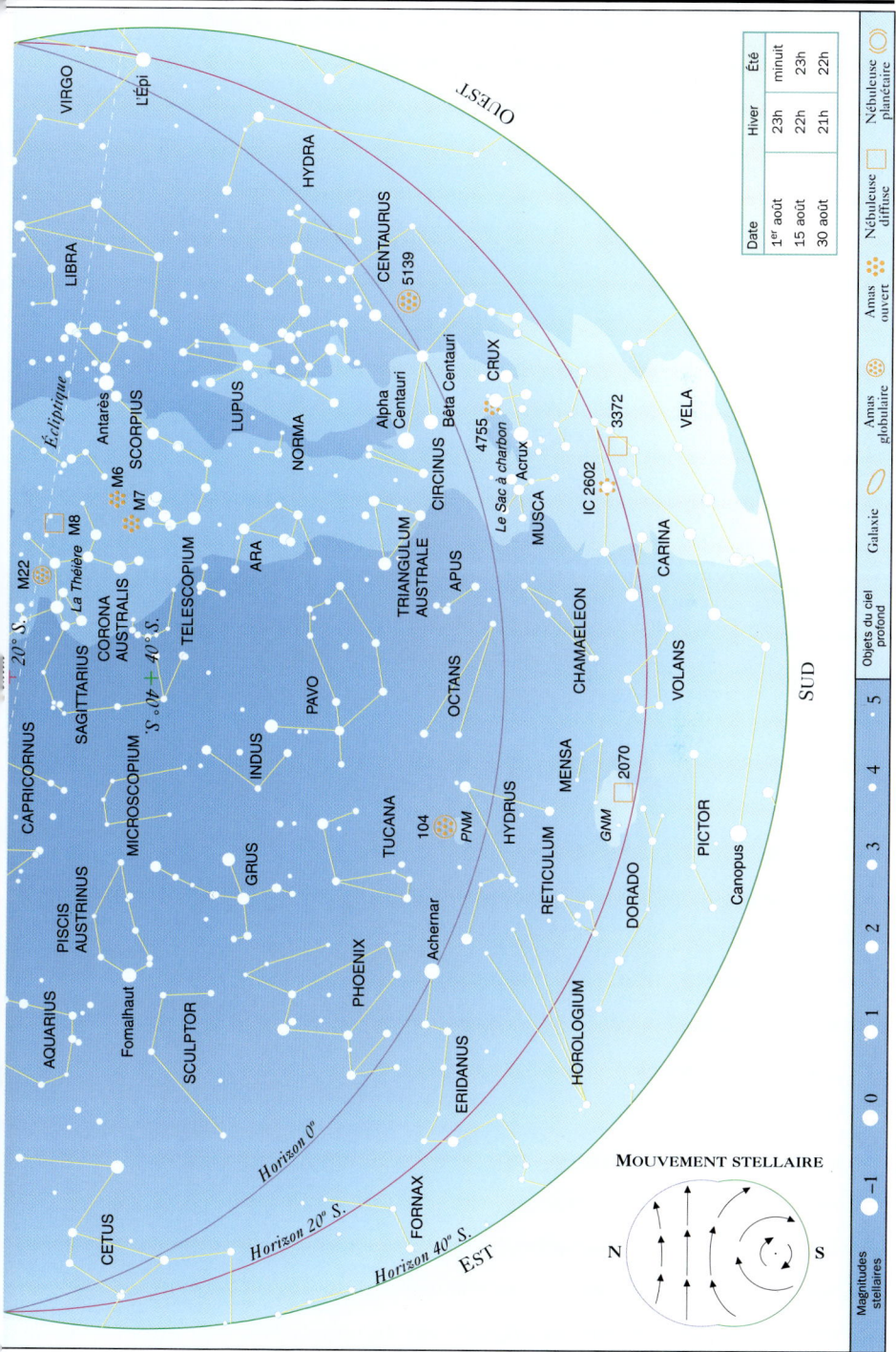

SEPTEMBRE

LES JOURS ET LES NUITS deviennent d'égale durée à l'approche de l'équinoxe, vers le 23 septembre, début de l'automne boréal et du printemps austral. Le Grand Carré de Pégase est bien placé pour les observateurs de l'hémisphère Nord, alors que dans l'hémisphère Sud les étoiles les plus brillantes sont situées à l'ouest.

LE SOLEIL LE 15 SEPTEMBRE

Latitude	Lever	Coucher
60° N.	05h30	18h20
40° N.	05h40	18h10
20° N.	05h50	18h00
0°	05h50	18h00
20° S.	06h00	18h00
40° S.	06h00	17h50

1er septembre Hiver Été   15 septembre Hiver Été   30 septembre Hiver Été

LATITUDES NORD

- **VERS LE NORD**
On voit relativement peu d'étoiles brillantes. Céphée est plein nord, avec Cassiopée à sa droite. Andromède et Pégase sont haut dans l'Est, tandis que Persée se lève au nord-est, suivi par le Cocher. Le Dragon et Hercule sont au nord-ouest.

- **VERS LE SUD**
Le Verseau et le Capricorne sont au centre, avec Fomalhaut au-dessous. Le Grand Carré de Pégase, avec les Poissons au-dessous et à gauche, domine le Sud-Est. Le Triangle d'été – Altaïr, Deneb et Véga – est au sud-ouest, presque au zénith, tandis qu'Ophiuchus et la Queue du Serpent se couchent plus à l'ouest.

LATITUDES SUD

- **VERS LE NORD**
Le grand triangle formé par les étoiles brillantes Altaïr, Deneb et Véga resplendit au nord-ouest. Le Grand Carré de Pégase domine le Nord-Est, avec Andromède plus près de l'horizon et les Poissons plus à l'est. Le Capricorne et le Verseau sont presque au zénith. Ophiuchus et la Queue du Serpent se couchent à l'ouest.

- **VERS LE SUD**
Achernar, dans Éridan, resplendit au sud-est, région du ciel au demeurant plutôt vide, avec le Petit Nuage de Magellan (PNM, voir p. 197) à sa droite. Fomalhaut est presque au zénith. Le Scorpion se situe au sud-ouest, avec le Sagittaire au-dessus.

LE CIEL DE SEPTEMBRE • 193

LE PETIT NUAGE DE MAGELLAN (LE TOUCAN)

C'est la plus petite, la plus faible et la plus éloignée des deux petites galaxies irrégulières qui voisinent la nôtre. À l'œil nu, on dirait un morceau détaché de la Voie lactée. L'amas situé à sa droite est NGC 104 (voir l'encadré ci-contre).

CARTES DU CIEL ENTIER

LES OBJETS DE SEPTEMBRE

● **DELTA (δ) CEPHEI.** C'est le prototype des étoiles variables céphéides utilisées pour mesurer les distances dans l'espace. La luminosité de Delta Cephei varie en 5 jours, en même temps que sa taille ; à son maximum, elle est plus de deux fois plus brillante qu'à son minimum. Ses variations de luminosité peuvent être suivies à l'œil nu en la comparant à des étoiles voisines de magnitude connue. Delta Cephei est aussi une belle étoile double, dont le compagnon, moins lumineux, est visible avec un petit télescope. Voir aussi p. 80.

◯ **M 27 (LE PETIT RENARD).** La nébuleuse planétaire la plus facile à voir avec des jumelles se trouve dans la constellation souvent ignorée du Petit Renard, à mi-chemin entre les étoiles brillantes Deneb et Altaïr. Son surnom de nébuleuse Dumbbell (l'Haltère) vient de sa forme – qui est plutôt celle d'un nœud papillon –, mais celle-ci n'est visible qu'au télescope. Voir aussi p. 141.

❂ **NGC 104 (LE TOUCAN).** Appelé aussi 47 Tucanae, c'est le deuxième amas globulaire de tout le ciel, après Oméga (ω) Centauri. À l'œil nu, il s'agit d'une étoile floue. Il apparaît près du Petit Nuage de Magellan (PNM), mais se trouve en réalité dans notre galaxie. Voir aussi p. 135.

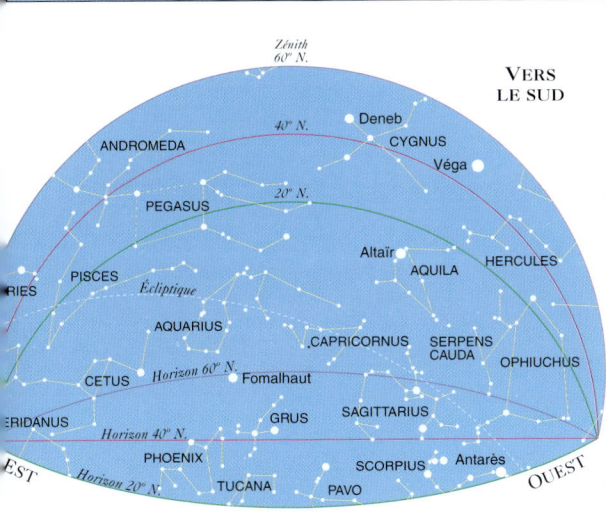

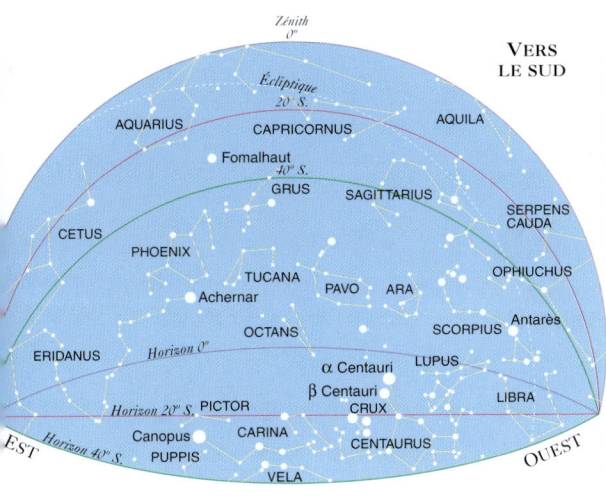

AUTRES OBJETS

● Albireo (p. 187)
● Epsilon (ε) Lyrae (p. 181)
◗ M 31 (p. 199)
❂ NGC 869 et NGC 884 (p. 199)
● La Fente du Cygne (p. 187)

LE CIEL DE SEPTEMBRE

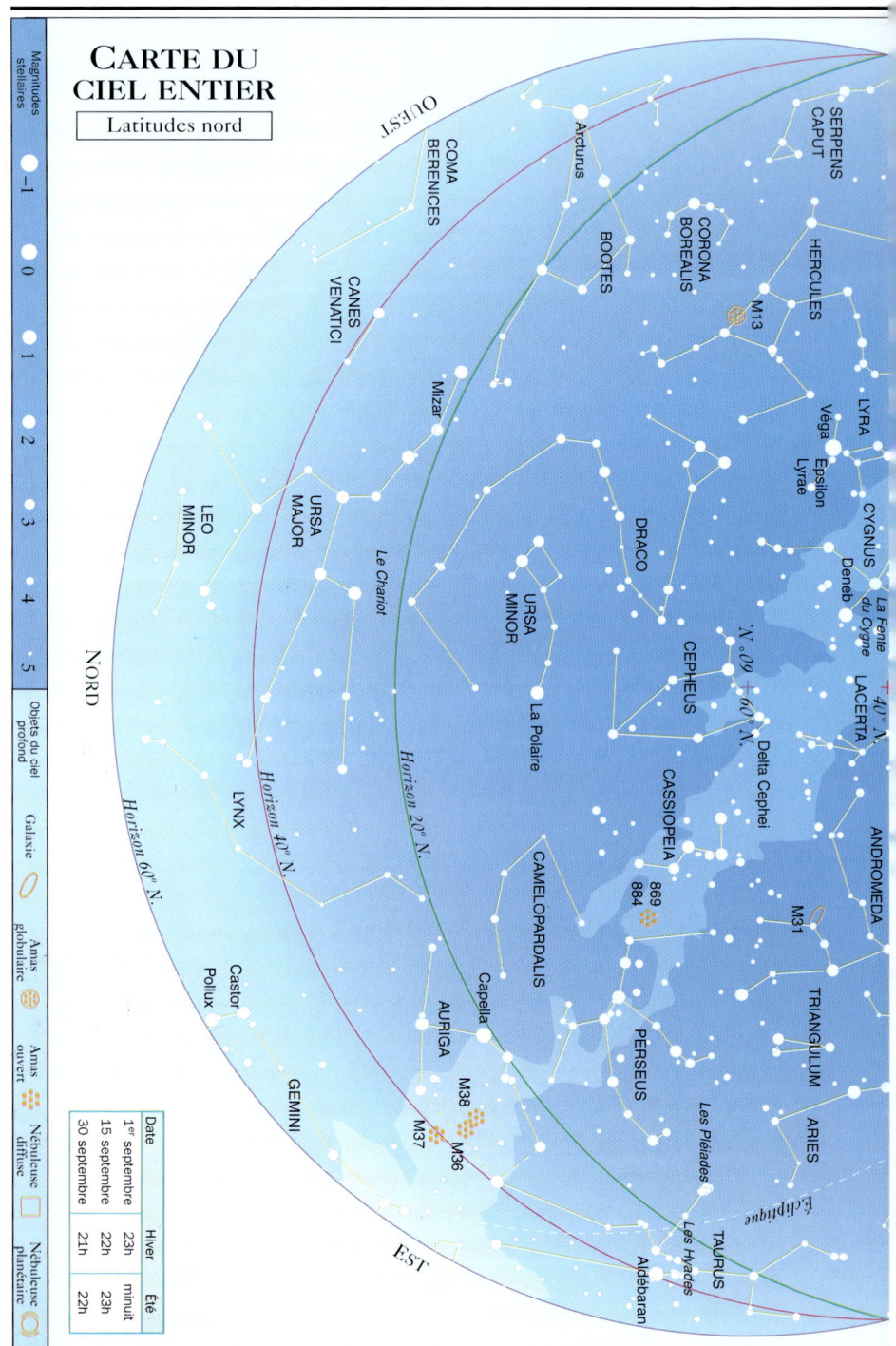

CARTE DU CIEL ENTIER
Latitudes nord

LE CIEL DE SEPTEMBRE • 195

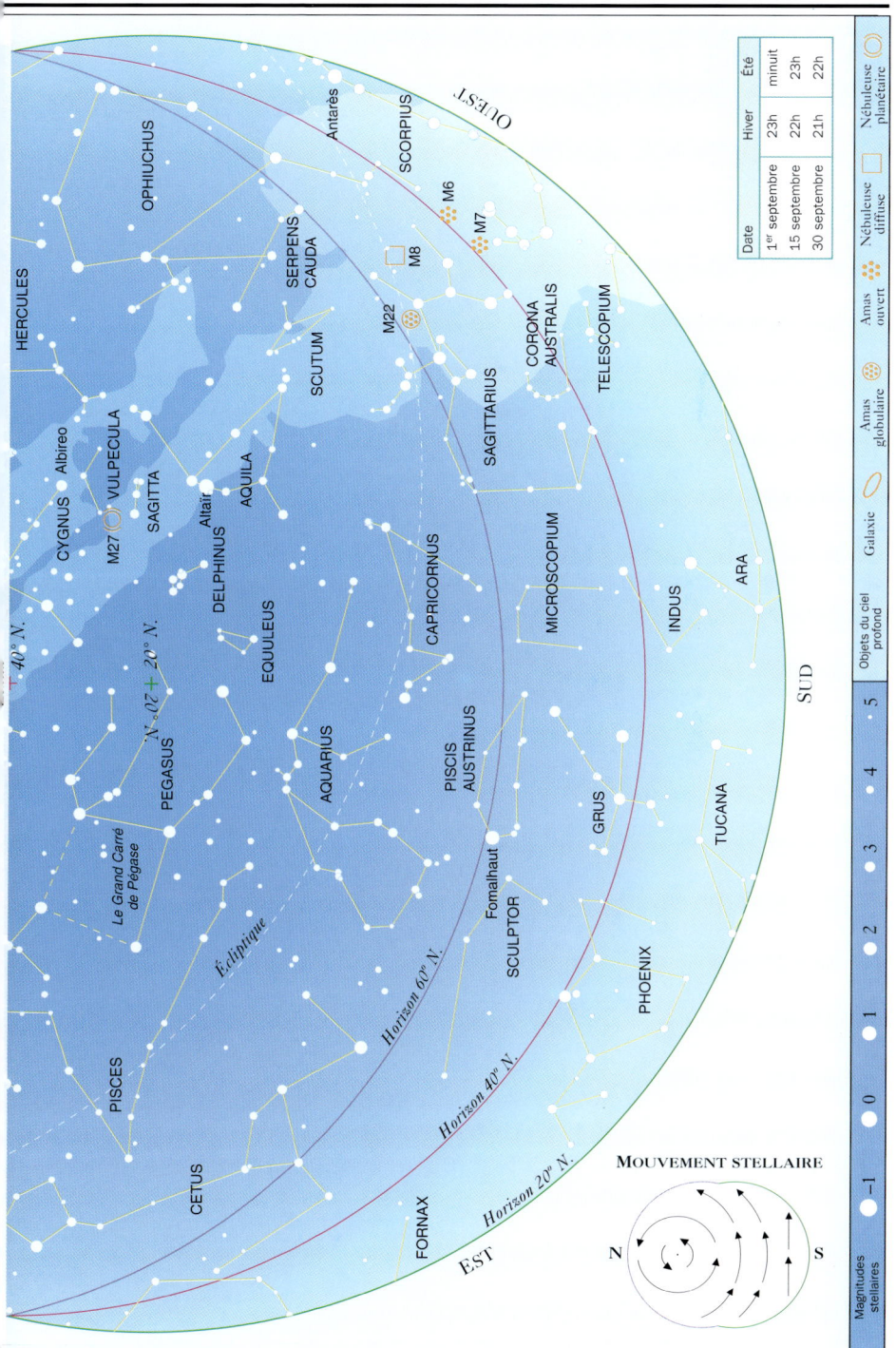

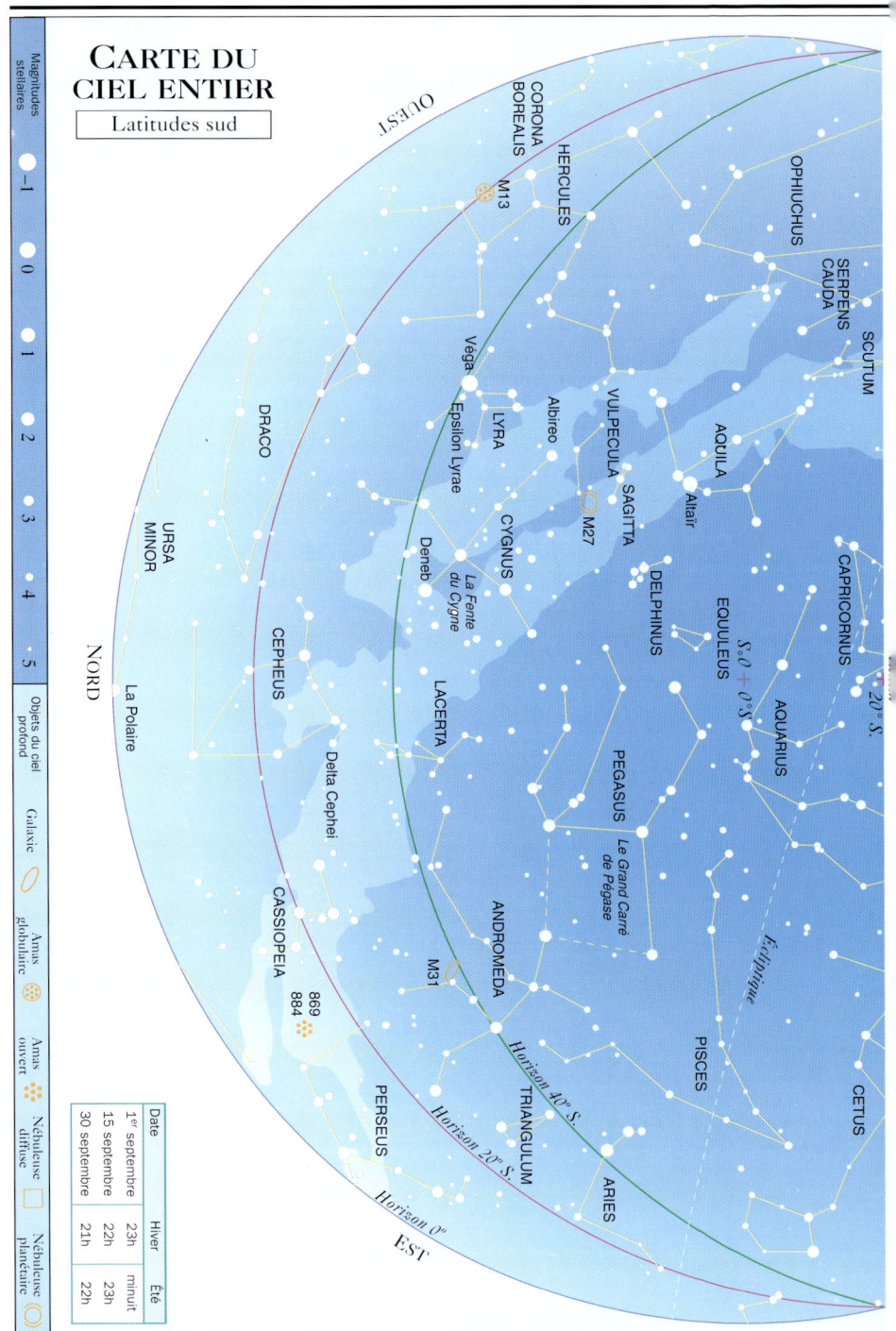

LE CIEL DE SEPTEMBRE • 197

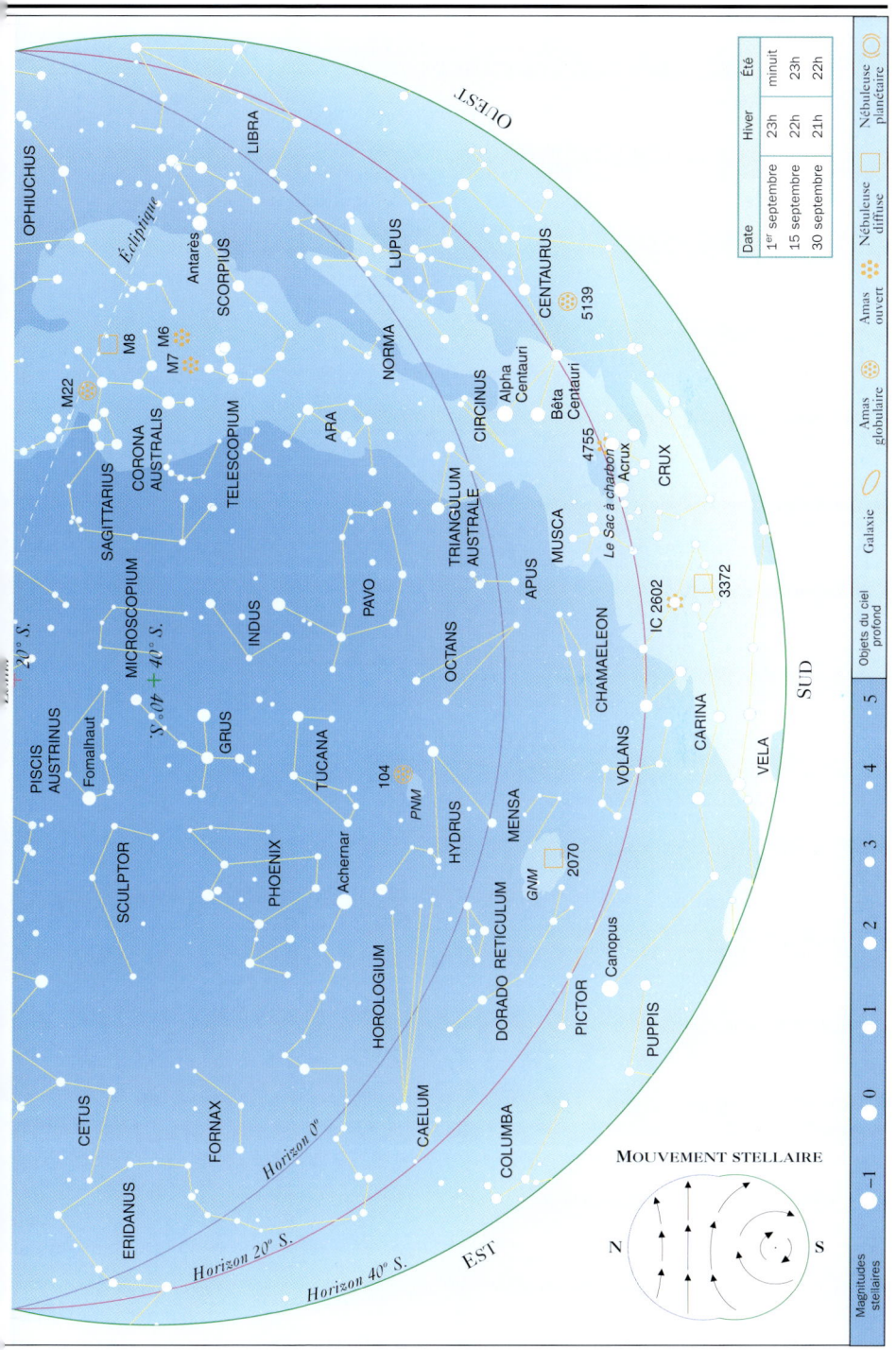

Octobre

LA GALAXIE D'ANDROMÈDE, M 31, est presque au zénith pour les observateurs de l'hémisphère Nord, mais pour ceux du Sud, elle reste désespérément bas. Il y a peu d'étoiles brillantes à cette époque de l'année, mais le Grand Carré de Pégase est facile à voir des deux hémisphères.

LE SOLEIL LE 15 OCTOBRE

Latitude	Lever	Coucher
60° N.	06h40	16h50
40° N.	06h10	17h20
20° N.	05h50	17h40
0°	05h40	17h50
20° S.	05h30	18h00
40° S.	05h10	18h20

1er octobre	Hiver 🕐	Été 🕐	15 octobre	Hiver 🕐	Été 🕐	30 octobre	Hiver 🕐	Été 🕐

LATITUDES NORD

• **VERS LE NORD**
La Voie lactée surplombe le ciel d'ouest en est (voir p. 200-201). Cassiopée est très haut, au-dessus et à gauche de Persée. La Chèvre et les autres étoiles du Cocher se lèvent à l'est avec le Taureau, donnant un avant-goût de l'hiver. Le Triangle d'été est encore visible à l'ouest, avec Altaïr au sud-ouest (à droite de la carte VERS LE SUD).

• **VERS LE SUD**
Haut dans le Sud, le Grand Carré de Pégase est bien placé, avec Andromède au-dessus et à sa gauche, presque au zénith. Les Poissons sont à gauche de Pégase, et le Verseau au-dessous et à droite. Bas vers le sud, on trouve Fomalhaut, avec la Baleine au sud-est.

LATITUDES SUD

• **VERS LE NORD**
Le Grand Carré de Pégase est au centre, avec Andromède au-dessous et à droite. Les Poissons sont situés au-dessus et à droite de Pégase, avec le Verseau au-dessus et à gauche, presque au zénith. Altaïr, Véga et Deneb se couchent au nord-ouest. Aldébaran et les autres étoiles du Taureau commencent juste à apparaître à l'horizon nord-est.

• **VERS LE SUD**
Achernar est haut dans le secteur sud-est, et Canopus se lève au-dessous. Les seuls autres objets de cette région relativement vide sont les Grand et Petit Nuages de Magellan (GNM et PNM, voir p. 203). Bas au sud-ouest, le Sagittaire suit le Scorpion sous l'horizon.

LE CIEL D'OCTOBRE • 199

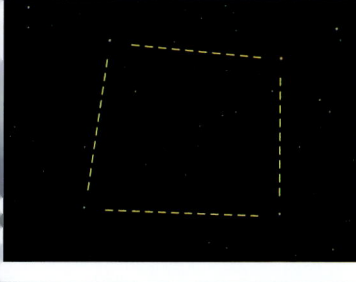

LE GRAND CARRÉ DE PÉGASE
Les angles de cet immense carré sont marqués par trois étoiles de Pégase et une d'Andromède (en haut à gauche). Cette figure, malgré sa taille considérable (15 degrés de côté, de quoi contenir 900 pleines lunes), renferme peu d'étoiles visibles à l'œil nu.

CARTES DU CIEL ENTIER

LES OBJETS D'OCTOBRE

M 31 (ANDROMÈDE). L'objet le plus distant visible à l'œil nu est une galaxie spirale semblable à la nôtre. Appelée aussi galaxie d'Andromède, elle est visible à l'œil nu en rase campagne, mais on apprécie mieux toute son étendue avec des jumelles. M 31 est située à plus de 2 millions d'années-lumière : ainsi la lumière qui nous en parvient aujourd'hui l'a quittée quand les ancêtres de l'humanité parcouraient les plaines d'Afrique. Voir aussi p. 64.

NGC 869 ET NGC 884 (PERSÉE). Deux amas ouverts, connus comme le Double Amas, marquent la main de Persée. À l'œil nu, ils apparaissent comme un nœud plus brillant que la Voie lactée environnante. Ils sont faciles à voir avec des jumelles. Voir aussi p. 118.

AUTRES OBJETS
• **Albireo** (p. 187)
• **Delta (δ) Cephei** (p. 193)
• **M 27** (p. 193)
• **NGC 104** (p. 193)
• **NGC 2070** (p. 205)
• **La Fente du Cygne** (p. 187)
• **Les Hyades et les Pléiades** (p. 211)

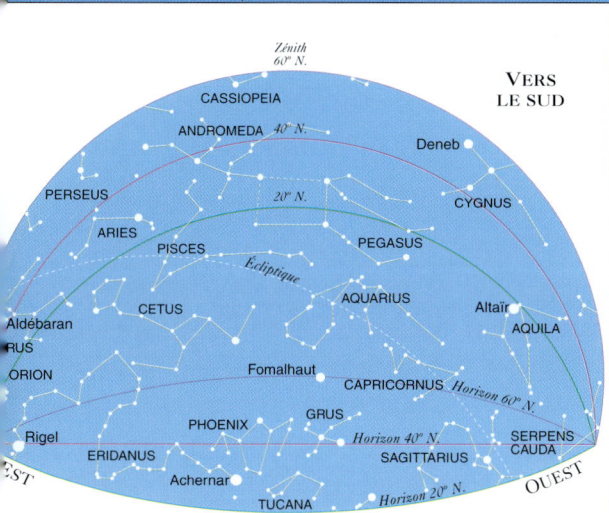

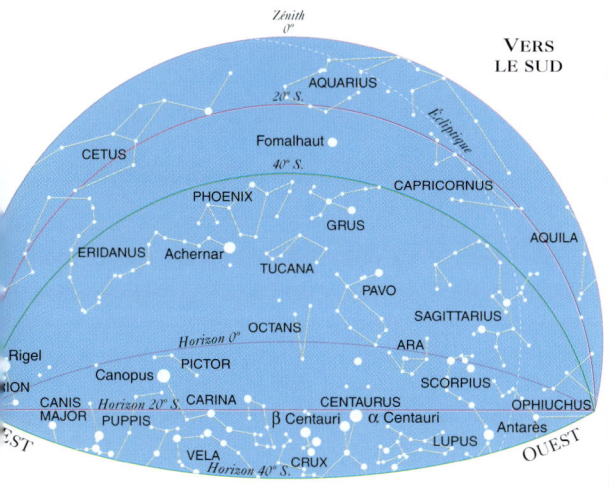

MÉTÉORES D'OCTOBRE

LES ORIONIDES. Émanant du nord d'Orion, près de la frontière avec les Gémeaux, les Orionides atteignent un pic de 25 météores à l'heure vers le 21 octobre. Cette région du ciel se levant tard, on observe mieux l'averse après minuit. Les Orionides sont rapides mais de faible éclat. Comme les Êta Aquarides de mai, ils sont causés par les poussières de la comète de Halley.

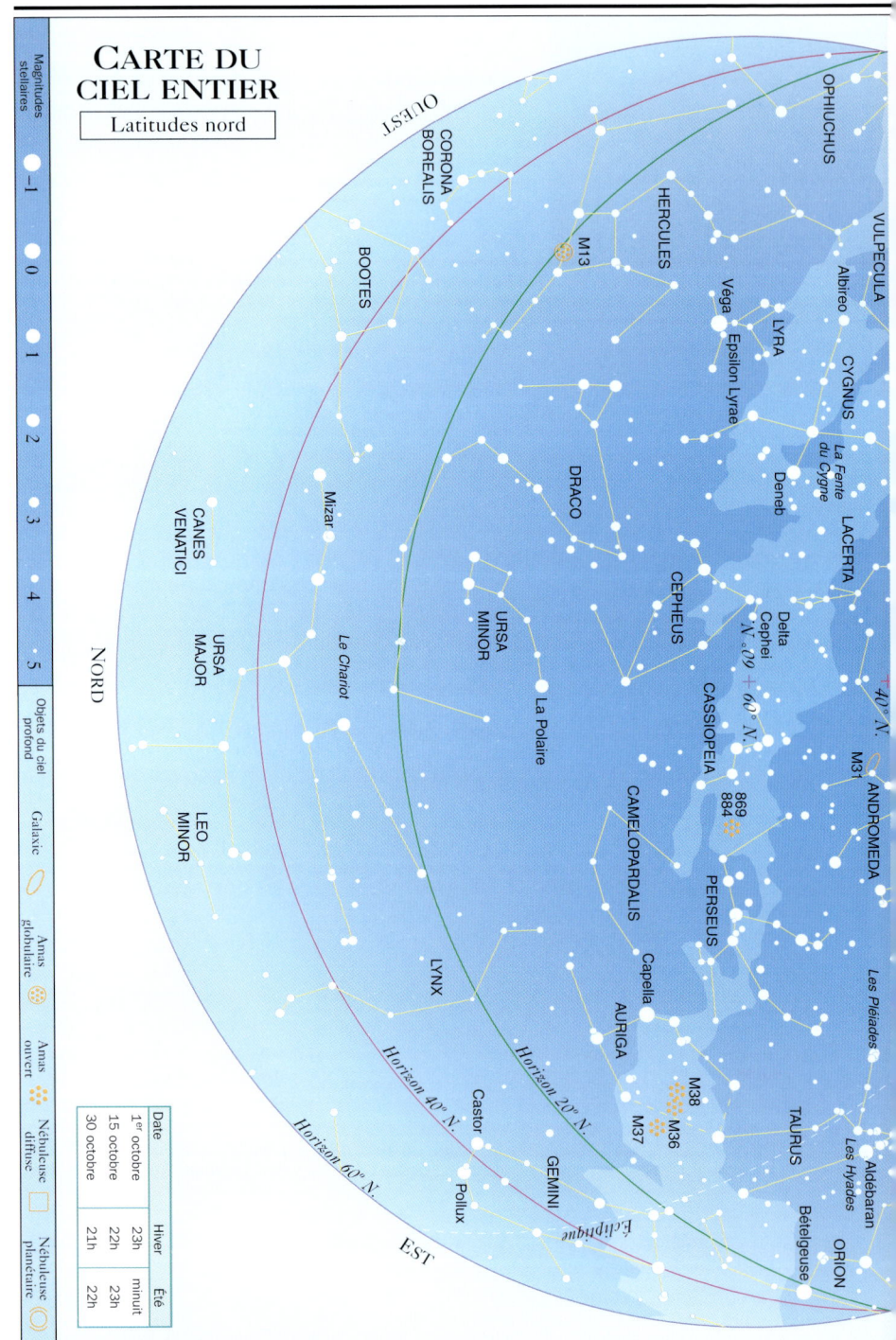

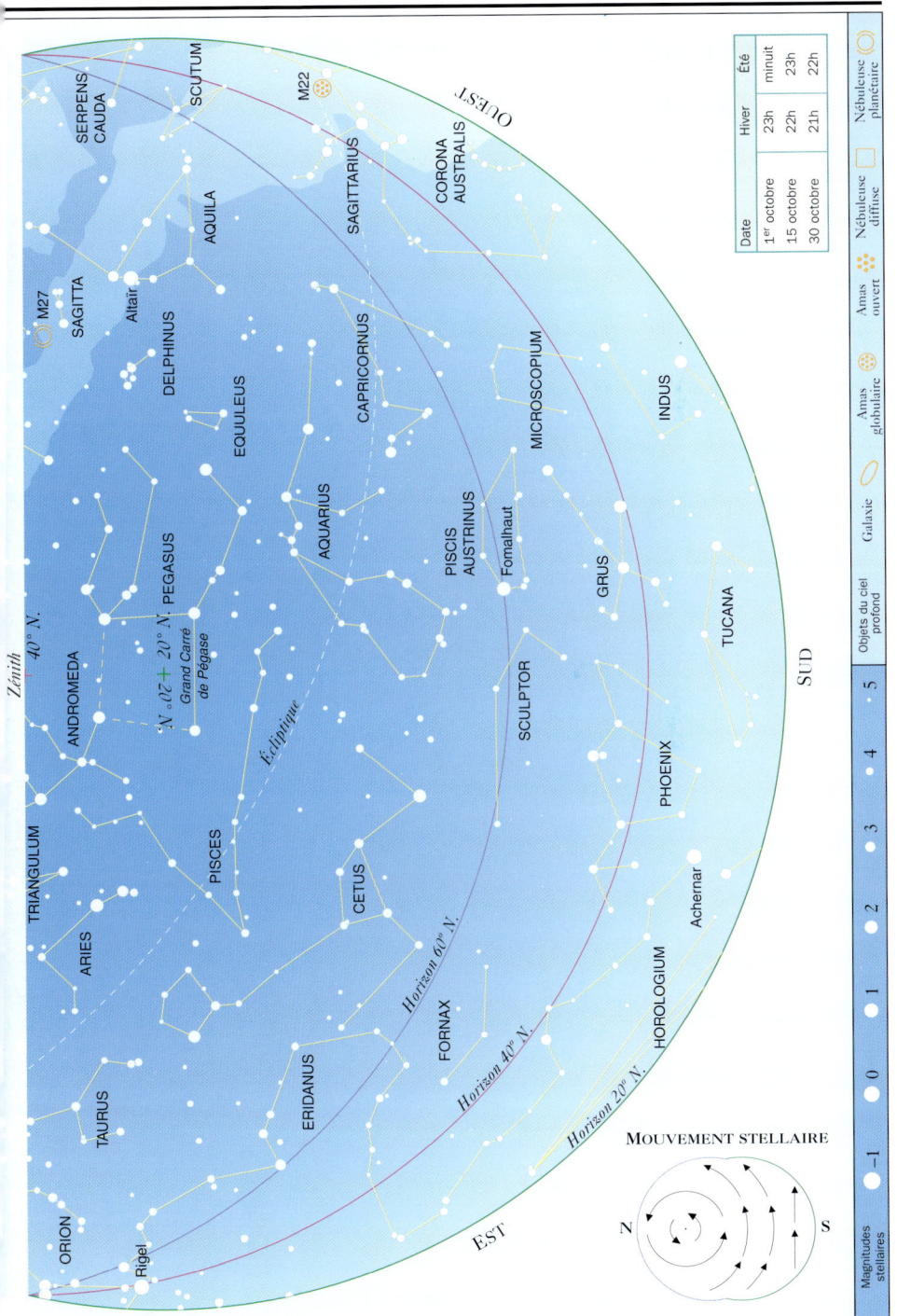

202 • LE CIEL D'OCTOBRE

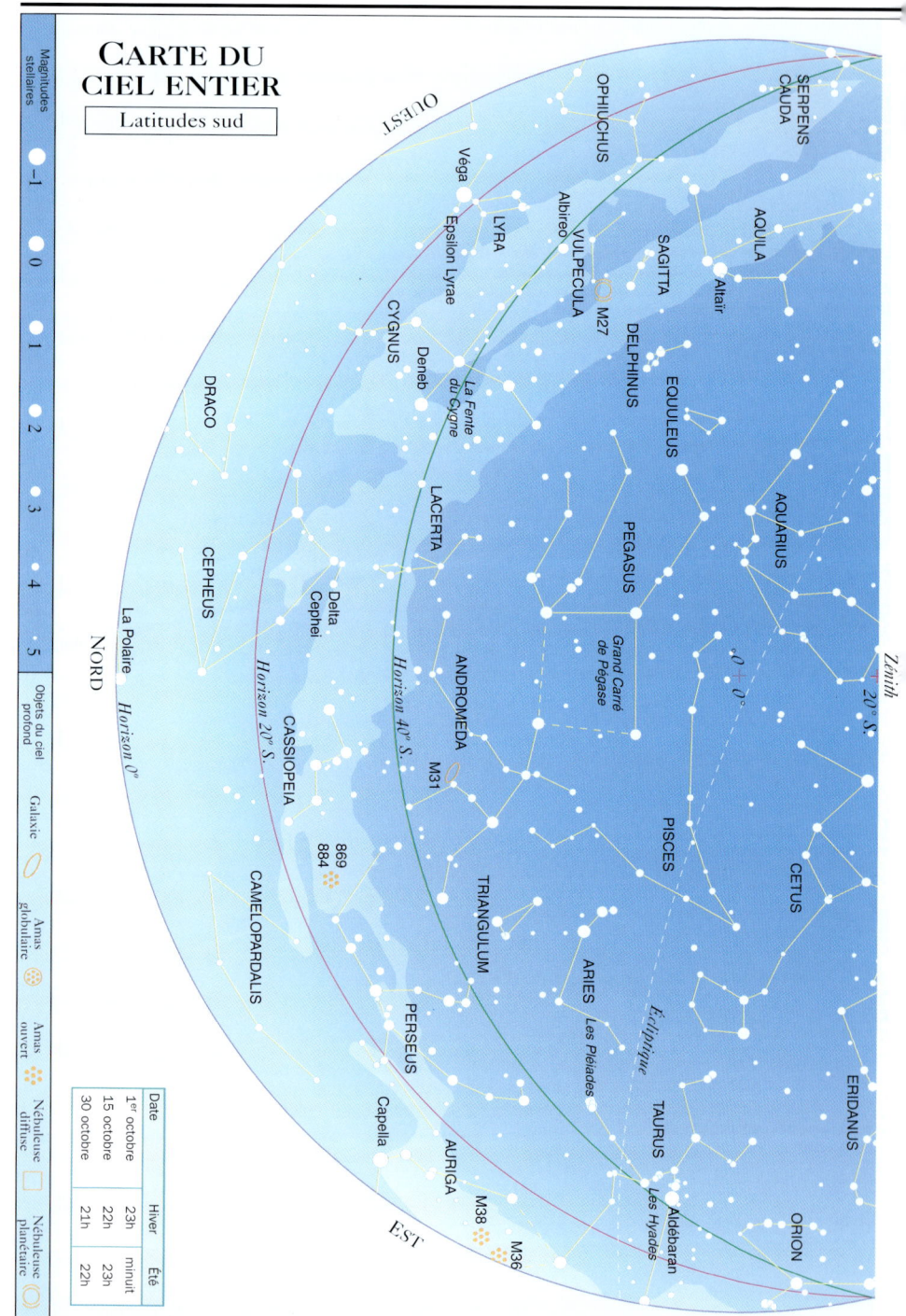

LE CIEL D'OCTOBRE • 203

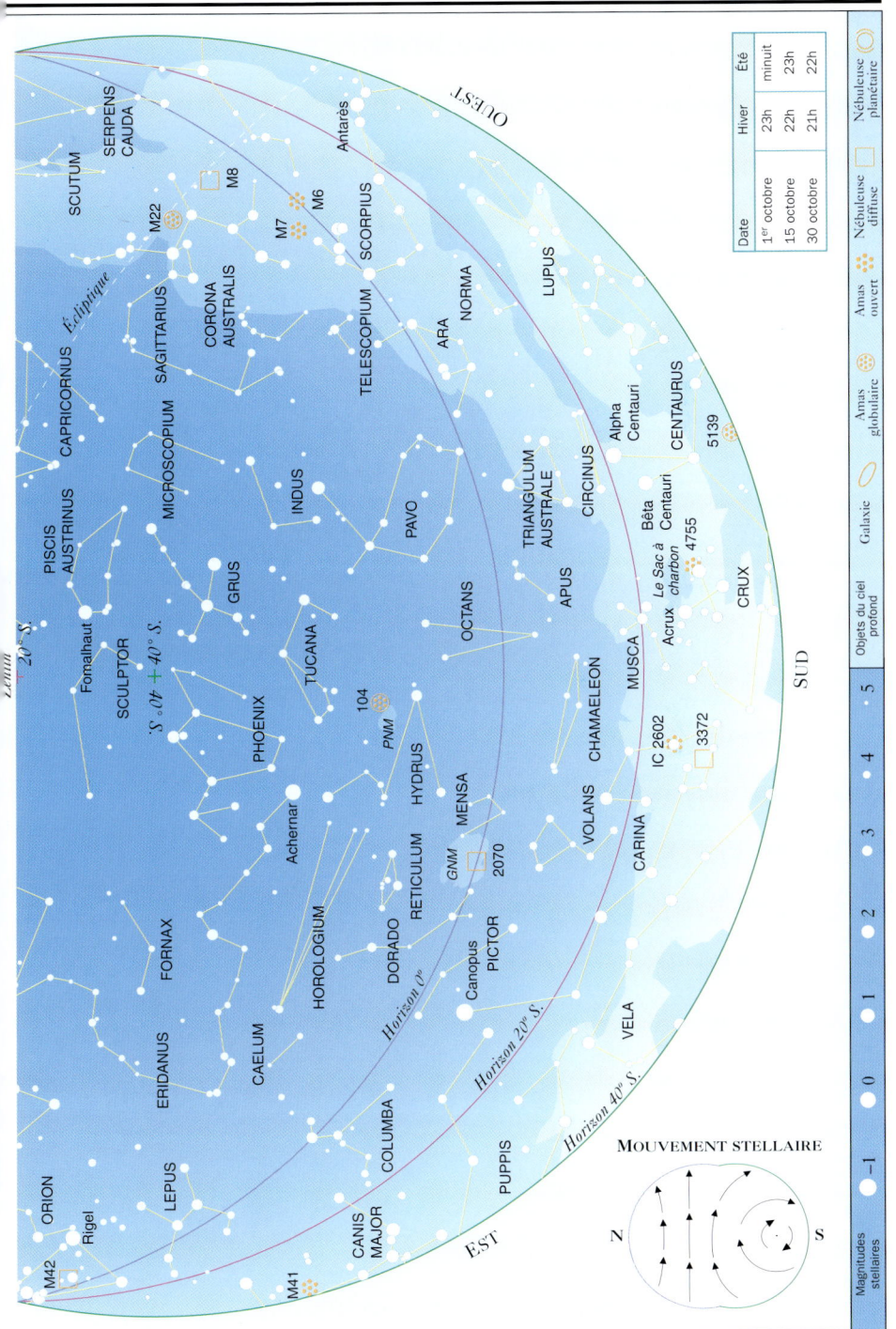

NOVEMBRE

TOUTES LES CONSTELLATIONS nommées d'après les personnages de la légende de Persée et Andromède sont visibles : les protagonistes eux-mêmes, Cassiopée et Céphée, les parents d'Andromède, et aussi la Baleine, le monstre marin dont elle fut sauvée par Persée. Dans l'hémisphère Nord, on est revenu à l'heure d'hiver.

LE SOLEIL LE 15 NOVEMBRE

Latitude	Lever	Coucher
60° N.	08h00	15h30
40° N.	06h50	16h40
20° N.	06h10	17h20
0°	05h40	17h50
20° S.	05h10	18h20
40° S.	04h40	18h50

1er novembre	Hiver	Été	15 novembre	Hiver	Été	30 novembre	Hiver	Été

LATITUDES NORD

• **VERS LE NORD**
La Voie lactée (voir p. 206-207) surplombe le ciel d'ouest en est. Persée, Andromède et Cassiopée sont très haut, avec Céphée au-dessous. Le Cocher, et sa plus brillante étoile, la Chèvre, sont haut dans le Nord-Est, avec les Gémeaux au-dessous. Le Triangle d'été (Véga, Deneb et Altaïr) est maintenant bas au nord-ouest.

• **VERS LE SUD**
La Baleine est plein sud, flanquée du Bélier et d'Andromède, plus haut. Les Poissons, Pégase et le Verseau dominent l'Ouest. Les étoiles d'hiver se lèvent à l'est, notamment Orion et le Taureau, qui contient Aldébaran la rouge et les amas des Hyades et des Pléiades (voir p. 207).

LATITUDES SUD

• **VERS LE NORD**
La Baleine est presque au zénith, avec les Poissons et le Bélier au-dessous, tandis que Persée, Andromède et Cassiopée sont près de l'horizon nord. Pégase, avec son Grand Carré, occupe l'essentiel du Nord-Ouest. Au nord-est, le Taureau apparaît, avec Orion, plus à l'est, annonçant l'été.

• **VERS LE SUD**
Achernar est plein sud, avec les Grand et Petit Nuages de Magellan (GNM et PNM, voir p. 209) au-dessous. Il y a peu d'étoiles remarquables près du zénith, mais Sirius et Canopus, les deux étoiles les plus brillantes du ciel, resplendissent à l'est et au sud-est. Fomalhaut est haut à l'ouest.

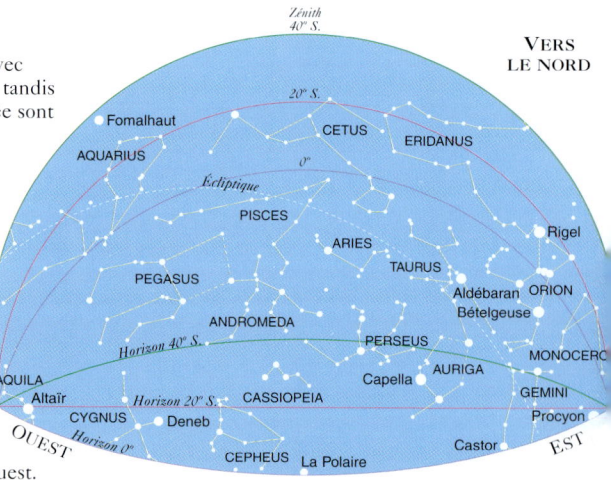

LE CIEL DE NOVEMBRE • 205

LE GRAND NUAGE DE MAGELLAN
S'étendant surtout dans la Dorade, c'est la plus grande, la plus brillante et la plus proche des deux galaxies voisines de la nôtre. À l'œil nu, il apparaît comme un morceau détaché de la Voie lactée, mais des jumelles dévoilent une foule d'amas stellaires et de nébuleuses.

CARTES DU CIEL ENTIER

LES OBJETS DE NOVEMBRE

☐ **NGC 2070 (LA DORADE).** L'objet le plus remarquable du Grand Nuage de Magellan est une nébuleuse diffuse visible à l'œil nu et avec des jumelles. Surnommée la nébuleuse de la Tarentule, à cause de sa forme d'araignée bien visible sur les clichés, elle est 50 fois plus grande que la fameuse nébuleuse d'Orion (M 42) dans notre propre galaxie. Voir aussi p. 91.

AUTRES OBJETS

- M 31 (p.199)
- M 36, M 37 et M 38 (p. 211)
- M 41 (p. 151)
- M 42 (p. 145)
- NGC 869 et NGC 884 (p. 199)
- NGC 2244 (p.151)
- Les Hyades et les Pléiades (p. 211)

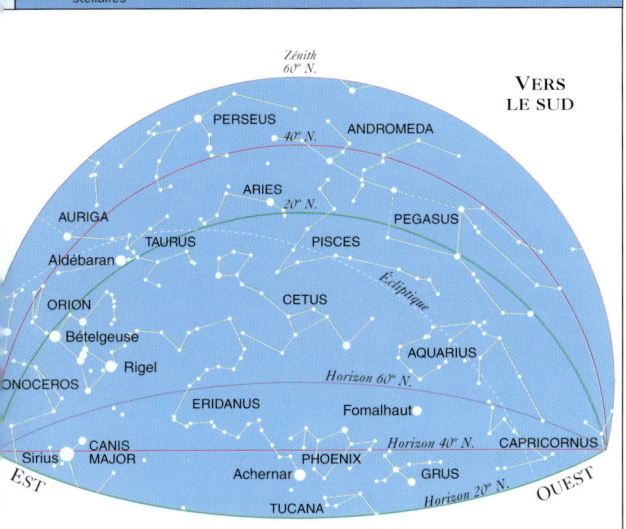

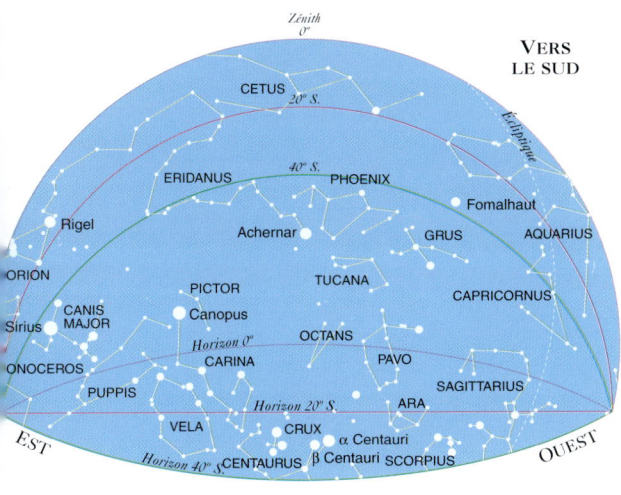

MÉTÉORES DE NOVEMBRE

LES TAURIDES. Apparaissant fin octobre et durant plus d'un mois, les Taurides atteignent un taux soutenu au début du mois de novembre. L'activité ne dépasse pas 10 météores à l'heure, avec un radiant situé juste au sud des Pléiades, mais les Taurides sont frappants, car lents et souvent brillants.

LES LÉONIDES. Cette averse rayonne depuis la tête du Lion vers le 17 novembre. L'activité n'est normalement que d'une dizaine de météores à l'heure, mais elle peut augmenter brusquement tous les 33 ans, quand la comète mère, Tempel-Tuttle, se rapproche du Soleil. Une tempête de Léonides a eu lieu en 1966, et une autre est attendue en 1998 et 1999.

LE CIEL DE NOVEMBRE

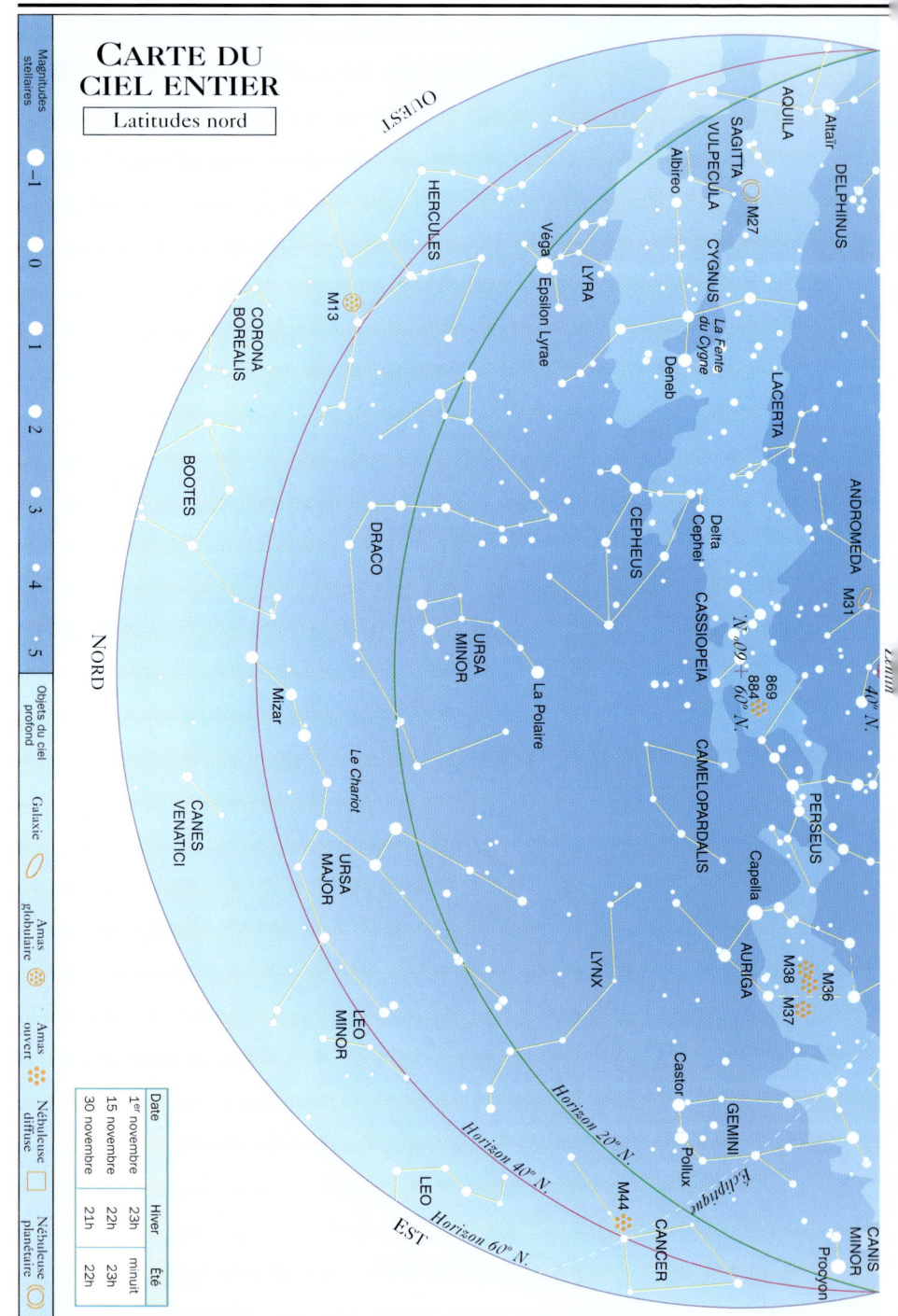

LE CIEL DE NOVEMBRE • 207

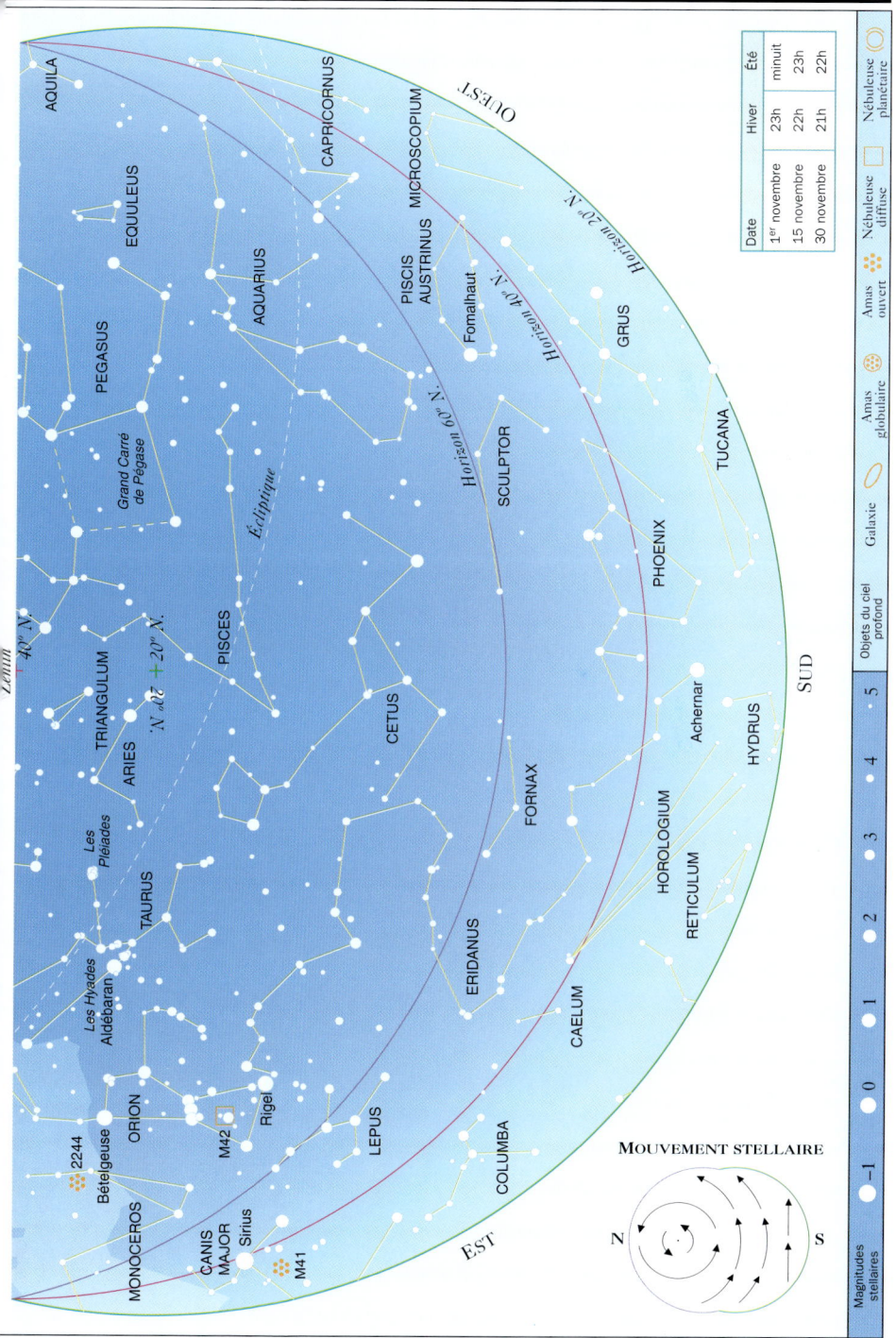

208 • LE CIEL DE NOVEMBRE

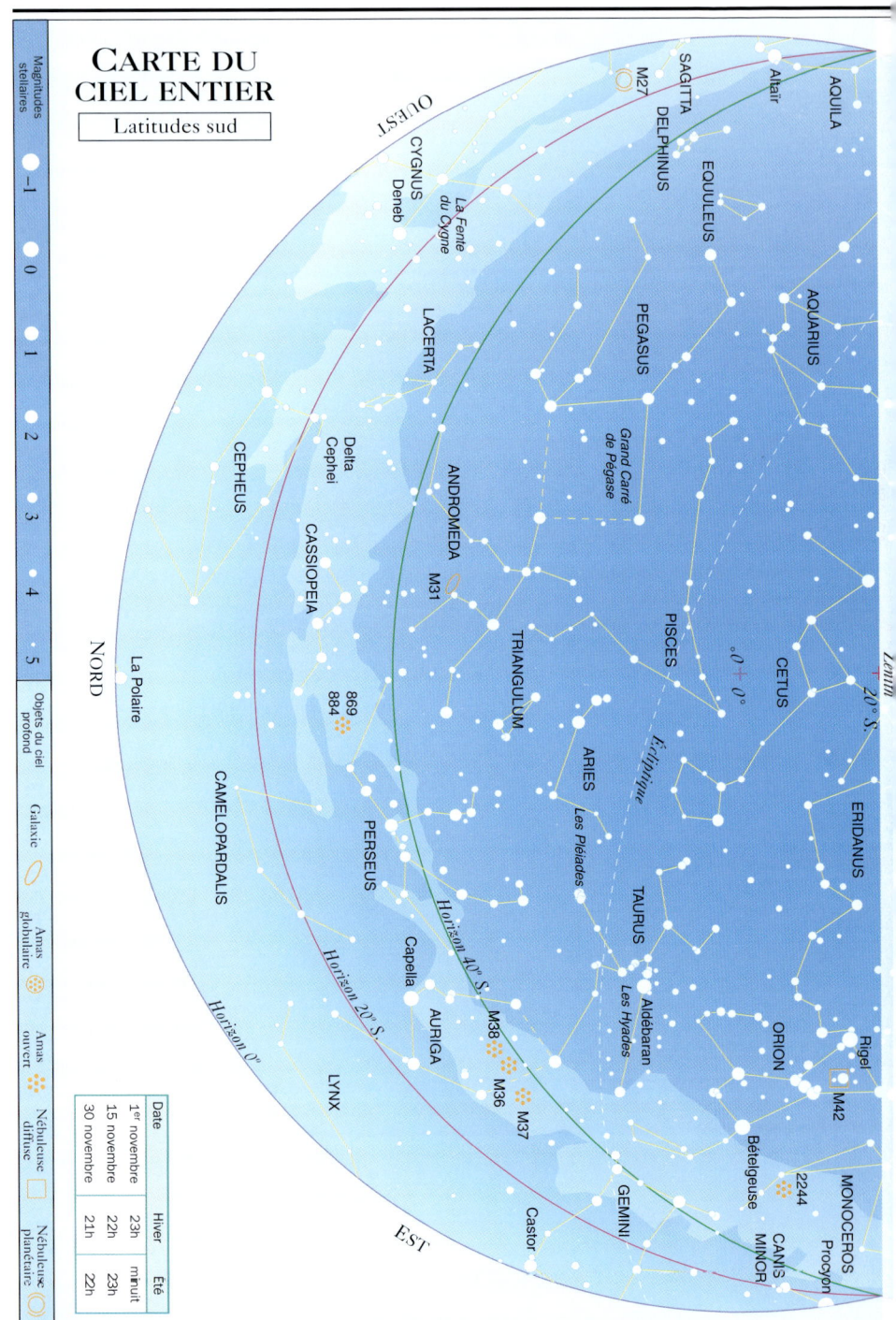

LE CIEL DE NOVEMBRE • 209

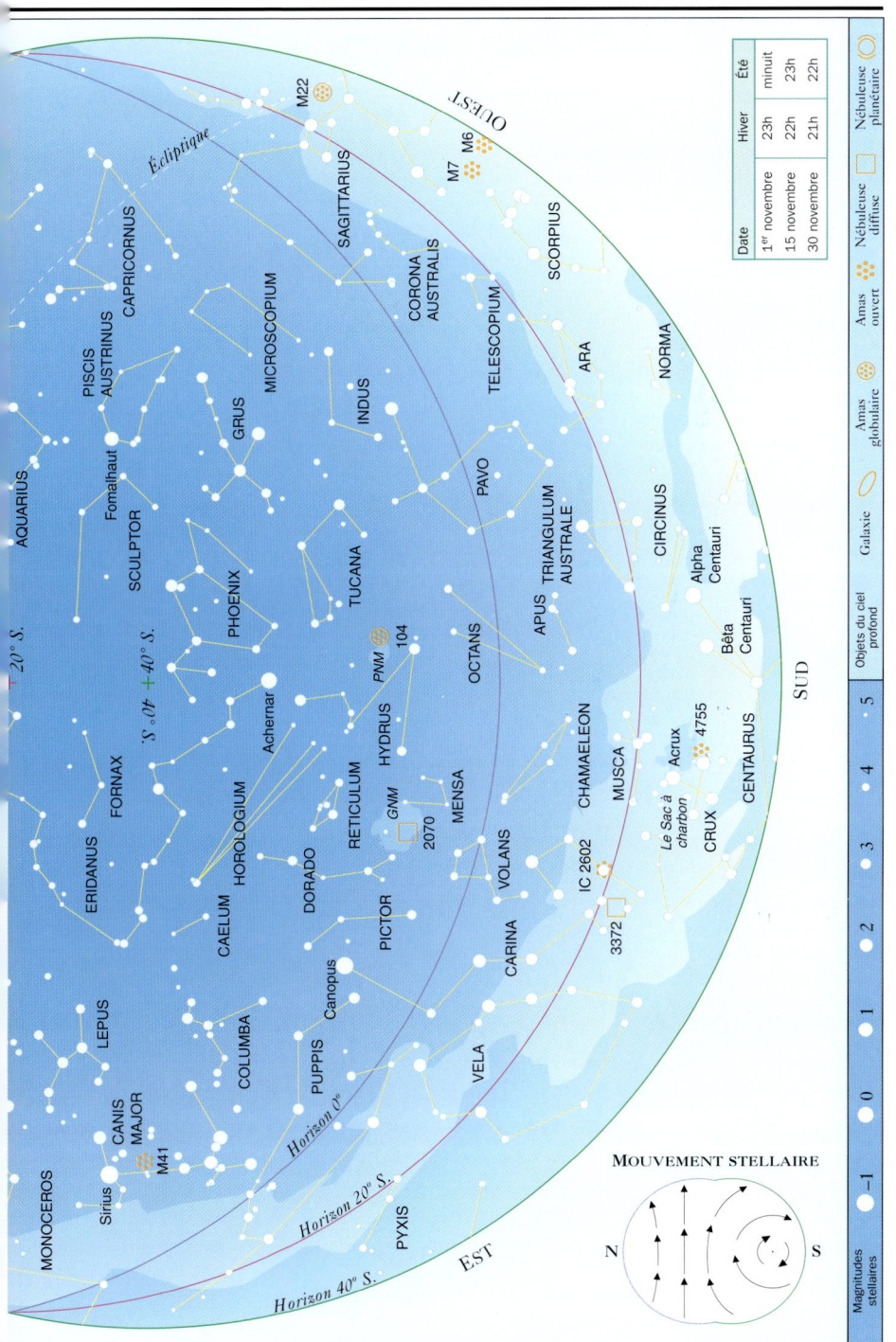

DÉCEMBRE

C'EST EN DÉCEMBRE que les nuits sont le plus longues et les jours le plus courts sous les latitudes boréales, et inversement dans l'hémisphère Sud. La plus grande partie du ciel austral est occupée par des constellations inconnues des anciens Grecs. Une brillante averse de météores surgit des Gémeaux vers le milieu du mois.

LE SOLEIL LE 15 DÉCEMBRE

Latitude	Lever	Coucher
60° N.	09h00	14h50
40° N.	07h10	16h40
20° N.	06h30	17h20
0°	05h50	18h00
20° S.	05h20	18h40
40° S.	04h30	19h20

1er décembre Hiver 🕐 Été 🕐   15 décembre Hiver 🕐 Été 🕐   30 décembre Hiver 🕐 Été 🕐

LATITUDES NORD

• VERS LE NORD
Persée est presque au zénith, avec la Chèvre et les autres étoiles du Cocher à sa droite. Les Gémeaux sont plus à l'est, et le Cancer se lève au-dessous. À l'horizon nord-est, Régulus apparaît, précédant les autres étoiles du Lion. Au nord-ouest se trouvent Cassiopée et Céphée ainsi que Deneb, plus près de l'horizon.

• VERS LE SUD
Le Taureau est haut dans le Sud, idéalement placé pour l'observation des Pléiades et des Hyades (voir p. 213). Éridan est au-dessous, et Orion se lève au-dessous et à gauche, suivi par Sirius et Procyon. La Baleine est au sud-ouest, avec les Poissons et Pégase progressivement visibles plus à l'ouest.

LATITUDES SUD

• VERS LE NORD
Éridan, le fleuve céleste, serpente au zénith. Le Taureau est situé au-dessous, avec les Hyades et les Pléiades (voir p. 214), idéalement placées, et Orion haut sur sa droite. Le Cocher et Persée sont près de l'horizon nord, avec les Gémeaux au nord-est. Au nord-ouest, le Grand Carré de Pégase se couche, suivi par les Poissons.

• VERS LE SUD
Achernar et Canopus sont situés de part et d'autre du centre. Entre les deux, un peu plus bas : les Grand et Petit Nuages de Magellan (GNM et PNM, voir p. 215). Sirius est haut dans le Sud-Est, et les Voiles et la Poupe se lèvent au sud-est. Fomalhaut se couche au sud-ouest.

LE CIEL DE DÉCEMBRE • 211

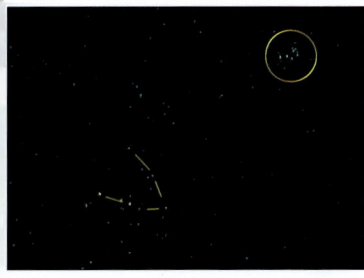

LES HYADES ET LES PLÉIADES (LE TAUREAU) Le grand amas des Hyades (en bas à gauche), en forme de V, forme la face du taureau, et l'étoile rouge Aldébaran, un œil. L'amas des Pléiades (en haut à droite) est situé sur le dos du taureau (voir aussi l'encadré ci-contre).

CARTES DU CIEL ENTIER

LES OBJETS DE DÉCEMBRE

✢ **M 36, M 37 ET M 38 (LE COCHER).** Parmi les champs stellaires de la Voie lactée, des jumelles à grand champ permettent de distinguer, dans le Cocher, une ligne courbe de trois amas ouverts. M 37 est le plus grand ; M 36 est le plus petit, mais ses étoiles sont aussi les plus faciles à apercevoir avec un petit télescope. Voir aussi p. 69.

● **LES HYADES (LE TAUREAU).** Ce grand et brillant amas ouvert, le plus proche de la Terre, contient plus d'une douzaine d'étoiles visibles à l'œil nu. Voir aussi p. 132-133.

● **LES PLÉIADES (LE TAUREAU).** À première vue, cet amas ouvert apparaît comme un nuage flou, mais un examen plus attentif révèle plusieurs étoiles. Bien qu'on l'appelle aussi les Sept Sœurs, on n'en voit couramment que six. Les gens dotés d'une vue exceptionnelle peuvent en voir plusieurs autres, et les jumelles en montrent des douzaines. Voir aussi p. 132-133.

AUTRES OBJETS
✢ M 41 (p. 151)
☐ M 42 (p. 145)
✢ M 44 (p. 157)
☐ NGC 2070 (p. 205)
✢ NGC 2244 (p. 151)

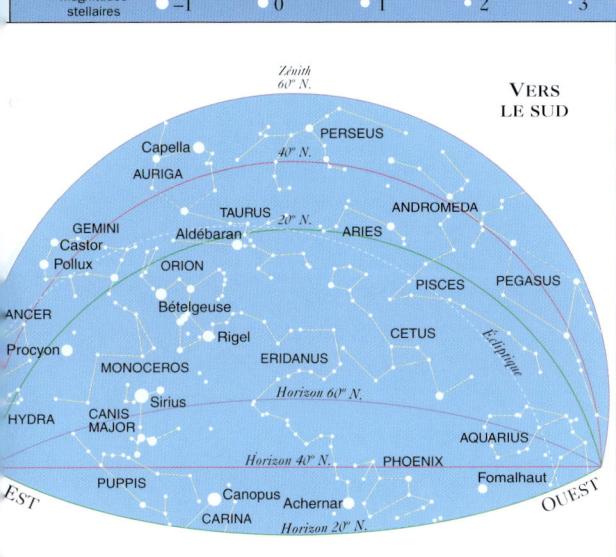

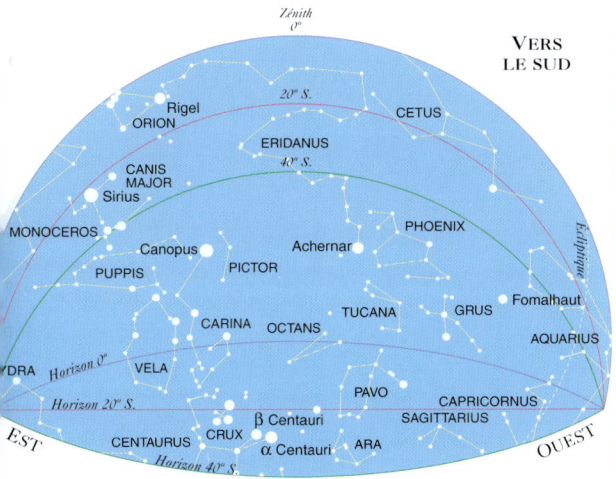

MÉTÉORES DE DÉCEMBRE

LES GÉMINIDES. La deuxième meilleure averse de l'année provient d'un point situé près de Castor, dans les Gémeaux. Elle atteint son maximum le 13 décembre : on peut voir jusqu'à 100 météores à l'heure. Une activité plus faible se maintient plusieurs jours avant et après ce pic.

212 • LE CIEL DE DÉCEMBRE

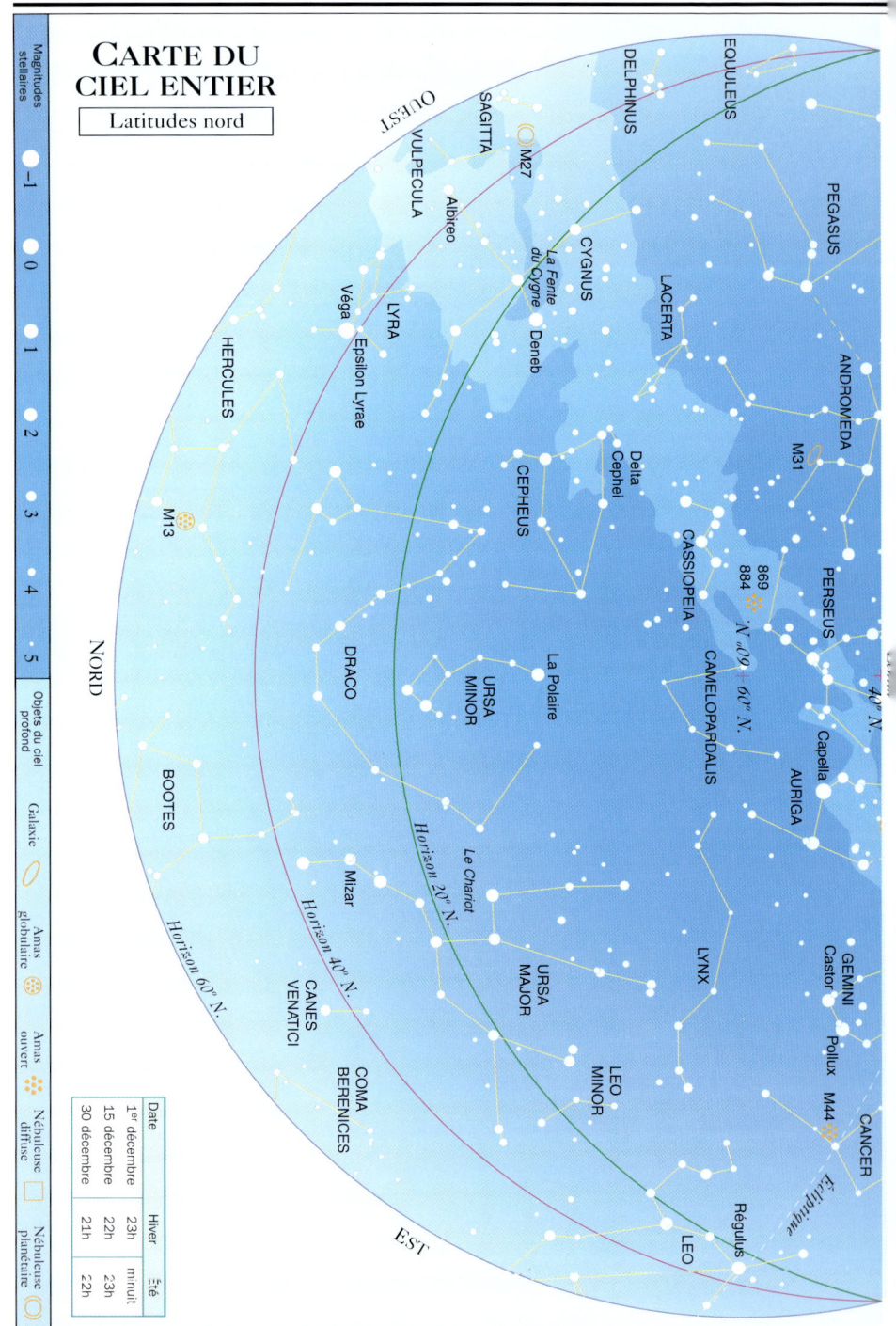

LE CIEL DE DÉCEMBRE • 213

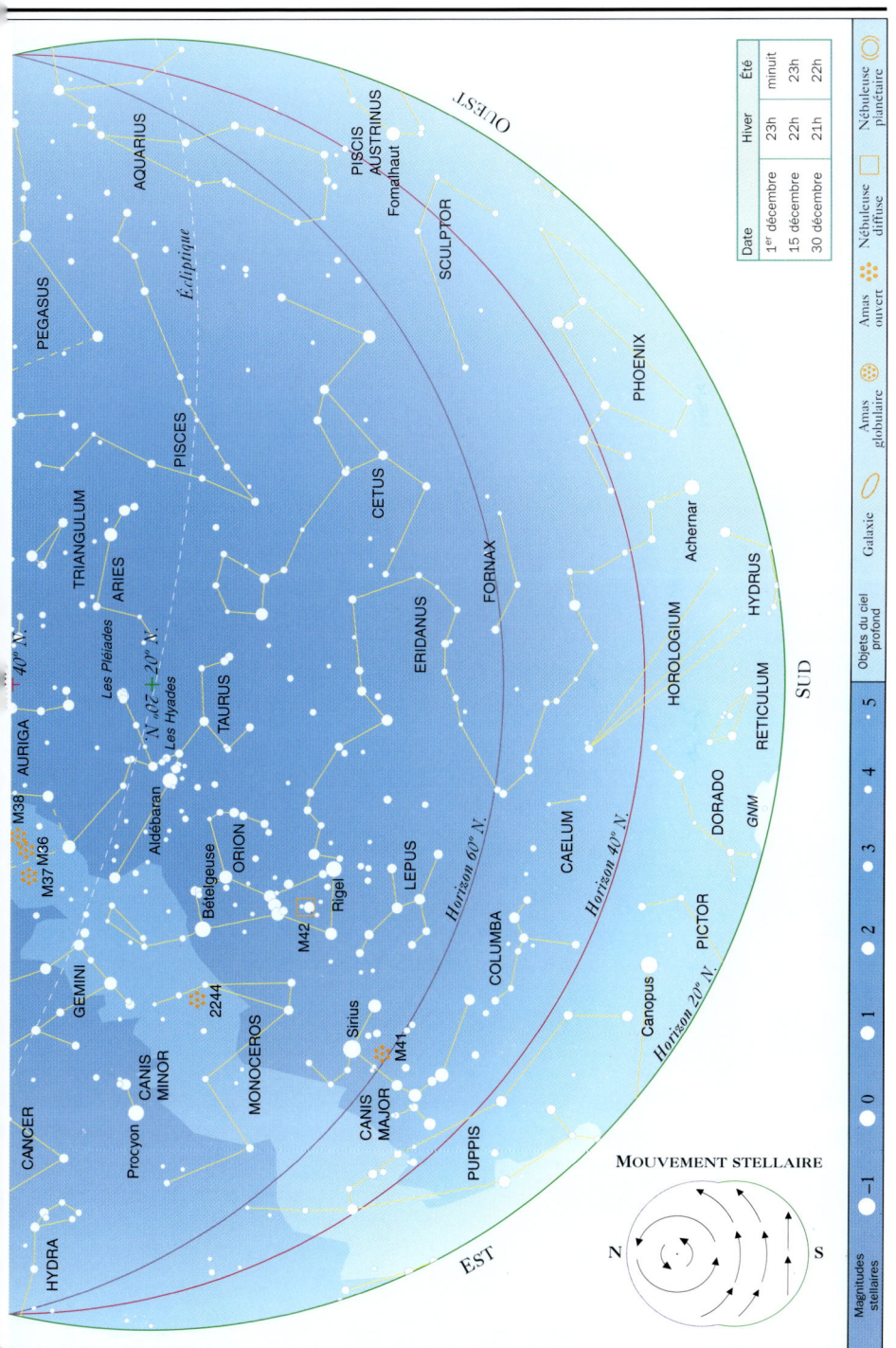

214 • LE CIEL DE DÉCEMBRE

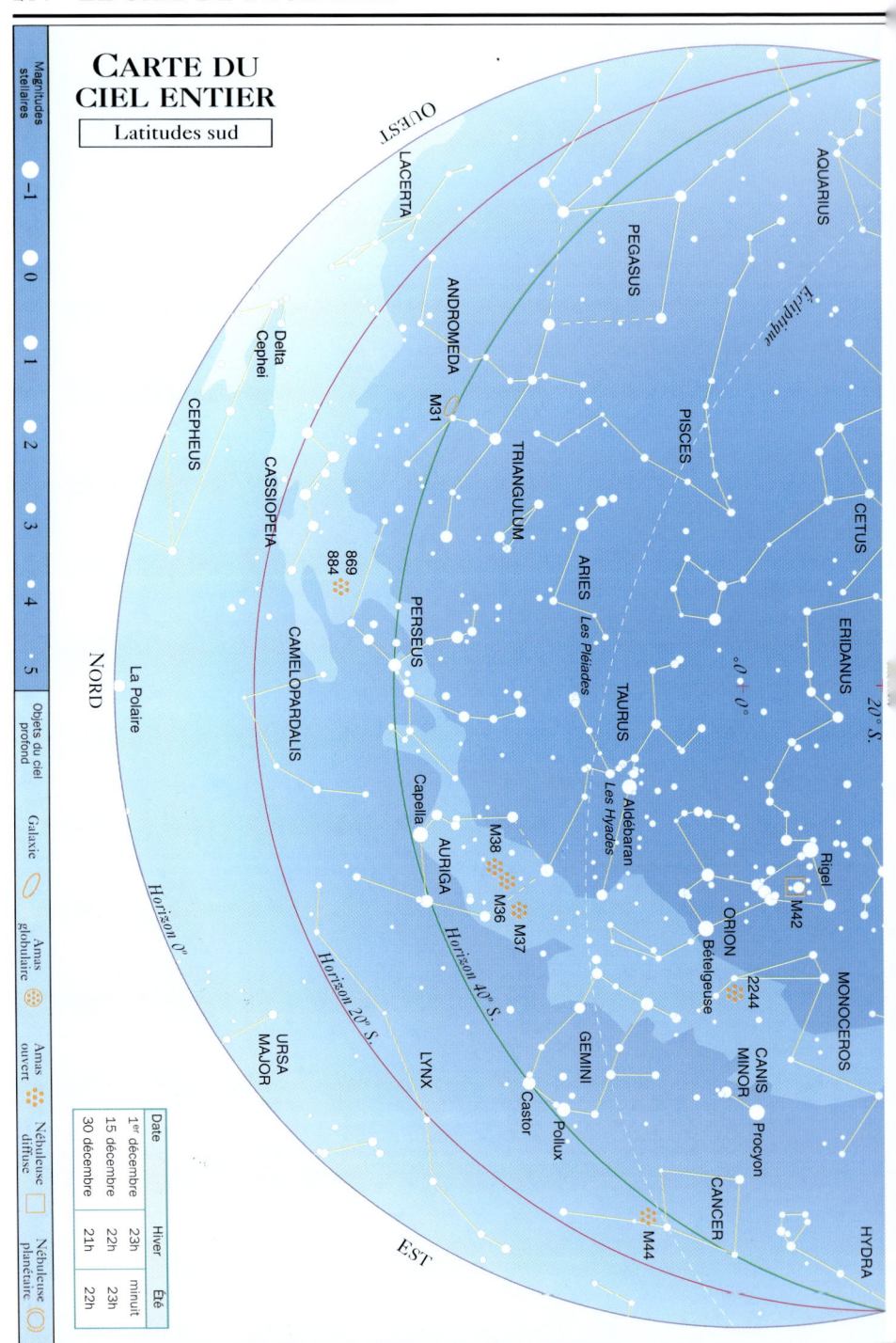

LE CIEL DE DÉCEMBRE • 215

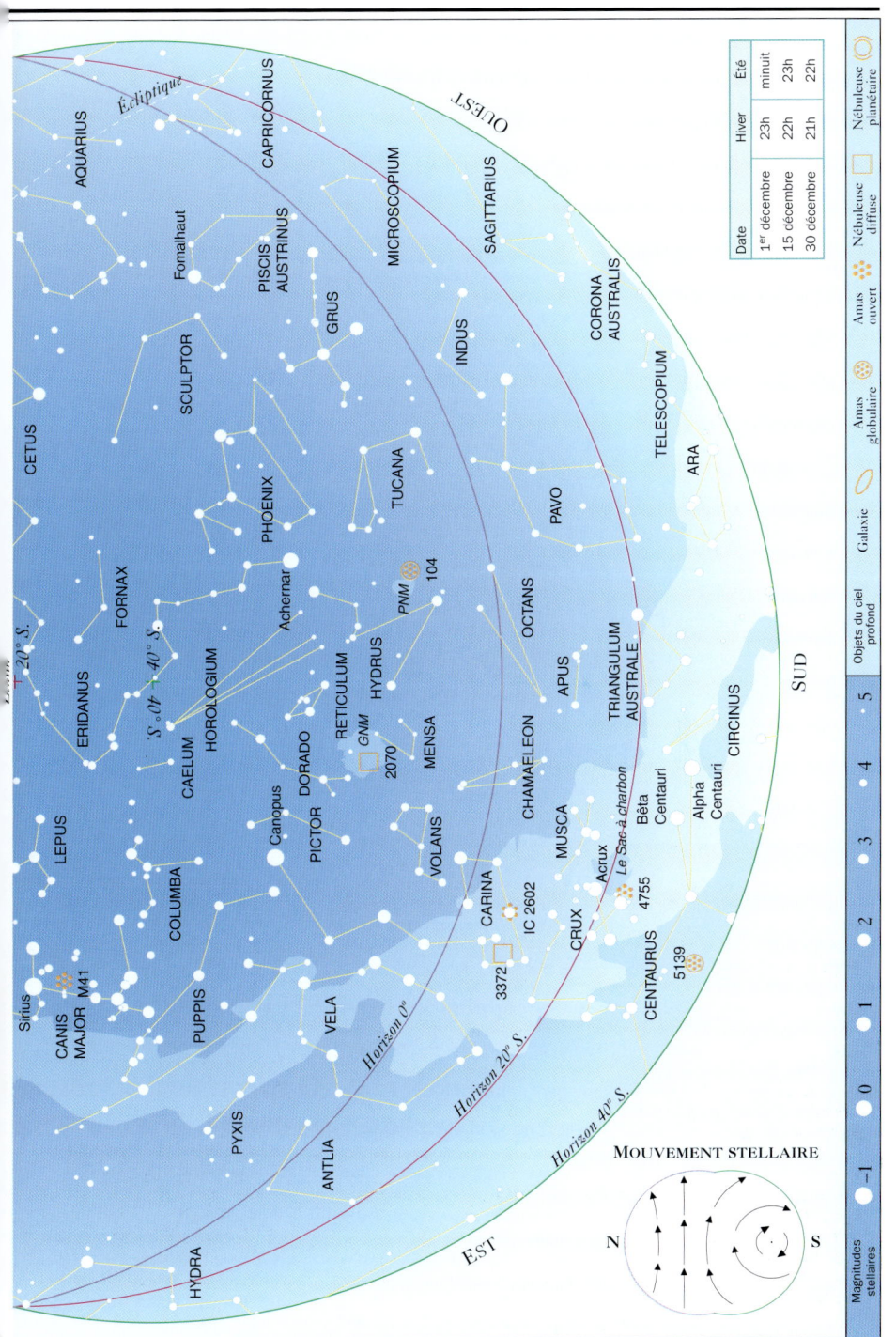

GLOSSAIRE

LES MOTS en caractères **gras** font l'objet d'une définition dans le glossaire.

- **AMAS GLOBULAIRE**
Groupe en forme de boule, comportant des dizaines voire des centaines de milliers d'étoiles, d'une centaine d'**années-lumière** de diamètre. De tels amas contiennent certaines des plus vieilles étoiles connues.

- **AMAS OUVERT**
Groupe de forme irrégulière contenant des dizaines ou des centaines d'**étoiles** relativement jeunes, et qu'on trouve en général dans les bras spiraux d'une **galaxie**.

- **ANNÉE-LUMIÈRE**
Unité de distance. C'est la distance franchie par un faisceau lumineux en un an, soit 9 460 700 000 000 km.

- **ASCENSION DROITE (a)**
Coordonnée de la **sphère céleste**, l'équivalent de la longitude sur Terre. On la mesure en heures (une heure valant 15 degrés) à partir du point où le Soleil traverse l'**équateur céleste** à l'équinoxe de printemps (le point vernal).

- **ASTÉROÏDE**
Petit corps rocheux, appelé aussi petite planète, en **orbite** autour du Soleil.

- **AXE**
Ligne imaginaire autour de laquelle tourne un **objet céleste**.

- **BINAIRE À ÉCLIPSES**
Paire d'étoiles en **orbite** l'une autour de l'autre, où l'une des étoiles passe régulièrement devant l'autre, occultant sa lumière pour les observateurs terrestres.

- **BINAIRE SPECTROSCOPIQUE**
Paire d'étoiles si proches qu'on ne peut les séparer au télescope. Seule l'étude de sa lumière au spectrographe révèle que l'étoile est binaire.

- **COMÈTE**
Boule de gaz gelés et de poussières, en **orbite** allongée autour du Soleil.

- **CONJONCTION**
Cas où deux corps du **système solaire** (généralement le Soleil et une planète) sont alignés, vus de la Terre. *Voir aussi* Conjonction inférieure, Conjonction supérieure.

- **CONJONCTION INFÉRIEURE**
Cas où Mercure ou Vénus sont entre le Soleil et la Terre.

- **CONJONCTION SUPÉRIEURE**
Cas où Mercure ou Vénus sont de l'autre côté du Soleil, vus de la Terre.

- **CONSTELLATION**
Région du ciel, à l'origine un dessin stellaire, mais maintenant définie comme une surface aux frontières précisées par l'Union astronomique internationale.

- **DÉCLINAISON (d)**
Angle entre un objet et l'**équateur céleste**. La déclinaison est l'équivalent de la latitude sur Terre. Elle se mesure perpendiculairement à l'équateur céleste, de 0° à l'équateur à 90° nord ou sud aux **pôles célestes**.

- **DISPOSITIF À TRANSFERT DE CHARGE (CCD)**
Puce de silicium sensible à la lumière, utilisée à la place du film photographique pour enregistrer l'image d'**objets célestes**.

- **ÉCLIPSE**
Cas où un **objet céleste** passe devant un autre, occultant tout ou partie de sa lumière.

- **ÉCLIPTIQUE**
Plan de l'**orbite** de la Terre autour du Soleil projeté sur l'**équateur céleste**. Le Soleil paraît se déplacer le long de l'écliptique, mais c'est en fait la Terre qui se déplace autour du Soleil.

- **ÉLONGATION**
Angle entre une planète et le Soleil, ou entre une lune et sa planète, vu de la Terre.

- **ÉQUATEUR CÉLESTE**
L'équivalent céleste de l'équateur de la Terre, intersection du plan de ce dernier avec la **sphère céleste**.

- **ÉQUINOXE**
Cas où le Soleil se trouve dans l'**équateur céleste**. Se produit deux fois par an, vers le 21 mars et vers le 23 septembre. À l'équinoxe, les jours et les nuits ont la même durée partout sur Terre.

- **ÉTOILE**
Boule de gaz qui engendre de la chaleur et de la lumière par des réactions nucléaires dans son noyau.

- **ÉTOILE À NEUTRONS**
Étoile petite et très dense formée de particules atomiques appelées neutrons, qu'on pense être le résidu de l'explosion d'une étoile massive en **supernova**.

- **ÉTOILE BINAIRE**
Paire d'étoiles liées par la gravité, tournant autour de leur centre de gravité. *Voir aussi* **Binaire à éclipses**, **Binaire spectroscopique**.

- **ÉTOILE CIRCUMPOLAIRE**
Étoile qui est au-dessus de l'horizon toute la nuit, en un lieu donné de la Terre. Au lieu de se lever et de se coucher, elle tourne autour d'un des pôles célestes.

- **ÉTOILE DOUBLE**
Deux étoiles qui, vues de la Terre, paraissent près l'une de l'autre. *Voir aussi* **Étoile binaire**, **Étoile double optique**.

- **ÉTOILE DOUBLE OPTIQUE**
Deux étoiles qui paraissent près l'une de l'autre dans le ciel, mais qui sont en fait à des distances différentes de la Terre.

- **ÉTOILE GÉANTE**
Étoile qui est devenue plus grosse et plus brillante dans les derniers stades de son évolution.

- **ÉTOILE SUPERGÉANTE**
Étoile au moins dix fois plus massive que le Soleil, et qui est devenue plus grosse et plus brillante dans les derniers stades de son évolution. Les supergéantes peuvent avoir des centaines de fois le diamètre du Soleil, et être des dizaines de milliers de fois plus lumineuses.

- **ÉTOILE VARIABLE**
Étoile qui change de luminosité, en général à la suite de variations de taille, mais certaines sont des **étoiles binaires** où l'une des composantes éclipse périodiquement l'autre. *Voir aussi* **Variable céphéide**, **Variable Mira**.

- **GALAXIE**
Masse d'étoiles, se chiffrant en millions ou en milliards. La taille des galaxies varie d'un millier à des centaines de milliers d'**années-lumière**.

- **GROUPE LOCAL**
Amas d'environ 30 **galaxies** qui inclut la nôtre.

- **LUMINOSITÉ**
Brillance intrinsèque d'un **objet céleste** lumineux.

- **LUNETTE**
Voir **Télescope réfracteur**.

- **MAGNITUDE**
Luminosité d'un **objet céleste** mesurée sur une échelle numérique

GLOSSAIRE • 217

où les objets brillants ont une valeur faible ou négative, et les objets peu lumineux une valeur élevée. Les étoiles les plus brillantes sont de magnitude 1, un peu moins brillantes, de magnitude 2, et ainsi de suite. Un objet de magnitude 4 a une magnitude comprise entre 3,5 et 4,49. *Voir aussi* **Magnitude absolue, Magnitude apparente** et p. 18.

• **MAGNITUDE ABSOLUE**
Mesure de la luminosité intrinsèque d'un objet, définie comme la **magnitude apparente** qu'il aurait s'il était à une distance standard de la Terre, fixée à 32,6 **années-lumière**.

• **MAGNITUDE APPARENTE**
Luminosité d'un objet vu de la Terre. Elle dépend de la distance de l'objet.

• **MÉTÉORE**
Trait de lumière dans le ciel, provoqué par la combustion d'une petite particule dans l'atmosphère de la Terre.

• **MÉTÉORITE**
Fragment d'**astéroïde** tombé sur une planète ou un satellite.

• **MOUVEMENT RÉTROGRADE**
Mouvement d'est en ouest (ou dans le sens des aiguilles d'une montre, vu du pôle Nord d'un objet). C'est l'opposé du mouvement général dans le **système solaire**.

• **NAINE BLANCHE**
Étoile petite et dense, de masse semblable à celle du Soleil, mais dont le diamètre est 100 fois moins important.

• **NÉBULEUSE**
Nuage de gaz et de poussières, généralement dans les bras spiraux d'une **galaxie**. *Voir aussi* **Nébuleuse diffuse, Nébuleuse planétaire**.

• **NÉBULEUSE DIFFUSE**
Nuage de gaz brillant, éclairé par les étoiles de l'intérieur.

• **NÉBULEUSE PLANÉTAIRE**
Coquille de gaz éjecté par une étoile vers la fin de son évolution.

• **NOVA**
Étoile qui devient temporairement des milliers de fois plus lumineuse. Les novae apparaissent dans des **étoiles binaires** serrées, dont l'un des membres est une **naine blanche**. Du gaz s'écoule du compagnon vers la naine blanche, provoquant une petite explosion, responsable de l'augmentation d'éclat.

• **OBJET CÉLESTE**
Objet de l'espace – comme une **étoile**, une **planète** ou une **galaxie** – visible dans le ciel terrestre.

• **OBJET DU CIEL PROFOND**
Terme appliqué aux **amas** stellaires, aux **nébuleuses** et aux **galaxies**.

• **OPPOSITION**
Cas ou un corps du **système solaire** apparaît à l'opposé du Soleil, vu de la Terre, et est donc visible toute la nuit.

• **ORBITE**
Trajectoire d'un objet qui se déplace dans l'espace sous l'influence gravitationnelle d'un autre corps plus massif.

• **OUVERTURE**
Diamètre de l'objectif – lentille ou miroir collecteur de lumière – d'un instrument astronomique.

• **PARALLAXE**
Changement de position apparente d'un objet observé en deux endroits différents. Le déplacement dépend de la distance de l'objet et de l'écart entre les points d'observation. Les étoiles proches montrent une légère parallaxe lors du déplacement de la Terre autour du Soleil, ce qui permet de calculer leur distance.

• **PHASE**
Fraction illuminée du disque d'une **planète** ou de la Lune, vue de la Terre.

• **PLANÈTE**
Objet relativement grand, qui tourne autour d'une **étoile** et n'émet pas de lumière.

• **PÔLES CÉLESTES**
Équivalents célestes des pôles de la Terre, autour desquels la **sphère céleste** paraît tourner.

• **RADIANT**
Point d'où les **météores** d'une averse paraissent provenir.

• **SOLSTICE**
Moment où le Soleil atteint son point le plus haut au nord ou au sud de l'**équateur céleste**. Arrive vers le 21 juin, le jour le plus long dans l'hémisphère Nord, et vers le 22 décembre, le jour le plus long dans l'hémisphère Sud.

• **SPHÈRE CÉLESTE**
Sphère imaginaire de taille infinie autour de la Terre, sur laquelle les **objets célestes** paraissent posés. *Voir aussi* p. 16-17.

• **SUPERNOVA**
Explosion durant laquelle, pour quelques semaines ou quelques mois, une étoile devient des millions de fois plus brillante. Seules les étoiles les plus massives deviennent des supernovae.

• **SYSTÈME SOLAIRE**
Le Soleil et les différents corps qui tournent autour de lui : les neuf planètes et leurs lunes, les **astéroïdes**, les **comètes** et divers petits débris.

• **TÉLESCOPE RÉFLECTEUR**
Télescope dont l'objectif, qui collecte et concentre la lumière, est un miroir. En français, on réserve couramment le nom de télescope à ce type d'instrument.

• **TÉLESCOPE RÉFRACTEUR**
Télescope dont l'objectif, qui collecte et concentre la lumière, est une lentille. En français, on appelle couramment lunette ce type d'instrument.

• **TROU NOIR**
Volume d'espace où la gravité est si forte que rien ne peut s'en échapper, même pas la lumière, mais les objets peuvent tomber dedans. On pense que les trous noirs sont formés par l'effondrement d'étoiles massives.

• **UNIVERS**
Tout ce qui existe : matière, espace et temps.

• **VARIABLE CÉPHÉIDE**
Type d'**étoile variable** aux fluctuations de taille régulières, sur une période de quelques jours ou quelques semaines liée à sa luminosité moyenne.

• **VARIABLE MIRA**
Étoile géante ou **supergéante** rouge dont la taille varie sur une période de quelques mois ou quelques années, entraînant des variations de luminosité pouvant atteindre 11 **magnitudes**.

• **VOIE LACTÉE**
Bande brumeuse visible dans le ciel par nuit noire, formée de milliards d'étoiles lointaines de notre propre galaxie. C'est aussi le surnom de notre galaxie dans son ensemble.

• **ZÉNITH**
Point du ciel juste au-dessus d'un observateur.

• **ZODIAQUE**
Bande de ciel de chaque côté de l'**écliptique** dans laquelle se déplacent le Soleil et les planètes. Bien qu'il y ait 12 **constellations** du zodiaque depuis l'Antiquité, les changements récents des frontières des constellations entraînent que le Soleil et les planètes passent aussi dans une 13e constellation, Ophiuchus.

INDEX

Les étoiles dont le nom commence par un chiffre – par exemple 61 Cygni – figurent à la fin de l'index (p. 223).

A

Achernar *94-95*
acide sulfurique sur Vénus *34*
Acrux *86-87, 163*
adaptation à l'obscurité *21*
Adrastée *49*
AE Aurigae *93*
Aigle (nébuleuse de l') *131*
Aigle *voir* Aquila
Albireo *12, 88, 187*
Alcor *137,169*
Alcyone *133*
Aldébaran *132*
Algedi *75*
Algieba *103*
Algol *13, 118*
Alnair *97*
Alnilam *145*
Alnitak *145*
Alpha (α) Aquilae *67*
Alpha (α) Aurigae *69*
Alpha (α) Bootis *70*
Alpha (α) Canis Minoris *75*
Alpha (α) Canis Majoris *74*
Alpha (α) Canum Venaticorum *73*
Alpha (α) Capricorni *75*
Alpha (α) Carinae *77*
Alpha (α) Centauri *79, 87, 169*
Alpha (α) Circini *82*
Alpha (α) Columbae *83*
Alpha (α) Coronae Borealis *84*
Alpha (α) Crucis *86-87, 163*
Alpha (α) Cygni *88*
Alpha (α) Delphini *90*
Alpha (α) Eridani *94*
Alpha (α) Fornacis *95*
Alpha (α) Geminorum *96, 151*
Alpha (α) Gruis *97*
Alpha (α) Herculis *98*
Alpha (α) Hydrae *100*
Alpha (α) Leonis *103*
Alpha (α) Leporis *104*
Alpha (α) Librae *105*
Alpha (α) Lyrae *108*
Alpha (α) Mensae *109*
Alpha (α) Microscopii *109*
Alpha (α) Ophiuchi *113*
Alpha (α) Orionis *114*
Alpha (α) Pavonis *116*
Alpha (α) Persei *118*
Alpha (α) Piscis Austrini *121*
Alpha (α) Piscium *120*
Alpha (α) Scorpii *126, 181*
Alpha (α) Serpentis *130*
Alpha (α) Tauri *132*
Alpha (α) Ursae Minoris *138*
Alphard *100*
Alshain *67*
Altaïr *67*
altazimutale (monture) *23*
Amalthée *49*
amas
 amas de Brocchi *141*
 amas du Canard sauvage *129*
 amas de Coma *83*
 amas de la Crèche *72,157*
 amas de la Ruche *72, 157*
 Boîte à bijoux *87, 163*
 Collinder 399 *141*
 Double Amas *118, 199*
 Hyades *133, 211*
 Kappa Crucis *87*
 Oméga (ω) Centauri *13, 79, 169*
 Pléiades *13, 133, 211*
 Portemanteau *141*
 Praesepe *72, 157*
amas d'étoiles *13*
Amérique du Nord (nébuleuse) *89*
ammoniac
 sur Jupiter *48*
 sur Neptune *57*
 sur Saturne *52*
 sur Uranus *55*
Ananke *49*
Andromède *64*
Andromède (galaxie d') *64, 199*
Anneau de fumée (nébuleuse) *108*
Anneau *120*
anneaux
 de Jupiter *49*
 de Neptune *56*
 de Saturne *50-53*
 d'Uranus *54-55*

Antarès *126, 181*
Antennes *85*
Antlia (la Machine pneumatique) *65*
Apollo (astéroïdes) *62*
Apus (l'Oiseau de Paradis) *65*
Aquarius (le Verseau) *66*
Aquila (l'Aigle) *67*
Ara (l'Autel) *68*
Arcturus *70*
Argo Navis (le Navire Argo) *76*
argon sur Mars *44*
Ariel *55*
Aries (le Bélier) *68*
Arneb *104*
ascension droite *17*
astéroïdes *62*
 capturés par des planètes *44, 49*
astrophotographie *24*
astrophotographie (appareils pour l') *24*
Atlas *52*
atmosphère
 de la Terre *37*
 d'Uranus *55*
 de Vénus *34*
 de Jupiter *48*
 de Mars *44*
 de Mercure *30*
 de Neptune *57*
 de Pluton *58*
 de Saturne *52*
Auriga (le Cocher) *69*
aurores *27*
Autel *voir* Ara
azote
 sur Mars *44*
 sur Terre *36*
 sur Titan *53*
 sur Triton *57*
 sur Vénus *34*

B

Balance *voir* Libra
Baleine *voir* Cetus
Bayer (lettres de) *19*
Bélier *voir* Aries
Belinda *55*
Bêta (β) Aquilae *67*
Bêta (β) Camelopardalis *71*
Bêta (β) Capricorni *75*
Bêta (β) Centauri *79, 87*
Bêta (β) Cephei *80*
Bêta (β) Crucis *86*

Bêta (β) Cygni *88, 187*
Bêta (β) Delphini *90*
Bêta (β) Doradus *91*
Bêta (β) Geminorum *96-97*
Bêta (β) Gruis *97*
Bêta (β) Leonis Minoris *104*
Bêta (β) Librae *105*
Bêta (β) Lyrae *108*
Bêta (β) Monocerotis *110*
Bêta (β) Muscae *111*
Bêta (β) Orionis *114*
Bêta (β) Pegasi *117*
Bêta (β) Persei *118*
Bêta (β) Phoenicis *119*
Bêta (β) Pictoris *119*
Bêta (β) Piscis Austrini *121*
Bêta (β) Sagittarii *124*
Bêta (β) Scorpii *126*
Bêta (β) Tucanae *135*
Bêta (β) Ursae Minoris *138*
Bételgeuse *114*
Bianca *55*
big bang *8*
BL Lacertae *102*
BL Lacertae (objets de type) *9, 102*
BM Scorpii *127*
Boîte à bijoux *87, 163*
Bootes (le Bouvier) *70*
Boussole *voir* Pyxis
Bouvier *voir* Bootes
Brocchi (amas de) *141*
Brontë (cratère) *31*
Burin *voir* Caelum

C

c Puppis *122*
Cacciatore (Niccolo) *90*
Caelum (le Burin) *71*
Callisto *47, 49*
Caloris (bassin) *31*
calottes polaires
 de Mars *44*
 de la Terre *36*
 de Triton *57*
Calypso *52*
Camelopardalis (Camelopardalus, la Girafe) *71*
caméras CCD *24*
Canard sauvage (amas) *129*
Cancer *72*
Canes Venatici (les Chiens de Chasse) *73*

INDEX • 219

Canis Major (le Grand Chien) 74
Canis Minor (le Petit Chien) 75
Canopus 76-77
Capella 69
Capricorne voir Capricornus
Capricornus (le Capricorne) 75
Carène voir Carina
Carina (la Carène) 76
Carme 49
cartes stellaires 18-19, 63, 142-143
Cassegrain (télescopes) 23
Cassiopée 78
Castor 96, 151
ceintures
    de Jupiter 48
    de Saturne 50
Centaure voir Centaurus
Centaurus (le Centaure) 21, 79
Centaurus A 79
centre galactique 181
céphéides (étoiles variables) 13
Céphée voir Cepheus
Cepheus (Céphée) 80
Cercueil de Job 90
Cérès 62
Cetus (la Baleine) 81
Chamaeleon (le Caméléon) 82
champ magnétique
    de Jupiter 48
    de la Terre 37
Chariot 20, 136-137, 169
Charon 59
chercheur 23
Chevelure de Bérénice voir Coma Berenices
Chi (χ) Cygni 89
Chiens de Chasse voir Canes Venatici
Chiens de Chasse (galaxie) 73
Chiot 74
chromosphère 26
Circinus (le Compas) 82
circumpolaire 16
clair de Terre 40
Clé de voûte 99, 175
Cocher voir Auriga
Collinder 399 141
Colombe voir Columba
Columba (la Colombe) 83
coma (d'une comète) 60
Coma Berenices (la Chevelure de Bérénice) 83

Coma (amas de) 83
comète
    Hale-Bopp 64
    Halley 169, 199
    Temple-Tuttle 205
comètes 60-61
    à longue période 61
compagnon (d'une étoile binaire) 12
Compas voir Circinus
Cône (nébuleuse du) 111
conjonction 15
constellation 18
coordonnées célestes 17
Cor Caroli 73
Corbeau voir Corvus
Cordelia 55
Corona Australis (la Couronne australe) 84
Corona Borealis (la Couronne boréale) 84
Corvus (le Corbeau) 85
Coupe voir Crater
couronne 26, 28
Couronne australe voir Corona Borealis
Couronne boréale voir Corona Borealis
Crabe (nébuleuse du) 133
Crater (la Coupe) 85
cratères
    sur la Lune 38-39, 41
    sur les lunes de Jupiter 49
    sur Mars et ses lunes 44-45
    sur Mercure 29-31
    sur Vénus 35
Crèche (amas de la) 72, 157
Cressida 55
Croix du Nord 88
Croix du Sud voir Crux
Crux (la Croix du Sud) 21, 86
Cygne voir Cygnus
Cygne (la Dentelle du) 89
Cygne (la Fente du) 187
Cygne (le Cygne) 88
Cygnus A 89
Cygnus X-1 89

D

Dactyl 62
Dauphin voir Delphinus
déclinaison (d) 17
Degas (cratère) 31
Deimos 44
Delphinus (le Dauphin) 90

Delta (δ) Apodis 65
Delta (δ) Cancri 72
Delta (δ) Capricorni 75
Delta (δ) Cephei 13, 80, 193
Delta (δ) Chamaeleonis 82
Delta (δ) Corvi 85
Delta (δ) Gruis 97
Delta (δ) Librae 105
Delta (δ) Lyrae 108
Delta (δ) Orionis 145
Delta (δ) Scuti 129
Delta (δ) Serpentis 130
Delta (δ) Telescopii 133
Deneb 88
Deneb Algedi 75
Desdémone 55
Despina 56
Dioné 52
distances (mesure des) 19
division de Cassini 51
Dobson (monture) 23
Dorade voir Dorado
Dorado (la Dorade) 91
Double Amas 118, 199
Double Double 108, 181
Draco (le Dragon) 92
Dumbbell (nébuleuse) 141, 193

E

eau (glace, liquide, vapeur)
    sur Charon 59
    sur Jupiter 48
    sur Mars 44
    sur Mercure 31
    sur Neptune 57
    sur Pluton 58
    sur Saturne 52
    sur Terre 37
    sur Uranus 55

éclipses (binaires à) 13
éclipse
    annulaire 28
    de Lune 40
    de Soleil 28
écliptique 16-17
Écu de Sobieski voir Scutum
Elara 49
élongation 15
élongation (plus grande) 15
de Mercure 30
de Vénus 33
Encélade 52
Encke (division d') 52-53
Enif 117
Épiméthée 52
Epsilon (ε) Aurigae 69
Epsilon (ε) Bootis 70
Epsilon (ε) Equulei 93
Epsilon (ε) Eridani 94
Epsilon (ε) Hydrae 100
Epsilon (ε) Indi 102
Epsilon (ε) Lyrae 108, 181
Epsilon (ε) Monocerotis 110
Epsilon (ε) Normae 112
Epsilon (ε) Orionis 145
Epsilon (ε) Pegasi 117
Epsilon (ε) Sculptoris 128
Epsilon (ε) Volantis 141
équateur céleste 16
équatoriale (monture) 22-23
Equuleus (le Petit Cheval) 93
Eridanus (l'Éridan) 94
éruptions solaires 27
Esquimau (nébuleuse) 97
Êta Aquarides (météores) 151
Êta (η) Aquilae 67

Êta (η) Aurigae 69
Êta (η) Carinae 77, 157
Êta Carinae (nébuleuse) 76, 157
Êta (η) Cassiopeiae 78
Êta (η) Geminorum 97
Êta (η) Herculis 99, 175
Êta (η) Tauri 133
Êta (η) Ursae Minoris 138
étoile de Barnard 113
étoile du Chien 74
étoiles 10-13
  binaires
  binaires spectroscopiques 12
  doubles 12
  doubles optiques 12
  filantes 61
  multiples 12
  à neutrons 11
  variables 13
étoiles (noms des) 19
Europe 47, 49

F

face visible de la Lune 39
face cachée de la Lune 39
Face de clown (nébuleuse) 97
Fantôme de Jupiter 100
Faucille 103
Fausse Croix 157
film pour l'astrophotographie 24
Flamsteed (numéros de) 19
Flèche voir Sagitta
Fomalhaut 121
formation des étoiles 10

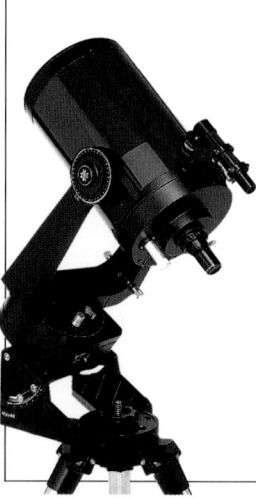

Fornax (le Fourneau) 95
Fourneau voir Fornax
fugitives (étoiles) 83
Fuseau (galaxie du) 131
fusion nucléaire dans le Soleil 26

G

Galatée 56
Galaxie (la) 8-9
galaxie
  amas de la Vierge 9
  Andromède 64, 199
  Antennes 85
  Chiens de Chasse 73
  Fuseau 131
  Grand Nuage de Magellan (GNM) 91, 205
  Groupe local 9
  Œil noir 83
  Petit Nuage de Magellan (PNM) 135, 193
  Voie lactée 8-9
galaxies 8-9
  elliptiques 9
  spirales 9
galaxies (amas de) 9
galiléennes (lunes) 47
Galileo Galilei 47
Gamma (γ) Andromedae 64
Gamma (γ) Aquilae 67
Gamma (γ) Arietis 68
Gamma (γ) Caeli 71
Gamma (γ) Cancri 72
Gamma (γ) Cassiopeiae 78
Gamma (γ) Comae Berenices 83
Gamma (γ) Coronae Australis 84
Gamma (γ) Crucis 87
Gamma (γ) Delphini 90
Gamma (γ) Equulei 93
Gamma (γ) Leonis 103
Gamma (γ) Leporis 104
Gamma (γ) Normae 112
Gamma (γ) Piscis Austrini 121
Gamma (γ) Ursae Minoris 138
Gamma (γ) Velorum 139
Gamma (γ) Volantis 141
Ganymède 47, 49
Gardiens du pôle 138
gaz carbonique
  sur Mars 44
  sur Terre 36
  sur Vénus 34

gaz (queue de) 60-61
géantes (étoiles) 11
Gemini (les Gémeaux) 96
Géminides (météores) 211
Gemme 84
Giedi 75
Girafe voir Camelopardalis
globulaires (amas) 13
Grand Carré de Pégase 20, 117, 199
Grand Nuage de Magellan (GNM) 91, 205
Grand Chien voir Canis Major
Grande Ourse voir Ursa Major
Grande Tache rouge 48
granulation 26-27
Grenat (étoile) 80
grossissement 22
Groupe local 9
Grue voir Grus
Grus (la Grue) 97

H

h et c Persei 118
h3752 104
h3780 104
Haedi 69
Hale-Bopp (comète) 61
Halley (comète de) 169, 199
halo de la Galaxie 8
hautes terres
  de Mars 45
  de la Lune 38-39
  de Vénus 35
Hélène 52
hélium
  dans Jupiter 48
  dans Neptune 57
  dans Saturne 52
  dans le Soleil 26
  dans Uranus 55
Helix (nébuleuse) 66
Hercule 98-99
Hérodote (cratère) 41
Herschel (John) 87
Herschel (William) 54
Hevelius (Johannes) 131
Himalia 49
Horloge voir Horologium
Horologium (l'Horloge) 99
Houtman (Frederick de) 65
huit (Nébuleuse en) 139
Hyades 133, 211

Hydra (l'Hydre femelle) 100-101
Hydre femelle voir Hydra
Hydre mâle voir Hydrus
hydrogène
  dans Jupiter 48
  dans les nébuleuses 10
  dans Neptune 57
  dans Saturne 52
  dans le Soleil 26
  dans Uranus
Hydrus (l'Hydre mâle) 101
Hypérion 52

I

IC 2391 139
IC 2602 76-77, 157
IC 4665 113
Ida 62
Indien voir Indus
Indus (l'Indien) 102
inférieure (conjonction) 15
inférieures (planètes) 15
infra-rouge 34
Io 47, 49
Iota (ι) Cancri 72
Iota (ι) Crucis 87
Iota (ι) Librae 105
Iota (ι) Normae 112
Iota (ι) Orionis 115
Iota (ι) Pictoris 119
irrégulières (galaxies) 9
Ishtar (Terra) 35

J

Janus 52
Japet 52-53
Jarre 66
Juliette 55
jumelles 22
Jupiter 46-49

K

k Puppis 122
Kappa (κ) Bootis 70
Kappa (κ) Coronae Australis 84
Kappa Crucis (amas) 87
Kappa (κ) Lupi 106
Kappa (κ) Pavonis 116
Kappa (κ) Tucanae 135
Keyser (Pieter Dirkszoon) 65
Kochab 138
Kuiper (ceinture de) 60

INDEX • 221

L

L Puppis *122*
La Caille (Nicolas Louis de) *109*
Lacerta (le Lézard) *102*
Lagon (nébuleuse du) *125*, *181*
Lambda (λ) Octantis *112*
Lambda (λ) Tauri *133*
Larissa *56*
Leda *49*
Leo (le Lion) *103*
Leo Minor (le Petit Lion) *104*
Lepus (le Lièvre) *104*
Lézard *voir* Lacerta
Libra (la Balance) *105*
Licorne *voir* Monoceros
Lièvre *voir* Lepus
limbe (assombrissement du) *27*
Lion *voir* Leo
Loup *voir* Lupus
Lune *38-41*
  dans les éclipses de Soleil *28*
lunes
  de Jupiter *47*, *49*
  de Mars *44*
  de Neptune *56-57*
  de Pluton *59*
  de Saturne *52-53*
  de la Terre *38-41*
  d'Uranus *55*
lunette *22*
Lupus (le Loup) *106*
Lynx *107*
Lyra (la Lyre) *108*
Lyrides (météores) *163*
Lysithea *49*

M

M 1 *133*
M 2 *66*
M 3 *73*
M 4 *127*
M 5 *130-131*
M 6 *127*, *175*
M 7 *127*, *175*
M 8 *125*, *181*
M 10 *113*
M 11 *129*
M 12 *113*
M 13 *99*, *175*
M 15 *117*
M 16 *131*
M 17 *125*
M 20 *125*
M 22 *125*, *181*
M 23 *125*
M 24 *125*
M 25 *125*
M 27 *141*, *193*
M 31 *64*, *199*
M 32 *64*
M 33 *134*
M 34 *118*
M 35 *97*
M 36 *69*, *211*
M 37 *69*, *211*
M 38 *69*, *211*
M 39 *89*
M 41 *74*, *151*
M 42 *115*, *145*
M 44 *72*, *157*
M 45 *133*
M 46 *122*
M 47 *122*
M 48 *100*
M 50 *110*
M 51 *73*
M 52 *78*
M 57 *108*
M 64 *83*
M 65 *103*
M 66 *103*
M 68 *72*
M 71 *123*
M 74 *120*
M 77 *81*
M 79 *104*
M 81 *137*
M 82 *137*
M 83 *9*, *100*
M 87 *9*
M 92 *99*
M 95 *103*
M 96 *103*
M 101 *137*
M 110 *64*
Maat Mons *35*
Machine pneumatique *voir* Antlia
magnitude *18*
  apparente *18*
Mars *42-45*
maximum solaire *27*
Maxwell (monts) *35*
Melotte 20 *118*
Melotte 111 *83*
Mensa (la Table) *109*
Mercure *29-31*
mers *38-39*, *41*
Meteor Crater *62*
météores *61*
  sporadiques *61*
météorites *62*
météorites (impacts de) *voir* cratères
méthane
  sur Neptune *57*
  sur Pluton *58*
  sur Triton *57*
  sur Uranus *55*
Metis *49*
Microscope *voir* Microscopium
Microscopium (le Microscope) *109*
Mimas *52*
minimum solaire *27*
Mintaka *145*
Mira (étoiles) *13*
Miranda *55*
miroir primaire *23*
Mizar *136-137*, *169*
Monoceros (la Licorne) *110*
montagnes
  de la Lune *38-39*
  de la Terre *37*
  de Vénus *35*
montures de télescope *22-23*
  pour l'astrophotographie *24*
Mouche *voir* Musca
Mu (μ) Bootis *70*
Mu (μ) Cephei *80*
Mu (μ) Columbae *83*
Mu (μ) Crucis *87*
Mu (μ) Draconis *92*
Mu (μ) Gruis *97*
Mu (μ) Librae *105*
Mu (μ) Lupi *106*
Mu (μ) Scorpii *127*
Musca (la Mouche) *111*

N

Naïade *56*
naines blanches (étoiles) *11*
naines noires (étoiles) *11*
Naos *122*
nébuleuse
  Aigle *131*
  Amérique du Nord *89*
  Anneau de fumée *108*
  Cône *111*
  Crabe *133*
  Dentelle du Cygne *89*
  Dumbbell *141*, *193*
  en huit *139*
  Esquimau *97*
  Êta Carinae *76*, *157*
  Face de clown *97*
  Fantôme de Jupiter *100*
  Fente du Cygne *187*
  Helix *66*
  Lagon *125*, *181*
  Œil de chat *10*
  Oméga *125*
  Orion *10*, *115*, *145*
  Planétaire bleue *79*
  Planétaire clignotante *89*
  Rosette *110-111*, *151*
  Sac à charbon *87*, *163*
  Sac à charbon du Nord *187*
  Saturne *66*
  Tarentule *91*, *205*
  Tête de cheval *115*
  Trifide *125*
  Trou de serrure *77*
  Voile *89*
nébuleuses *10*
  diffuses brillantes *10*
  planétaires *10-11*
  sombres *10*
Neptune *56-57*
Néréide *56*
Newton (télescope réflecteur) *23*
NGC 55 *128*
NGC 104 *135*, *193*
NGC 205 *64*
NGC 253 *128*
NGC 288 *128*
NGC 362 *135*
NGC 457 *78*
NGC 752 *64*
NGC 869 *118*, *199*
NGC 884 *118*, *199*
NGC 1316 *95*
NGC 1365 *9*, *95*
NGC 1502 *71*
NGC 1981 *115*
NGC 2017 *104*
NGC 2070 *91*, *205*
NGC 2232 *111*
NGC 2237 *151*
NGC 2244 *110-111*, *151*
NGC 2264 *110-111*
NGC 2362 *74*
NGC 2392 *97*
NGC 2419 *107*
NGC 2451 *122*
NGC 2477 *122*
NGC 2516 *76-77*
NGC 2547 *139*
NGC 3114 *77*
NGC 3115 *131*
NGC 3132 *139*
NGC 3195 *82*
NGC 3242 *100*
NGC 3372 *76-77*, *157*
NGC 3532 *77*
NGC 3918 *79*
NGC 4038/9 *85*
NGC 4565 *83*
NGC 4755 *87*, *163*
NGC 5128 *79*
NGC 5139 *79*, *169*
NGC 5195 *73*
NGC 5822 *106*
NGC 6025 *134*
NGC 6193 *68*
NGC 6231 *127*

NGC 6397 *68*
NGC 6530 *125, 181*
NGC 6541 *84*
NGC 6543 *92*
NGC 6603 *125*
NGC 6618 *125*
NGC 6633 *113*
NGC 6752 *116*
NGC 6826 *89*
NGC 6992 *89*
NGC 7000 *89*
NGC 7009 *66*
NGC 7293 *66*
NGC 7662 *64*
Norma (la Règle) *112*
Nova Delphini *90*
noyau
　de comète *60*
　de galaxie *8*
Nu (ν) Coronae Borealis *84*
Nu (ν) Draconis *92*
Nu (ν) Scorpii *127*
Nu (ν) Serpentis *130*
nuages
　de Jupiter *48*
　de Mars *44*
　de Neptune *57*
　de Saturne *52*
　d'Uranus *55*
　de Vénus *34*

O

Obéron *55*
objectif *22-23*
Octans (l'Octant) *112*
oculaire *22-23*
Œil de chat (nébuleuse) *10*
Œil noir (galaxie) *83*
Oiseau de Paradis *voir* Apus
Olympus Mons *45*
ombre
　dans les éclipses *28, 40*
　de tache solaire *27*
Oméga (nébuleuse) *125*
Oméga (ω) Centauri *13, 79, 169*
Oméga (ω) Scorpii *127*
Omicron (ο) Ceti *81*
Omicron (ο) Cygni *89*
Omicron-2 (ο²) Eridani *94-95*
Omicron (ο) Velorum *139*
Oort (Nuage de) *60*
Ophelia *55*
Ophiuchus *113*
opposition *15*
　de Jupiter *47*
　de Mars *43*

de Neptune *57*
de Saturne *51*
d'Uranus *55*
orbites synchrones *59*
Orion *21, 114-115*
Orion (Baudrier d') *145*
Orion (nébuleuse) *10, 115, 145*
Orionides (météores) *199*
ouverts (amas) *13*
ouverture *22*
oxyde de carbone sur Mars *44*
oxygène sur Terre *37*
ozone (couche d') *37*

P

p Eridani *94*
Pan *52*
Pandore *52*
Paon *voir* Pavo
parallaxe *19*
Pasiphaé *49*
passages de Mercure *30*
Pavo (le Paon) *116*
Pégase *voir* Pegasus
Pegasus (Pégase) *117*
Peintre *voir* Pictor
pénombre
　dans les éclipses *28, 40*
　des taches solaires *27*
　périodiques (comètes) *61*
Persée *voir* Perseus
Perséides (météores) *187*
Perseus (Persée) *118*
Petit Chariot *138*
Petit Cheval *voir* Equuleus
Petit Nuage de Magellan (PNM) *135, 193*
Petit Renard *voir* Vulpecula
Petite Ourse *voir* Ursa Minor
phases
　de la Lune *40*
　de Mercure *30*
　de Vénus *33*
Phénix *voir* Phoenix
Pherkad *138*
Phi (φ) Cassiopeiae *78*
Phobos *44*
Phoebé *52*
Phoenix (le Phénix) *119*
photographie *voir* astrophotographie
photosphère *26, 28*
Pi (π) Hydri *101*
Pi (π) Lupi *106*
Pictor (le Peintre) *119*
Pince sud *105*

Pince nord *105*
Pisces (les Poissons) *120*
Piscis Austrinus (Piscis Australis, le Poisson austral) *121*
plaines
　de Mercure *29, 31*
　de Vénus *35*
voir aussi mers
Planétaire bleue *79*
Planétaire clignotante *89*
planètes *14-15*
　localisation *25*
voir aussi sous le nom de chaque planète
Pléiades *13, 133, 211*
Pléiades australes *76-77, 157*
pluies de météores *61*
Pluton *58-59*
point vernal *17*
Poisson austral *voir* Piscis Austrinus
Poisson volant *voir* Volans
Poissons *voir* Pisces
Polaire *138*
pôle Nord
　céleste *138*
　galactique *128*
pôle Sud
　céleste *87, 112*
　galactique *128*
pôles célestes *16*
pollution lumineuse *37*
Pollux *96-97*
Portemanteau *141*
Portia *55*
Pot à lait *124*
Poupe *voir* Puppis
Praesepe *72, 157*
précession *36*
principale (d'une étoile binaire) *12*
Procyon *75*
Prométhée *52*
Protée *56*
protoétoile *10*
protubérances *26*
Proxima Centauri *79, 169*
Psi (ψ) Draconis *92*
Psi-1 (ψ¹) Piscium *120*
Ptolémée *18*
Puck *55*
Puppis (la Poupe) *122*
Pyxis (la Boussole) *123*

Q

Quadrant mural *70*
Quadrantides (météores) *145*
quasars *9*

queue de poussières *60-61*
queues (de comètes) *60*

R

R Coronae Borealis *84*
R Horologii *99*
R Hydrae *100*
R Leonis *103*
R Leporis *104*
R Sculptoris *128*
R Scuti *129*
radiant *61*
raies autour des cratères *38-39*
Rasalgethi *98*
Rasalhague *113*
rayonnement solaire *37*
Règle *voir* Norma
Régulus *103*
Réticule *voir* Reticulum
Reticulum (le Réticule) *123*
rétrograde (mouvement) *15*
Rhéa *52*
Rhô (ρ) Cassiopeiae *78*
Rhô (ρ) Herculis *98*
Rhô (ρ) Ophiuchi *113*
Rhô (ρ) Persei *118*
Rigel *114*
Rigil Kentarus *79*
Rosalinde *55*
Rosette (nébuleuse de la) *110-111, 151*
Rotanev *90*
rotation captive *39*
Ruche *72*

S

S Monocerotis *110-111*
Sac à charbon *87, 163*
Sac à charbon du Nord *187*
Sagitta (la Flèche) *123*
Sagittaire *voir* Sagittarius
Sagittarius (le Sagittaire) *124-125*
Sapas Mons *35*
satellites *voir* lunes
Saturne *50-53*
Saturne (nébuleuse) *66*
Schmidt-Cassegrain (télescopes) *23*
Scorpius (le Scorpion) *126-127*
Sculpteur *voir* Sculptor
Sculptor (le Sculpteur) *128*
Scutum (l'Écu de Sobieski) *129*
Sept Sœurs *132, 211*

INDEX • 223

séquence principale
  (étoile de la) *10-11*
Serpens (Caput et Cauda,
  la Tête et la Queue
  du Serpent) *130*
serre (effet de) *34*
Sextans (le Sextant) *131*
Seyfert (galaxies) *9*, *81*
Sigma (σ) Octantis *112*,
  115
sillons *41*
Sinope *49*
sinueux (sillons) *41*
Sirius *74*
Soleil *26-28*
  et effet de serre *34*
Sombrero (galaxie) *140*
soufre sur Io *49*
sphère céleste *16-17*
spirales barrées
  (galaxies) *9*
Struve 747 *115*
Struve 761 *115*
Struve 2275 *90*
Sualocin *90*
sulfure d'ammonium
  sur Jupiter *48*
  sur Saturne *52*
supergéantes (étoiles) *11*
supérieure (conjonction)
  15
supérieure (planète) *15*
supernova (restes de) *10*
Supernova 1987 A *91*
Supernova du Voile
  (reste de) *10*
supernovae *11*
Syrtis Major *45*
système solaire *14-15*

T

T Pyxidis *123*
Table *voir* Mensa
taches solaires *26-27*
Tarazed *67*
Tarentule (nébuleuse)
  91, *205*
Tau (τ) Canis Majoris *74*
Tau (τ) Ceti *81*
Tau-1 (τ^1) Serpentis *130*
Taureau *voir* Taurus
Taurides (météores) *205*
Taurus (le Taureau)
  132-133
tectoniques (plaques)
  36-37
télescopes *22-24*
  réflecteurs *22-23*
  réfracteurs *23*

Telescopium (le
  Télescope) *133*
Telesto *52*
telluriques (planètes) *14*
Temple-Tuttle (comète)
  205
Terra Aphrodite *35*
Terre *36-37*
Tête de cheval
  (nébuleuse) *115*
Thalassa *56*
Tharsis (dôme) *45*
Thebe *49*
Théière *124*
Théophile (cratère) *41*
Thêta (θ) Carinae *157*
Thêta (θ) Eridani *94*
Thêta (θ) Indi *102*
Thêta (θ) Muscae *111*
Thêta-1 (θ^1) Orionis *115*,
  145
Thêta-2 (θ^2) Orionis *115*
Thêta (θ) Serpentis *130*
Thêta (θ) Tauri *132*
Thétys *52*
Titan *52-53*
Titania *55*
Tombaugh (Clyde) *58*
Toucan *voir* Tucana
Trapèze *voir* Trapezium
Trapezium (le Trapèze)
  115, *145*
Triangle *voir* Triangulum
Triangle austral *voir*
  Triangulum Australe
Triangle d'été *187*
Triangle d'hiver *151*
Triangulum (le Triangle)
  134
Triangulum Australe (le
  Triangle austral) *134*
Trifide (nébuleuse) *125*
Triton *56-57*
Trou de serrure
  (nébuleuse) *77*
troyens (astéroïdes) *62*
Tucana (le Toucan) *135*
TW Horologii *99*
TX Piscium *120*

U

U Hydrae *100*
ultraviolet *37*
Umbriel *55*
Univers *8*
Unukalhai *130*
Uranus *54-55*
Ursa Major (la Grande
  Ourse) *136-137*

Ursa Minor
  (la Petite
  Ourse) *138*

V

V Puppis *122*
Véga *108*
Vela (les Voiles) *139*
vents
  sur Mars *44*
  sur Saturne *52*
  sur Vénus *34*
Vénus *32-35*
Verseau *voir* Aquarius
Vesta *62*
Vierge *voir* Virgo
Vierge (amas de la) *9*
Virgo (la Vierge) *140*
vision périphérique *21*
Voie lactée *8-9*
Voile (nébuleuse) *89*
Voiles *voir* Vela
Volans (le Poisson
  volant) *141*
volcans
  sur Io *49*
  sur la Lune *41*
  sur Mars *45*
  sur la Terre *37*
  sur Vénus *35*
Vulpecula (le Petit
  Renard) *141*

W

Wolf-Rayet
  (étoiles) *139*

X

Xi (ξ) Bootis *70*
Xi (ξ) Lupi *106*
Xi (ξ) Pavonis *116*
Xi (ξ) Scorpii *127*
Xi (ξ) Ursae Majoris *137*

Z

Zêta (ζ) Antliae *65*
Zêta (ζ) Aquarii *66*
Zêta (ζ) Aurigae *69*
Zêta (ζ) Cancri *72*
Zêta (ζ) Coronae
  Borealis *84*
Zêta (ζ) Geminorum *97*
Zêta (ζ) Leonis *103*
Zêta (ζ) Lyrae *108*

Zêta
  (ζ) Orionis *115*, *145*
Zêta (ζ) Phoenicis *119*
Zêta (ζ) Piscium *120*
Zêta (ζ) Puppis *122*
Zêta (ζ) Reticuli *123*
Zêta (ζ) Scorpii *127*
Zêta (ζ) Ursae Majoris
  136-137, *169*
zodiaque *17*
zone
  convective *26*
  radiative *26*
zones
  sur Jupiter *48*
  sur Saturne *50*
Zuben el-Genubi *105*
Zuben el-Schemali *105*

6 Trianguli *134*
8 Monocerotis *110*
11 Camelopardalis *71*
12 Camelopardalis *71*
12 Lyncis *107*
15 Monocerotis *110*
16 Draconis *92*
17 Draconis *92*
17 et 18 Sextantis *131*
19 Lyncis *107*
19 Piscium *120*
25 Librae *105*
30 Cygni *89*
30 Doradus *91*
31 Cygni *89*
32 Eridani *94*
36 Ophiuchi *113*
38 Lyncis *107*
39 Draconis *92*
40 Eridani *94*
47 Tucanae *135*, *193*
53 Arietis *83*
61 Cygni *89*
70 Ophiuchi *113*
80 Ursae Majoris *137*

Remerciements

L'AUTEUR ET L'ÉDITEUR remercient les personnes suivantes pour leur aide : Robin Scagell pour ses conseils en photographie ; le personnel du Nautical Almanac Office, Cambridge (particulièrement Steve Bell, David Harper, Catherine Hohenkerk et Andrews Sinclair) pour leur travail sur les cartes stellaires et les diagrammes de localisation des planètes ; et John Woodruf pour la relecture des épreuves et l'indexation.

DORLING KINDERSLEY souhaite aussi remercier : Broadhurst, Clarkson and Fuller Ltd. (63 Farrington Road, Londres) pour la fourniture de télescopes ; Lynne Marie Stockman pour le matériel de base de la carte des Pléiades en médaillon p. 133 ; Nick Stevens pour les photographies illustrant les phases de la Lune en p. 40 ; Giles Sparrow pour la vérification des dessins des constellations ; et Lesley Riley pour son aide éditoriale.

ILLUSTRATIONS
Toutes les cartes stellaires et diagrammes de localisation des planètes : Nautical Almanac Office, Royal Greenwich Observatory. Positions dans le Système solaire : Rob Campbell. Structure interne des planètes et des anneaux et lunes des planètes gazeuses : Luciano Corbella. Inclinaisons, rotations et orbites, diagrammes de la composition atmosphérique : Martin Cropper. Constellations : Gavin Dunn.
    Autres illustrations : Julian Baum 14 (b), 26, 29 (c), 32 (c), 38, 41 (c), 42 (cg et cd), 46 (c), 50 (c), 51, 54 (c), 56 (c), 58 (c), 59 (h), 60 (h), 61. Richard Bonson 12 (c), 13, 14 (h et c), 19 (bg), 23 (toutes). Rob Campbell 12 (b), 27 (c). Luciano Corbella 9 (b), 19 (bd), 34 (cg), 44 (cd). DK Cartography/ Planetary Visions Ltd. (Londres) 36 (c).
    DK Cartography 142 (h). John Egan 16, 17, 53, 60 (bg). Helen Taylor 15 (hd, bg et bd), 18 (b), 20 (b), 21, 33 (c), 36 (b), 39 (c), 40 (h), 43 (c), 44 (cg), 47 (h), 59 (c). King and King 28, 40 (b), 62.

PHOTOGRAPHIES
Les photographies suivantes ont été fournies par Galaxy Picture Library : Robin Scagell 12, 17, 22, 27 (cgb), 30 (hd), 33 (hd), 43 (hc et hd), 47 (cg), 51 (hd), 60, 67, 68, 69, 70, 72, 78, 81, 85, 86 (hd et bg), 87, 88, 90 (cd), 93, 95, 96, 97, 99, 103, 105, 108, 121, 124, 126, 133, 137, 138, 145, 157, 163, 169, 175, 187, 199, 211, 4ᵉ de couverture ; Stan Armstrong 28 (hd, cd et hc) ; Howard Brown-Greaves 28 (c) ; Adrian Catteral 108 (bd) ; Stephen Fielding 129 ; Chris Floyd 127 (bd) ; Bob Garner 43 (c), 47, 51 (cd) ; Gordon Garradd 30 (hg), 74, 76, 77, 79, 91, 94, 106, 114, 116, 122, 127 (bg), 134, 139, 151 ; Maurice Gavin 33 (c), 41 (b), 47 (cd), 51 (c), 107 ; Y. Hirose 40 ; Eric Hutton 115 (hg médaillon) ; JPL 31 (d), 35, 45, 48, 49 ; Chris Livingstone 193, 205 ; Rob McNaught 181 ; Brian Manning 90 (bd) ; Michael Maunder 28 ; Stan Moore 111 ; Bob Mizon 141 ; NASA 53 (bd), 311 (Calvin J. Hamilton), 41 (g), 53 (cg), 57 ; Terry Platt 137 (hd) ; Pedro Re 99 (hd), 100, 113, 117, 130, 140 ; Royal Observatory, Édimbourg, et Anglo-Australian Observatory (©) 1982 10 ; Trevor Searle et Phil Hodgins 137 (bg) ; Charles Smith 22 (bd) ; Michael Stecker 13, 64, 66, 73, 77, 89 (hd), 110, 115 (bd), 118, 125, 127 (hg), 128, 131, couverture (bd) ; Nick Szymanek/ Ian King 83, 89 (bg), 120, 132, 137 (bd) ; STScI 10, 59, 131 (hd) ; US Geological Survey 39.
Autres sources : Anglo-Australian Observatory : 9, 13 (c), 135. Corbis : Roger Ressmeyer 8-9 (h). Andy Crawford 20, 21, 22 (cg), 23, 24, 143. Dave King 22 (cd). Science Photo Library : NASA/GSFC 37 ; Hale Observatory 27 (hd) ; Frank Zullo 2.

Couverture : Sharon Spencer

ABRÉVIATIONS UTILISÉES
c = centre, b = bas, g = gauche, d = droite, h = haut

HÉMISPHÈRE CÉLESTE SUD

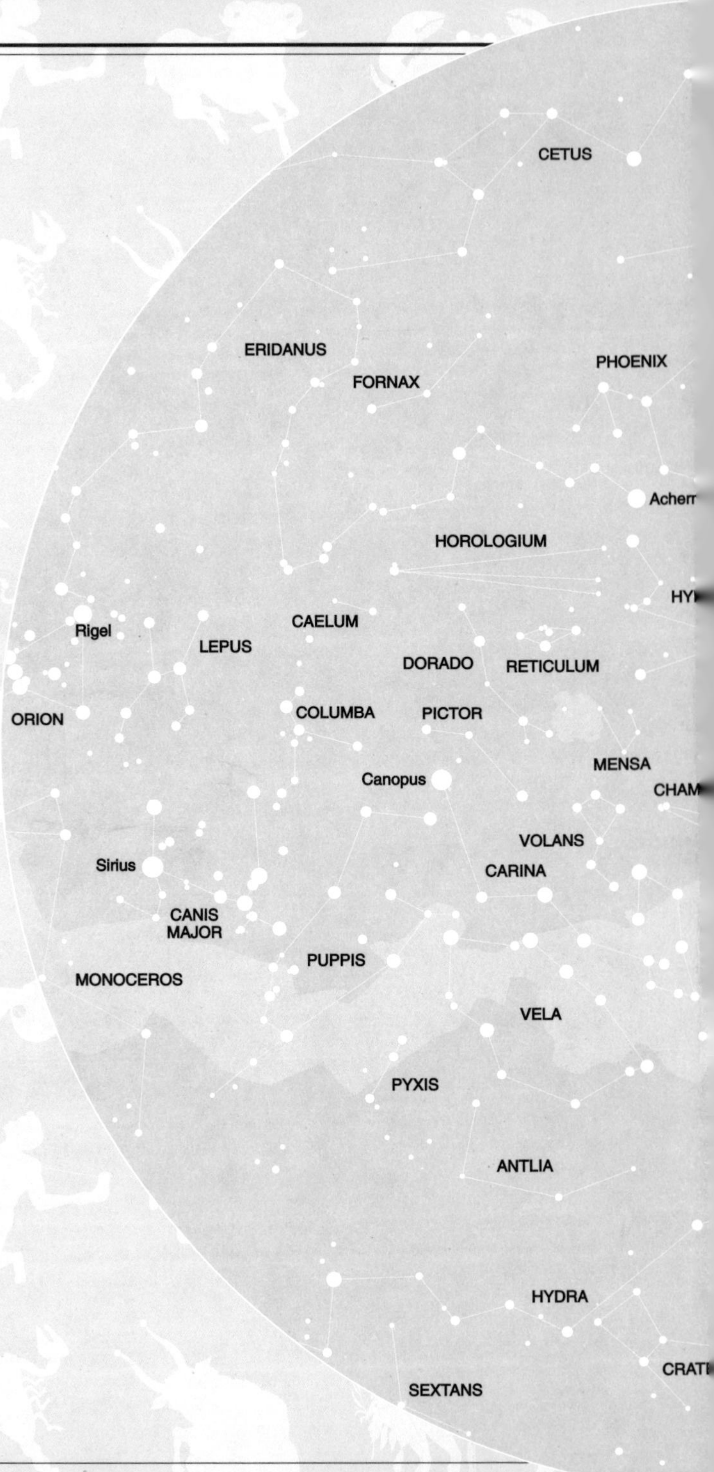

CETUS

ERIDANUS
FORNAX
PHOENIX

Achern

HOROLOGIUM

HY

Rigel
CAELUM
LEPUS
DORADO RETICULUM
COLUMBA PICTOR
ORION

MENSA

Canopus
CHAM

VOLANS
Sirius
CARINA

CANIS MAJOR
PUPPIS
MONOCEROS

VELA

PYXIS

ANTLIA

HYDRA

CRAT

SEXTANS